公司理財

主編◎鄧天正

財經錢線

序　言

　　快過年了，終於盼到女兒休假回到家裡，三口之家其樂融融。我們圍在餐桌旁，一邊喝茶，一邊閒聊，回憶起女兒上中學時的情景。那時我們在餐桌旁不時討論社會經濟學問題，用曼昆經濟學原理來詮釋社會經濟現象，淺顯易懂，讓當時的女兒受益匪淺。在女兒成長過程中凡是遇到社會經濟問題，首先是讓她自己去思考，給她提供解決問題的思路，讓她獨立地解決問題，哪怕是處理棘手問題。這樣的培養方法使女兒讀高中時就順利地拿到了國外名校的全額獎學金，大學未畢業就拿到世界500強前幾位公司的聘用書。

　　今天女兒又調侃我給他講述曼昆經濟學時儼然像個老師，偶然間有機會我也作為客座教授，給MBA學生講會計學、財務管理、財務報表分析以及企業收購與兼併等。女兒提及她就讀的大學，課堂上不時邀請有職業背景的專業人士來講學，既有理論又能聯繫實際，很受學生喜愛。她建議我寫本財經方面的書，將自己近30年的財會工作沉澱與教學結合起來，由此萌芽撰寫《公司理財》這本書。

　　我用了兩年時間來寫這本書，本書既遵循MBA教育指導委員會公司理財大綱的要求，更看重公司理財理論的實際運用，讓更多的MBA學生接受這門專業課程，讓更多的年輕財會人員掌握理財工具。這本書的目的是讓學生學會解決公司理財遇到的問題，用理財工具來幫助他們做出正確的決策，讓MBA學生受益，讓從事財會者受益，同時讓非財務經理人受益。

讓我們進入財務的世界，理解公司理財在企業中的作用

公司的主要經營目標

　　隨著經濟全球一體化步伐的加快，處於高速發展時期的中國同樣如此，中國市場經

濟體制在不斷完善。在市場經濟條件下，企業生存與發展都離不開公司理財，公司理財是企業管理的重要內容。無論公司規模大小，無論公司處於什麼發展階段，無論公司處於何種產業，公司理財的地位都十分重要。每個公司都有自己的主要經營目標。例如，發電廠提供電力，水廠提供自來水，燃氣公司提供天然氣，藥廠生產藥品，汽車製造廠生產汽車，律師事務所提供法律質詢服務，評估諮詢公司提供企業價值評估報告，超市提供居民的日常生活品等。

公司目標就是公司發展的終極方向，是指引企業航向的燈塔，是激勵企業員工不斷前行的精神動力，是社會責任的體現（納稅貢獻與環境保護）。公司利潤最大化、最大限度地增長股東的價值往往被看成短視、低效、簡單化甚至是不利於社會的。近年來中國走在改革開放前列的加工基地東莞，逐漸地被東南亞替代，主要是由於勞動力成本失去了競爭優勢。隨著資本市場的全球化，資本的流動性日益增強，以價值為基礎的制度更加顯示了其重要性。

所有的目標假設都應是引導企業持續發展的一種牽引動力，股東財富最大化是經過歷史驗證的。公司有了合理的理財目標，並以此作為財務決策的準繩，才能實施有效的理財行為。因此，財務決策是整個公司管理的核心，財務決策則是對財務預測結果的分析與選擇。公司經營負債比例如何？如何利用他人的錢來發展公司？如何利用財務槓桿？如何利用租賃來完成新增投資？如何利用外部融資減少稅負？財務經理人面臨公司經營的諸多問題，特別是涉及「錢」的決策，「錢」從哪兒來，「錢」又投放到哪裡，何時能收回「錢」。財務決策是一種多標準的綜合決策，決定方案取捨的，既有貨幣化、可計量的經濟標準，又有非貨幣化、不可計量的非經濟標準，本書試圖提供公司理財工具來幫助經理人決策。

公司理財的作用

公司財務工作包括兩部分：一是會計核算，二是財務管理。會計側重於核算，財務側重於管理，二者都以資金運動為工作的對象。會計核算主要從資金運動的事後著手，財務管理則從資金運動的事前著眼。財務管理是從價值方面對企業進行的管理工作，如對資金、成本、利潤等方面的管理，這些管理是以貨幣形式反應了價值的形成、實現和分配過程。財務管理與其他管理工作相比是一種價值形式的綜合性管理，因此是企業管理的中心。

（1）規劃作用。公司以貨幣形式預計計劃期內資金的取得與運用和各項經營收支及財務成果。財務計劃是在生產、銷售、物資供應、勞動工資、設備維修、技術組織等計劃的基礎上編製的，其目的是確立財務管理上的奮鬥目標，在企業內部實行經濟責任制，使生產經營活動按計劃協調進行，通過預測和分析，找到增收的渠道和節支的途

徑，挖掘增產節約潛力，提高經濟效益。

（2）控製作用。財務控製是指對企業的資金投入及收益過程和結果進行衡量與校正，目的是確保企業目標以及為達到此目標所制訂的財務計劃得以實現。財務控製既有制度性又有技術性。制度性是指確保法律法規和規章制度貫徹執行，技術性是指優化企業整體資源綜合配置效益。厘定資本保值和增值的委託責任目標與其他各項績效考核標準來制定財務控製目標，是企業理財活動的關鍵環節。

（3）監督作用。財務監督主要是利用貨幣形式對企業的生產經營活動所實行的監督。具體來說，就是對資金的籌集、使用、耗費、回收和分配等活動進行監督。財務監督具有制約性和促進性兩大作用，通常提及財務監督就是制約，實際上財務監督在促進公司目標的達成上應起到更大的作用。

（4）資本營運。資本營運不僅是營運產品，而且是營運資本。所謂資本營運，就是對公司所擁有的一切有形與無形的存量資產，通過流動、裂變、組合、優化配置等各種方式進行有效營運，以最大限度地實現增值。從這層意義上來說，我們可以把公司的資本營運分為資本擴張與資本收縮兩種營運模式。毫不誇張地說，資本營運屬於企業管理的最高境界，需要企業經營管理的頂級人才，需要其具有廣博的財務管理知識、廣博的金融學知識、超級深厚的銀行渠道、企業背景。

（5）考核作用。財務考核是指將報告期財務指標實際完成數與規定的考核指標進行對比，確定有關責任單位和個人是否完成任務。財務考核與物質獎懲緊密聯繫，是貫徹責任制原則的基本要求，是財務指標的完成強有力的制約手段與鼓勵措施，是構建激勵與約束機制的關鍵環節。財務考核是促使企業全面完成財務計劃，監督有關單位與個人遵守財務制度，落實公司內部經濟核算制的手段。

本書的創新

（1）核心理念。

（2）重視案例。

（3）強化工具。

（4）討論時事新聞。

（5）解決身邊發生的經濟現象問題。

（6）實踐運用。

本書採用MBA公司理財課程教學大綱，根據MBA的培養目標改革課程內容體系，培養未來能在組織的戰略決策和變革中起領導作用的管理者，運用案例教學、情景模擬、角色扮演等靈活教學方法，並鍛煉學生（讀者）在複雜環境下的決策能力。同時培養具有職業道德、社會責任感的職業經理人。

本書的關鍵性創新是自始至終將財務管理放在一個企業的大環境裡來講述，在進行財務管理實際操作前我們設置了一個企業環境，試圖讓讀者明白財務管理為什麼要這樣做。通過這種教學方式，讓讀者可以更好地掌握這門專業技能。

　　另一個創新是我們將財務管理作為企業決策的工具，每個章節都有大量的相關決策訓練和問題思考，讀者將置身於企業決策環境，瞭解財務管理是如何為決策者提供信息的，讀者還將學會如何利用財務管理知識進行決策，特別是做完一個案例分析、一道練習題時。我們希望讀者回答以下問題：

（1）你從案例中得到什麼樣的啟示？
（2）你從這些練習和問題中學到了什麼？
（3）你將如何應用所學到的知識來管理企業？

　　為了強調公司財務決策的科學性、系統性，樹立公司理財的理念，啟發讀者的思維能力、分析問題的能力和解決問題的能力，激發讀者興趣，始終以管理者的視角審視企業財務管理，成為企業戰略決策強有力的決策者。

作　者

前 言

當代公司財務管理領域隨著網絡時代的到來正經歷著巨大的變革與發展，在網絡搜尋公司理財這門學科可以得到大量的相關資料。在當今網絡快速發展的情況下，講述公司理財這門課程需要突出系統性和針對性。系統性是指本書涵蓋了公司財務管理所有的基礎知識，適用於MBA一學期的課程安排。本書既可作為工商管理碩士相關課程教材，也可作為企業管理人員培訓教材或管理、財務、會計、金融等專業本科教學的參考書。針對性是指本書著重講述財務原理、理論、公式在實際公司理財活動中的具體應用，代表了當今公司理財的主流。本書還具有暢銷性和適用性。暢銷性：大量運用案例，把財務過程寫得妙趣橫生，幽默活潑。適用性：該書重點在於財務分析在管理上的應用，實用價值高。

一、本書的主旨

本書的主要目的是通過案例引述介紹公司財務管理的基本原理，並試圖培養學生主動思考問題和決策的能力。本書強調公司理財與公司實務緊密聯繫的重要性，並盡最大努力為讀者研究和學習公司理財提供有力幫助。

二、幫助學生成為決策者

本書每個章節開始就為學生設計了公司財務實例，引述在當今有影響力的案例，模擬現實環境可以激發學生的學習興趣。在安排教材實訓中有企業真實的財務資料，通過這些現實的案例來闡明公司財務的基本構架，而不是財務管理的全部，生動的實例能更好地引導讀者參與學習過程。本書形式新穎，理論與實踐相結合，敘述深入淺出，所選案例融知識性、實用性、可讀性為一體。為便於好學易懂，每個模塊內容增加即問即答環節，加深讀者對財務概念的理解，增加實戰訓練，模擬公司遇到的財務管理問題。本書堅持公司理財專著的系統完整和內容豐富，對財務管理學術上的問題不過多闡述，專注用理論解決公司財務管理實務遇到的問題，以激發非財務專業的MBA學員以及創業者對公司理財知識的渴求及濃厚興趣。本書依然會盡可能在有限的篇幅中涵蓋目前中國經濟高速發展形勢下各類公司財務管理的主要業務。

三、本書的特色

目前國內的 MBA 教材均是在本科教材的基礎上作延伸，依然是較大篇幅的理論。本書的創新之處：首先是站在管理者的視角去編製，考慮非財務專業的 MBA 學員、非財務經理的經理人對財務管理的需求，從管理者的視角去審視公司理財。其次是案例教學以及公司理財實戰訓練相結合，借鑑國內外大量具有代表性的先進教材和公司真實案例來豐富教材內容。最後是力求簡明易懂，用範例引述理論，較簡明扼要地闡明了公司財務管理的基本理論和概念，針對實際問題和案例展開討論，力爭做到引用理論、概念簡明且透澈，解釋原理、方法明確且務實。

四、MBA 教育指導委員會的建議

本書在 MBA 教育指導委員會大綱的指導下編寫而成。本書主編具有多年公司財務管理經驗及 MBA 授課的教學實踐，合作者是具有長期從事財務管理教學的商學院教授。本書徵求了部分 MBA 學員和非財務經理人提出的建議及反饋的意見。在當前經濟快速發展的情況下，本書可滿足 MBA 學員和非財務經理人掌握公司理財的需求。

五、學習指南

本書介紹了公司財務管理的概念和有效分析工具，在內容結構上進行了調整創新。本書按照公司理財的規律可分為：①財務世界：講述公司理財的基本觀念、公司財務管理目標、財務的基本方法、貨幣時間價值和風險管理。②公司資金活動：講述公司資金的籌集方式、渠道、資金成本的選擇、資金投放管理、資金在生產經營環節的運行以及公司利潤的分配。③公司理財的管理手段：主要講述財務規劃、財務預算、財務控製和財務分析。④公司理財專題：主要講述公司價值評估和公司財務戰略。

本書始終以管理者視角來面臨公司的財務決策問題，通過系統學習以期達到以下目的：

（1）提供一個真實的公司背景來講述財務管理相關基礎知識；

（2）介紹一個系統的決策分析模式；

（3）管理者面臨公司財務管理的各種問題進行決策。

作者曾就讀香港理工大學MPA，擔任重慶工商大學客座教授。從實踐到課堂，從實際工作到教學，作者具有深厚的實際操作經驗，對公司理財的活動如何投資，如何融資，如何進行資本營運管理及利潤分配熟知，講解透澈，易於MBA學生接受。

　　在中國經濟快速增長的今天，筆者始終堅守在公司財務管理第一線，感悟中國經濟的快速發展。在公司理財的戰略理念、財務預算的編製、公司投資管理、公司標準成本建立、公司財務分析、業績評估以及公司項目籌資、股權融資等方面，筆者有豐富的實踐經驗。面臨新的機遇和挑戰，公司管理者必須根據這一形勢的變化轉變觀念，拓展視野，更新思維方式，瞭解和掌握國際財務管理領域的先進技術、科學管理方法和最新動態。

作　者

目錄

第一篇 財務的世界

1 導論 …………………………………………………………（003）

    教學目標 ………………………………………………（003）

    內容結構 ………………………………………………（004）

    範例引述 ………………………………………………（004）

    本章導言 ………………………………………………（006）

    理論概念 ………………………………………………（006）

        1.1 公司理財的概念及內容 ……………………（006）

        1.2 公司理財目標 ………………………………（012）

        1.3 公司理財的方法 ……………………………（017）

        1.4 公司理財環境 ………………………………（019）

    案例討論 ………………………………………………（022）

    本章小結 ………………………………………………（024）

    知識拓展 ………………………………………………（025）

    即問即答 ………………………………………………（028）

    實戰訓練 ………………………………………………（028）

    詞彙對照 ………………………………………………（028）

2 公司理財的價值觀 …………………………………………（029）

    教學目標 ………………………………………………（029）

    內容結構 ………………………………………………（030）

    範例引述 ………………………………………………（030）

    本章導言 ………………………………………………（031）

理論概念 …………………………………………………………………… (031)
  2.1 貨幣時間價值 ………………………………………………… (031)
  2.2 風險與收益 …………………………………………………… (041)
術語解釋 …………………………………………………………………… (047)
理論應用 …………………………………………………………………… (047)
本章小結 …………………………………………………………………… (048)
知識拓展 …………………………………………………………………… (049)
即問即答 …………………………………………………………………… (050)
實戰訓練 …………………………………………………………………… (051)
詞彙對照 …………………………………………………………………… (051)

第二篇 公司資金運動

3 籌資管理 ……………………………………………………………… (055)

 教學目標 ………………………………………………………………… (055)
 內容結構 ………………………………………………………………… (056)
 範例引述 ………………………………………………………………… (056)
 本章導言 ………………………………………………………………… (057)
 理論概念 ………………………………………………………………… (057)
  3.1 公司籌資概述 ……………………………………………… (057)
  3.2 公司籌資渠道、方法與資本金制度 ……………………… (060)
  3.3 資金需要量的預測 ………………………………………… (065)
  3.4 權益性融資 ………………………………………………… (069)
  3.5 債務籌資 …………………………………………………… (077)
 案例討論 ………………………………………………………………… (090)
 本章小結 ………………………………………………………………… (093)
 知識拓展 ………………………………………………………………… (094)
 即問即答 ………………………………………………………………… (095)
 實戰訓練 ………………………………………………………………… (095)
 詞彙對照 ………………………………………………………………… (096)

4 資本成本與資本結構 ……………………………………… (097)

教學目標 ……………………………………………………… (097)
內容結構 ……………………………………………………… (098)
範例引述 ……………………………………………………… (098)
本章導言 ……………………………………………………… (100)
理論概念 ……………………………………………………… (100)
  4.1 資本成本 ……………………………………………… (100)
  4.2 槓桿原理分析 ………………………………………… (110)
  4.3 資本結構 ……………………………………………… (116)
案例討論 ……………………………………………………… (122)
本章小結 ……………………………………………………… (128)
知識拓展 ……………………………………………………… (129)
即問即答 ……………………………………………………… (129)
實戰訓練 ……………………………………………………… (130)
詞彙對照 ……………………………………………………… (131)

5 投資管理 …………………………………………………… (132)

教學目標 ……………………………………………………… (132)
內容結構 ……………………………………………………… (133)
範例引述 ……………………………………………………… (133)
本章導言 ……………………………………………………… (135)
理論概念 ……………………………………………………… (135)
  5.1 投資管理 ……………………………………………… (135)
  5.2 項目的現金流量 ……………………………………… (140)
  5.3 項目投資決策的評價 ………………………………… (146)
  5.4 投資決策的指標運用 ………………………………… (149)
案例討論 ……………………………………………………… (158)
本章小結 ……………………………………………………… (163)
知識拓展 ……………………………………………………… (164)

即問即答 …………………………………………………………… (165)

實戰訓練 …………………………………………………………… (165)

詞彙對照 …………………………………………………………… (166)

6 營運資本管理 …………………………………………………… (167)

教學目標 …………………………………………………………… (167)

內容結構 …………………………………………………………… (168)

範例引述 …………………………………………………………… (168)

本章導言 …………………………………………………………… (169)

理論概念 …………………………………………………………… (170)

 6.1 營運資本投資策略與管理 …………………………………… (170)

 6.2 現金管理 ……………………………………………………… (172)

 6.3 應收帳款管理 ………………………………………………… (177)

 6.4 存貨管理 ……………………………………………………… (182)

案例討論 …………………………………………………………… (184)

本章小結 …………………………………………………………… (190)

知識拓展 …………………………………………………………… (191)

即問即答 …………………………………………………………… (192)

實戰訓練 …………………………………………………………… (192)

詞彙對照 …………………………………………………………… (194)

7 公司收益與利潤分配 …………………………………………… (195)

教學目標 …………………………………………………………… (195)

內容結構 …………………………………………………………… (195)

範例引述 …………………………………………………………… (196)

本章導言 …………………………………………………………… (197)

理論概念 …………………………………………………………… (197)

 7.1 利潤分配概述 ………………………………………………… (197)

 7.2 利潤分配方案的制訂 ………………………………………… (202)

 7.3 股票分割與股票回購 ………………………………………… (211)

本章小結 ………………………………………………………… (214)

　　案例討論 ………………………………………………………… (214)

　　知識擴展 ………………………………………………………… (215)

　　即問即答 ………………………………………………………… (216)

　　實戰訓練 ………………………………………………………… (216)

　　詞彙對照 ………………………………………………………… (218)

第三篇　財務管理手段

8　財務報表分析 ……………………………………………………… (221)

　　教學目標 ………………………………………………………… (221)

　　內容結構 ………………………………………………………… (222)

　　範例引述 ………………………………………………………… (222)

　　本章導言 ………………………………………………………… (223)

　　理論概念 ………………………………………………………… (224)

　　　　8.1　財務分析概述 …………………………………… (224)

　　　　8.2　財務分析的方法 ………………………………… (226)

　　　　8.3　財務分析的基礎 ………………………………… (227)

　　　　8.4　財務分析的內容 ………………………………… (228)

　　　　8.5　財務分析的局限 ………………………………… (236)

　　公式解釋 ………………………………………………………… (237)

　　案例討論 ………………………………………………………… (250)

　　本章小結 ………………………………………………………… (252)

　　知識拓展 ………………………………………………………… (253)

　　即問即答 ………………………………………………………… (257)

　　實戰訓練 ………………………………………………………… (257)

　　案例分析 ………………………………………………………… (259)

　　詞彙對照 ………………………………………………………… (260)

9　財務預算 …………………………………………………………… (261)

　　教學目標 ………………………………………………………… (261)

内容結構 …………………………………………………………… (262)
範例引述 …………………………………………………………… (262)
本章導言 …………………………………………………………… (263)
理論概念 …………………………………………………………… (263)
  9.1 財務預算概述 ………………………………………… (263)
  9.2 財務預算的編製方法 ………………………………… (265)
  9.3 財務預算的具體編製 ………………………………… (267)
公式解釋 …………………………………………………………… (271)
案例討論 …………………………………………………………… (275)
本章小結 …………………………………………………………… (276)
知識拓展 …………………………………………………………… (277)
即問即答 …………………………………………………………… (279)
實戰訓練 …………………………………………………………… (279)
案例分析 …………………………………………………………… (281)
詞彙對照 …………………………………………………………… (282)

10 財務控製 …………………………………………………………… (283)

教學目標 …………………………………………………………… (283)
內容結構 …………………………………………………………… (284)
範例引述 …………………………………………………………… (284)
本章導言 …………………………………………………………… (285)
理論概念 …………………………………………………………… (286)
  10.1 財務控製概述 ………………………………………… (286)
  10.2 資金控製 ……………………………………………… (288)
  10.3 成本控製 ……………………………………………… (290)
  10.4 風險控製 ……………………………………………… (294)
案例討論 …………………………………………………………… (296)
本章小結 …………………………………………………………… (298)
知識拓展 …………………………………………………………… (299)
即問即答 …………………………………………………………… (301)

實戰訓練 ……………………………………………… (301)
　　案例分析 ……………………………………………… (302)
　　詞彙對照 ……………………………………………… (304)

第四篇　專題篇

11　公司價值評估 ……………………………………… (307)

　　教學目標 ……………………………………………… (307)
　　內容結構 ……………………………………………… (307)
　　範例引述 ……………………………………………… (308)
　　本章導言 ……………………………………………… (308)
　　理論概念 ……………………………………………… (309)
　　　11.1　企業價值評估的目的 ……………………… (309)
　　　11.2　企業價值評估的對象 ……………………… (310)
　　　11.3　企業價值評估的方法 ……………………… (313)
　　案例討論 ……………………………………………… (325)
　　本章小結 ……………………………………………… (327)
　　知識拓展 ……………………………………………… (327)
　　即問即答 ……………………………………………… (329)
　　實戰訓練 ……………………………………………… (329)
　　詞彙對照 ……………………………………………… (331)

12　公司財務戰略 ……………………………………… (332)

　　教學目標 ……………………………………………… (332)
　　內容結構 ……………………………………………… (332)
　　範例引述 ……………………………………………… (333)
　　本章導言 ……………………………………………… (334)
　　理論概念 ……………………………………………… (334)
　　　12.1　財務戰略管理 ……………………………… (334)
　　　12.2　公司融資戰略管理 ………………………… (338)

12.3 公司投資戰略管理 …………………………………（343）
12.4 公司分配戰略管理 …………………………………（357）
案例討論 ………………………………………………………（360）
本章小結 ………………………………………………………（361）
知識拓展 ………………………………………………………（362）
案例分析 ………………………………………………………（363）
詞彙對照 ………………………………………………………（364）

第一篇

財務的世界

1 導論

教學目標

1. 理解公司理財含義、內容及特點;
2. 掌握公司理財的主要目標;
3. 理解公司理財的幾種基本方法;
4. 掌握公司理財的主要經濟環境。

內容結構

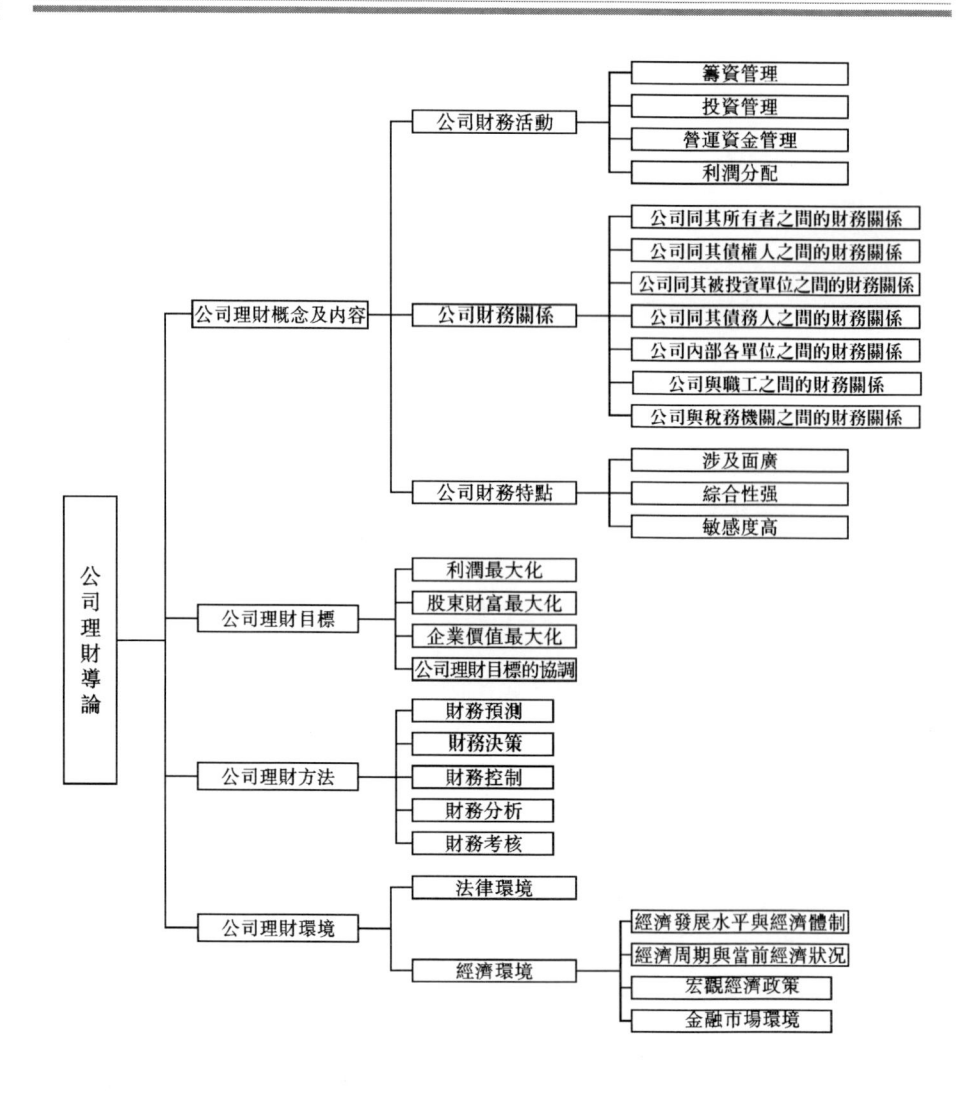

```
                                              ┌─ 籌資管理
                          ┌─ 公司財務活動 ────┼─ 投資管理
                          │                   ├─ 營運資金管理
                          │                   └─ 利潤分配
                          │
                          │                   ┌─ 公司同其所有者之間的財務關係
                          │                   ├─ 公司同其債權人之間的財務關係
                          │                   ├─ 公司同其被投資單位之間的財務關係
              ┌─ 公司理財概念及內容 ─ 公司財務關係 ─┼─ 公司同其債務人之間的財務關係
              │                                   ├─ 公司內部各單位之間的財務關係
              │                                   ├─ 公司與職工之間的財務關係
              │                                   └─ 公司與稅務機關之間的財務關係
              │
              │           ┌─ 公司財務特點 ─────┬─ 涉及面廣
              │                                ├─ 綜合性強
              │                                └─ 敏感度高
              │
              │                              ┌─ 利潤最大化
 公司理財導論 ─┼─ 公司理財目標 ──────────────┼─ 股東財富最大化
              │                              ├─ 企業價值最大化
              │                              └─ 公司理財目標的協調
              │
              │                              ┌─ 財務預測
              │                              ├─ 財務決策
              ├─ 公司理財方法 ──────────────┼─ 財務控制
              │                              ├─ 財務分析
              │                              └─ 財務考核
              │
              │                              ┌─ 法律環境
              │                              │
              └─ 公司理財環境 ──────────────┤                ┌─ 經濟發展水平與經濟體制
                                             │                ├─ 經濟周期與當前經濟狀況
                                             └─ 經濟環境 ────┼─ 宏觀經濟政策
                                                              └─ 金融市場環境
```

範例引述

ABB 的混合驅動力——財務管理支撐在華投資成功

作為全球領先的電力和自動化技術集團，ABB 與中國已攜手走過了一個多世紀，ABB 和中國的合作開始於 100 多年前的 1907 年。當時 ABB 向中國提供了第一臺蒸汽鍋爐，1992 年 ABB 在廈門成立第一家合資企業，從支持中國經濟實現騰飛轉變到幫助中

國提升能源效率、電網可靠性和工業生產率。ABB在中國投資已逾15億美元，2012年在華的銷售業績超過52億美元。ABB在中國建立起35家高品質本地企業、38家分公司，雇員達18,300人。ABB在幫助中國提高能源效率，發展可再生能源，建設及優化輸配電網絡，推動城市化、工業自動化和農村電氣化進程方面取得了巨大的進步。

事實上，中國作為ABB全球第一大市場，ABB中國首席財務官（CFO）齊樂毫不掩飾中國市場在ABB的戰略地位；ABB北亞區及中國首席財務官李錦霞介紹，ABB繼續推行「在中國，為中國和世界」發展戰略。為順應中國經濟快速轉型，ABB啟動了「中國2017計劃」作為中期發展藍圖，以加快ABB在中國的發展步伐，引領從「中國製造」到「中國創造」的發展潮流。

20多年來ABB在中國的成功，同時也給中國帶來了先進的管理理念，在公司理財方面，將一套國際化財務管理體系移植到了中國，並將總部的戰略思想和指示貫徹執行。服從總部的財務管理理念，協調一致推進，充分發揮集團財務資源的最大效率，充分發揮財務管理職能，有效保證本地業務的健康發展。

首先，是明確中國ABB的財務管理目標，即以股東價值最大化為目標。其次，在準確的市場戰略和明確的執行手段上，也有嚴格的風險管理和成本控制，更有清晰的財務功能定位等。建立以預算管理為核心的網絡化、集團化、一體化的財務管理信息體系，有助於實現財務管理信息與其他業務信息的融合和企業信息資源的共享，ABB今日的成功不可否認是多種混合驅動力共同推動的結果。ABB集團全球化的財務管理體系服務於公司戰略目標和經營目標。

作為CFO，齊樂認為在業務擴張和財務穩健之間取得平衡需要注重以下兩個方面：一是控制成本，二是保持良好的資產組合。他認為這是實現財務穩健的基石。此外，他還強調投資要找對方向才能帶來效益。齊樂介紹，ABB的業務投資主要關注三個方面：一是增效節能，幫助客戶提高能效；二是提高工業生產率；三是可再生能源的開發利用。這三個領域是ABB當前也是未來的戰略目標。目前ABB提供的解決方案和產品也非常契合這三個目標。以風電業務為例，ABB目前提供市場上超過70%的風電元件。

企業的成功是由很多因素決定的，新技術要快速地應用到市場才能保持領先地位，這意味著要有足夠的資源和人才。不過齊樂認為，不可否認ABB在研發領域不斷投入、在產品上不斷創新是其在行業內保持領先地位的關鍵。「作為一個成功的公司，技術不是我們唯一的手段，但無疑是其中最主要的因素。」財務管理是成功的基石。

ABB的成功與其先進的財務管理理念和制度是分不開的。相比之下，中國大多數公司理財思想僵化，理財方式、手段簡單、粗放，未建立科學的財務管理體系，財務管理的核心地位不顯著，未將財務管理作為公司核心管理，僅限於生產經營格局中。對財務管理的理論方法不去理解和探討。因此，企業財務管理的重要作用沒有得到充分發揮。隨著全球經濟一體化，中國經濟的快速發展，中國的企業與外國優秀企業的競爭必

將加劇，財務管理水平必將成為制約中國企業發展的「瓶頸」之一。

資料來源：《首席財務官》，作者馬麗，2011 年 7 月 20 日，中國行業研究網 http://www.chinairn.com。

本章導言

公司理財活動是市場經濟條件下企業管理的重要組成部分，引例中 ABB 公司在華投資成功，公司理財（即財務管理）是奠基石。公司理財是如何為公司戰略決策服務？如何體現財務管理的前瞻性——財務計劃與預測？如何將財務管理理念滲透到生產經營的每個角落——年度財務預算？如何籌集新開工廠和新產品研發所需資金？如何進行投資決策？用什麼方式衡量投資回報？如何進行營運資本管理？如何對經營中的資金進行監督和控製？辛苦一年的經營有了利潤（虧損）該如何分配（處理）？這些都是公司理財的主要內容。

隨著全球經濟一體化，中國經濟快速發展，搞好公司經營，財務管理就顯得越來越重要。財務管理活動滲透於企業的各個領域、各個環節之中，財務管理直接關係到公司的生存與發展，關係到企業的持續發展。然而，中國一些企業的財務管理則不盡如人意。這主要表現在：一是企業財務管理意識薄弱，忽視價值管理；二是未建立財務管理體系，孤立地看待單一經濟活動事項；三是財務管理只是財務部門的事，忽視其財務的整體職能管理；四是聽從老板指令，忽視自身規律和相對獨立性。

公司理財是西方國家從經濟學中分離出來的一門獨立學科，已有 100 年的歷史。隨著經濟金融化趨勢的不斷擴大，公司理財的研究方法也不斷改進和豐富，公司理財理論與方法得到極大的發展。中國企業與國際交往越來越密切，公司理財也日益成熟，財務管理在現代化企業中扮演著越來越重要的角色。公司理財知識對 MBA 學生和有意願從事企業管理者來說是必備的知識，接下來本書引領你進入財務的世界。

理論概念

1.1 公司理財的概念及內容

財務管理又稱公司理財（Financial Management）、企業理財。從廣義的角度講，公司理財就是對企業的資產進行配置的過程；從狹義的角度講，財務管理是要最高效率地利用公司所擁有的資金，提升資金的總體收益率，是組織企業財務活動、處理財務關係的一項綜合性經濟管理工作。具體來講，財務管理是在一定的整體目標下，關於資產的

購置（投資）、資本的融通（籌資）和經營中現金流量（營運資金）以及利潤分配的管理，即財務活動的主要內容包括投資管理、籌資管理、營運資金管理及利潤分配。具體如圖1-1所示。

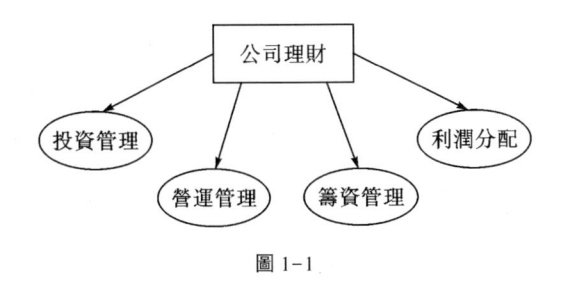

圖1-1

財務經理人對公司經濟活動的決策是從價值角度進行的，具體表現在價值的衡量和表現形式上，貫穿資金運動全過程中的財務活動（資金獲取、資金運用、資金分配）和財務關係（資金運動涉及的利益關係）。公司理財是涉及公司的多部門、多領域的一項綜合性管理。公司理財可以簡單地描述為對公司資金運動帶來的財務關係的管理。因此，公司理財的內容包括財務活動和財務關係兩個方面。

企業進行生產經營活動，必須擁有勞動力、生產資料和信息等生產要素，人們把企業生產經營過程中生產要素的價值稱為資金。資金具有物質性、週轉性和增值性。具體如圖1-2所示。

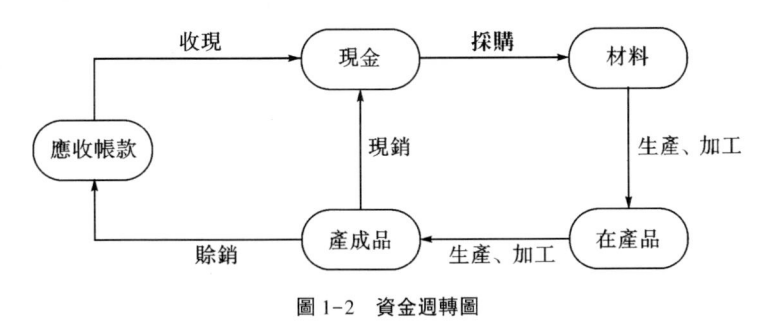

圖1-2 資金週轉圖

1.1.1 公司財務活動

公司主要有四種形式：個人獨資企業、合夥企業、有限責任公司、股份制公司。公司在初創時，通常註冊資本金等於貨幣資金。例如，MBA學生李某，在重慶大學城登記註冊了一家公司經營圖書銷售，註冊資金為10萬元；擁有一定數額的貨幣資金，是進行生產經營活動的必要條件；租門面作為經營場所，請員工來照看書店。李某需要大量採購圖書，同時要出售所購買的圖書，這就是簡單的公司生產經營。一方面表現為物資的不斷購進和售出；另一方面則表現為資金的支出和收回。

例如，重慶萊美藥業邱先生懷揣 10 萬元，從成都到重慶創業，十年後於 2009 年，成為重慶地區唯一的一家科技創業板上市公司。他持有公司 30.13% 的股權，他因公司上市而獲得的財富可達 6 億元。當追問邱先生如何成功時？他簡潔地回答，從創業初期就確立目標，以技術創新為牽引，以規範公司理財為基石，帶領公司走向資本市場。

公司理財活動是以現金收支為主線的企業資金收支的活動的總稱。在市場經濟條件下，一切物資都具有一定的價值，它體現著耗費於物資中的社會必要勞動量，社會再生產過程中物資價值的貨幣表現，就是資金。萊美藥業從 10 萬元的資金，在短短十年時間資金規模就達到數億元，公司資金增長迅速，公司財務活動非常頻繁。我們對公司財務活動梳理一下，任何公司的財務活動都可分為以下四個方面：

1.1.1.1 籌資管理

籌資管理是指公司根據其生產經營、對外投資和調整資本結構的需要，通過籌資渠道，在資本市場獲取資金。李某在經營幾年後，要擴大經營規模，開 10 個連鎖書店，擬定投資 80 萬元。由此，公司需要進行籌資活動。

籌資管理的目的是滿足公司資金需求，降低資金成本，增加公司的收益，減少相關風險。公司根據籌集資金的途徑形成兩種不同性質的資金來源：一種是權益資金；另一種是債務資金。當李某吸納新的股東或用公司幾年累積的資金來完成籌資，就叫權益籌資。權益籌資是企業依法長期擁有，能夠自主調配運用的資本。權益資本在企業持續經營期內，投資者不得抽回。企業的權益資本通過吸收直接投資、發行股票、內部累積等方式取得。李某打算向銀行貸款 80 萬元，這叫債務籌資。債務籌資是企業通過借款、發行債券、融資租賃以及賒購商品或服務等方式取得的資金，形成在規定期限內需要償還的債務。

1.1.1.2 投資管理

李某的書店將經營的余錢拿去購買股票等，裝修新的連鎖書店；萊美藥業需要自己生產藥品、修建生產廠房，購入生產藥品的機械設備等，這些構成了投資事項。

投資是指公司為了獲取未來收益，將一定資金投放在某一特定對象上。投資管理是指公司決定如何進行投資的問題。例如，短期投資主要是投資於流動性比較強的資產，包括股票、一年期以內的債券、存貨等。廠房、機械設備投資屬於長期投資。長期投資是指投資期限在一年以上的資產，包括固定資產投資、項目投資、長期債券投資等。投資按投資對象的不同，可以分為對內投資和對外投資。對內投資如固定資產投資，對外投資如購買股票。李某為擴大店面，向銀行借錢，貸款年限在 2 年以上。這種行為就是長期投資。

1.1.1.3 營運資金管理

在正常的生產經營中，公司會發生一系列資金收付活動：萊美藥業生產藥品，必須購買原材料或水電氣、支付雇用人員工資、支付租用設備租金等；藥品銷售實際收到的

現款、提前預收藥品的帳款以及提供勞務帶來的資金的流入，就是公司的資金收入。

營運資金管理是公司理財的重要組成部分。加強營運資金管理就是加強對流動資產和流動負債的管理；就是加快現金、存貨和應收帳款的週轉速度，盡量減少資金的過分占用，降低資金占用成本；就是利用商業信用，解決資金短期週轉困難，同時在適當的時候向銀行借款，利用財務槓桿提高權益資本報酬率。

1.1.1.4 利潤分配

年末，萊美藥業將經營一年形成的紅利進行分配，就是利潤分配。

利潤分配是指將公司在經營過程中實現的淨利潤，按照約定的分配形式和分配順序，在公司和投資者之間進行的分配。利潤分配的過程與結果，是關係到所有者的合法權益能否得到保護，企業能否長期、穩定發展的重要問題。在利潤分配決策中應考慮兩點：一是要結合企業戰略發展，因為它與企業後續的投資和融資緊密相關；二是分配的數額與方法會影響到投資者、股票價格及投資人對公司的預期。所以，公司必須加強利潤分配的管理和核算。

1.1.2 公司財務關係

無論是李某的書店或邱先生的萊美藥業必然會與相關的主體發生關係，如向稅務機關繳稅，向銀行貸款，給職工發工資、分紅利等。頻繁的公司財務活動必然會形成財務關係。

財務關係是指公司在組織財務活動過程中與各相關方面發生的經濟關係，公司的籌資活動、投資活動、經營活動、利潤及其分配活動與公司上下左右各方面有著廣泛的聯繫。公司的財務關係可概括為以下幾個方面：

（1）公司同其所有者之間的財務關係。這主要是指公司的所有者向公司投入資金，公司向其所有者支付投資報酬所形成的經濟關係。公司所有者主要有以下四類：①國家；②法人單位；③個人；④外商。公司的所有者要按照投資合同、協議、章程的約定履行出資義務，以便及時形成企業的資本金。公司利用資本金進行經營，實現利潤后，應按出資比例或合同、章程的規定，向其所有者分配利潤。公司同其所有者之間的財務關係，體現著所有權的性質，反應著經營權和所有權的關係。

（2）公司同其債權人之間的財務關係。這主要是指公司向債權人借入資金，並按借款合同的規定按時支付利息和歸還本金所形成的經濟關係。公司除利用資本金進行經營活動外，還要借入一定數量的資金，以便降低公司資金成本，擴大公司經營規模。如萊美藥業發行債券，李某的書店向銀行貸款或向其他金融機構借錢。公司的債權人主要有：①債券持有人；②貸款機構；③商業信用提供者；④其他出借資金給公司的單位或個人。公司利用債權人的資金后，要按約定的利率及時向債權人支付利息，公司需要合理調度資金，按時向債權人歸還本金。公司同其債權人的關係體現的是債務與債權的

關係。

（3）公司同其被投資單位的財務關係。這主要是指公司將其閒置資金以購買股票或直接投資的形式向其他公司投資所形成的經濟關係。隨著經濟體制改革的深化和橫向經濟聯合的開展，這種關係將會越來越廣泛。李某的書店投資某物流公司參股5%，公司向其他企業投資，應按約定履行出資義務，參與被投資單位的利潤分配。公司與被投資單位的關係是體現所有權性質的投資與受資的關係。

（4）公司同其債務人的財務關係。這主要是指公司將其資金以購買債券、提供借款或商業信用等形式出借給其他單位所形成的經濟關係。如萊美藥業將暫時閒置的資金通過銀行委託貸款給其他公司，錢借出後，有權要求其債務人按約定的條件支付利息和歸還本金。公司同其債務人的關係體現的是債權與債務的關係。

（5）公司內部各單位的財務關係。如萊美藥業內部的銷售部門、科研部門、產品生產分廠相互之間提供勞務或產品，需要按照市場成本計價，每月進行成本結算。公司在實行內部經濟核算制的條件下，公司供、產、銷各部門以及各生產單位之間，相互提供產品和勞務要進行計價結算。這種在公司內部形成的資金結算關係，體現了公司內部各單位之間的利益關係。

（6）公司與職工之間的財務關係。這主要是指公司向職工支付勞動報酬的過程中所形成的經濟關係。公司要用自身的產品銷售收入，向職工支付工資、津貼、獎金等，按照提供的勞動數量和質量支付職工的勞動報酬。這種公司與職工之間的財務關係，體現了職工和公司在勞動成果上的分配關係。

（7）公司與稅務機關之間的財務關係。這主要是指公司要按稅法的規定依法納稅而與國家稅務機關所形成的經濟關係。任何公司都要按照國家稅法的規定繳納各種稅款，以保證國家財政收入的實現，滿足社會各方面的需要。及時、足額地納稅是公司對國家的貢獻，也是對社會應盡的義務。因此，公司與稅務機關的關係反應的是依法納稅和依法徵稅的權利義務關係。

1.1.3　公司理財的特點

公司理財是公司經營活動過程中的價值管理，是公司全面的、綜合的、靈敏度高的管理工作。公司理財活動主要有以下幾方面：

1.1.3.1　公司理財重心的戰略化和全局化

隨著競爭全球化步伐的加快，公司競爭壓力源於行業內外，公司理財必須分析產業結構競爭能力，從財會事務性的管理工作向戰略性、全局性的方向發展。傳統理財效應壓力多源於公司內部，如增效節支或技術革新。隨著科學技術的發展和經濟全球競爭格局的變化，選擇有發展潛力和高盈利的產業，確定附加價值高的行業為核心業務，將不創造價值或創造價值較少的業務剝離出去，成為公司理財的重任。公司理財不僅涉及生

產加工、資金和技術服務，而且還要在塑造企業核心競爭力的過程中發揮其戰略性和全局性能力。如萊美藥業選擇研發儲備哪類新藥，是保健品或藥品？生產什麼新藥產品？另外，隨著營銷概念的創新，傳統理財中的成本價格策略和廣告促銷效應等方面的優勢受到限制。網絡營銷的無庫存、無店面租金成本等優勢的出現，要求公司建立一種與客戶相互信任、相互依賴的理財體系，以便使公司在持續地為客戶提供個性化服務支出與個性化銷售帶來的利潤之間做出權衡。

1.1.3.2 人力資源價值成為公司價值評價的重要指標

公司理財應從狹隘的財務部內部核算工作向開放的、三流合一的、注重人力資源的綜合管理方向發展。公司理財不再局限於事後分析，而是向注重動態、參與經營過程的方向發展。隨著工業化、信息化的發展，物流和資金流均有可靠的保證。在這種情況下，公司之間的競爭的主要表現為如何加快滿足顧客需要的競爭，因此，理財人員必須建立完整產、供、銷體系的信息一體化，保證資金流與信息流一致。通過可靠性的分析，而實現這一目的——理財人員的潛能發揮顯得尤為重要。在新經濟時代的現代企業中，最重要的不僅是財務資本，而且人力資源的知識、信息與創新能力也顯得尤為重要。公司競爭最終表現為人的競爭，分析和衡量人力資源對公司的價值貢獻就成為公司理財的新課題。輕資產公司（人力資源成為公司主要資源的公司）是公司理財的發展目標，人力資源價值管理將正式進入財務管理體系。

1.1.3.3 公司理財技術的智能化發展

公司理財是一個綜合性、集成化統一的信息系統。為了滿足預測、決策、控制和分析的需求，不僅要採集和累積企業內部數據，也需要外部數據；不僅需要當前的數據，也需要歷史數據；不僅需要反應生產經營活動的數據，也需要有關市場、物價、金融、投資等方面的數據。為了便於存儲、處理和運用，越來越需要採用大型數據庫和數據倉庫；為了有效地支持預測、決策、控制與分析的實施，需要對各項數據進行多維分析與觀察。隨著網絡技術應用的大發展，對網絡財務軟件的需求將會大量增加。公司理財就需要利用計算機進行輔助管理，有效地提高財務管理的時效性和準確性。

1.1.3.4 全面風險管理體系的建立

在傳統的風險管理中，認為風險的主要因素源於人，風險的管理是財務部門的責任，風險管理的重點是對財務風險和財務結果的控制。而新經濟業務流程的重建使風險的管理變為以財務部門為主，各部門密切合作的模式，風險控製的重點轉向各種非財務風險，注重在公司的業務流程中做到風險的控制。

1.1.3.5 人力資本收益分配管理體系的建立

人力資本分配成為收益分配的發展重點，稅收籌劃成為公司理財新領域。在收益分配管理方面，傳統財務管理主要關心股利分配政策；而在知識經濟條件下，企業最主要的生產要素是人力資本而不是貨幣資本，企業的實際控製權掌握在經理人和科技人員手

中，因而，收益分配的重點要轉向人力資本的擁有者，而不是貨幣資本的擁有者。

華為公司研究人力資本的定價與分配的複雜問題，員工持股使華為公司成為具有全球競爭力的企業。人力資本有幾個顯著特點：一是人力資本的多樣性；二是人力資本的易變性，易受企業內外環境和人的心理、生理狀態的影響；三是人力資本的雙重擁有性，一方面人力資本具有人身依附性；另一方面它又必須為企業所用，才能發揮其資本的群體性，也就是人力資本擁有者必須同其他人力資本擁有者以及物質資本相互作用和配合。只有各種資本協同作用才能產生企業收益。但是在收益分配時，又必須把各自的作用和貢獻進行分解，才能合理地分配。

1.1.3.6 稅收籌劃成為公司理財新領域

稅收籌劃是指在國家稅收政策的許可範圍內，有多重納稅方案可供選擇時納稅人做出的低賦稅決策。它是對自身經濟利益的一種保護，是一種合法的理財行為。公司在經營活動中發生的稅收會導致經濟利益流出公司，有些稅收體現的是公司現金流的減少，有些稅收則直接體現利潤的減少。企業在不違反稅收法規和政策的前提下，採取稅收籌劃有利於促進公司管理水平的提升；有利於促進公司優化配置自身資源，增強公司競爭力；有利於維護公司良好的公眾形象。具體來說，企業的稅收籌劃的常用方法包括稅基籌劃法、稅率臨界點籌劃法、稅種期籌劃法、納稅人籌劃法以及納稅地籌劃法等。

公司理財是一切管理的基礎和中心。抓好公司理財就是抓住了公司管理的「牛鼻子」，公司管理也就落到了實處。

1.2 公司理財目標

公司一旦成立，就面臨競爭和許多選擇，並始終處於生存與倒閉、發展與萎縮的矛盾中。

美國十大破產公司中，排名前五位的公司如下：

排名第一位的雷曼兄弟控股公司（Lehman Brothers Holdings），破產保護申請日期為2008年9月15日，資產規模為6910億美元。雷曼兄弟控股公司一度是華爾街備受推崇的第四大投資公司。擁有158年經營歷史的雷曼兄弟公司，抵擋不住美國次貸危機引發的金融海嘯，申請破產保護。

排名第二位的華盛頓互助銀行（Washington Mutual），破產保護申請日期為2008年9月26日，資產規模為3279億美元。由於華盛頓互助銀行的客戶由於擔心該銀行可能會資不抵債，在短短10天內取出160億美元的存款，於是政府監管部門查封了控股公司的銀行資產，以19億美元的價格出售給摩根大通（JPMorgan Chase）。第二天，華盛頓互助銀行申請了破產保護。該銀行一度是美國最大的儲蓄和貸款銀行、全美第六大銀行，而今風光不再。

排名第三位的世界通信公司（WorldCom），破產保護申請日期為 2002 年 7 月 21 日，資產規模為 1039 億美元。世界通信公司一度是僅次於美國電話電報公司（AT&T）的美國第二大長途電話公司，因 110 億美元的會計醜聞事件申請破產保護。破產一年后的 2003 年，世界通信公司改名為 MCI（之前合併的一家公司的名字），重新營業。2005 年，Verizon 通信公司以 76 億美元收購 MCI，世界通信公司前 CEO（首席執行官）伯納德·埃伯斯（Bernard Ebbers）被指控犯有證券詐欺、共謀和偽造文件罪，被判入獄 25 年。他目前正在路易斯安那州的奧克戴爾聯邦監獄服刑。

排名第四位的通用汽車公司（General Motors），申請破產保護日期為 2009 年 6 月，資產規模為 910 億美元。通用汽車公司多年來一直是美國最大的公司，位於財富 500 強之首，這樣的汽車業巨頭申請破產，是美國商業史上最大的工業公司（總體第四大公司）尋求破產保護。該公司可能會進行破產重組，重組后的新公司將繼續經營雪佛蘭（Chevy）、凱迪拉克（Cadillac）、別克（Buick）和 GMC 品牌。其餘表現不佳的品牌：龐蒂克（Pontiac）、土星（Saturn）、悍馬（Hummer）、薩博（Saab）和歐寶（Opel）可能由獨立的剝離公司進行經營，這些公司可能會賣給外國製造商或是倒閉。作為救助計劃的一部分，美國政府將持有新公司大約 72.5% 的股權，餘下的 17.5% 將由美國汽車工人聯合會（United Auto Workers）持有。

排名第五位的安然公司（Enron），破產保護申請日期為 2001 年 12 月 2 日，資產規模為 655 億美元。安然公司曾是美國最大的能源、電力、天然氣公司。2001 年，一個大規模的財務醜聞摧毀了這家公司。其冗長複雜的破產程序是史上最受關注的。2004 年，安然公司完成了破產保護程序。該公司的若干高管後來被指控犯有數起證券和會計詐欺罪行。安然公司的財務醜聞也將安達信會計師事務所（Arthur Andersen）拉下了水。安然公司的醜聞被稱為一次重大轉折事件，因為它激發了 2002 年《薩班斯-奧克斯利法案》的誕生，該法案為上市公司規定了新的標準和做法。2007 年，安然公司改名為安然債權人保障公司（Enron Creditors Recovery Corp），試圖清償公司的剩餘資產。

公司理財的目標是指公司通過財務管理活動要達到的目的。目標就是向導，只有瞭解公司理財的目標，才能利用公司理財指導財務活動的具體工作。它決定著公司財務管理的基本方向。公司理財目標是一切財務活動的出發點和歸宿，是評價公司理財活動是否合理的基本標準。關於公司理財的目標，理論界有不同的觀點。目前受到普遍認可的主要有以下三種觀點：

1.2.1 利潤最大化

利潤最大化是假定公司財務管理以實現利潤最大化為目標。亞當·斯密關於「經濟人」假說的利潤最大化目標是經濟學界的傳統觀點。這種觀點有三個方面：①公司存在的目的就是賺取利潤，那麼為公司服務的財務管理也應該服從公司的目的；②在自

由競爭的資本市場中，資本的使用權屬於獲利最多的公司；③每個公司最大限度地獲利，整個社會財富才能實現最大化。

公司賺取的利潤越多，那麼就越接近公司的目標，但是該觀點也存在一些缺點：①沒有考慮利潤獲取的時間，即沒有考慮貨幣的時間價值。例如，同樣是獲取了1000萬元的利潤，甲公司花了一年時間，乙公司花了兩年的時間，兩者的效果明顯是不同的。②沒有考慮獲取的利潤與投入資本的關係。例如，同樣是獲取了1000萬元的利潤，甲公司投入了5000萬元的資本，乙公司投入了1億元的資本，甲、乙公司的投資效率也是明顯不同的。③沒有考慮獲取的利潤與承擔的風險的關係。例如，同樣是獲取了1000萬元的利潤，甲公司是收到的現金或銀行存款，而乙公司是應收帳款，會產生「有利無錢」的現象，因此乙公司將可能面臨壞帳的風險。④容易導致公司管理層短期行為，管理層犧牲公司長遠的發展目標來獲取短期利潤，忽視科技開發、生活福利及社會環保等。例如，三鹿毒奶粉事件導致三鹿集團破產、南京冠生園「陳餡做新餅」的事件使這家曾經輝煌70年的老字號毀於一旦，這都是片面追求利潤最大化的結果。

1.2.2 股東財富最大化

股東財富最大化是指公司財務管理以實現股東財富最大化為目標，即增加股東財富，實現資本增值的目的。股東作為公司的出資人，如果公司不能滿足股東增加財富的目的，那麼股東就會撤資，公司就會不存在。在上市公司中，股東的財富反應在股票的價格中，通過股票價格來反應和衡量。在有效的資本市場條件下，股票價格達到最高，股東財富也就達到最大。

股東財富最大化並非不考慮其他利益相關者的利益，如果不滿足其他利益相關者的要求，股東利益也會受到損害，因此股東財富最大化是從多角度來考慮公司財務管理的目標。財富最大化是指通過財務上的合理經營，為股東帶來更多的財富。持這種觀點的學者認為，股東創辦公司的目的是增加財富，他們是公司的所有者，是公司資本的提供者，其投資的價值在於它能給所有者帶來未來報酬，包括獲得股利和出售股權獲取現金。

與利潤最大化相比，股東財富最大化的主要優點有：
（1）考慮了資金的時間價值，在一定程度上能避免公司短期行為；
（2）科學地考慮了風險因素，因為風險的高低會對股票價格產生重要影響；
（3）容易量化，股東財富最大化可以用股票市價來計量，便於考核和獎懲。

同時，以股東財富最大化為公司的理財目標也有不足之處。追求股東財富最大化存在以下缺點：
（1）它只適用於上市公司，對非上市公司很難適用。就中國現在國情而言，上市公司並不是中國企業的主體，因此在現實中，股東財富最大化尚不適合於作為中國公司

理財的目標。

（2）股東財富最大化要求金融市場是有效的。由於股票的分散和信息的不對稱，經理人為實現自身利益的最大化，有可能以損失股東的利益為代價做出逆向選擇。

（3）股票價格除了受財務因素的影響之外，還受到其他因素的影響，股票價格並不能準確反應公司的經營業績。所以，股東財富最大化目標受到了理論界的質疑。

1.2.3 公司價值最大化

所謂公司價值最大化是指公司市場價值最大化。公司價值可以理解為公司所有者權益的市場價值，或者是公司所能創造的預計未來現金流量的現值。投資者投資公司、建立新工廠要達到的目的是資本增值。盡可能多地為自身創造財富，這種財富在於公司未來帶給投資者的回報大小，通過公司財務上的合理經營，採用最優的財務政策，充分考慮資金的時間價值和風險與報酬的關係，在保證公司長期穩定發展的基礎上，使公司總價值達到最大化。其基本思想是將公司長期穩定發展擺在首位，強調在公司價值增長中滿足各方利益關係。

以公司價值最大化作為公司理財目標具有以下優點：

（1）價值最大化目標考慮了取得現金性收益的時間因素，並用貨幣時間價值的原理進行科學的計量，反應了公司潛在或預期的獲利能力，從而考慮了資金的時間價值和風險問題，有利於統籌安排長短規劃，合理選擇投資方案，有效籌措資金，合理制定股利政策等。

（2）價值最大化目標能克服公司在追求利潤上的短期行為。因為不僅過去和目前的利潤會影響公司的價值，而且預期未來現金性利潤的多少對公司價值的影響更大。

（3）價值最大化目標科學地考慮了風險與報酬之間的關係，能有效地克服公司財務管理人員不顧風險的大小，只片面追求利潤的錯誤傾向。

（4）用公司價值替代了價格，克服了過多受外界市場因素的干擾，有效地規避了公司短期經營行為。

以公司價值最大化作為財務管理目標也存在以下問題：

（1）公司價值過於理論化，不易操作。對於上市公司，股票價格的變化在正常情況下揭示了公司的價值變化。但是，股票價格的變化是受多種因素影響的結果，特別是在資本市場效率低下的情況下，股票價格很難反應企業價值。

（2）對於非上市公司，只有對其進行專門的評估才能確定其價值，而在評估公司價值的資產時，評估標準和選擇評估方式的差異性，將直接導致公司價值的評價結果不同。

綜上所述，本書採用公司價值最大化作為公司的理財目標。

目前，學術界提出相關者利益最大化，強調公司理財目標不僅要追求股東財富最大

化目標，而且要兼顧其他相關利益者。例如，一個城市建設的交通綜合樞紐工程，業主是代表政府出資作為經營主體，項目工程發包給工程建設公司，以及由經營活動產生的借貸關係的金融機構、其他債權人、供應商、員工和客戶這些相關利益主體，這樣才能利於公司的長期穩步發展，體現了合作共贏的現代經營管理理念。這是理想的公司理財目標。

社會價值最大化作為財務管理目標。社會責任是指公司在從事生產經營活動獲取正常收益的同時應當承擔相應的社會責任。正如公司不能片面地追求產值，應把生態效益等指標作為主要考核內容，再不能簡單以 GDP（國內生產總值）增長率來論英雄。公司承擔社會責任會造成利潤和股東財富的減少。公司理財管理目標和社會責任也有一致性。首先，公司承擔社會責任大多是法律所規定的，如消除環境污染、保護消費者權益等，公司財務管理目標的完成，必須以承擔社會責任為前提；其次，公司積極承擔社會責任，為社會多做貢獻，有利於公司樹立良好形象，也有利於公司財務管理目標的實現。

1.2.4 公司理財目標的協調

現代公司理財一般以股東財富最大化為目標，這就要協調好與其他各相關利益主體之間的利益關係。

1.2.4.1 財務目標與企業經營者目標的協調

在所有權與經營權相分離的背景下，經營者（如經理人）的目標如要求增加報酬、增加休閒時間、避免風險等與所有人（如股東）的目標是背離的。解決這種衝突的措施通常有：

（1）監督與解聘。經營者背離所有者的條件是雙方信息不對稱，經營者瞭解掌握的企業信息比所有者更多、更具體，因此解決問題的方式就是所有者獲取更多的信息，如聘請註冊會計師加強內部審計，以對經營者進行監督，必要時加以解聘。

（2）激勵。採用激勵方式，使經營者能夠分享企業增加的財富，如企業盈利水平提高，股票價格上升，可以給經營者現金、股份等獎勵。

1.2.4.2 財務目標與企業債權人目標的協調

債權人是企業資金的重要提供者，其目標是到期收回本金，並取得約定的利息收入，但這是有風險的，因為債權人一旦把資金借給企業就失去了對資金的控制，企業可能做出不利於債權人利益的行為，如把資金投向於高風險項目，結果遭受損失。舉借新的債務，增加債權人的風險。為了防止債權人利益被侵害，法律對債權人的利益有優先保護權，如企業破產時債權人有優先接管、優先分配剩餘財產等權利。此外，債權人還可以增加限制性條款，如限定資金的用途、不得舉借新債務。債權人發現企業有損害其利益的行為時，可以拒絕進一步合作等。

1.2.4.3 財務目標與企業其他利益相關者目標的協調

其他利益相關者包括除上述企業經營者與債權人之外的其他利益相關者，如政府、稅務機關、企業的債務人、其他員工、供應商、客戶等，企業與這些利益相關者之間既有共同利益也有利益衝突，一般可以通過立法、簽訂合同等方式來保障雙方的合法權益。此外，企業從道德層次以及承擔的責任的角度，通過各種方式，如改善工作環境、增加員工福利等來協調這些利益關係。

1.3 公司理財的方法

公司理財的方法是指在公司理財工作中，為了能組織好各種複雜的財務活動，處理好各種財務關係，達到公司理財目標而使用的公司理財的技能。公司理財方法包括財務預測、財務決策、財務控製、財務分析和財務考核等方法。

1.3.1 財務預測

財務預測是指根據企業收集的企業內外部的歷史資料，結合企業當前社會經濟形勢對企業未來時期的財務收支活動進行全面的分析，並做出各種不同的計劃和推斷的過程。它是財務管理的基礎。財務預測的主要內容有籌資預測、投資預測、成本預測、收入預測和利潤預測等。進行財務預測所依據的主要資料有：①企業基期（或歷史上）的各種財務與會計資料；②企業計劃期各種業務經營活動指標與措施；③國內外同行業企業財務活動與其他業務經營活動的有關資料；④國家現行政策與制度；⑤國際政治經濟環境；⑥國內外市場情況（主要有商品勞務市場、資金市場、產權市場等）的變化等。財務預測所採用的具體方法主要有屬於定性預測的判斷分析法和屬於定量預測的時間序列法、因果分析法和稅率分析法等。

1.3.2 財務決策

財務決策是指在財務預測的基礎上，對不同方案的財務數據進行分析比較，全面權衡利弊，從中選擇最優方案的過程。它是公司理財的核心。財務決策的主要內容有籌資決策、投資決策、成本費用決策、收入決策和利潤決策等。財務決策所採用的具體方法主要有概率決策法、平均報酬率法、淨現值法、現值指數法、內涵報酬率法等。

1.3.3 財務控製

財務控製是指以財務預算和財務制度為依據，利用有關信息和特定手段，對企業財務活動進行影響或調節，對財務活動脫離規定目標的偏差實施干預和校正的過程。財務控製的內容主要有籌資控製、投資控製、貨幣資金收支控製、成本費用控製和利潤控製。財務控製的方式多種多樣，按時間不同可分為事前控製、事中控製和事後控製；按具體方式不同可分為計劃控製、制度控製、定額控製等；按指標不同可分為絕對數控製

和相對數控製。財務控製必須按照財務活動的不同情況，採取不同的方法，才能收到良好的效果。

1.3.4 財務分析

　　財務分析是指根據核算資料（會計信息），運用特定方法對一定期間的財務活動過程及其結果進行分析和評價的過程。通過財務分析，可以掌握財務活動的規律，為以後進行財務預測和制定財務預算提供資料。財務分析對加強公司理財有很重要的作用。通過財務歷史資料與預計資料的分析，為財務計劃的制訂與調整提供依據；通過對財務計劃執行情況與影響因素的分析，可以及時揭露問題，採取控製措施，保證財務計劃的實現；通過對財務活動過程及其結果的分析，可以檢查企業內部、行業與國家有關財務制度的執行情況，正確處理企業與各方面的財務關係；通過財務分析，可以研究和掌握企業財務活動的規律性，增強財務管理的自覺性。總之，財務分析能檢查財務計劃執行與完成情況、遵守財務制度的情況，也能促使企業挖掘潛力、改善經營管理、提高經濟效益等。財務分析的一般程序，包括揭示差距、測定各影響因素的影響程度和提出對策幾個方面。財務分析的內容主要有償債能力分析、營運能力分析、獲利能力分析和綜合財務分析等。財務分析所採用的具體方法有比較分析法、比率分析法、平衡分析法、因素分析法等。

1.3.5 財務考核

　　財務考核是指將報告期財務指標實際完成數與規定的考核指標進行對比，確定有關責任單位和個人是否完成任務。財務考核與物質獎懲緊密聯繫，是貫徹責任制原則的要求，是構建激勵與約束機制的關鍵環節。財務考核主要在企業內部進行，國家財務部門對國資企業經營者的考核屬於宏觀財務考核。財務考核指標應是責任單位或個人完成責任的可控製性指標，一般根據所分管的財務責任指標進行考核，使財務指標的完成有強有力的制約手段與鼓勵措施。因此，財務考核是促使企業全面完成財務計劃，監督有關單位與個人遵守財務制度，落實企業內部經濟核算制的手段。財務考核的形式包括以下幾種：①絕對指標考核。這種形式適合於對於某些固定性費用開支和財務成果指標考核，如製造成本中的某些間接費用、期間費用中的某些固定費用指標的考核以及對利潤額的考核。②相對指標考核。這種形式適合於變動性較大，而又有一定變化規律的財務指標考核，如運用銷售資金率（或產值資金率）考核；這種形式適合某些在基期的基礎上要求降低多少或增加多少的財務指標考核，如按費用降低率、流動資金週轉加速率等指標考核。③評分考核。這種方式適合於對多種財務指標進行綜合考核的情況。財務考核採用何種形式，應根據企業的具體情況加以確定。各種形式既可以單獨運用，也可以配合使用。通過財務考核，可以正確貫徹按勞分配原則，克服平均主義，促使公司加強基礎管理工作，提高公司素質。

1.4 公司理財環境

公司理財環境是指對公司財務活動產生影響的外部條件。財務環境是公司從事財務管理活動過程中所處的特定時間和空間。

財務環境既包括公司理財所面臨的政治、經濟、法律和社會文化等宏觀環境，又包括公司自身管理體制、經營組織形式、生產經營規模、內部管理水平等微觀環境。就所有公司而言，其宏觀財務環境是相同的，但每一個公司的微觀財務環境則是千差萬別。

1.4.1 法律環境

市場經濟是法制經濟，企業一切經濟活動都要在法律規範內進行，這既是對公司行為的約束，也是為公司從事各種合法經營活動提供法律保障。

法律環境是指公司與外部發生經濟關係時所應遵守的各種法律法規和規章制度。目前，對公司理財影響較大的相關法規有：《中華人民共和國公司法》、《中華人民共和國證券法》、《中華人民共和國金融法》、《中華人民共和國證券交易法》、《中華人民共和國合同法》、《中華人民共和國稅法》、《企業財務通則》等。這些法律法規對公司影響是多方面的，包括對公司的組織形式、公司治理結構、投資、融資、日常經營管理、收益分配等。法律對公司來說是一把雙刃劍，一方面它為公司的經營活動規定了限制空間，另一方面也為公司在相應空間內自由經營提供了法律上的保護。每個公司進行各項財務活動時，必須依法處理各種財務關係，並學會用法律來保護自己的合法權益。在守法的前提下完成公司理財的職能，實現企業財務管理目標。

1.4.2 經濟環境

經濟環境是影響公司理財的社會經濟因素，主要有經濟體制、經濟週期、通貨膨脹、市場競爭、市場季節性等。經濟政策環境主要是指國民經濟發展規劃，如國家的產業政策、財政法規、經濟體制的改革方案等。

1.4.2.1 經濟發展水平與經濟體制

經濟發展水平是指一個國家經濟發展的規模、速度和所達到的水準。反應一個國家經濟發展水平的常用指標有國民生產總值、國民收入、人均國民收入、經濟發展速度、經濟增長速度。一個國家的經濟發展水平越高，公司理財水平就越高，公司在配置資源、控製成本、改進效率、提高收益等方面也就做得更好。經濟環境對公司理財模式的影響主要是經濟體制的變革對公司理財目標、內容等方面產生的巨大影響。隨著市場經濟體制的建立，公司成為「自主經營、自負盈虧、自我約束、自我發展」的獨立的經濟組織。為了在市場中求得生存與發展，公司必須面向市場自主籌資，慎重地進行財務決策，強化財務控製，保持合理的資金結構，靈活調度資金。公司理財的目標轉變為公

司價值最大化,從而最終實現資本增值最大化,公司理財的重點也轉移到資金籌集、使用和分配方面。

1.4.2.2 經濟週期與當前經濟狀況

在市場經濟條件下,一個國家(一個經濟體)經濟發展與運行具有一定的週期性和波動性,一般會呈現出復甦、繁榮、衰退和蕭條四個階段的循環。經濟週期的不同階段,對公司理財的要求不同,公司理財的策略也不同。西方經濟學家對在不同經濟週期階段公司經營與公司理財的策略進行了歸納,見表1-1。

表1-1　　　　　　　　不同經濟週期階段的經營理財策略

復甦	繁榮	衰退	蕭條
增加廠房設備	擴充廠房設備	停止擴張	建立投資標準
實行長期租賃	繼續建立存貨	出售多餘設備	保持市場份額
建立存貨	提高產品價格	停產不利產品	壓縮管理費
開發新產品	開展營銷策略	停止長期採購	放棄次要利益
增加人力資源	增加人力資源	消減存貨	消減存貨
		停止擴招僱員	裁減僱員

公司財務管理者必須認清當前形勢,並根據經濟週期規律,預測經濟變化,研究公司在不同的經濟條件下應採取的公司理財策略和實施措施。

國家的各項經濟政策和法規都是用以促進國民經濟發展的,其對公司理財模式的影響主要體現在一些財務目標模式和財務決策方向上,如國家產業政策對一些產業的鼓勵或限制,就決定了公司的投資決策目標和方向。

1.4.2.3 宏觀經濟政策

宏觀經濟政策的選擇原則是:急則治標、緩則治本、標本兼治。「急則治標」是指運用財政、貨幣等宏觀經濟政策處理短期經濟問題,如刺激經濟增長、防止通貨緊縮、應付外部衝擊等;緩則治本是指通過結構政策與經濟改革處理長期經濟問題,如調整經濟結構、促進技術進步、提高經濟效益、實現持續發展、積極參與全球經濟。

為了使國民經濟健康穩定發展而制定的戰略與原則,宏觀經濟政策包括貨幣政策、財政政策、匯率政策等。

貨幣政策是通過政府對國家的貨幣、信貸及銀行體制的管理來實施的。貨幣政策的性質(中央銀行控製貨幣供應以及貨幣、產出和通貨膨脹三者之間聯繫的方式)是宏觀經濟學中最吸引人、最重要,也是最富爭議的領域之一。貨幣政策是指政府或中央銀行為影響經濟活動所採取的措施,尤其指控製貨幣供給以及調控利率的各項措施,用以達到特定或維持政策目標,比如抑制通脹、實現完全就業或經濟增長,直接地或間接地通過公開市場操作設置銀行最低準備金(最低儲備金)。貨幣理論和貨幣政策是指中央

銀行為實現其特定的經濟目標而採用的各種控制和調節貨幣供應量或信用量的方針和措施的總稱，包括信貸政策、利率政策和外匯政策。

財政政策是指國家根據一定時期政治、經濟、社會發展的任務而規定的財政工作的指導原則，通過財政支出與稅收政策來調節總需求。增加政府支出，可以刺激總需求，從而增加國民收入；反之，則壓抑總需求，減少國民收入。稅收對國民收入是一種收縮性力量，因此，增加政府稅收，可以抑制總需求從而減少國民收入；反之，則刺激總需求增加國民收入。財政政策是指政府變動稅收和支出以便影響總需求進而影響就業和國民收入的政策。

匯率政策是指一國政府利用本國貨幣匯率的升降來控制進出口及資本流動以達到國際收支均衡之目的。匯率政策的國際協調可以通過國際融資合作、外匯市場的聯合干預以及宏觀經濟政策的協調進行。在實際操作中，一國的匯率制度目標確定往往受到很多因素的制約，也可能會根據實際情況進行調整，但無論如何，在某一階段一國的匯率制度的目標總會相對固定。

匯率政策工具主要有匯率制度的選擇、匯率水平的確定以及匯率水平的變動和調整。匯率制度傳統上分為固定匯率制度和浮動匯率制度兩大類。釘住匯率政策的基本觀點：通過貨幣匯率釘住來引入某貨幣國家的反通貨膨脹政策信譽，同時公眾通過調整預期通貨膨脹率使得通貨膨脹率與某貨幣國家的通貨膨脹率相一致。如果本國的通貨膨脹率要高於某貨幣國家的通貨膨脹率，那麼會引起本國的貨幣實際匯率升值，本國商品的價格相對來講比某貨幣國家商品的價格要高，本國商品的需求就相應地減少，隨後會使本國的通貨膨脹率和某貨幣國家的長期通貨膨脹率相一致。

宏觀經濟政策的目標是穩定物價、充分就業、經濟增長和國際收支平衡。

1.4.2.4 金融市場環境

金融環境是指一個國家在一定的金融體制和制度下，影響經濟主體活動各種要素的集合。

金融環境即金融市場環境，是公司理財所面臨的來自於金融市場方面的影響因素。金融市場按照不同的標準有不同的劃分，按照時間標準不同可分為貨幣市場和資本市場。貨幣市場也稱短期資金借貸市場，主要是指一年期以內的短期資金借貸市場；資本市場又稱長期資金融通市場，主要是指長期債券和股票市場。金融市場按照範圍不同可分為國際金融市場和國內金融市場，其中前者影響后者。不同金融市場環境對企業的作用不同，金融市場環境的好壞，決定著公司未來收益的高低，影響公司的財務目標和財務運行方式。因而，公司面臨不同的金融市場要採取不同的財務政策，尋找發展機遇，推動自身發展。儘管中國金融市場建設時間比較晚，又加上受傳統計劃管理體制的影響，金融市場發育尚不成熟，還存在許多不足之處，但中國公司的財務管理模式依然會受金融市場的影響。

案例討論

輝煌一時的奧妮　商標拍賣抵債

背景資料：

因拖欠貨款和違約金近千萬元，曾輝煌一時的重慶奧妮化妝品有限公司（以下簡稱奧妮公司），被供貨商汕頭市恒昌實業公司（以下簡稱恒昌實業）推上被告席而敗訴，奧妮公司無錢還債。恒昌實業總經理劉文豪已向法院提出申請，拍賣奧妮系列商標抵債。

原告訴稱：欠款近千萬元

根據法院的判決書，恒昌實業與奧妮公司是多年的合作夥伴，由恒昌實業向奧妮公司提供洗護用品的塑料瓶外包裝。

2004年7月，恒昌實業向資金危機已現端倪的奧妮公司發出一份貨款清單。當月，奧妮公司在清單上註明：「我司現欠貴司貨款共計834.69萬元」，並加蓋了奧妮公司財務專用章。隨後，恒昌實業又向奧妮公司陸續提供了270多萬元的貨。

在恒昌實業發出貨款清單的第二天，奧妮公司當時的董事長黃家齊便簽訂了一份還款協議。黃表示，在一個月內，保證還款：將公司一輛奔馳600型汽車和一輛豐田沙漠王子變賣，所得的價款償還欠款。如違約，將承擔違約責任。

於是，從2004年7月15日開始，恒昌實業繼續向奧妮公司供貨。奧妮公司於7月16日還款50萬元，但還款協議中的奔馳和豐田車從此不見蹤影。

截至2005年7月，奧妮公司陸續向恒昌實業還款440萬元，還欠款670萬元。依還款協議，奧妮公司還應承擔283萬元的違約金。

奧妮蒸發：傳票無處送達

2005年7月12日，恒昌實業到重慶市第一中級人民法院（以下簡稱重慶市一中院）狀告奧妮公司，要求其還款。據介紹，9月7日，重慶市一中院以「法院專遞」形式向奧妮送達法律文書。然而，9月9日，「法院專遞」被儲奇門郵局以「該公司已遷移」的理由退回。

奧妮蒸發了？2004年5月18日前後，奧妮公司遷出重慶化妝品廠後，搬到了重慶江北區建新南路16號西普大廈3樓。但該大樓保安稱，奧妮早已遷出。隨後又有人說，奧妮的核心層可能已搬到龍湖西苑的翡翠樓，但前往並沒發現。而奧妮搬到廣州去的生產線，也無人知曉具體地址。

據最高人民法院出抬的《關於以法院專遞方式郵寄送達民事訴訟文書的若干規定》，在公告送達中，如因受送達人原因令文書無法接收，文書退回之日則視為送達

之日。

2005年9月15日，該案在重慶市一中院開庭。

原告申請：拍賣商標抵債

據悉，早在2004年3月，奧妮公司董事會就做出決議，免去黃家齊董事長職務，由劉燕銘接任。而恒昌實業卻稱不知情，在當年7月與黃家齊簽訂還款協議。

那麼，已不是董事長的黃家齊簽訂的還款協議是否有效？重慶市一中院在庭審中認為，黃家齊在簽署還款協議前，儘管已被公司董事會免職，但奧妮公司在2004年9月8日才向工商管理部門提出董事長變更申請，並於同年9月14日才獲核准。因此，黃家齊簽署的還款協議有效。

重慶市一中院做出判決：奧妮公司須支付恒昌實業欠款670萬元及違約金283萬元。其後，奧妮公司和恒昌實業均未提出上訴。判決生效。

讓恒昌實業老總劉文豪苦惱的是，奧妮公司基本已成空殼，沒拿到一分錢。他們曾向法院提出了財產保全請求，奧妮公司的4部汽車被查封。於是，向重慶市一中院提出了拍賣保全資產抵債申請，對奧妮系列商標進行拍賣。

奧妮公司過去主要推了奧妮、百年潤髮、西亞斯三個品牌，其斷斷續續註冊的可開發商標有上百個。其中，百年潤髮被人花400多萬元買走了。

「奧妮」系列商標共涉及23個，包括奧妮皂角洗髮膏、奧妮啤酒香波、奧妮水晶型花旗參香波等，評估總價值為263萬元。因為「奧妮」商標的知名度，恒昌實業有意全盤接手。

奧妮沉浮：輝煌菸消雲散

2002中國品牌發展報告研究顯示，在洗髮水品牌滲透率方面，奧妮是國內唯一有三個品牌同時進入綜合排名前20名的企業。

奧妮大事記

1985年，擁有員工180多人的重慶化妝品廠經營陷入困境，年銷售額僅180多萬元。黃家齊任廠長。

1991年，重慶化妝品廠年銷售額達5000多萬元，與香港新成豐貿易公司合資組建重慶奧妮。

1994年，奧妮皂角洗髮浸膏打出「植物一派，重慶奧妮」的廣告，強化皂角成分，取得成功，年銷售額突破1.5億元。

1995年，年銷售額達3.2億元。

1996年，奧妮推出劉德華做首烏洗髮露代言人，「黑頭髮，中國貨」的廣告語深入人心。當年，其品牌價值經權威機構評估為10.25億元。

1997年，奧妮推出「百年潤髮」，周潤發作為代言人。年銷售收入升至8.6億元，市場佔有率提升至12.5%，僅次於飄柔。

1998 年，奧妮與奧美廣告合作，重新包裝推廣「皂角洗髮浸膏」，血本無歸。

1999 年，資金吃緊的奧妮年銷售額下滑到 5 億元左右。

2003 年，奧妮銷售額為 2.8 億元。

2004 年 2 月，香港新成豐國際貿易控股公司追加 114 萬余美元的投資，占奧妮的 51.1%的股份，成為奧妮第一大股東。黃家齊受聘任繼續出任董事長。

2004 年 12 月，奧妮營銷中心遷往廣州。

資料來源：《重慶晚報》2006 年 2 月 17 日，記者鄧全倫。

問題：

1. 通過本案例討論建立公司財務管理體系的重要性？
2. 通過本案例思考公司理財，即價值管理？
3. 奧妮公司資產管理是否有漏洞，會造成什麼后果？
4. 通過本案例你得到什麼啟示？

本章小結

公司理財又稱企業理財。從廣義的角度講，公司理財就是對公司的資產進行配置的過程；從狹義的角度講，公司理財是要最大效能地利用閒置資金，提升資金的總體收益率。

公司理財從傳統的三大特點開放性、動態性、綜合性轉變為公司理財重點的戰略化和全局化，人力資源價值成為公司價值評價的重要指標，公司理財技術的智能化發展、全面風險管理體系的建立、人力資本分配成為收益分配的發展重點以及稅收籌劃成為公司理財新領域。

(1) 現代市場經濟以金融市場為主導，金融市場作為企業資金融通的場所和連接企業資金供求雙方的紐帶，對公司財務行為的社會化具有決定性影響。金融市場體系的開放性決定了公司財務行為的開放性。

(2) 公司理財以資金運動為對象，而資金運動是對公司經營過程一般與本質的抽象，是對公司再生產運行過程的全面再現。於是，以資金管理為中心的公司理財活動是一個動態管理系統。

(3) 公司理財圍繞資金運動展開。資金運動作為公司生產經營主要過程和主要方面的綜合表現，具有最大的綜合性。掌握了資金運動，猶如牽住了公司生產經營的「牛鼻子」，「牽一髮而動全身」。綜合性是理財的重要特徵。

公司經營如逆水行舟，不進則退。昔日世界 500 強大企業經營不善，仍然逃不脫破產的命運。公司經營目標是企業價值最大化，同時要倡導公司的社會責任感和環保意識。

公司是國民經濟的細胞,每天都在進行一系列的經濟活動。公司的任何一項經濟活動,都是公司理財行為。公司在日益競爭的複雜環境中,如何處理好各種財務關係,達到公司理財目標而使用公司理財的技能,如財務預測、財務決策、財務決算、財務控製、財務分析等方法。

公司經營活動的過程,就是公司理財的過程。公司所處的特定時間和空間,必須在大的經濟環境中求存。公司經營活動是公司理財決策的實施,應善於運用金融政策,通過持續不斷的公司理財活動,不斷發揮公司價值最大化。

知識拓展

公司理財理論

公司理財理論是根據公司理財假設所進行的科學推理或對公司理財實踐的科學總結而建立的概念體系,其目的是用來解釋、評價、指導、完善和開拓財務管理實踐。

理論研究的深度,是衡量一門學科成熟與否的標誌;首尾一貫的理論,則是評估實務正確與否的指南。公司理財實務已有較長歷史,但公司理財理論的出現則較晚。

公司理財理論的發展

從西方公司理財的發展與演進來看,公司理財作為一門獨立的學科產生於19世紀末。美國學者格林(Thomas L. Greene)於1897年出版的《公司理財》標誌著公司理財學科的誕生。公司理財理論的發展大體經歷了資金籌集與財務核算、內部財務控制、投資公司理財和現代公司理財四個階段。

1. 資金籌集與財務核算階段(19世紀末到20世紀20年代)

這一階段的公司理財主要注重於資金籌措和財務核算、股票和債券發行、回收及收益的計算,處理好公司與投資者、債權人之間的財務關係,研究公司治理、證券發行和公司合併等有關法律性業務,為企業籌措資金服務。

2. 內部財務控制階段(20世紀30年代初)

在激烈的市場競爭中,要維持公司的生存與發展,公司理財的主要問題不僅在於籌措資金,更需要重視資金的運作和使用效益的提高,保持合理的資本結構和償債能力,嚴格控制財務收支。因此,從這一時期開始,公司理財學的研究重心開始向內部控制(資金的內部管理)轉移。

3. 投資公司理財階段(20世紀40年代到20世紀70年代)

20世紀40年代和50年代初期,公司理財開始重視現金流量的分析以及從公司內部對這些現金流量進行計劃和控制,資本預算也開始引起人們的關注和重視。到了20世紀50年代中期,資本預算以及貨幣時間價值引起財務人員的廣泛關注。資本投資項

目評估和選擇的方法與技術得到了發展,公司理財日益重視資本在企業內部的有效配置問題。公司理財人員的責任和權利範圍擴大,開始對投放於各種資產的全部資金進行管理。

從20世紀50年代后期開始,公司理財朝著「嚴謹的數量分析」方向發展。電腦的日益普及,各種複雜的計量模型的應用,使財務分析、財務預測、財務計劃和財務控制等方法得到了廣泛的應用。

20世紀六七十年代,資產負債表中負債和股東權益的分析再度受到重視。公司理財重點研究公司最佳資本結構的形成,即研究如何均衡負債與普通股、短期資金與長期資金,使公司形成總資本成本最低的資本結構。在這一階段,財務理論借鑑經濟學的新成果,以提高投資收益為目標,以時間價值理論和風險控製理論為基礎,開始向高級管理領域拓展,並取得了一系列成果。

4. 現代公司理財階段

現代公司理財階段的突出特徵是:隨著計算機技術的廣泛應用,出現了計算機財務決策系統;網絡技術和電子商務的發展,推動了公司理財從桌面財務走向網絡財務。

西方公司理財理論的基本情況

理財學界普遍認為,1958年美國米勒教授和莫格迪萊尼教授關於資本結構無關論的研究論文的發表,標誌著現代理財學的誕生。從那以後,現代西方公司理財理論大體包括這樣一些內容:

1. 有效市場理論

這一理論說明的是金融市場上信息的有效性,即證券價格能否有效地反應全部的相關信息。有效市場理論給公司理財活動帶來了很多啟示,如既然價格的過去變動對價格將來的變動趨勢沒有影響,就不應該根據股票價格的歷史變化決定投資或融資;既然市場價格能夠反應公司的狀況,市場上的證券價格一般也就是合理的,因此凡是對證券的高估或低估,都應當謹慎;既然資本市場上的證券都是等價的,每種證券的淨現值都等於零,因此各種證券可以相互替代,也就可以通過購買各種證券進行投資組合。

2. 資本結構理論

最初的資本結構理論認為,根據某些假設,通過套利活動,公司不會因為資本結構的不同而改變其價值,即對於公司價值來講,資本結構是無關的。隨著研究的深入,對問題的認識有了變化,即如果考慮公司所得稅,由於債息可以抵稅,在一定假設的前提下,公司的價值會隨負債程度的提高而增加,因此公司的負債越多,價值越大。以上理論的某些假設因為在現實生活中不能成立,所以其結論不完全符合實際情況。在放寬了一些假設條件,進一步考慮個人所得稅之後,得出的結論是:負債公司的價值等於無負債公司的價值加上負債所帶來的節稅利益,而節稅利益的多少依所得稅的高低而定,於是公司的資本結構仍與其價值無關。這些理論引起了很多討論,產生了一些新的認識,

諸如「權衡理論」「信息不對稱理論」等。

3. 證券投資組合理論

這一理論給出了關於證券投資組合收益和風險的衡量辦法，即：在一定的條件下，證券投資組合的收益可以由構成該組合的各項資產的期望收益的加權平均數衡量，而風險則可以由各項資產期望收益的加權平均方差和協方差衡量。計量出了證券投資組合的價值，投資者便可以通過適當的證券組合，提高投資效益。

4. 資本資產定價模型

這一理論用於對股票、債券等有價證券價值的評估。按照資本資產定價模型，在一定的假設條件下，某項風險資產，比如某股票的必要報酬率等於無風險報酬率加上風險報酬率。資本資產定價模型回答了為補償風險投資者應當獲得多大報酬的問題。

5. 股利理論

這一理論是關於公司採取怎樣的股利發放政策的理論，分為股利無關論和股利相關論兩類論點。在股利無關論看來，在完全市場條件（即具備一定的假定條件）下，由於存在套利活動，投資者對於公司留存較多的利潤是用於再投資，還是發放較多的股利並無偏好，他們可以通過套利自動補償損失。既然投資者不關心股利的分配，公司的價值就完全由其投資的獲利能力決定，公司的股利政策不影響公司的價值。股利相關論則認為，現實中不存在股利無關論提出的完全市場條件，公司股利的分配是在種種制約因素中進行的，公司不可能擺脫這些因素的影響。這些因素既有法律、社會的又有股東的，還有公司自身的。由於存在諸多影響股利分配因素，公司的股利政策與其價值必然相關，公司的價值就不會僅僅由其投資的獲利能力決定。從這一基本觀點出發，又形成了若干股利政策影響投資者行為的理論，如「信息傳播論」等。

公司理財理論結構是人們基於對公司理財實踐活動的認識，通過思維活動對公司理財理論系統的構成要素及其排列和組合方式所做的界定。它具有以下功能：

（1）界定公司理財理論體系的覆蓋內容與容量，展示其整體框架，使公司理財理論系統的構成要素科學化、規範化、有序化和層次化。

（2）揭示公司理財理論體系內部各要素之間的內在邏輯結構與層次關係，指明其在體系中的地位和作用，使之成為首尾一貫、結構嚴謹的有機整體。

（3）梳理公司理財理論研究的基本脈絡，指導和促進公司理財學的建設與發展，為構建科學、合理的公司理財學科體系提供理論指南。

（4）有助於推演出更加合理的公司理財原則、程序和方法，有效地改進公司理財實務，促進公司理財實踐的發展。

即問即答

即問：

1. 公司理財的內容有哪些？
2. 公司理財的目標是什麼？
3. 公司理財的方法有哪些？
4. 公司理財的環境包括哪些？

即答：

1. 公司是財的內容包括投資管理、籌資管理、營運資金管理及利潤分配。
2. 公司理財的目標是利潤最大化、股東價值最大化、企業價值最大化。
3. 公司理財的方法有財務預測、財務決策、財務控製、財務分析、財務考核。
4. 公司理財的環境包括法律環境、經濟環境、金融環境。

實戰訓練

1. 如何理解利潤最大化不是公司目標的最優目標？
2. 公司的財務關係主要有哪些？
3. 公司理財的環節有哪些？
4. 公司理財目標主要有哪些？其優缺點分別是什麼？
5. 影響公司理財的環境因素有哪些？

詞彙對照

財務 Finance	資金 Funds
現金 Cash	資產 Asset
資本 Capital	股票 Stock
債券 Bond	
金融工具 Financial instrument	金融資產 Financial institution
價值最大化 Value Maximization	利潤最大化 Profit Maximization
財政政策 Fiscal policy	財務管理目標 Financial management objective

2　公司理財的價值觀

教學目標

1. 瞭解貨幣的時間價值；
2. 瞭解普通年金、預付年金、遞延年金、永續年金在現實經濟生活中的應用；
3. 掌握投資風險價值；
4. 分析評判投資風險。

內容結構

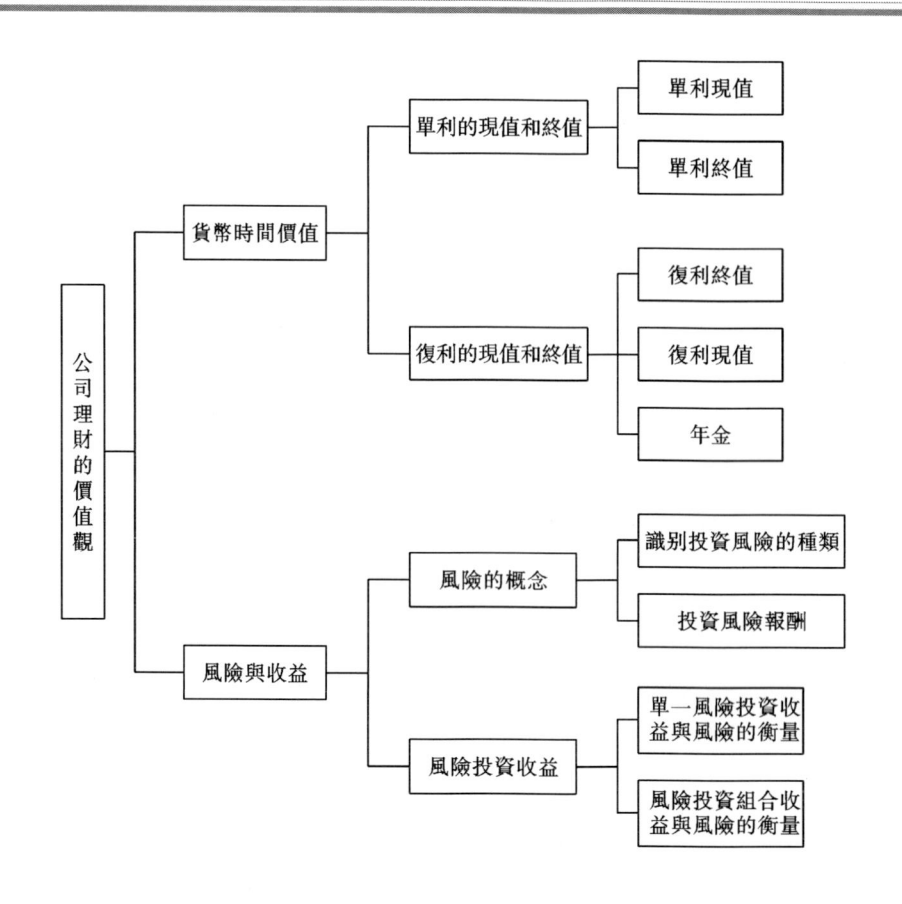

```
公司理財的價值觀
├── 貨幣時間價值
│   ├── 單利的現值和終值
│   │   ├── 單利現值
│   │   └── 單利終值
│   └── 復利的現值和終值
│       ├── 復利終值
│       ├── 復利現值
│       └── 年金
└── 風險與收益
    ├── 風險的概念
    │   ├── 識別投資風險的種類
    │   └── 投資風險報酬
    └── 風險投資收益
        ├── 單一風險投資收益與風險的衡量
        └── 風險投資組合收益與風險的衡量
```

範例引述

　　你認為 24 美元能買下美國的曼哈頓嗎？也許你認為這是一個笑話，但是他的確是 1626 年從印第安人手中買來的。故事是這樣的：1626 年一位名叫 Peter Minuit 的人以 24 美元從印第安人手中買下了曼哈頓。據估算截至 2000 年 1 月 1 日曼哈頓價值約達 2.5 萬億美元。也許你認為 Peter Minuit 賺了很大一筆，但當你學完本節后你會認為他其實虧了很大一筆。這究竟是什麼原因呢，這就是貨幣時間價值的魅力。

　　　　　　　　　　資料來源：《當代海軍》1994 年第 2 期，作者：岫啓。

本章導言

引例中你認為 24 美元能買下美國的曼哈頓嗎？實際上它涉及財務管理基本理念中的貨幣時間價值。為了有效地實施公司理財工作，實現公司財務管理目標，樹立基本的財務管理理念非常重要。不論是企業在資金籌集、資金投放、資金營運還是利潤分配，都必須考慮資金時間價值和投資風險價值問題。

理論概念

2.1 貨幣時間價值

時間價值是現代公司理財的基本觀念，時間價值原則也是最重要的原則之一，有人稱為「第一原則」。

時間價值即貨幣時間價值，是指貨幣經過一定時間的投資和再投資增加的價值。現實生活中，今天的 1000 元比明年的 1000 元的價值更大。例如，五年前 1 元錢可以買兩個雞蛋，但是五年后只能買一個雞蛋。即五年前的 1 元錢和現在的 2 元錢是相等的。由此可知，不同時間的貨幣的實際效用不同，因此為了衡量處在不同時間貨幣的實際效用，有必要將不同時間的貨幣換算到同一時間進行比較。

時間價值是商品經濟中客觀存在的經濟範疇。任何公司的財務及管理活動都是在特定的時空中進行的，離開了資金的時間價值這一範疇，就無法正確計算不同時期的財務收支，也無法對公司的盈虧進行正確分析和評價。資金時間價值原理正確地揭示了不同時點上資金之間的換算關係，它是公司理財與經營決策的基本依據。

貨幣在投入生產營運后，其價值會隨著時間的增加而增加，這是一種客觀的經濟現象。例如，李某擁有 10 萬元，可以購小戶型按揭房，也可以去海外旅遊或用於其他消費。當李某推遲消費，將資金進行投資，李某成為投資者，將資金選擇存放銀行或進行項目投資。假如銀行一年期回報率為 8%，一年后李某連本帶息可以拿到 10.8 萬元，投入商業生意（書店），書店生意的年利率為 18%，一年后李某可以連本帶息拿到 11.8 萬元；假如李某投資辦一個生產企業，該專業利潤率為 25%，一年后李某連本帶息可以獲得 12.5 萬元。假如李某將 10 萬元鎖在自家保險櫃裡，一年后李某依然只有 10 萬元，這 10 萬元失去了得到資金增值的機會。如果 10 萬元沒有存放銀行、購買國債或做其他投資，根本不會有一分錢的增值，甚至在通貨膨脹的情況下還要貶值，或者有的人去購買股票，不但沒有增值，還失去了部分原有的本金。所以，貨幣時間價值是在沒有考慮投資風險和通貨膨脹的條件下的投資回報。

在市場經濟環境下，由於市場競爭機制的作用，貨幣時間價值表現為社會平均資金利潤率，也被稱為貨幣時間價值量的規定性。在一定條件下視同利息率（貸款利率、債券利率、股利率等）；從絕對量上看就是使用貨幣的機會成本或假設成本及利息。當然資金的時間價值是有條件的，只有當資金及時使用、參與經營流通領域，才能增加其價值。

提示：不是所有資金投資都是增值的，如你將資金投資股票或創辦公司是有風險的，也可能會減少其價值。

資金時間價值有兩種表現形式：一種是絕對數，即利息；另一種是相對數，即利率。在不考慮通貨膨脹和風險的情況下，通常以社會平均資金利潤率代表貨幣時間價值。貨幣時間價值的計算方式有以下 2 種：①單利計息，僅對本金計算利息；②複利計息，對本金和以前期間產生的利息都計算利息。計算貨幣的時間價值通常採用複利計息。因此關於貨幣時間價值的表現形式通常有複利現值、複利終值、年金 3 種。

2.1.1 單利的終值和現值

終值（F：Future Value）又稱將來值，是指現在將一定量的現金在未來某一時點上的價值。

現值（P：Present Value）又稱本金，是指未來某一時點上的一定量的現金折合為現在的價值。

終值與現值的計算涉及利息計算的選擇，單利與複利。在單利形式下，每期按初始本金計算利息，當期利息即使不取出也不計入下期本金，計算基礎不變；在複利方式下，以當期末本利為計息基礎計算下一期利息，即利滾利。現行銀行的計息是採用複利來計算的。

其計算公式如下：

單利現值 $P = \dfrac{1}{1 + n \times i}$

單利終值 $F = P(1 + n \times i)$

式中：$\dfrac{1}{1 + n \times i}$ 為單利現值系數；$(1 + n \times i)$ 為單利終值系數；I 為利息；F 為終值；P 為現值；i 為利率（折現率）；n 為計算利息的期數。

結論：①單利的終值和單利的現值互為逆運算；②單利終值系數 $(1 + n \times i)$ 和單利現值系數 $\dfrac{1}{1 + n \times i}$ 互為倒數。

【例 2-1】 某人存入銀行 10,000 元，存期 2 年。如果銀行年利率為 5%，且不考慮所得稅，2 年後他會取回多少元？

解：$F = P(1 + n \times i)$

$\qquad = 10,000(1 + 5\% \times 2) = 11,000(元)$

【例 2-2】某人希望 5 年后取得本利和 10,000 元，用於支付一筆款項，則在利率為 5%、單利方式計算的條件下，此人現在存入銀行多少錢？

$$P = \frac{10,000}{1 + 5\% \times 5} = 8000(元)$$

2.1.2 複利的終值和現值

複利是計算利息的一種方法。按照這種方法，每經過一個計息期，要將所生利息加入本金再計利息，逐期滾算，俗稱「利滾利」。這裡所說的計息期是指相鄰兩次計息的時間間隔，如年、月、日等。除非特別指明，計息期為 1 年。

2.1.2.1 複利終值

複利終值是指現在將一定量的資金按複利計算到未來一定時間的價值。

其計算公式如下：

$F = P \times (1 + i)^n$

式中：P 為現值或本金；i 為報酬率或利率；F 為終值或本利和。（下同）

β 被稱為終值系數，用符號 $(F/P, i, n)$ 表示，即 1 個單位的貨幣在利率為 i 的情況下 n 年以後的複利終值。例如，$(F/P, 10\%, 5)$ 表示利率為 10% 的 5 年期的複利終值系數。不同利率及不同期限的終值系數可以通過複利終值系數表查得。

【例 2-3】某項目投資 100,000 元本金，假如項目年報酬率為 8%，那麼 1 年後和 2 年後該投資的終值分別為多少？

$F_1 = P \times (1 + i)^n$

$\qquad = 100,000 \times (1 + 8\%)^1 = 108,000(元)$

$F_2 = P \times (1 + i)^n$

$\qquad = 100,000 \times (1 + 8\%)^2 = 116,640(元)$

下面我們再回來討論一下 Peter Minuit 用 24 美元購曼哈頓究竟是賺了還是虧了，1626 年距 2000 年經歷了 374 年，美國近 70 年的平均投資收益率為 11%。試計算當時的 24 美元現在價值多少錢？

章前引例解析：印第安人賣虧了嗎？2000 年曼哈頓島的價值約為 2.5 萬億美元，如果將當時的 24 美元用於投資，其年投資收益要達到多少才不至於「虧損」？我們來看看表 2-1 中利用複利計算器計算的結果。

1626—2000 年（複利年限 374 年）曼哈頓島價值 2.5 萬億美元（2000 年）。

表 2-1

假設年複利率（%）	1626 年（美元）	2000 年的終值（美元）
6	24	0.07 萬億
7	24	2.34 萬億
7.02	24	2.51 萬億
8	24	75.99 萬億
9	24	2386 萬億

從表 2-1 可以看出，只要每年投資收益率都達到 7.02%，1626 年投資 24 美元到 2000 年就可以買回曼哈頓島。美國 1990—2000 年的證券投資利率為 11%。由此可見，印第安人在 374 年前並沒買虧，貨幣時間價值顯示了神奇魅力。

2.1.2.2 複利現值

複利現值是指未來一定期間的一定量的資金按複利計算的現在的價值。

其計算公式如下：

$$P = \frac{F}{(1+i)^n} = F \times (1+i)^{-n}$$

其中，$(1+i)^{-n}$ 被稱為複利現值系數，用符號 $(P/F, i, n)$ 表示，即 1 個單位貨幣在利率為 i 的情況下 n 年以前的複利現值。例如，$(P/F, 10\%, 5)$ 表示利率為 10% 的 5 年期的複利現值系數。不同利率及不同期限的終值系數可以通過複利現值系數表查得。

【例 2-4】現有一項 5 年期的投資，投資回報率為 8%。為了在 5 年後獲得 100,000 元，現在應該投入多少本金？

$P = F \times (1+i)^{-n}$

   $= 100,000 \times (1+8\%)^{-5}$

   $= 100,000 \times 0.6806 = 68,060(元)$

由複利現值系數表查得 $(1+8\%)^{-5}$ 的現值系數為 0.6806。

結論：①複利終值和複利現值互為逆運算；②複利終值系數 $(1+i)^n$ 和複利現值系數 $\frac{1}{(1+i)^n}$ 互為倒數。

$F = P \times (1+i)^n$

式中：P 為現值或本金；i 為報酬率或利率；F 為終值或本利和。（下同）

其中，$(1+i)^n$ 被稱為終值系數，用符號 $(P/F, i, n)$ 表示，即 1 個單位的貨幣在利率為 i 的情況下 n 年以後的複利終值。例如，$(P/F, 10\%, 5)$ 表示利率為 10% 的 5 年期的複利終值系數。不同利率及不同期限的終值系數可以通過複利終值系數表查得。

相關連結：名義利率、期間利率及實際利率

(1) 名義利率是指由銀行或金融機構報出的利率，如銀行提供的年利率 3.5% 即為

名義利率。

（2）期間利率是指每期支付利息時用於計算利息的利率，如半年期或一個季度的利率。期間利率可以用名義利率除以每年計息次數。其計算公式為：

$$期間利率 = \frac{名義利率}{每年計息次數}$$

（3）實際利率是指實際承擔的年化利率。其計算公式為：

$$實際利率 = (1 + \frac{名義利率}{N})^N - 1$$

式中，N 表示每年計息的次數。

【例2-5】 向銀行借一筆貸款 10,000 元，年利率為 8%，每半年記一次息，貸款期限是 5 年，到期還本付息。求實際承擔的貸款年利率 R 是多少？

名義利率 = 8%

期間利率 = 8% ÷ 2 = 4%

關於實際率的求法除了用公式法計算，還可以使用內插法計算。

（1）$R = (1 + \frac{8\%}{2})^2 - 1 = 8.16\%$

（2）用內插法計算的步驟如下：

到期時本息和 = $10,000 \times (1 + \frac{8\%}{2})^{5 \times 2} = 10,000 \times 1.4802 = 14,802$

用實際利率表達如下：

$10,000 \times (1 + R)^5 = 14,802$

$(1 + R)^5 = 1.4802$

查複利終值係數表得：$(1 + 8\%)^5 = 1.4693$，$(1 + 9\%)^5 = 1.5386$，則有：

$$\frac{1.5386 - 1.4802}{9\% - R} = \frac{1.5386 - 1.4693}{9\% - 8\%}$$

$R = 8.16\%$

由此可見，採用名義利率比計算的利息高於按實際利率計算的利息，通過插入法得知，5 年期年利率 8% 的名義利率按照半年計息一次，實際年利率為 8.16%。

提示： 假設銀行貸款年利率為 8%，每季度收一次利息，一年收 4 次利息，實際利率應為 8.24%。

2.1.2.3 年金

年金是指等額、定期的系列收支，即在一定時期內每間隔相同的時間就發生相同數額的收支。按照收付時點及方式的不同，年金可以分為普通年金、預付年金、遞延年金和永續年金。年金在現實生活中有著廣泛的應用，如每月相等的薪水，每年相同的房貸還款、每年相同的保險費用等。

現實中養老保險是年金的一個重要運用。例如：某人現在 24 歲，為了在 60 歲以后每年社保局取得 5000 元的養老保險，那麼從現在起他每個月或是每年需要交納多少保險金？

（1）普通年金

普通年金又稱后付年金，是指在每期期末的時候收付的年金。

①普通年金終值計算

普通年金終值是指其最后一次支付時的本息和。

【例 2-6】某人從今年起每年年底存入銀行 10,000 元，利率為 3%，連續存 3 年，3 年后該帳戶的本息和是多少？

第一年存的 10,000 元的本息和 = 10,000 × (1 + 3%)² = 10,609（元）

第二年存的 10,000 元的本息和 = 10,000 × (1 + 3%)¹ = 10,300（元）

第三年存的 10,000 元的本息和 = 10,000 × (1 + 3%)⁰ = 10,000（元）

那麼，該投資的年金終值 = 10,609 + 10,300 + 10,000 = 30,909（元）

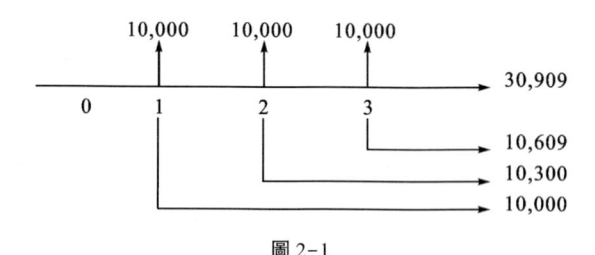

圖 2-1

假設每年支付金額為 A、利率為 i、期數為 n，則複利計算的年金終值 F 為：

$$F = A + A(1+i) + A(1+i)^1 + A(1+i)^2 + \cdots + A(1+i)^{n-1} \quad (2.1)$$

等式兩邊同乘 $(1+i)$，得

$$F(1+i) = A(1+i) + A(1+i)^2 + A(1+i)^3 + \cdots + A(1+i)^n \quad (2.2)$$

(2.2) - (2.1) 得

$$F(1+i) = A(1+i)^n - A$$

$$F = A \frac{(1+i)^n - 1}{i}$$

式中，$\frac{(1+i)^n - 1}{i}$ 被稱為年金終值系數，用符號 $(F/A, i, n)$ 表示，即一個單位貨幣的年金在利率為 i 的情況下，經過 n 期的年金終值。年金終值系數可以通過年金終值系數表查得。

②普通年金現值計算

普通年金現值是指為在未來某一時期每期取得相等金額的資金，從現在起每期期末

需要投入的資金金額。

【例2-7】李某開的家書店，租下了一間商鋪，租約為3年，每年年末支付租金10,000元。假如銀行利率為5%，為了支付未來每年的租金，小李現在需要存入多少錢在銀行？

第一年支付的租金10,000元的現值 = $\dfrac{10,000}{(1+\%)}$ = 9523.81（元）

第二年支付的租金10,000元的現值 = $\dfrac{10,000}{(1+\%)^2}$ = 9070.29（元）

第三年支付的租金10,000元的現值 = $\dfrac{10,000}{(1+\%)^3}$ = 8638.38（元）

則該年金的現值為27,232.48元（9523.81+9070.29+8638.38），因此小李需要現在銀行存入27,232.48元。

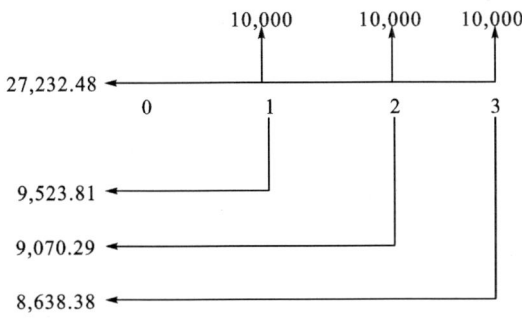

圖 2-2

假設每年支付的金額為A、利率為i，則n期的現值系數$(1+i)$為：

$$P = A(1+i)^{-1} + A(1+i)^{-2} + \cdots + A(1+i)^{-n} \tag{2.3}$$

等式兩邊同乘$(1+i)$得：

$$P(1+i) = A + A(1+i)^{-1} + \cdots + A(1+i)^{-(n-1)} \tag{2.4}$$

(2.4) - (2.3) 得：

$$P(1+i) - P = A - A(1+i)^{-n} \tag{2.5}$$

$$P = A\dfrac{1-(1+i)^{-n}}{i} \tag{2.6}$$

式中，$\dfrac{1-(1+i)^{-n}}{i}$被稱為年金現值系數，用符號$(P/A, i, n)$表示，即一個單位貨幣的年金在利率為i的情況下，經過n期後的年金現值。年級現值系數可以通過年金現值系數表查得。

(2) 預付年金

預付年金是指在每期期初收支等額資金的年金。預付年金的收支形式如下圖所示：

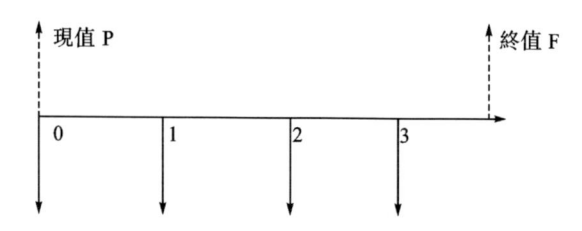

圖 2-3　預付年金的終值和現值支付形式

關於預付年金現值及終值的推導公式，讀者只需寫出基本的推導公式進行數學演算即可得出公式。本部分不再做推導運算。

①預付年金終值的計算公式

$$F = A \times \left[\frac{(1+i)^{n+1} - 1}{i} - 1 \right]$$

式中，$\left[\frac{(1+i)^{n+1} - 1}{i} - 1 \right]$ 表示預付年金終值系數，用符號 $[(F/A, i, n+1) - 1]$ 表示。與普通年金終值系數 $(F/A, i, n)$ 相比較，期數加1，系數減1，因此可以通過年金終值系數表查出第 $(n+1)$ 期的系數再減1求得預付年金終值系數。

【例2-8】某人每年年初存入銀行1000元，利率為5%，第10年后的年末可以取得多少存款和利息？

$F = A[(F/A, i, n+1) - 1]$
　$= 1000[(F/A, 5\%, 10+1) - 1]$

通過年金終值系數表查得 $(F/A, 5\%, 11) = 14.207$

$F = 1000 \times (14.207 - 1) = 1000 \times 13.207 = 13,207(元)$

②預付年金終值的計算公式

$$P = A \times \left[\frac{1 - (1+i)^{-(n-1)}}{i} + 1 \right]$$

式中，$\left[\frac{1 - (1+i)^{-(n-1)}}{i} + 1 \right]$ 表示預付年金現值系數，用符號 $[(P/A, i, n-1) + 1]$ 表示。與普通年金現值系數 $(P/A, i, n)$ 相比較，期數減1，系數加1，因此可以通過年金現值系數表查出第 $(n-1)$ 期的系數再加1求得預付年金現值系數。

【例2-9】某公司因生產需要，購進了一臺分期付款的機器，付款期限為10年，每次付款200萬元，設銀行利率為8%。如果該機器在第一次付款時全額付款，應該支付

多少錢?

$P = A \times [(P/A, i, n-1) + 1]$

$\quad = 100 \times [(P/A, 8\%, 10-1) + 1]$

通過年金現值系數表查得 $(P/A, 8\%, 9) = 6.2469$

$P = 100 \times (6.2469 + 1) = 724.69(萬元)$

(3) 遞延年金

遞延年金是指第一次支付發生在第一期之后的年金。遞延年金的支付形式如下圖所示:

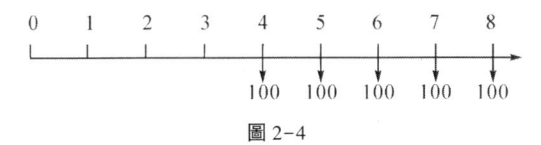

```
0   1   2   3   4   5   6   7   8
|---|---|---|---|---|---|---|---|--->
                ↓   ↓   ↓   ↓   ↓
               100 100 100 100 100
```

圖 2-4

以現在為 0 時點,年金的支付發生在第四年年末,那麼如何計算遞延年金的終值和現值。

①遞延年金終值的計算方法

遞延年金的終值計算方法與普通年金的終值計算相似,那麼 5 年期的年金終值為:

$F = A \times (F/A, i, n)$

$\quad = 100 \times (F/A, 10\%, 5)$

$\quad = 100 \times 6.1051$

$\quad = 610.51$

②遞延年金現值的計算方法

遞延年金現值的計算方法有兩種:

第一種是將遞延年金視為普通年金,先計算普通年金的現值,再計算複利現值。

首先將第三期作為普通年金的起點,計算普通年金的現值:

$P_3 = A \times (P/A, i, n)$

$\quad = 100 \times (P/A, 10\%, 5)$

$\quad = 100 \times 3.7908$

$\quad = 379.08(元)$

再將 P_3 按複利現值折算到期初:

$P_0 = p_3 \times (P/F, i, n)$

$\quad = p_3 \times (P/F, 10\%, 3)$

$\quad = 379.08 \times 0.7513$

$\quad = 284.80(元)$

第二種方法是假設從第一期就開始支付,按普通年金現值計算整個期間 $(m+n)$ 的

現金現值，再計算實際並未支付期間的年金現值，用整個期間的年金現值減去實際未支付期間(m)的年金現值，即得到遞延年金的現值。

$$P_{(m+n)} = A \times (P/A, i, n)$$
$$= 100 \times (P/A, 10\%, 8)$$
$$= 100 \times 5.3349$$
$$= 533.49(元)$$

$$P_m = A \times (P/A, i, n)$$
$$= 100 \times (P/A, 10\%, 3)$$
$$= 100 \times 2.4869$$
$$= 248.69(元)$$

$$P_n = 533.49 - 248.69 = 284.8(元)$$

(4) 永續年金

永續年金是指無限期定期等額支付的年金。優先股股利的發放即可視為永續年金，企業無限期的定期向優先股股東發放優先股股利。

永續年金其實是普通年金的特殊情況，即年金的支付期數 n 為無限大。由普通年金終值計算公式 $F = A \dfrac{(1+i)^n - 1}{i}$ 可知，當 n 趨於無窮大時，F 也趨於無窮大，即永續年金沒有終值。由普通年金現值計算公式 $P = A \dfrac{1-(1+i)^{-n}}{i}$ 可知，當 n 趨於無窮大時，$(1+i)^{-n}$ 趨於 0，因此永續年金現值 $P = A \dfrac{1}{i}$，即永續年金的現值係數為 $\dfrac{1}{i}$。

【例2-10】甲公司目前要發行一種優先股股票，優先股股利按票面價格的5%定期發放，每張優先股股票的票面價格100元，市場利率為10%。請計算出該股票的發行價是多少？

$$P = A \times \frac{1}{i} = 100 \times 5\% \times \frac{1}{10\%} = 50(元)$$

永續年金是無期限發生的年金，也可以理解為無窮的年金，如只支付利息、不歸還本金的債券，一些獎勵基金等都可以視為永續年金。

某慈善機構擬建立一項永久性年金，每年計劃發放 10,000 元慈善金。若利率為 10%，則現在要存入銀行多少錢？

$$P = 10,000 \times \frac{1}{10\%} = 100,000(元)$$

即現在應存入銀行 100,000 元。

提示：不同時點上現金流的估值財務經理人在決策時通常要求比較或合併不同時點上的現金流。

規則1：只有同一時點上的價值才可以進行比較或合併。

例如，當你投資100萬元，有A、B兩個項目，A項目投資後第一年開始回收資金，連續5年每年等額收回25萬元，收回總額為125萬元；B項目投資後第五年一次性收回150萬元。沒學過理財的人，可能會選擇B方案，收回的錢比A方案多25萬元。

常見的錯誤：加總不同時點的價值比較。

根據規則1，只有在同一時點的價值才可以進行比較或合併。由此，應將A、B方案的未來收回的錢進行折現，假設年資金利率為10%，比較A、B方案。

A方案：10%的5年期年金現值係數為3.7908，1年後每年收回25萬元。

A方案現值＝25×3.7908＝94.77（萬元）

B方案：10%的5年期複利現值係數為0.6209，5年後一次收回150萬元。

B方案現值＝150×0.6209＝93.14（萬元）

通過折現同一時點上比較，A方案比B方案好，多收回1.63萬元。

2.2 風險與收益

2.2.1 風險的概念

風險是指在某一特定環境下，在某一特定時間段內某種損失發生的可能性。風險價值同樣是現代財務管理的基本觀念，風險價值原則也同樣是重要的原則之一，稱為理財的「第二原則」。

公司理財主要研究企業的資金運動，投資是財務管理中的一個重要活動。企業投資的目的就是為了獲取收益，並且希望獲得比銀行利率的更高的收益，那麼超過銀行利率部分的收益可以被稱為風險收益。我們可以認為銀行的利率為無風險收益率，為了獲取超過銀行利率的收益企業就必須承擔風險。風險與收益的原則是：一般情況下，高風險意味著高收益，低風險意味著低收益。為了獲取更大的收益承擔的風險也就越大。

作為投資者特別關心投資達到的預期報酬率的可能性。投資風險是指對未來投資收益的不確定性，在投資中可能會遭受收益損失甚至本金損失的風險。例如，股票可能會被套牢，債券可能不能按期還本付息，房地產可能會下跌等都是投資風險。因此企業有必要對投資風險進行控制管理。風險具有普遍性、客觀性、損失性及可變性。

投資風險可能給投資人帶來超出預期的收益，也可能帶來超出預期的損失。通常來講，投資人關注超出預期損失的程度，比關注超出預期收益要強烈，特別是關注投資達到的預期報酬率的可能性。

2.2.1.1 識別投資風險的種類

市場風險（Market risk）是指在證券市場中因股市價格、利率、匯率等變動而導致

價值未預料到的潛在損失的風險。每天都有不同的市價。市價的波動，受經濟因素影響、受心理因素影響、受政治因素影響、甚至受以上三種風險影響。例如，購買了股票，其後股價下跌。

財務風險（Financial Risk）是指公司財務結構不合理、融資不當使公司可能喪失償債能力而導致投資者預期收益下降的風險。財務風險是企業在財務管理過程中必須面對的一個現實問題，財務風險是客觀存在的，企業管理者對財務風險只有採取有效措施來降低風險，而不可能完全消除風險。

公司特有風險是指一些隨機事件僅僅影響一家公司的前景，如訴訟、罷工、新產品開發失敗等。這些事件造成的隨機損失在股票之間是不相關的，因而可以被分散。

經營風險是指公司的決策人員和管理人員在經營管理中出現失誤而導致公司盈利水平變化，從而產生投資者預期收益下降的風險或由於匯率的變動而導致未來收益下降和成本增加。

2.2.1.2 投資風險報酬

【例2-11】 某人目前擁有10,000元的本金，其投資方式有購買債券、購買股票兩種。目前債券的年收益率為5%；股票的收益具有不確定性，假如股市行情較好時年收益率可達10%～20%，如果股市行情一般年收益率為3%～5%，如果股市行情不好則收益率為-10%～-5%。債券可以獲得穩定的收益，即在債券到期時可以獲得500元的收益；但對於股票而言，行情好其收益可能為1000～2000元；行情一般可能為300～500元，也可能是虧損500～1000元。

所以儘管購買股票可能會獲得較高收益但是企業可能會發生損失，這就是所謂的高收益可能面臨的高風險，近些年中國房地產行業就是高風險高回報的產業。

從投資主體來看，風險可以分為系統風險和非系統風險。系統風險是指受大環境的影響，所有企業都面臨著相同的風險。這種風險是不能夠通過投資組合來分散和消除的。如經濟週期，當經濟步入低谷時所有的行業都會受到經濟蕭條的影響，無論投資於哪個行業都無法避免經濟蕭條帶來的危機。非系統風險是單個企業或某個行業自身存在的問題而引起的風險，該風險不對其他企業或行業產生影響，是可以通過分散投資進行消除的。

【例2-12】 假如某人有100,000元本金，分別投入50,000元購買了A、B兩家公司的股票。購買後A公司因重大環境污染被停產整頓，A公司股價大跌，使其損失30,000元。但B公司經營穩定，獲利10,000元。假如當時僅投資於A股票其損失將達60,000元，分散投資后期損失20,000元。

提示： 賭徒心理分析，假如某人將100,000元全投入B股，其投資結果是：當B股盈利時，得到的收益為20,000元。假設，這年B股虧20,000元，A股賺錢10,000元，賭徒將虧損60,000元，虧損比例占投資額的60%。

分散投資可降低風險，也就是所謂的「不要把雞蛋放在一個籃子裡」的原理。

2.2.2 風險投資收益

企業存在的目的就是為了獲利，為了獲取高於無風險的收益企業往往就要冒險。我們可以將投資者分為三類：風險喜好者、風險厭惡者及風險中性者。風險喜好者是指投資者為獲取高收益的過程願意承受相當的風險；風險厭惡者是指投資者不願意接受收益不確定投資，更願意接受收益相對穩定的投資，如存款或債券；風險中性者是指介於風險偏好者和風險厭惡者之間的投資。風險中性者對自己承擔的風險並不要求風險補償。因此，我們將風險分為無風險收益和風險補償。無風險收益類似於投資於債券、銀行存款等投資，到期可以獲取固定的收益；風險補償是指將資本投資於比債券風險更大的項目。因為投資者面臨風險，所以其希望獲得比債券投資更多的收益，超出債券收益的部分就是風險補償。

圖 2-5 表示期望報酬與風險的關係。

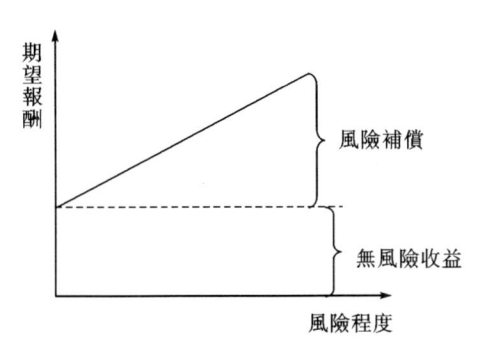

圖 2-5 風險與收益的關係

風險投資者的期望收益＝無風險收益＋風險補償

風險報酬有兩種表示方法：一是用相對數表示，即風險報酬率；二是用絕對數表示，即風險報酬額。在財務管理中，風險報酬通常用相對數計量，即風險報酬率。

假如資金時間價值為 6%，某項投資的期望報酬率為 16%，在不考慮通貨膨脹的情況下，該項投資的風險報酬率為 10%。

如圖 2-5 所示，期望投資報酬率包括兩部分：一部分是無風險報酬率，如購買國庫券，到期連本帶息肯定可以收回，這就是無風險報酬率；另一部分是高於社會平均報酬率的，它的報酬率越高，其風險就越大。

2.2.2.1 單一風險投資收益與風險的衡量

在討論風險時我們首先要明確風險發生的可能性，就風險的特徵而言風險具有不確定性，即發生與否具有不確定性。因此，我們用概率來衡量一項風險發生與否，以及發生概率的大小。所以，某一投資的預期收益可以用其期望收益來表示，即在不同情況下

的收益率與發生概率相乘，再將不同情況的收益相加之和即為期望收益。其表達式如下：

期望收益 $\bar{E} = x_1 p_1 + x_2 p_2 \cdots x_n p_n = \sum_{i=1}^{n} x_i p_i$ （ $\sum_{i=1}^{n} p_i = 1, 0 \leq p_i \leq 1$ ）

式中，x_i 表示第 i 種情況下的收益率，p_i 表示第 i 種情況發生的概率。

【例2-13】某公司現有一筆閒置資金可以用於短期投資，就目前公司可以有 A、B 兩個可投資項目的方案，A、B 兩個項目的投資收益與未來經濟狀況相關，我們可以將未來經濟狀況分為三種狀況：繁榮、正常、衰退。投資方案的具體情況見表2-2。

表 2-2　　　　　某公司 A、B 投資項目預期報酬分析表　　　　　單位:%

未來經濟狀況	發生的概率	A 項目預期收益率	A 項目預期收益率
繁榮	30	50	20
正常	50	10	10
衰退	20	-40	5
合計	100		

$\bar{E}_A = 30\% \times 50\% + 50\% \times 10\% + 20\% \times (-40\%) = 12\%$

$\bar{E}_B = 30\% \times 20\% + 50\% \times 10\% + 20\% \times 5\% = 12\%$

A 項目的預期收益為 12%，B 項目的預期收益也是 12%，從收益來看 A、B 兩個項目沒有區別。如果考慮了風險，那麼 A、B 兩個項目還相同嗎？因此，我們引入了離散程度這一概念。離散程度是指偏離期望值的程度，離散程度可以用方差或標準差及標準離差率表示。離散程度越大，則風險越大。

方差可以用 $\sigma^2 = \sum_{i=1}^{n} (x_i - \bar{E})^2 \times p_i$ 表示；

標準差可以用 $\sigma = \sqrt{\sigma^2} = \sqrt{\sum_{i=1}^{n} (x_i - \bar{E})^2 \times p_i}$ 表示；

標準離差率 $q = \dfrac{\sigma}{\bar{E}}$ 表示。標準離差率是一個相對數，可以用來衡量不同收益率的項目投資的風險評估。而方差和標準差是一個絕對數，不適合用來衡量收益率不同的風險投資的風險。

（1）項目 A 的方差：

$\sigma_A^2 = \sum_{i=1}^{n} (x_i - \bar{E})^2 \times p_i$

$= (50\% - 12\%)^2 \times 30\% + (10\% - 12\%)^2 \times 50\% + (-40\% - 12\%)^2 \times 20\%$

$= 0.0976$

$\sigma_A = \sqrt{\sigma_A^2} = \sqrt{0.0976} = 0.3124$

$$q_A = \frac{\sigma_A}{E_A} = \frac{0.3124}{12\%} = 2.6034$$

（2）項目 B 的方差：

$$\sigma_B^2 = \sum_{i=1}^{n}(x_i - \bar{E})^2 \times p_i$$

$$= (20\% - 12\%)^2 \times 30\% + (10\% - 12\%)^2 \times 50\% + (5\% - 12\%)^2 \times 30\%$$

$$= 0.0031$$

$$\sigma_B = \sqrt{\sigma_B^2} = \sqrt{0.0031} = 0.0557$$

$$q_B = \frac{\sigma_B}{E_B} = \frac{0.0557}{12\%} = 0.4640$$

表 2-3

未來經濟狀況	發生的概率	A 項目預期收益率	A 項目預期收益率
繁榮	30%	50%	20%
正常	50%	10%	10%
衰退	20%	-40%	5%
期望收益 E	—	12%	12%
方差 σ^2	—	0.0976	0.0031
標準差 σ	—	0.3124	0.0557
標準離差率 q	—	2.6034	0.4620

通過比較 A、B 項目的方差后發現 $\sigma_A^2 > \sigma_B^2$，$\sigma_A > \sigma_B$，$q_A > q_B$，說明項目 A 的風險比項目 B 的風險大。當風險收益率相同時，我們更願意接受項目風險較小的項目投資，因此本例中公司應該投資於項目 B。

2.2.2.2 風險投資組合收益與風險的衡量

在上節已經討論了關於單一投資收益與風險的衡量，那麼對於投資組合的收益與風險應該怎樣衡量。由於單一投資的風險較高，因此投資者往往傾向於通過投資於不同的項目來分散風險。例如：投資者打算投資於股票，如果投資者將所有資金投資於一只股票，那麼其收益完全決定於該股票的漲跌情況；如果投資者將同樣的資金分別投資於兩只以上的股票，其收益將由兩只以上的股票的漲跌情況決定。如果某一只股票下跌，但是其他股票上漲，那麼其虧損的程度將會小於投資於單一的股票。這也是不要把雞蛋放在一個籃子裡的原理的運用。因此，投資者通過投資組合來分散風險、降低風險。

投資組合的投資收益用 R 表示為：

$$R = r_1w_1 + r_2w_2 + \cdots + r_nw_n = \sum_{i=1}^{n}r_iw_i$$

式中，r_i 表示第 i 種投資的預期投資收益，w_i 表示投資於第 i 種投資的占整個投資的比例。

【例2-14】 某人打算投資股票，現有 A、B、C 三只目標股票，三只股票的收益率分別為 10%、12%、15%，投資於 A、B、C 三只股票的比重分別為 20%、30%、50%。求該投資組合的收益。

$R = 10\% \times 20\% + 12\% \times 30\% + 15\% \times 50\%$

$ = 13.10\%$

投資組合的風險仍然可以用方差表示，但是其風險的衡量則不能通過簡單的加權平均計算得出，而是與投資組合的相關性有關。相關性是指兩個投資項目的關聯性，相關性的大小介於 [-1, 1] 之間。當為 [-1, 0] 時表現為負相關，即 A、B 兩項投資為此消彼長的關係。例如 A、B 兩項投資，當 A 股票盈利時，B 股票則是虧損的狀態；當為 [0, 1] 時表現為正相關，即 A、B 兩項投資是同向關係；當為 0 表示不相關，即 A、B 兩項投資沒有相關性。見圖 2-6。

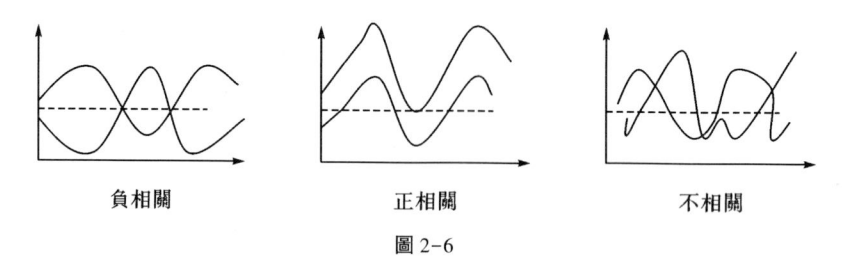

負相關　　　　正相關　　　　不相關

圖 2-6

由於涉及相關性的計算更多的是數學推導，本著 MBA 教學大綱的要求對於投資組合風險衡量的計算推導不做過多介紹，感興趣的同學可以自行收集相關書籍研究推導過程。投資組合的風險用標準差表示，計算公式如下：

$$\sigma = \sqrt{\sum_{i=1}^{n}\sum_{j=1}^{n} w_i w_j \sigma_{ij}}$$

式中，n 表示投資組合中投資種類的總數，w_i 表示投資於第 i 種投資額占總投資的比例，w_j 表示投資於第 j 種投資額占總投資的比例，σ_{ij} 表示第 i 種投資與第 j 種投資收益率的協方差。

$\sigma_{ij} = r_{ij} \sigma_i \sigma_j$

式中，r_{ij} 表示投資 i 與投資 j 收益率的相關係數，σ_i 表示第 i 種投資的標準差，σ_j 表示第 j 種投資的標準差。

術語解釋

1. 貨幣時間價值：是指貨幣經過一定時間的投資和再投資增加的價值。
2. 終值：又稱將來值，是指現在一定量的現金在未來某一時點上的價值。
3. 現值：又稱本金，是指未來某一時點上的一定量的現金折合為現在的價值。
4. 複利：計算利息的一種方法，每經過一個計息期，要將所產生利息加入本金再計利息，逐期滾算，俗稱「利滾利」。
5. 年金：是指等額、定期的系列收支，即在一定時期內每間隔相同的時間就發生相同數額的收支。
6. 風險：是指在某一特定環境下，在某一特定時間段內某種損失發生的可能性。
7. 風險收益：是指超過銀行利率部分的收益。
8. 市場風險：是指市場價格常常會出現波動帶來的風險。
9. 財務風險：是指公司財務結構不合理、融資不當使公司可能喪失償債能力而導致投資者預期收益下降的風險。
10. 經營風險：是指公司的決策人員和管理人員在經營管理中出現失誤而導致公司盈利水平變化，從而產生投資者預期收益下降的風險或由於匯率的變動，進而導致未來收益下降和成本增加。

理論應用

貨幣的時間價值案例——田納西鎮的巨額帳單

一、案例介紹

如果你突然收到一張事先不知道的1260億美元的帳單，你一定會大吃一驚。而這樣的事件卻發生在瑞士的田納西鎮的居民身上。紐約布魯克林法院判決田納西鎮應向某一美國投資者支付這筆錢。最初，田納西鎮的居民以為這是一件小事。但當他們收到帳單時，被這張巨額帳單嚇呆了。他們的律師指出，若高級法院支持這一判決，為償還債務，所有田納西鎮的居民在其餘生中不得不靠吃麥當勞等廉價快餐度日。

田納西鎮的問題源於1966年的一筆存款。斯蘭黑不動產公司在內部交換銀行（田納西鎮的一家銀行）存入一筆6億美元的存款。存款協議要求銀行按每週1%的利率（複利）付息。（難怪該銀行第2年破產！）1994年，紐約布魯克林法院做出判決：從存款日到田納西鎮對該銀行進行清算的7年中，這筆存款應按每週1%的複利計算，而在銀行清算后的21年中，每年按8.54%的複利計息。

二、問題提出

(1) 你知道1260億美元是如何計算出來的嗎？

(2) 如果利率為每週1%，按複利計算，6億美元增加到12億美元需多長時間？

(3) 本案例對你有何啟示？

三、案例分析要點

(1) 案例背景介紹閱讀；

(2) 找到案例中適用的理論；

(3) 按照步驟分析。

解：(1) 若每週按1%的複利計算，則到1973年時 $n = 365 \times 7$ 年 $/7$ 天 $= 365$

到1973年時的終值 $F = 6 \times \left(\dfrac{F}{P}, 1\%, 365 \right) = 6 \times (1 + 1\%) \times 365 = 226.7$（億美元）

到1994年時的終值 $F = 6 \times \left(\dfrac{F}{P}, 1\%, 365 \right)\left(\dfrac{F}{P}, 8.54\%, 21 \right) = 1260$（億美元）

(2) 每週按1%的複利計算，則增加到12億美元需要多長時間呢？

$12 = 6 \times \left(\dfrac{F}{P}, 1\%, n \right)$

$n = 70$ 周

(3) 通過本案例的學習，學員加深對理論的理解。

資料來源：道格拉斯·R. 愛默瑞，約翰·D. 芬尼特. 公司財務管理：上冊[M]. 荊新，王化成，李焰，等，譯. 北京：中國人民大學出版社，1999.

本章小結

企業是社會經濟的主體，經濟發展的永恆動力在於投資。投資的任務在於研究投資、融資和股利分配的關係，探討資本增值和稀缺資源配置的問題，這就是公司理財活動。公司理財方法是指為達到企業財務管理目標而使用的財務管理的技能，財務管理常說的公司理財活動的最基本問題是要考慮貨幣時間價值和收益與風險，資金是特殊產品，本杰明·弗蘭克說：錢生錢，並且所生之錢會生出更多的錢。這就是貨幣時間價值的本質。它會隨著時間的推移產生價值。貨幣時間價值應用貫穿於企業財務管理的方方面面。在籌資管理中，貨幣時間價值讓我們意識到資金的獲取是需要付出代價的，這個代價就是資金成本。資金成本直接關係到企業的經濟效益，是籌資決策需要考慮的一個首要問題；在項目投資決策中，項目投資的長期性決定了必須考慮貨幣時間價值，淨現值法、內涵報酬率法等都是考慮貨幣時間價值的投資決策方法；在證券投資管理中，收益現值法是證券估價的主要方法，同樣要求考慮貨幣時間價值。收益與風險是投資決策

中必須考慮的兩個要素，收益和風險形影相隨，收益以風險為代價。風險用收益來補償風險與收益相對應的原理只是揭示風險與收益的這種內在本質關係：風險與收益共生共存，承擔風險是獲取收益的前提；收益是風險的成本和報酬。任何經濟組織決策時需要面對選擇的，經濟組織追逐價值最大化，期望的是低投入、高回報，在信息對稱的今天，這樣的行業很難找到，即便有也是曇花一現；高投入、低回報，是任何經濟組織都不期望的結果。通常是高投入、高風險，收益與風險並存，財務管理的主要方法是要識別風險、控制風險、化解風險。

知識拓展

收益與風險——高風險高回報

　　現在一夜暴富，瞬間赤貧的事情時有發生，原因在於這些人多數投資了高風險、高收益的項目，所以這種高風險、高收益案例可謂是信手拈來。

　　李小強原本對什麼金融投資並不感興趣，但聽到張立東在一個多月時間已經為公司賺了一百多萬美元的時候。並且當李小強聽到張立東一個多月的利潤率就達到了216%，這是多麼恐怖的賺錢速度。所以，李小強對這個期貨市場也產生了無比濃厚的興趣。

　　原來這個期貨主要是與現貨相對的。期貨是現在進行買賣，但是在將來進行交收或交割的標的物，這個標的物可以是某種商品如黃金、原油、農產品，也可以是金融工具，還可以是金融指標。按照張立東的說法，這個期貨最先是以實物為對照，以所標的物品的將來價格進行交易的，比如現在的大豆賣3000元/噸，期貨市場價格一般會比實際價格略高或者略低。期貨最初的出現是為了讓農民的產品的價格能夠保值。因為期貨的價格可以做雙向的，既可以做多，也可以做空。

　　比如一位農場主現在種下200畝地的大豆，但是大豆的收穫季節得好幾個月之後去了。在這幾個月裡，大豆的價格或許會有波動，比如現在3000元/噸，到時候漲到3500元/噸，或者跌到2500元/噸，都是猶未可知的事情。為了抵禦這種未來的風險，農場主可以早早在種豆子之初，便可以將未來預計可以收穫的豆子在期貨市場上以3000元的價格賣出去。

　　這樣不管大豆的價格是漲是跌，都與農場主沒有關係了。如果大豆的價格下跌了，只有2500元/噸，如果農場主自己200畝地產豆子50噸，在實物交易時，這位農場主便比上年少了25,000元的收入。但在期貨市場上，當初農場主已經以3000元/噸的價格，把自己的大豆賣出去了，此時大豆跌到只有2500元/噸的時候，農場主可以在期貨市場上以2500元的價格再買進50噸大豆，而當初農場主以3000元/噸的價格賣出50噸大豆，此時以2500元/噸的價格買進50噸，這樣在期貨市場又能賺回25,000元。

這樣便抵禦了風險。當然如果后來大豆的價格上漲，農場主自己也拿不到好處。因為一旦價格漲到 3500 元/噸時，他在實物交易時，賺的 25,000 元在期貨市場上又會賠出去。因為那時期貨價格是 3500 元/噸，而當初農場主是以 3000 元/噸的價格賣出去，到了期貨交割的那天，農場主就得以 3500 元/噸的價格將期貨買進以完成期貨交割。

對於農場主來說，期貨能抵禦市場風險，不會虧損，同時也丟掉了高收益的機會，這是一個非常對等的市場。但是期貨市場的操作是在貪婪的金融家手裡，他們進行期貨交易完全是看上其中的高收益，因為期貨交易並不需要拿出全部的現金來交易，只需繳納一定比例的保證金就可以進行交易，這樣可以獲得與自己本金相比的數十倍槓桿資金。國際一般慣例，保證金大概在 8% 左右，也有可能是 6%。這就是張立東只拿出 100 萬美元入市，卻可以調動 1600 多萬美元的原因。

因為你只需繳納 6% 的保證金，就可以動用 100% 的資金，如繳納 100 萬美元的保證金，你在交易市場上就可以動用 1600 萬美元的資金。如果你拿出 600 萬美元，就可以動用 1 億美元的資金；如果你拿出 6 億美元，都可以動用 600 億美元的資金。正因為有了如此大的槓桿資金，只要市場稍微有些朝自己有利的波動，就可以獲得極高的收益，所以張立東在一個多月的時間裡賺到 216% 的利潤也是完全可以實現的。當然，高收益的同時也伴隨著高風險，一旦市場朝著你不利的方向波動，你就會血本無歸。

因為證券交易所的人不是傻子，你拿 600 萬美元可以動用 1 億美元在交易所交易，如果這 1 億美元虧了，交易所去哪裡找人，這些錢可是得他們自己承擔。所以，交易所是絕對不會允許出現將錢全部損失的局面出現的，這時你當初交的保證金就極為重要了。如果你的交易形勢大好，交易所的人的是不會管你的，一旦你的交易出現風險，人家就會密切關注了，一旦虧損的錢超過你所繳納的保證金，交易所就會在那個臨界點將你的期貨強行出倉，強制性賣掉，以保證他們自身的利益。

那個保證金的比例，就是你可以出現虧損的比例。比如繳納的是 6% 的比例，一旦市場朝你不利的方向波動 6% 的話，你就血本無歸了，而一旦朝有利的方向波動 6% 的話，你就已經賺到了 100% 的利潤。正是因為保證金的槓桿左右，可以使得市場波動呈現十多倍的力量。這種力量可以讓人一夜暴富，也可以讓人一夜一文不值，甚至負債累累。

即問即答

即問：

1. 什麼是貨幣時間價值？
2. 什麼是風險收益？

即答：
1. 貨幣時間價值是指貨幣經過一定時間的投資和再投資增加的價值。
2. 風險收益是指減去當時基本的市場收益后的投資收益。

實戰訓練

1. 某人打算 5 年后從銀行取得 5000 元，那麼在利率為 10% 的情況下，他現在應該在銀行存入多少錢？

2. 某人打算從今年年底開始在未來 5 年裡，每年年底向銀行存入 1000 元，當銀行利率為 10% 時，5 年后其可以從銀行取出多少本息？

3. 甲公司目前有 A、B 兩個投資項目，經過對未來經濟形勢的預測及推算初步確定了兩個項目的收益率，具體情況見表 2-4。

表 2-4　　　　　　　　　　　　　　　　　　　　　　　　　　　　單位：%

未來經濟狀況	發生的概率	A 項目預期收益率	A 項目預期收益率
繁榮	50	36	15
正常	20	10	10
衰退	30	-40	5
合計	100		

你認為甲公司應該執行哪個方案？

詞彙對照

重要名詞中英文對照

時間價值	Time value	利息率	Interest rate
貼現	Discounting	終值	Future value
現值	Present	年金	Annuity
本金	principal	利息	interest
利率	the rate interest	複利	compound interest
風險報酬（補償）	Risk premium		

第二篇

公司資金運動

　　隨著市場經濟特別是資金市場的不斷發展，資金運動管理在企業管理中扮演著越來越重要的角色。企業管理的實踐表明，資金財務管理是企業管理的中心。如何籌集資金擴大生產經營，成為大多數企業關注的焦點，怎樣籌集資金，怎樣發行股票，企業有哪些資金來源，公司的資本成本結構如何，籌集到的資金如何有效使用，如何評價投資項目，如何購置機械設備、購買原材料等形成經營性資產，並運用這些資產進行產品生產，將產品銷售后取得利潤，用於彌補權益資本或者分配給股東。公司資金運動就是追求資金收益的最大化，具體可分為投資、籌資、資本營運和利潤分配。

3　籌資管理

教學目標

1. 瞭解籌資管理的概念、動機分類和原則；
2. 熟悉公司籌資渠道、方法，瞭解資本金制度；
3. 熟悉籌資預測的依據和基本方法；
4. 掌握權益融資的幾種主要方法；
5. 掌握債務融資的幾種主要方法。

內容結構

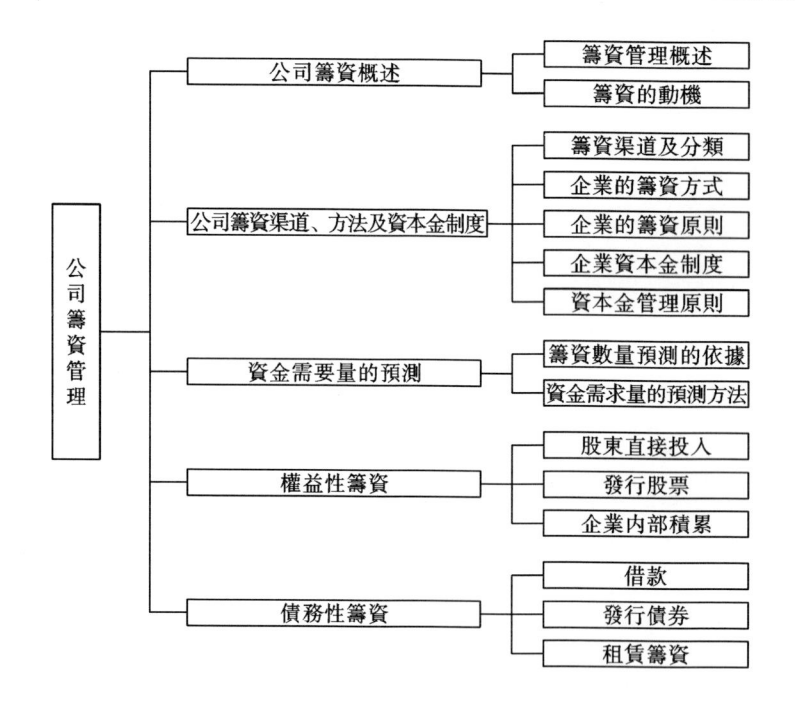

```
                              ┌─ 公司籌資概述 ──────┬─ 籌資管理概述
                              │                      └─ 籌資的動機
                              │
                              │                      ┌─ 籌資渠道及分類
                              │                      ├─ 企業的籌資方式
                              ├─ 公司籌資渠道、方法 ──┼─ 企業的籌資原則
                              │   及資本金制度        ├─ 企業資本金制度
                              │                      └─ 資本金管理原則
     公司籌資管理 ─────────────┤
                              ├─ 資金需要量的預測 ──┬─ 籌資數量預測的依據
                              │                      └─ 資金需求量的預測方法
                              │
                              │                      ┌─ 股東直接投入
                              ├─ 權益性籌資 ────────┼─ 發行股票
                              │                      └─ 企業內部積累
                              │
                              │                      ┌─ 借款
                              └─ 債務性籌資 ────────┼─ 發行債券
                                                     └─ 租賃籌資
```

範例引述

恒豐公司短期資金籌資決策

　　恒豐公司是一個季節性很強、信用為 AA 級的大中型企業，每年一到生產經營旺季，企業就面臨著原材料市場供不應求、資金嚴重不足的問題，讓公司領導和財務經理大傷腦筋。2002 年，公司同樣碰到了這一問題，公司生產中所需的 A 種材料面臨缺貨，急需 200 萬元資金投入，而公司目前尚無多余資金。若這一問題得不到解決，則給企業生產及當年效益帶來嚴重影響。為此，公司領導要求財務經理張峰盡快想出辦法解決。接到任務後，張峰馬上會同公司其他財務人員商討對策，以解燃眉之急。經過一番討論，形成了四種備選籌資方案。

　　方案一：銀行短期貸款。工商銀行提供期限為 3 個月的短期借款 200 萬元，年利率為 8%，銀行要求保留 20% 的補償性余額。

　　方案二：票據貼現。將面額為 220 萬元的未到期（不帶息）商業匯票提前 3 個月進行貼現。貼現率為 9%。

方案三：商業信用融資。天龍公司願意以「2/10、n/30」的信用條件，向其銷售 200 萬元的 A 材料。

方案四：安排專人將 250 萬元的應收款項催回。

思考題：

現已知恒豐公司的產品銷售利潤率為 9%，請你協助財務經理張峰對恒豐公司的短期資金籌集方式進行選擇？

本章導言

李某開辦的書店，在創立初期使用的都是自己的資本金，隨著書店的規模擴大，發展成連鎖店經營，依靠自身的資本累積非常緩慢（企業稅后利潤的留成部分），借雞下蛋是公司快速發展的必由之路，公司通過外部舉債達到籌集資金的目的。

外部籌資是企業持續發展一個很有效的方式，也是本章討論的重點。引例中恒豐公司面臨著籌資選擇，市場經濟條件下的公司都面臨著籌資管理活動。外部資金的籌集選擇的方式很多，需要考慮的因素也很多，不同的企業主體籌資渠道及籌資方式有很大的差異。

理論概念

3.1 公司籌資概述

3.1.1 籌資管理的概念

籌資是指公司根據其生產經營、對外投資和調整資本結構的需要，通過籌資渠道和資本市場，運用籌資方式，經濟有效地籌集為企業所需的資金的財務行為。

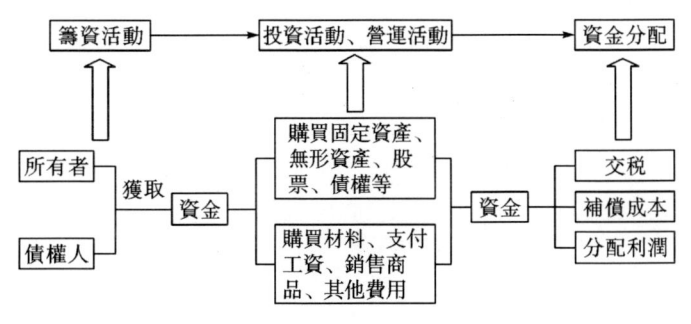

圖 3-1 企業資金運動流程

萊美藥業公司的資金運動如圖 3-1 所示。籌集資金是企業進行生產活動的第一步，籌資管理是企業財務管理活動最基本的職能，沒有資金企業就不能從事相關經營活動。在市場經濟飛速發展的今天資本市場也日趨完善，為企業解決資金來源提供了豐富的籌資渠道及籌資方式。見圖 3-2。

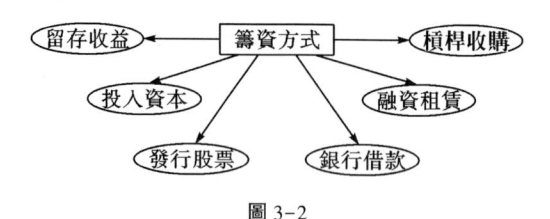

圖 3-2

籌資方式（Financing Modes）是指可供企業在籌措資金時選用的具體籌資形式。中國企業目前主要有以下幾種籌資方式：①吸收直接投資；②發行股票；③利用留存收益；④向銀行借款；⑤利用商業信用；⑥發行公司債券；⑦融資租賃；⑧槓桿收購；⑨內部集資。其中，前三種方式籌措的資金為權益資金，后幾種方式籌措的資金是負債資金。

提示：任何企業在持續經營發展過程中，都需要保持與生產經營相匹配的資本規模。資金短缺會導致企業效益下滑、甚至企業倒閉；資金過於充足會導致資金閒置、資金回報率降低。

引例中恒豐公司急需 200 萬元購買原材料，在賒購渠道不靈的情況下，企業經營會陷入無米之炊之境。分析與提示：

方案一：實際可動用的借款= 200×（1-20%）= 160（萬元）< 200 萬元

實際利率=8%/（1-20%）×100%= 10%>產品銷售利潤率 9%

故該方案不可行。

方案二：

貼現息= $220 \times \dfrac{3}{12} \times 9\% = 4.95$（萬元）

貼現實得現款=220-4.95=215.05（萬元）

方案三：

企業放棄現金折扣的成本= $\dfrac{2\%}{(1-2\%)} \times \dfrac{360}{30-10} = 36.73\% > 9\%$

若企業放棄現金折扣，則要付出高達 36.73%的資金成本，籌資期限也只有 1 個月，而要享受現金折扣，則籌資期限只有 10 天。

方案四：

安排專人催收應收帳款必然會發生一定的收帳費用。同時如果催收過急，會影響公

司和客戶的關係，最終會導致原有客戶減少，不利於維持或擴大企業銷售規模，因此該方案不可行。

綜上所述，恒豐公司應選擇票據貼現方式進行融資為佳。

3.1.2 籌資的動機

3.1.2.1 擴張性動機

擴張性動機是因為企業需要擴大企業規模或對外追加投資的需要而產生的擴張性動機，通常發展前景較好以及處於長期成長的企業通常會產生擴張性融資動機。擴張性融資動機的最後結果就是導致企業的資產規模增加。

3.1.2.2 新建性動機

新建性動機是指企業在新建立時需要資金，因此產生了新建籌資的動機。新建籌集的資金來源一般屬於權益資金，原因在於新建企業的收益尚不確定，風險較高，資金所有者通常不願意以借款的形式將資金借給企業。新建籌集的資金提供者多為風險投資家。如蒙牛創業初期就是由摩根斯坦利等風險投資家投入的資金。

3.1.2.3 調整性動機

權益資金和債務資金的比例、長期資金和短期資金的比例構成了企業的資金結構。在企業的財務活動中，由於種種原因會出現資金結構不合理的狀況，影響企業的生存和發展。為了解決資金結構不合理的問題，企業需要通過籌集資金來保持合理的資金結構。

3.1.2.4 償債性動機

償債性動機是指企業為了按時償還之前的借款本金及利息而進行新的舉債而產生的融資動機，也就是舉新債換舊債。該種舉債動機在補充企業流動資金中尤為常見，可以維護企業的信譽。

3.1.2.5 混合性動機

混合性動機是指同時包括了前面幾種籌資動機，即包括了新建性、擴張性、調整性及償債性動機。混合性動機兼容了擴張性籌資和調整性籌資。在這種混合性動機的驅動下，企業通過籌資既擴大了資本和資產的規模又調整了資本結構，以及補充流動資金的需要。

表 3-1　　　　　　　某公司擴張前後資產及資本總額變動表　　　　　　單位：萬元

資產	擴張前	擴張后	資本	擴張前	擴張后
貨幣資金	1000	1000	短期借款	1000	1500
應收帳款	1500	2000	應付帳款	1000	1000
存貨	2000	2500	長期借款	2500	4000
長期投資	3500	4500	應付債券	2500	2500

表3-1(續)

資產	擴張前	擴張后	資本	擴張前	擴張后
固定資產	5000	5000	股東權益	6000	6000
資產總額	13,000	15,000	資本總額	13,000	15,000

通過對表3-1擴張前后的金額比較，該公司資產總額及資本總額都發生了變化，資產及資本總額都增加了2000萬元。其中，短期借款增加500萬元，長期借款增加1500萬元，資產負債率由54%上升到60%。這是公司通過債務融資增加投資的結果。

表 3-2　　　　　某公司擴張前后資產及資本總額變動表　　　　　單位：萬元

資產	擴張前	擴張后	資本	擴張前	擴張后
貨幣資金	1000	1000	短期借款	1000	1000
應收帳款	1500	2000	應付帳款	1000	1000
存貨	2000	2500	長期借款	2500	3000
長期投資	3500	4500	應付債券	2500	2500
固定資產	5000	5000	股東權益	6000	7500
資產總額	13,000	15,000	資本總額	13,000	15,000

通過對表3-2擴張前后的金額比較，該公司資產總額及資本總額都發生了變化，資本結構發生了變化，資產及資本總額都增加了2000萬元，股東權益增加1500萬元，公司資產負債率由54%下降至50%。這是公司直接追加股東投資的結果。

3.2　公司籌資渠道、方法與資本金制度

3.2.1　籌資渠道的分類

表 3-3　　　　　　　　企業籌資可以按不同的標準進行分類

標誌	類型	說明
按籌集資金的來源	權益籌資	企業依法長期擁有，能夠自主調配運用的資本。權益資本在企業持續經營期內，投資者不得抽回，因而也稱之為企業的自由資本、主權資本或股東權益資本。企業的權益資本通過吸收直接投資、發行股票、內部累積、公益性項目政府財政資金撥入，以及上級公司撥付資本金等渠道取得。
	債務籌資	企業通過借款、發行債券、融資租賃以及賒購商品或服務等方式取得的資金形成在規定期限內需要償還的債務。
	其他籌資	衍生工具籌資，包括兼具權益和債務特性的混合融資與其他衍生工具融資。

表3-3(續)

標誌	類型	說明
是否以金融機構為仲介	直接籌資	企業籌資不通過金融機構直接向資金所有者融得資金。如發行股票、發行債券、直接向資金的所有者募集資金。
	間接籌資	企業通過金融機構取得資金,如向金融機構取得貸款。
是否由企業內部生產經營形成	內部籌資	企業通過利潤留存而形成的籌資來源。
	外部籌資	企業通過向外界融得資金,如發行股票、債權或是向金融機構取得貸款。
籌資期限	長期籌資	企業籌集的資金的使用期限超過一年。
	短期籌資	企業籌集的資金的使用期限在一年之內。

3.2.1.1 內部籌資渠道

企業內部籌資渠道是指從企業內部開闢資金來源。從企業內部開闢資金來源有三個渠道:企業自有資金、企業應付稅利和利息、企業未使用或未分配的專項基金。在企業購並中,企業都盡可能選擇這一渠道。因為這種方式保密性好,企業不必向外支付借款成本,因而風險很小。

這種籌資方式利用的是企業的內部資本,是企業通過生產經營活動產生的利潤而累積的企業自有資金,包括各項公積金以及未分配利潤等。

3.2.1.2 外部籌資渠道

外部籌資渠道是指企業從外部開闢的資金來源。按照目前中國的市場環境,企業的融資渠道主要有政府財政資本、銀行信貸資本、非銀行金融機構資本、其他企業資本、民間資本及國外資本。企業在進行融資策劃時需要對不同融資渠道進行分析,以使企業選擇合理恰當的渠道合理安排籌資。

從企業外部籌資具有速度快、彈性大、資金量大的優點;但其缺點是保密性差,企業需要負擔高額成本,在使用過程中應當注意權衡利弊。

(1) 政府財政資本

政府財政資本是國有企業籌資的主要來源,政策性很強,通常只有國有企業才能利用。國家通過財政直接對企業投資以及通過建立各種稅收從而間接對企業投資。國有企業是典型的國家直接投資的企業。

(2) 銀行信貸資本

銀行信貸資本是指企業通過向銀行機構貸款獲取的資金。銀行一般劃分為商業銀行和政策性銀行。在中國,商業銀行主要有工商銀行、農業銀行、建設銀行、中國銀行以及交通銀行等;政策性銀行有國家開發銀行、農業發展銀行和進出口銀行。銀行信貸資本擁有居民儲蓄、單位存款等經常性的資本來源,貸款方式靈活多樣,適應企業債務資本籌集的需要。

(3) 非銀行金融機構資本

非銀行金融機構資本是指企業從信託公司、保險公司、證券公司、租賃公司以及企業集團財務公司獲取的資金，從非銀行金融機構獲取的資金與從銀行獲取的信貸資本的性質相似，都是屬於債務資本，都需要向資本的提供者支付利息。這種渠道的財力雖然比銀行要小，但具有較大的發展潛力。

(4) 其他企業資本

其他企業資本是指企業向其他企業借款，其他企業從而成為企業的債權人。其他企業向企業提供資本的性質與銀行提供的信貸資本的性質是相似的。只是在辦理貸款手續時企業與企業之間的手續相對簡單。

(5) 民間資本

民間資本可以為企業直接提供籌資來源，中國企事業單位的職工和廣大城鄉居民持有大量的貨幣資本，有盈利的企業通常可以利用。在當前信貸緊縮的情況下，民間借貸憑藉其融資速度快、資金調動方便、門檻低等特點，有了越來越廣泛的市場，其中溫州地區及東部沿海地區的民間借貸的規模最大，逐漸成為中小企業的主要資本來源。

(6) 國外資本

在改革開放的條件下，企業吸收國外以及中國港澳臺地區的投資者持有的資本，從而形成所謂的外商投資企業的渠道。

上述幾種籌資渠道中，政府財政資本、其他企業資本、民間資本、企業內部資本、國外和中國港澳臺地區資本最終可以形成企業的股權資本；銀行信貸資本、非金融機構資本、其他企業資本、民間資本、國外和中國港澳臺地區資本形成企業的債務資本。

3.2.2 企業的籌資方式

籌資方式是指取得資本的具體形式和手段，體現著資本屬性的期限。目前中國企業通常用的籌資方式主要包括吸收直接投資、發行股票、銀行借款、發行債券、租賃、商業信用及留存收益等。從資本的權益角度來看，吸收直接投資、發行股票及留存收益融資屬於權益籌資，銀行借款、發行債券、租賃及商業信用屬於債務籌資。

籌資渠道與籌資方式的對應關係。籌資渠道解決的是資金來源問題，籌資方式則解決通過何種方式取得資金的問題，它們之間存在一定的對應關係。一定的籌資方式可能只適用於某一特定的籌資渠道，但是同一渠道的資金往往可以採用不同的方式取得，同一籌資方式又往往適用於不同的籌資渠道。因此，企業在籌資時應實現兩者的合理配合。

企業不論籌集的資金來源如何，都存在一定的資金成本。由此，籌資決策的目標就是要降低資金成本。不同籌資方式的稅負輕重程度是存在差異的，這便為企業在籌資決策中運用稅收籌劃提供了可能。企業經營活動中所需的資金，通常可以通過從銀行取得

長期借款、發行債券、發行股票、融資租賃以及利用企業的保留盈余等途徑取得。

3.2.3 企業的籌資原則

3.2.3.1 合法性原則

資金籌集首先要合法，企業籌資行為必須遵循國家的相關法律法規，依法履行法律法規和投資合同約定的責任。即便是有資金供給，也必須要避免非法籌資行為給企業本身及相關主體造成損失。

3.2.3.2 規模適當原則

企業籌集資金需要合理預測確定資金的需要量。籌資規模與資金需要量應當匹配一致，否則會加大資金成本、造成資金短缺或浪費。

3.2.3.3 籌措及時原則

企業籌集資金需要合理預測確定資金需要的時間。要根據資金需求的具體情況，合理安排資金的籌集時間，適時獲取所需資金。

3.2.3.4 來源經濟原則

企業籌資與投資在效益上應當相互權衡，應充分考慮籌資難易程度，對不同來源資金成本進行分析，盡可能選擇經濟、可行的籌資渠道與方式，力求降低籌資成本。

3.2.3.5 結構合理原則

企業籌資要綜合考慮權益資金與債務資金的關係、長期資金與短期資金的關係、內部籌資與外部籌資的關係，合理安排資本結構。

目前，中國中小企業數量增加迅速，其活力不斷增強，對中國經濟建設和改革開放、構建和諧社會等方面發揮著越來越重要的作用。但中小企業融資難也是當前亟待解決的難題，導致中小企業融資難是內部與外部原因所致。中小企業內部成因包括：①缺乏完善的內部控制機制，中小企業公司治理結構相對落後，財務制度不規範；②資本規模小，盈利差，風險高；③抵押物是中小企業發展的硬傷，商業銀行具有典當行的功能，抵押物不足是中小企業在商業銀行融資難的主要問題。而國有企業在商業銀行融資卻可以變通通融。例如，國有企業在工程項目融資，可以在工程建設初始階段匹配25%~35%的項目資本金，便可以取得商業銀行的資本。當工程項目進展到一定規模，可以採用在建工程項目抵押繼續在商業銀行取得資本。由此可見，在中國現階段融資主體不同，融資的方式及融資渠道有很大的差異。

3.2.4 企業資本金制度

資本金制度是指國家圍繞資金的籌集、管理以及所有者的責權利等方面所做的法律規範。其內容主要包括：①資本金的確定方法；②法定資本金；③資本金的分類；④資本金的籌集；⑤資本金的管理。它是世界各國通行的做法，被稱為國際慣例。這一國際慣例在不同國家有所差別。選擇資本金制度實質是在尋找一個在安全與效率之間求得最

佳平衡點的過程。由於中國市場經濟體制還處在建立和逐步完善的過程中，市場體系、社會誠信、市場道德和社會經濟環境都需要進一步培育，中國商業銀行引進授權資本金制度或折中資本金制度時機尚不成熟，現階段仍有必要施行法定資本金制度。

資本金具有以下特徵：

（1）從性質上看，資本金是投資者創建企業所投入的資本，是原始啟動資金；

（2）從功能上看，資本金是投資者用以享有權益和承擔責任的資金；

（3）從法律地位來看，所籌集的資本金要在工商行政管理部門辦理註冊登記，投資者只能按約定所投入的資本金而不是所投入的實際資本數額享有權益和承擔責任；

（4）從時效來看，投資者不得隨意從企業收回資本金，企業可以無限期地占用投資者的出資。

3.2.5 資本金管理原則

企業資本金的管理，應當遵循資本保全這一基本原則。實現資本保全的具體要求，可分為資本確定、資本充實和資本維持三部分內容。

3.2.5.1 資本確定原則

資本確定原則——資本確定，是指企業設立時資本金數額的確定。企業成立時，必須明確規定企業的資本總額以及各投資者認繳的數額。如果投資者沒有足額認繳資本總額，企業就不能成立。為了強化資本確定原則，法律規定由工商行政管理機構進行企業註冊資本的登記管理。這是保護債權人的利益、明晰企業產權的根本需要。一方面，投資者以認繳的資本為限對公司承擔責任；另一方面，投資者以實際繳納的資本為依據行使表決權和分取紅利。

企業獲準工商登記即正式成立后 30 日內，應依據驗資報告向投資者出具出資證明等憑證。以此為依據確定投資者的合法權益，界定其應承擔的責任。特別是佔有國有資本的企業需要按照國家有關規定申請國有資產產權登記，取得企業國有資產產權登記證，但這並不免除企業向投資者出具出資證明書的義務，因為前者僅是國有資產管理的行政手段。

3.2.5.2 資本充實原則

資本充實原則——資本充實，是指資本金的籌集應當及時、足額。對企業登記註冊的資本金，投資者應在法律法規和財務制度規定的期限內繳足。如果投資者未按規定出資，即為投資者違約，企業和其他投資者可以依法追究其責任，國家有關部門還將按照有關規定對違約者進行處罰。投資者在出資中的違約責任有兩種情況：一是個別投資單方違約，企業和其他投資者可以按企業章程的規定，要求違約方支付延遲出資的利息、賠償經濟損失；二是投資各方均違約或外資企業不按規定出資，則由工商行政管理部門進行處罰。

企業籌集的註冊資本，必須進行驗資，以保證出資的真實可信。對驗資的要求，一是依法委託法定的驗資機構，二是驗資機構要按照規定出具驗資報告，三是驗資機構依法承擔提供驗資虛假或重大遺漏報告的法律責任。因出具的驗資證明不實給公司債權人造成損失的，除能證明自己沒有過錯的外，在其證明不實的金額範圍內承擔賠償責任。

3.2.5.3 資本維持原則

資本維持原則——資本維持，是指企業在持續經營期間有義務保持資本金的完整性。企業除由股東大會或投資者會議做出增減資本決議並按規定程序辦理者外，不得任意增減資本總額。

企業籌集的實收資本，在持續經營期間可以由投資者依照相關法律法規以及企業章程的規定轉讓或者減少，投資者不得抽逃或者變相抽回出資。除《中華人民共和國公司法》（以下簡稱《公司法》）等有關法律法規另有規定外，企業不得回購本企業發行的股份。在下列四種情況下，股份公司可以回購本公司股份：①減少公司註冊資本；②與持有本公司股份的其他公司合併；③將股份獎勵給職工；④股東因對股東大會做出的公司合併、分立決議持有異議而要求公司收購其股份。

股份公司依法回購股份，應當符合法定要求和條件，並經股東大會決議。用於將股份獎勵給本公司職工而回購本公司股份的，不得超過本公司已發行股份總額的5%；用於收購的資金應當從公司的稅後利潤中支出；所收購的股份應當在1年內轉讓給職工。

3.3 資金需要量的預測

3.3.1 籌資數量預測的依據

企業籌集資金的數量預測必須科學合理地進行。影響企業籌資數量的因素和條件很多，既有企業的自身生產產能、市場環境、經營銷售能力方面的，也有法律規範方面的等。企業籌集資金數量預測的依據主要有如下幾個方面：

3.3.1.1 法律依據

中國法律依據上主要有以下兩方面：

（1）註冊資本限額。《公司法》根據行業的不同特點規定，有限責任公司的最低註冊資本是10萬元，股份有限公司的註冊資本最低限額為500萬元，股份有限公司申請股票上市，公司股本總額不少於人民幣3000萬元。公司在考慮籌集資金數量時必須滿足註冊資本最低限額的要求。

（2）公司負債限額的規定。中國《證券法》規定，公開發行的公司債券的公司累計債券餘額不得超過公司淨資產的40%。其目的是保證公司的償債能力，從而保障債權人的利益。

3.3.1.2 公司經營規模依據

通常來講，依據公司經營規模的大小來確定公司籌集資本。公司經營規模越大，所需

要的資本就越多；反之，所需資本就越少。由此，公司從小做到大需要追加註冊資本金。

3.3.1.3 影響公司籌資數量預測的其他因素

公司信用狀況、資金成本的高低、對外投資的規模等對籌資數量的預測都會產生一定影響。

企業的資金需要量是企業籌資數量的依據。籌資數量的預測主要是為了保證企業能夠正常的進行生產經營，使籌集的資金不僅能夠滿足企業生產經營的需求，同時又不會使資金閒置造成資源浪費，從而有助於財務管理的目標的實現。

3.3.2 資金需求量的預測方法

3.3.2.1 定性預測

定性預測法是指有豐富經驗的財務人員和熟悉業務的專業人員，根據已掌握的歷史資料和借鑑產業相關資料，運用個人的經驗和分析判斷能力，對企業的未來發展做出性質和程度上的判斷。然後，再通過一定形式綜合各方面的意見，根據經濟理論和實際情況進行分析和論證，輔以定量方法，將定性的財務資料進行量化，作為預測資金需要量的主要依據。這種方法一般在缺乏完整準確的歷史資料時使用。

3.3.2.2 定量預測

定量預測是使用歷史數據或因變量來預測需求的數學模型。企業根據已掌握的比較完備的財務歷史統計數據，運用一定的數學方法進行科學的加工整理，借以揭示有關變量之間的規律性聯繫，用於預測和推測未來發展變化情況的一類預測方法。定量預測通常使用銷售百分比法和因素分析法來預測資金的需求量。

（1）因素分析法的基本原理

因素分析法又稱分析調整法，是指以有關資本項目上年度的實際平均需要量為基礎，根據預測年度的生產經營任務和加速資本週轉的要求，進行分析調整，預測資本需要量的方法。

這種方法計算比較簡單，容易掌握，但預測結果不太精確。因此，它通常用在品種繁多、規格複雜、用量較小、價格較低的資本占用項目的預測，也可以用來匡算企業全部資本的需要量。

採用這種方法時，首先應在上年度資本實際平均額的基礎上，剔除其中呆滯積壓不合理部分；然後根據預測期的生產經營任務和加速資本週轉的要求進行測算。因素分析法的基本模型是：

資本需要量 =（上年度資本實際平均額不合理平均額）×（1 ± 預測年度銷售增減率）×（1 ± 預測年度資本週轉速度變動率）

提示：如果銷售預測增長就用「+」，反之用「-」；如果資金週轉加速就用「-」，反之用「+」。

【例3-1】甲公司上年度資金平均占用額為1000萬元，經過分析，其中不合理占用額為100萬元，本年的銷售額預計增長10%，資金週轉速度比上年度加速5%。請預測本年的資金需要量。

本年的資金需要量 =（1000 - 100）×（1 + 10%）×（1 - 5%）= 940.5（萬元）

（2）銷售百分比法

銷售百分比法是指根據企業的各個資金項目與銷售收入之間存在的依存關係，通過計算銷售增長量來預測資金的需求量的方法。

銷售百分比法的優點：能為財務管理提供短期的預計財務報表，以適應外部籌資的需要。銷售百分比法的缺點：倘若有關銷售百分比與實際不符，據以進行預測就會形成錯誤的結果。因此，在有關因素發生變動的情況下，必須相應地調整原有的銷售百分比。

通常運用銷售百分比法，可以借助於預計利潤表和預計資產負債表。通過預計利潤表來預測企業留存收益；通過預計資產負債表來預測企業資本需要總額和外部籌資的增加額。

銷售百分比法的假設條件有以下幾個：

①資產負債表的各項目可以劃分為敏感項目與非敏感項目；
②敏感項目與銷售額之間成正比例關係；
③基期與預測期的情況基本不變，企業的資本結構已達到最優；
④只有銷售預測準確，才能比較準確地預測資金需要量。

銷售百分比法的運用程序：

①計算百分比。根據基期的資產、負債項目中敏感項目的金額及基期收入額計算銷售百分比，包括流動資產銷售百分比、長期資產銷售百分比、應付款項銷售百分比等。

②計算預測期的資產、負債和所有者權益的金額。根據基期的有關銷售百分比和預測期的銷售收入額，分別計算預測期的資產、負債和所有者權益數額。與銷售額無關的項目金額按基期金額計算，留存收益項目的預測金額按基期金額加上新增留存收益金額預計。

③計算留存收益的增加額。根據預測期的銷售收入額、淨利率和留存收益率或股利支付率，據以計算預測期留存收益的增加額。

④計算外部融資需求。

【例3-2】A公司2013年度利潤表及各項目與銷售收入百分比、A公司2013年資產負債表及其各項目與銷售收入百分比分別見表3-4、表3-5。預測2014年度的銷售收入將比2013年增加50%，將達到15,000萬元，經研究A公司資產負債表項目中庫存現金、應收帳款、存貨、應付帳款、應付費用為敏感項目。A公司適用所得稅稅率為25%、留存收益比率為50%。試計算A公司2014年是否需要追加外部籌資。

表 3-4　　　　　　　　　　2013 年度利潤表（簡表）　　　　　　　　　　單位：萬元

項目	2013 年實際數	占銷售百分比(%)	2014 年預計數
一、營業收入	10,000	100	15,000
減：營業成本	6000	60	9000
營業稅金及附加	1000	10	1500
銷售費用	300	3	450
管理費用	500	5	750
財務費用	600	6	900
二、營業利潤	1600	16	2400
三、利潤總額	1600	16	2400
減：所得稅	400	4	600
四、淨利潤	1200	12	1800

表 3-5　　　　　　　　　2013 年 12 月 31 日資產負債表（簡表）　　　　　　　單位：萬元

項目	2013 年實際數	銷售百分比(%)	2014 年預計數
資產			
貨幣資金	500	5	750
應收帳款	3000	30	4500
存貨	3200	32	4800
固定資產淨值	5200	—	6000
資產總額	11,900	67	16,050
負債			0
短期借款	1000	10	1500
應付帳款	1500	15	2250
應付費用	200	2	300
長期負債		—	
負債合計	2700	27	4050
實收資本	5000		5000
留存收益	4200		6000
所有者權益合計	9200		11,000
追加外部籌資			1000
負債及所有者權益	11,900		16,050

2014 年度資金需求的預測程序如下：

①根據 2013 年利潤表中各項成本的資金成本習性計算並編製 2014 年度預測利潤，見表 3-4。

②根據預測利潤表中的淨利潤計算 2014 年度留存收益增加額。

③根據 2013 年度資產負債表計算並編製 2014 年度預計資產負債表，具體結果見表 3-5。

④計算外部資金需求量，依據資產負債關係：資產-負債=所有者權益。

A 公司 2014 年需要追加的資本投入

= 16,050（預計資產總額）-4050（預計負債總額）-11,000（預計的所有者權益總額）

= 1000（萬元）

或

A 公司 2014 年需要追加的資本投入

= 預計資產增加額-預計負債增加額-（預計的所有者權益增加額）

=（16,050-11,900）-（4050-2700）-（11,000-9200）

= 1000（萬元）

3.4 權益性融資

權益性融資通過擴大企業的所有權益，如吸引新的投資者、發行新股、追加投資等來實現。權益性融資的後果是稀釋了原有投資者對企業的控制權。為了改善經營或進行擴張，特許人可以利用多種權益性融資方式獲得所需的資本。

權益性融資的主要方式包括：股東直接投入、發行股票和企業內部累積。目前，有不少投資機構形式上選擇採用權益性投資，實際上採用的依然是債務性融資。兩者的區別在於：是否需要質押物、償還本金及支付固定資金利息。權益投資者成了企業的部分所有者，通過股利支付獲得他們的投資回報，或者是權益投資者通過股票買賣收回他們的資金及資本利得。

3.4.1 股東直接投入

吸收直接投資是指企業按照「共同投資、共同經營、共擔風險、共享利潤」的原則來吸收國家、法人、個人、外商投入資金的一種投資方式。吸收直接投資是非股份公司籌集權益資本的基本方式。

3.4.1.1 吸收直接投資的種類

（1）吸收國家投資

國家投資是指有權代表國家投資的政府部門或機構，以國有資產投入公司，這種情況下形成的資本稱為國有資本。吸收國家投資一般具有以下特點：①產權歸屬國家；②資金的運用和處置受國家約束較大；③在國有公司中採用比較廣泛。

（2）吸收法人投資

法人投資是指法人單位以其依法可支配的資產投入公司，這種情況下形成的資本稱

為法人資本。吸收法人資本投資一般具有以下特點：①發生在法人單位之間；②以參與公司利潤分配或控制為目的；③出資方式靈活多樣。

（3）吸收個人投資

個人投資是指社會個人或本公司職工以個人合法財產投入公司，這種情況下形成的資本稱為個人資本。吸收個人投資一般具有以下特點：①參加投資的人員較多；②每人投資的數額相對較少；③以參與公司利潤分配為基本目的。

（4）吸收外商直接投資

企業可以通過合資經營或合作經營的方式吸收外商直接投資，即與境外的投資者共同投資、共同經營、共擔風險、共負盈虧、共享利益。

3.4.1.2 吸收直接投資的優缺點

直接投資的出資者是企業的所有者、共享經營管理權，這種直接吸收資金的融資方式手續簡便，是大多數中小企業籌資的主要方式。

吸收直接投資的籌資方式也有優點和缺點，見表3-6。

表3-6　　　　　　　　吸收直接投資籌資方式的優缺點比較

優點	增強公司信譽	與債務資本相比較，吸收直接投資能夠提高公司的資信和借款能力。
	財務風險較低	相對於債務資本，直接投資可以根據經營狀況向投資者支付報酬，大大降低了財務風險。
缺點	資本成本較高	企業經營狀況良好時尤為明顯，支付投資者的報酬會隨之升高。
	容易分散企業的控制權	如外部投資較多，則這些投資者會有相當大的管理權，甚至完全控制企業。
	難以吸收大量的社會資本參與	不會面向社會公眾、範圍較小。

3.4.1.3 吸收直接投資中的出資方式

企業在採用吸收投資方式籌集資金時，投資者可以用現金、廠房、機械設備、材料物資、無形資產等作價出資。出資方式主要有以下幾種：

（1）以現金出資

以現金出資是吸收投資中一種最主要的出資方式。有了現金，便可以獲取其他物質資源。因此，企業應盡量動員投資者採用現金方式出資。吸收投資中所需投入資金的數額，取決於投入的實物、工業產權之外尚需多少資金來滿足建廠的開支和日常週轉需要。

（2）以實物出資

以實物出資是投資者以廠房、建築物、設備等固定資產和原材料、商品等流動資產所進行的投資。一般來說，企業吸收的實物應符合如下條件：①確為企業科研、生產、

經營所需要；②技術性能比較好；③作價公平合理。

(3) 以工業產權出資

以工業產權出資是指投資者以專有技術、商標權、專利權等無形資產所進行的投資。一般來說，企業吸收的工業產權應符合以下條件：①能幫助研究和開發出新的高科技產品；②能幫助生產出適銷對路的高科技產品；③能幫助改進產品質量，提高生產效率；④能幫助大幅度降低各種消耗；⑤作價比較合理。

企業在吸收工業產權投資時應特別謹慎，認真進行技術時效性分析和財務可行性研究。因為以工業產權投資實際上是把有關技術資本化，把技術的價值固定化。而技術具有時效性，因其不斷老化而導致價值不斷減少甚至完全喪失，風險較大。

(4) 以土地使用權出資

投資者也可以用土地使用權來進行投資。土地使用權是按有關法規和合同的規定使用土地的權利。企業吸收土地使用權投資應符合以下條件：①是企業科研、生產、銷售活動所需要的；②交通、地理條件比較適宜；③作價公平合理。

3.4.2 發行股票

股票發行是指符合條件的發行人以籌資或實施股利分配為目的，按照法定的程序，向投資者或原股東發行股份或無償提供股份的行為。股票是股份公司在籌集資本時向出資人公開或私下發行的、用以證明出資人的股本身分和權利，並根據持有人所持有的股份數享有權益和承擔義務的憑證。股票是一種有價證券，代表著其持有人（股東）對股份公司的所有權，每一股同類型股票所代表的公司所有權是相等的，即「同股同權」。

3.4.2.1 股票的特點

(1) 永久性。公司發行的股票籌資是公司長期自有資金，從期限上看，只要公司存在，它所發行的股票就存在，股票的期限等於公司存續的期限。

(2) 參與性。股票持有者的投資意志和享有的經濟利益，通常是通過出席股東大會來行使股東權。股東參與公司決策的權利大小，取決於其所持有的股份的多少。從實踐中看，只要股東持有的股票數量達到左右決策結果所需的實際多數時，就能掌握公司的決策控製權。

(3) 收益性。股東憑其持有的股票，有權從公司領取股息或紅利，獲取投資的收益。股息或紅利的大小，主要取決於公司的盈利水平和公司的利潤分配政策。

(4) 流通性。股票的流通性是指股票在不同投資者之間的可交易性。股票具有很強的變現能力，流通性很強。

(5) 風險性。由於股票的永久性，股東成為企業的主要承擔者。風險的表現形式有：股票價格波動、紅利的不確定性、破產清算時股東處於剩餘財產分配的最后順序。

3.4.2.2 股東的權利

股東權利可以分為兩類：財產權和管理參與權。前者如股東身分權、資產收益權、優先受讓和認購新股權、轉讓出資或股份的權利；后者如參與決策權、選擇、監督管理者權、知情權、提議、召集、主持股東會臨時會議權。其中，財產權是核心，是股東出資的目的所在，管理參與權則是手段，是保障股東實現其財產權的必要途徑。

普通股股東按其所持有股份比例享有以下基本權利：

（1）公司決策參與權。普通股股東有權參與股東大會，並有建議權、表決權和選舉權，也可以委託他人代表其行使其股東權利。

（2）利潤分配權。普通股股東有權從公司利潤分配中得到股息。普通股的股息是不固定的，由公司盈利狀況及其分配政策決定。普通股股東必須在優先股股東取得固定股息之后才有權享受股息分配權。

（3）優先認股權。如果公司需要擴張而增發普通股股票時，現有普通股股東有權按其持股比例，以低於市價的某一特定價格優先購買一定數量的新發行股票，從而保持其對企業所有權的原有比例。

（4）剩餘資產分配權。公司破產或清算時，若公司資產在償還欠債後還有剩餘，其剩餘部分按先優先股股東、后普通股股東的順序進行分配。

3.4.2.3 普通股的種類

（1）按股票有無記名，可將股票分為記名股和不記名股

記名股是指在股票票面上記載股東姓名或名稱的股票。這種股票除了股票上所記載的股東外，其他人不得行使其股權，且股權的轉讓有嚴格的法律程序與手續，需辦理過戶。《公司法》規定，向發起人、國家授權投資的機構、法人發行的股票，應為記名股。

不記名股是指票面上不記載股東姓名或名稱的股票。這類股票的持有人即股份的所有人，具有股東資格，股票的轉讓也比較自由、方便，無需辦理過戶手續。

（2）按股票是否標明金額，可將股票分為面值股票和無面值股票

面值股票是指在票面上標有一定金額的股票。持有這種股票的股東，對公司享有的權利和承擔的義務大小，依其所持有的股票票面金額占公司發行在外股票總面值的比例而定。

無面值股票是指不在票面上標出金額，只載明所占公司股本總額的比例或股份數的股票。無面值股票的價值隨公司財產的增減而變動，而股東對公司享有的權利和承擔義務的大小，直接依股票標明的比例而定。2012年，《公司法》不承認無面值股票，規定股票應記載股票的面額，並且其發行價格不得低於票面金額。

（3）按投資主體的不同，可將股票分為國家股、法人股、個人股等

國家股是指有權代表國家投資的部門或機構以國有資產向公司投資而形成的股份。

法人股是指企業法人依法以其可支配的財產向公司投資而形成的股份，或具有法人資格的事業單位和社會團體以國家允許用於經營的資產向公司投資而形成的股份。

個人股是指社會個人或公司內部職工以個人合法財產投入公司而形成的股份。

（4）按發行對象和上市地區的不同，可將股票分為 A 股、B 股、H 股和 N 股等

A 股是指供中國大陸地區個人或法人買賣的，以人民幣標明票面金額並以人民幣認購和交易的股票。

B 股、H 股和 N 股是指專供外國和中國港澳臺地區投資者買賣的，以人民幣標明票面金額但以外幣認購和交易的股票。其中，B 股在上海、深圳上市；H 股在香港上市；N 股在紐約上市。

3.4.2.4 股票的發行

（1）股份有限公司的設立

設立股份有限公司，應當有 2 人以上 200 人以下為發起人，其中須有半數以上的發起人在中國境內有住所。公司全體發起人的首次出資額不得低於註冊資本的 20%，其餘部分由發起人自公司成立之日起兩年內繳足。其中，投資公司可以在五年內繳足。在繳足前，不得向他人募集股份。

股份有限公司採取募集方式設立的，註冊資本為在公司登記機關登記的實收股本總額。股份有限公司註冊資本的最低限額為人民幣 500 萬元。法律、行政法規對股份有限公司註冊資本的最低限額有較高規定的，從其規定。

股票發行是指符合條件的發行人以籌資或實施股利分配為目的，按照法定的程序，向投資者或原股東發行股份或無償提供股份的行為。

（2）發行條件

①公司的生產經營符合國家產業政策。

②公司發行的普通股只限一種，同股同權。

③發起人認購的股本數額不少於公司擬發行的股本總額的 35%。

④在公司擬發行的股本總額中，發起人認購的部分不少於人民幣 3000 萬元，但是國家另有規定的除外。

⑤向社會公眾發行的部分不少於公司擬發行的股本總額的 25%。其中公司職工認購的股本數額不得超過擬向社會公眾發行的股本總額的 10%；公司擬發行的股本總額超過人民幣 4 億元的，證監會按照規定可酌情降低向社會公眾發行部分的比例，但是最低不少於公司擬發行的股本總額的 15%。

⑥發行人在近三年內沒有重大違法行為。

⑦國務院證券委員會規定的其他條件。

（3）發行方式

股票在上市發行前，上市公司與股票的證券商簽訂代理發行合同，確定股票發行的

方式，明確各方面的責任。股票代理發行的方式按發行承擔的風險不同，一般分為包銷發行方式和代理發行方式兩種。

①包銷發行，是由代理股票發行的證券商一次性將上市公司新發行的全部或部分股票承購下來，並墊支相當股票發行價格的全部資本。

由於金融機構一般都有較雄厚的資金，可以預先墊支，以滿足上市公司急需大量資金的需要，所以上市公司一般都願意將其新發行的股票一次性轉讓給證券商包銷。如果上市公司股票發行的數量太大，一家證券公司包銷有困難，還可以由幾家證券公司聯合起來包銷。

②代銷發行，是由上市公司自己發行，中間只委託證券公司代為推銷，證券公司代銷證券只向上市公司收取一定的代理手續費。

股票上市的包銷發行方式，雖然上市公司能夠在短期內籌集到大量資金，以應付資金方面的急需。但一般包銷出去的證券，證券承銷商都只按股票的一級發行價或更低的價格收購，從而不免使上市公司喪失了部分應有的收穫。代銷發行方式對上市公司來說，雖然相對於包銷發行方式能夠獲得更多的資金，但整個籌款時間可能很長，從而不能使上市公司及時得到自己所需的資金。

(4) 股票上市

股票上市是指已經發行的股票經證券交易所批准后，在交易所公開掛牌交易的法律行為。上市后，公司將獲得巨額資金投資，有利於公司的發展。新的股票上市規則主要對信息披露和停牌制度等進行了修改，增強了信息披露的透明性，尤其是重大事件要求細化持續披露，有利於普通投資者化解部分信息不對稱的影響。

①股票上市的目的

第一，資本大眾化。股票上市后，會有更多的投資者認購公司股份，公司則可以將部分股份轉售給這些投資者，再將得到的資金用於其他方面，這就分散了公司的風險。

第二，提高股票的變現力。股票上市后便於投資者購買，自然提高了股票的流動性和變現力。

第三，便於籌措新資金。股票上市必須經有關機構審查並接受相應的管理，執行各種信息披露和股票上市的規定，這就大大增強了社會公眾對上市公司的信賴度，使之樂於購買上市公司的股票。同時，由於一般人認為上市公司實力雄厚，所以便於公司採用其他方式（如負債）籌措資金。

第四，提高公司知名度。上市公司為社會所知，並被認為經營優良，會帶來良好聲譽，吸引更多的顧客，從而擴大銷售量。

第五，便於確定公司價值。股票上市后，公司股價有市價可循，便於確定公司的價值，有利於促進公司財富最大化。

②股票上市的條件

第一，股票經中國證監會核准已公開發行；

第二，公司股本總額不少於人民幣 3000 萬元；

第三，公開發行的股份達到公司股份總額的 25% 以上，公司股本總額超過人民幣 4 億元的，公司發行股份的總額的比例為 10%；

第四，公司在最近 3 年內無重大違法行為，財務會計報告無虛假記載。

③股票暫停上市的條件

第一，上市公司股本總額（3000 萬元）、股權分佈（25%、10%）等發生變化不再具備上市條件；

第二，上市公司不按照規定公開其財務狀況，或者對會計報告做虛假記載，可能誤導投資者；

第三，上市公司有重大違法行為；

第四，上市公司最近 3 年連續虧損。

④股票終止上市的條件

第一，上市公司股本總額、股權分佈等發生變化不再具備上市條件，在證券交易所規定的期限內仍不能達到上市條件；

第二，上市公司不按照規定公開其財務狀況，或者對財務會計報告做虛假記載，且拒絕糾正；

第三，上市公司最近 3 年連續虧損，在其后一個年度內未能恢復盈利；

第四，上市公司解散或者被宣告破產。

3.4.2.5 股權籌資的優缺點

（1）股票籌資的優點

①股權籌資是企業穩定的資本基礎

股權資本沒有固定的到期日，無需償還，是企業的永久性資本，除非企業清算時才有可能予以償還。這對於保障企業對資本的最低需求，促進企業長期持續穩定經營具有重要意義。

②股權籌資是企業良好的信譽基礎

股權資本作為企業最基本的資本，代表了公司的資本實力，是企業與其他單位組織開展經營業務，進行業務活動的信譽基礎。同時，股權資本也是其他方式籌資的基礎。尤其可為債務籌資，包括銀行借款、發行公司債券等提供信用保障。

③企業財務風險較小

股權資本不用在企業正常營運期內償還，不存在還本付息的財務風險。相對於債務資本而言，股權資本籌資限制少，資本使用上也無特別限制。另外，企業可以根據其經營狀況和業績的好壞，決定向投資者支付報酬的多少，資本成本負擔比較靈活。

（2）股權籌資的缺點

①資本成本負擔較重

一般而言，股權籌資的資本成本要高於債務籌資。這主要是由於投資者投資於股權特別是投資於股票的風險較高，投資者或股東相應要求得到較高的報酬率。企業長期不派發利潤和股利，將會影響企業的市場價值。從企業成本開支的角度來看，股利、紅利從稅后利潤中支付，而使用債務資本的資本成本允許稅前扣除。此外，普通股的發行、上市等方面的費用也十分龐大。

②容易分散企業的控製權

利用股權籌資，由於引進了新的投資者或出售了新的股票，必然會導致企業控製權結構的改變，分散了企業的控製權。控製權的頻繁迭變，勢必要影響企業管理層的人事變動和決策效率，影響企業的正常經營。

③信息溝通與披露成本較大

投資者或股東作為企業的所有者，有瞭解企業經營業務、財務狀況、經營成果等的權利。企業需要通過各種渠道和方式加強與投資者的關係管理，保障投資者的權益。特別是上市公司，其股東眾多而分散，只能通過公司的公開信息披露瞭解公司狀況。這就需要公司花費更多的精力，用於公司的信息披露和投資者關係管理。

3.4.3　企業內部累積

內部累積主要是通過留存收益來籌集資金。留存收益是指企業在經營活動中累積的財富，主要包括盈余公積及未分配利潤。

3.4.3.1　內部累積的資金成本

內部累積的資金成本就是股東的回報率，跟普通股籌資成本基本一樣，但是沒有一次性的籌資費用。因為內部累積從權益角度來講仍然是股東權益。

3.4.3.2　內部累積籌資的優缺點

（1）內部累積的優點

①內部累積不發生實際的資金成本支出。內部累積不同於債務籌資，因此沒有利息支出；同時又不同於股票籌資，不必要支付股利，因此可以緩解現金支出的壓力。

②內部累積可以提升企業的舉債能力。內部累積是權益資本，因此可以作為對外舉債的基礎。

③內部累積可以不分散股東的控製權。內部累積既不涉及增發也不涉及舉債，因此，對股東的控製權沒有影響。

（2）內部累積的缺點

①資金籌集時間緩慢。內部累積是靠企業經營活動獲取的收益，因此很難在短時間內獲取需要數量的資金。

②受到股利分配機制的制衡。企業的股利分配基礎可能影響留存收益的累積。同時提取過高的留存收益可能導致現金股利分配不足給企業帶來負面影響。

3.5 債務籌資

債務籌資的概念有狹義和廣義之分。狹義的債務籌資是指企業按約定代價和用途取得且需要按期還本付息的一種籌資方式，如對外借款；廣義的債務籌資包括借款、發行公司債券、融資租賃及商業信用。

3.5.1 借款

借款是企業常用的籌資方式，借款的渠道主要包括銀行、其他金融機構（如保險公司）、財務公司及其他企業。儘管借款有不同的籌資渠道，但是其實質都需要因為使用資金而支付一定的成本。因此，本章在介紹借款的相關內容時包括了上述四種籌資渠道的借款。不同籌資渠道的借款，其辦理的借款的程序也不同，相比而言銀行借款的程序較為繁瑣。企業與企業之間的借款程序的辦理相對簡單，但是借款企業所面臨的風險也是比較大的。就借款而言，按使用資金的長短分為短期借款和長期借款。短期借款的借款時間在一年以內，長期借款的借款時間在一年以上。

3.5.1.1 短期借款

短期借款是指企業向銀行、其他金融機構、財務公司等借入的償還期限在一年以內的借款。短期借款一般是補充企業的流動資金。

短期借款時企業需要向貸款方提出申請，貸款方對其貸款額度進行審查，審查的目的就是為了確保借款方的償債能力，以免造成損失。審核通過後借貸雙方就可以簽訂借款合同，在合同上註明相關條款。合同簽訂成功以後貸款方放款，借款方取得資金。見圖 3-3。

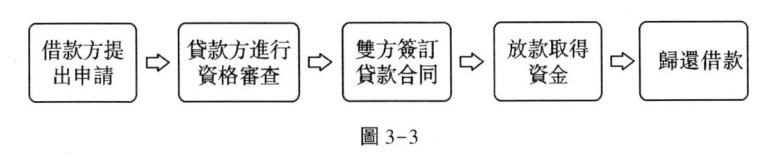

借款方提出申請 ⇒ 貸款方進行資格審查 ⇒ 雙方簽訂貸款合同 ⇒ 放款取得資金 ⇒ 歸還借款

圖 3-3

（1）短期借款的信用條件

為了降低貸款方的風險，企業取得短期借款的通常都會有一定的限制。通常，對於短期借款有以下限制：

①信用限額。信用限額是指貸款方對借款方的無擔保的貸款做出的限定，即規定某一借款人的無擔保貸款不能超過某一額度。通常，信用限額會根據不同企業的不同信譽制定。信譽較好的企業的信用限額較高，信譽較低的企業的信用限額較低。如果某借款方的信譽極度惡劣，借款方對其制定的信用限額為零，即銀行不願意發放無擔保貸款給

此借款方。

②週轉信用協定。週轉信用協定是指貸款方具有法律義務承諾，在某一限額內滿足借款方的借款要求。即在協議期內，只要借款方的借款額度沒有超過協定的額度，只要借款方提出資金需求，貸款方就要滿足其需求。週轉信用協定對於借款方而言是一種權利，借款方獲取這樣的權利通常需要向貸款方支付一筆承諾費。

③補償性余額。補償性余額是指貸款方要求借款方在其借款帳戶中保留不低於借款額一定比例的資金。補償性余額主要是為了降低貸款方的風險，但是對於借款方而言則實際上增加了借款的實際利率。

【例3-3】甲公司向銀行申請100萬元的短期借款利率為8%，用於補充流動資金。銀行鑒於以往甲公司的還款能力，要求甲公司在其銀行帳戶中要保留不低於借款額20%的比例。試計算甲公司該筆借款的實際利率？

解：甲公司的實際可支配的款項為80萬元。

年借款利息 = 100 × 8% = 8（萬元）

實際用款額 = 100 × (1 − 20%) = 80（萬元）

實際借款利率 = $\frac{8}{80}$ × 100% = 10%

④借款抵押。借款抵押是指貸款方為了降低自身的風險，規定借款方需要向貸款方提供一定的抵押物作為擔保。借款抵押屬於擔保貸款，從一定程度上降低了貸款方的風險。

（2）短期借款的成本

短期借款的成本因利息支付方式及貸款的附加規定的不同而造成短期借款的名義利率與實際利率的不一致。利息的支付方式包括收款法、貼現法、加息法、補償性余額。

①收款法下的實際利率。收款法是指企業支付利息的時間是到期一次還本付息。在收款法下，借款的名義利率與實際利率一致。

【例3-4】甲公司向銀行取得100萬元的貸款，合同約定貸款利率為8%，貸款期限6個月，到期一次還本付息，在此情況下甲公司該筆貸款的實際利率為8%。

②貼現法下的借款成本。貼現法是指貸款方向借款方提供借款時，先從借款本金中扣除利息，借款到期時再按本金償還全部貸款的計息方式。在該付息方式下，借款方實際使用的資金是本金減去借款利息后的金額。因此，該付息方式下的借款的實際利率要高於名義利率。

【例3-5】甲公司向銀行取得借款100萬元，合同規定年利率為10%，貸款期限為1年，按貼現法付息。試計算甲公司借款的實際利率？

解：甲公司借款的實際利率 = $\frac{10\%}{(1-10\%)}$ = 11.1%

當貸款的期限小於1年時，則貸款的實際利率可以通過以下公式計算：

$$\left(1 + \frac{I}{1-I}\right)^{\frac{n}{12}} - 1$$

式中，I 表示借款利息，n 表示借款期限。

承接上例：若貸款期限為半年，問甲公司借款的實際利率是多少？

$$\left(1 + \frac{8\%}{1-8\%}\right)^{\frac{6}{12}} - 1 = 4.3\%$$

③加息法的借款成本。加息法是指借款人分期等額歸還本息的方法。該方法下通過計算名義利息與本金之和，然后等額歸還本息。下面通過舉例來說明加息法下的借款成本與名義成本的關係。

加息法下借款的實際成本的計算公式如下：

$$\frac{M \times I}{M \div 2} \times 100\%$$

式中，I 表示借款利率，M 表示借款本金。

【例3-6】甲公司向銀行取得借款100萬元，合同規定年利率為8%，貸款期限為1年，按加息法分4次償還本息，即每3個月后歸還一次本金和利息。試計算甲公司借款的實際利率。

解：該筆借款到期后的本息和為108萬元，分4次償還，每期需償還27萬元，償還期為每期90天。

$$實際成本 = \frac{100 \times 0.08}{100 \div 2} \times 100\% = 16\% > 8\%$$

從上述事例可以看出，加息法下的借款的實際成本比名義成本高。並且還可以得到這樣一個規律，借款的實際利率隨還款次數的增加而增加。如果還款次數為無限次，那麼借款的實際利率約為名義利率的兩倍。

④補償性余額的借款成本。補償性余額借款的實際成本也會高於名義成本。

$$實際利率 = \frac{名義借款金額 \times 名義利率}{名義借款金額 \times (1-補償性余額比例)} \times 100\%$$

$$= \frac{名義利率}{1-補償性余額比率} \times 100\%$$

（3）短期借款的優點與缺點

短期借款的優點：一是對於季節性和臨時性的資金需求，採用短期借款尤為方便。而那些規模大、信譽好的大企業，更可以較低的利率借入資金。二是短期借款具有較好的彈性，可以在資金需要增加時借入、在資金需要減少時還款。

短期借款的缺點：一是資金成本較高。採用銀行短期借款成本比較高，不僅不能與

商業信用相比，與短期融資券相比也高出許多。而抵押借款因需要支付管理和服務費用，成本更高。二是限制較多。如向銀行借款，銀行要對企業的經營和財務狀況進行調查以後才能決定是否貸款，有些銀行還要對企業有一定的控制權，要企業把流動比率、負債比率維持在一定的範圍之內，這些都有會構成對企業的限制。

3.5.1.2 長期借款

長期借款是指借款人向銀行或其他非銀行金融機構等借入的使用期限超過一年的借款。借款人舉借長期借款主要用於購建固定資產和滿足企業長期資金的需求。

對於長期借款，貸款方通常對借款方的資格審查比較嚴。其原因在於，長期借款涉及的貸款金額比較大、時間比較長，時間過長其不確定性也就越大。因此，貸款方為了降低自身的貸款的不確定性風險，通常對提出申請的借款方都有比較嚴格的審查。

（1）長期借款的條件

中國金融部門對企業發放長期借款的原則是：按計劃發放、擇優扶持、有物資保證、按期歸還。此外，企業舉借長期借款還需滿足以下條件：

①獨立核算，自負盈虧，具有法人資格；
②經營方向和業務範圍符合國家產業政策，借款用途屬於貸款辦法規定的範圍；
③借款企業具有一定的物質和財產保證，擔保單位具有相應的經濟實力；
④具有償還貸款的能力；
⑤財務管理和經濟核算制度健全，資本使用效益及企業效益良好；
⑥在銀行設有帳戶，辦理結算。

（2）長期借款的程序

長期借款的程序見圖 3-4。

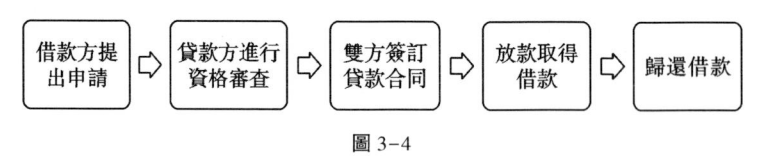

借款方提出申請 ⇨ 貸款方進行資格審查 ⇨ 雙方簽訂貸款合同 ⇨ 放款取得借款 ⇨ 歸還借款

圖 3-4

具備長期借款的條件，在向銀行申請長期借款時首先要陳述申請借款的原因、金額、用款的時間以及如何歸還借款。銀行根據借款方提出的申請對其資格進行審查，針對其財務狀況、信用等級、盈利能力、發展前景做一個綜合評價。如果借款方通過審查則可以與銀行簽訂長期借款合同，合同要明確借款的種類、借款的用途、借款金額和期限、借款利率及支付利息的方式、還款方式以及提前還款的條件等。合同簽訂完成以後，銀行向借款方放款，借款方取得長期借款。放款以後，銀行還要對借款方進行長期追蹤，追查其長期借款是否用於合同規定的地方，評價其財務狀況是否發生變化等。

（3）長期借款的利率

長期借款的利率的大小取決於金融市場的供求關係、借款期限、借款方的信譽及借

款方用於抵押貸款物的流動性。長期借款的利率通常分為固定利率和浮動利率。

①固定利率是指借貸雙方通過參考一定的標準確定一個貸款利率。通常，只有借款方預計未來期間利率會上升的情況下才會簽訂固定利率。

②浮動利率是指在長期借款的期限內，長期借款的利率可能會隨著實際情況的變化而變動。一般利率的調整頻率為每半年或每年調整一次。就目前而言，中國企業的長期借款利率大多採用浮動利率，即在中國人民銀行制定的基準利率的基礎上，金融機構在中國人民銀行規定的浮動範圍內浮動。

（4）長期借款的附加條件

長期借款的附加條件主要是為了保護貸款方，原因在於長期借款貸款期限長、風險大。所以，金融機構為了降低自身的風險，在簽訂長期借款合同時都會在合同上附加一定的附加條件。這些附加條件主要包括：標準條款、限制性條款、懲罰性條款。

①標準條款包括：借款方定期向貸款方提供財務報表；如期繳納稅款和清償到期債務；保持正常的盈利能力。

②限制性條款包括：借款方的流動比率不能低於某一規定指標；限制借款方在未經貸款方同意的情況下增加企業債務；要求借款必須用於合同規定的用途上；要求在貸款期限內不隨意更換管理層。

③懲罰性條款是指借款方在違反合同規定時貸款方可以要求其提前歸還借款。

（5）長期借款的還款方式

借貸雙方在簽訂長期借款合同時便規定了長期借款的本息的償還方式，不同的本息償還方式對借款方的影響是不同的。長期借款的還本付息的方式包括：①到期一次還本付息；②定期還息，到期一次還本；③定期等額還本付息。

①到期一次還本付息。到期一次還本付息企業面臨的償債壓力也比較大。並且各期間產生的利息在以後期間也會產生利息。也就是本書前面章節所講的複利。

【例3-7】甲公司向銀行借款100萬元，合同規定借款利率為8%，借款期限為5年，到期一次還本付息。問五年後公司要支付的本息和為多少？

$100 \times (1 + 8\%)^5 = 146.93$（萬元）

②定期還息，到期一次還本。在還本付息方式下，要求借款方按合同規定定期支付當期利息，到期一次性償還本金。

接上例：如果借貸雙方約定每年支付一次利息到期一次還本付息，那麼甲公司每年需要向銀行支付利息8萬元（$100 \times 8\%$），貸款到期時甲公司只需向銀行支付當期利息和借款本金108萬元。

③定期等額償還本息。在這種還款方式下，企業的還款壓力最小。

（6）長期借款的優點與缺點

①長期借款的優點：不會影響企業的股權結構，有利於保護股東對企業的控制力；

在一定條件下可以增加股東的收益水平。當企業所獲得的投資利潤率高於長期負債的固定利率時，剩餘利潤全部歸投資者所有。長期負債利息的支出，可以作為財務費用從稅前利潤中扣除，減少了企業所交的所得稅。

②長期借款的缺點：長期負債的本金和利息都有明確的償還日期，企業必須為債務的償還做好財務安排。如果企業經營狀況不好，將成為企業沉重的負擔；如果企業未能按期償還利息和本金，將嚴重損害企業的信用，影響企業本來的經營和融資活動，甚至導致企業破產清算，因此長期負債將增加企業的財務風險。

3.5.2 發行債券

公司債券是指公司依照公司法等法定程序，發行的約定在一定期限內還本付息的有價證券。通常公司發行債券是為了一次性籌集大筆的長期資本。

3.5.2.1 公司發行債券的條件

（1）股份公司的淨資產額不低於人民幣 3000 萬元，有限責任公司淨資產額不低於人民幣 6000 萬元；

（2）累計債券總額不得超過公司淨資產額的 40%；

（3）最近三年平均可分配利潤足以支付公司債券一年的利息；

（4）籌集資金的投向符合國家產業政策；

（5）債券利率不得超過國務院限定的利率水平；

（6）國務院規定的其他條件。

3.5.2.2 債券的基本要素

債券的基本要素有四個：票面價值、債券價格、償還期限、票面利率。

（1）票面價值

債券的票面價值簡稱面值，是指債券發行時設定的票面金額。

（2）債券價格

債券價格包括發行價格和交易價格。債券的發行價格可能不等同於債券面值。當債券發行價格高於面值時，稱為溢價發行；當債券發行價格低於面值時，稱為折價發行；當債券發行價格等於面值時，稱為平價發行。債券的交易價格即債券買賣時的成交價格。在行情表上我們還會看到開盤價、收盤價、最高價和最低價。最高價是一天交易中最高的成交價格；最低價即一天交易中最低的成交價格；開盤價是當天開市第一筆交易價格；閉市前的最后一筆交易價格則為收盤價。

（3）償還期限

債券的償還期限是個時間段，起點是債券的發行日期，終點是債券票面上標明的償還日期。償還日期也稱為到期日。在到期日，債券的發行人償還所有本息，債券代表的債權債務關係終止。

（4）票面利率

票面利率是指每年支付的利息與債券面值的比例。投資者獲得的利息就等於債券面值乘以票面利率。

3.5.2.3 公司債券的分類

企業債券按不同標準可以分為很多種類。最常見的分類有以下幾種：

（1）按照期限劃分，企業債券有短期企業債券、中期企業債券和長期企業債券。短期企業債券期限在1年以內，中期企業債券期限在1年以上5年以內，長期企業債券期限在5年以上。

（2）按是否記名劃分，企業債券可分為記名債券和不記名債券。如果債券上登記有債券持有人的姓名，投資者領取利息時要憑印章或其他有效的身分證明，轉讓時只能以背書方式或者法律法規規定的其他方式，同時還要到發行公司登記，這種債券稱為記名企業債券；反之，則稱為不記名企業債券。

（3）按債券有無擔保劃分，企業債券可分為信用債券和擔保債券。信用債券是指僅憑籌資人的信用發行的、沒有擔保的債券。信用債券只適用於信用等級高的債券發行人。擔保債券是指以抵押、質押、保證等方式發行的債券。其中：抵押債券是指以不動產作為擔保品所發行的債券，質押債券是指以其有價證券作為擔保品所發行的債券，保證債券是指由第三者擔保償還本息的債券。

（4）按債券可否提前贖回劃分，企業債券可分為可提前贖回債券和不可提前贖回債券。如果企業在債券到期前有權定期或隨時購回全部或部分債券，這種債券就稱為可提前贖回企業債券；反之，則稱為不可提前贖回企業債券。

（5）按債券票面利率是否變動，企業債券可分為固定利率債券、浮動利率債券和累進利率債券。固定利率債券是指在償還期內利率固定不變的債券；浮動利率債券是指票面利率隨市場利率定期變動的債券；累進利率債券是指隨著債券期限的增加，利率累進的債券。

（6）按發行人是否給予投資者選擇權分類，企業債券可分為附有選擇權的企業債券和不附有選擇權的企業債券。附有選擇權的企業債券是指債券發行人給予債券持有人一定的選擇權，如可轉讓公司債券、有認股權證的企業債券、可退還企業債券等。可轉換公司債券的持有者，能夠在一定時間內按照規定的價格將債券轉換成企業發行的股票；有認股權證的債券持有者，可憑認股權證購買所約定的公司的股票；可退還的企業債券，在規定的期限內可以退還。反之，債券持有人沒有上述選擇權的債券，即是不附有選擇權的企業債券。

（7）按發行方式分類，企業債券可分為公募債券和私募債券。公募債券是指按法定手續經證券主管部門批准公開向社會投資者發行的債券；私募債券是指以特定的少數投資者為對象發行的，發行手續簡單，一般不能公開上市交易。

3.5.2.4 債券發行方式與發行價格

按照債券的發行對象的不同，可分為私募發行和公募發行兩種方式。私募發行是指面向少數特定的投資者發行的債券。私募債券發行一般以少數關係密切的單位和個人為發行對象，不對所有的投資者公開出售。具體發行對象有兩類：一類是機構投資者，如大的金融機構或是與發行者有密切業務往來的企業等；另一類是個人投資者，如發行單位自己的職工，或是使用發行單位產品的用戶等。私募發行一般多採取直接銷售的方式，不經過證券發行仲介機構，不必向證券管理機關辦理發行註冊手續，可以節省承銷費用和註冊費用，手續比較簡便。但是私募債券不能公開上市，流動性差，利率比公募債券高，發行數額一般不大。公募發行是指公開向不特定的投資者發行的債券。公募債券發行者必須向證券管理機關辦理發行註冊手續。由於發行數額一般較大，通常要委託證券公司等仲介機構承銷。公募債券信用度高，可以上市轉讓，因而發行利率一般比私募債券利率低。

公募債券採取間接銷售的具體方式又可以分為以下三種：

（1）代銷。代銷是指發行者和承銷者簽訂協議，由承銷者代為向社會銷售債券。承銷者按規定的發行條件盡力推銷，如果在約定期限內未能按原定發行數額全部銷售出去，債券剩餘部分可以退還給發行者，承銷者不承擔發行風險。採用代銷方式發行債券，手續費一般較低。

（2）余額包銷。余額包銷是指承銷者按照規定的發行數額和發行條件，代為向社會推銷債券，在約定期限內推銷債券，如果有剩餘，須由承銷者負責認購。採用這種方式銷售債券，承銷者承擔部分發行風險，能夠保證發行者籌資計劃的實現，但承銷費用高於代銷費用。

（3）全額包銷。首先由承銷者按照約定條件將債券全部承購下來，並且立即向發行者支付全部債券價款，然后再由承銷者向投資者分次推銷。採用全額包銷方式銷售債券，承銷者承擔了全部發行風險，可以保證發行者及時籌集到所需要的資金，因而包銷費用也比余額包銷費用高。

按照債券的實際發行價格和票面價格的異同，債券的發行可以分為平價發行、溢價發行和折價發行。①平價發行是指債券的發行價格和票面額相等，因而發行收入的數額和將來還本數額也相等。前提是債券發行利率和市場利率相同，這在西方國家比較少見。②溢價發行是指債券的發行價格高於票面額，以后償還本金時仍按票面額償還。只有在債券票面利率高於市場利率的條件下，才能採用這種方式發行。③折價發行是指債券發行價格低於債券票面額，而償還時卻要按票面額償還本金。折價發行是因為規定的票面利率低於市場利率。

債券發行價格的計算公式如下：

$$P = \frac{M}{(1+市場利率)^n} + \sum_{t=1}^{n} \frac{I}{(1+市場利率)^t}$$
$$= M \times (P/F, i, n) + I \times (P/A, i, n)$$

式中：P ——債券的發行價格；

I ——債券每期支付的票面利息；

M ——債券的面值；

i ——市場利率。

【例3-8】甲公司欲發行一種面值為1500元、票面利率為10%、期限為5年期的一種中長期債券。債券規定，每年年末支付利息，到期還本。試計算當市場利率分別為8%、10%、12%的情況下的債券發行價格。

解：

債券每年的票面利息 = 1500 × 10% = 150（元）

當市場利率為8%時，發行價格計算如下：

P = 1500 × (P/F, 8%, 5) + 150 × (P/A, 8%, 5)

= 1500 × 0.6806 + 150 × 3.9927

= 1619.81（元）

當市場利率為10%時，發行價格計算如下：

P = 1500 × (P/F, 10%, 5) + 150 × (P/A, 10%, 5)

= 1500 × 0.6209 + 150 × 3.7908

= 1500（元）

當市場利率為12%時，發行價格計算如下：

P = 1500 × (P/F, 12%, 5) + 150 × (P/A, 12%, 5)

= 1500 × 0.5674 + 150 × 3.6048

= 1391.82（元）

3.5.2.5 債券籌資的優缺點

（1）債券籌資的優點

①資本成本較低。與股票的股利相比，債券允許在所得稅前扣除，公司可享受稅收上的抵減，故公司實際負擔的債券成本一般低於股票成本。

②可利用財務槓桿。無論發行公司盈利多少，持券者一般只收取固定的利息，若公司用資后收益豐厚，增加的收益大於支付的利息額，則會增加股東財富和公司價值。

③保障公司控製權。持券者一般無權參與發行公司的管理決策，因此發行債券一般不會分散公司控製權。

④便於調整資本結構。

（2）債券籌資的缺點

①財務風險較高。債券通常有固定的到期日，需要定期還本付息，財務上始終有壓力。在公司不景氣時，還本付息將成為公司嚴重的財務負擔，有可能導致公司破產。

②限制條件多。發行債券的限制條件較長期借款、融資租賃的限制條件多且嚴格，從而限制了公司對債券融資的使用，甚至會影響公司以後的籌資能力。

③籌資規模受制約。公司利用債券籌資一般受一定額度的限制。《公司法》規定，發行公司流通在外的債券累計總額不得超過公司淨產值的40%。

3.5.3　租賃籌資

租賃籌資是指出租人以收取租金為條件，授予承租人在約定的期限內佔有和使用財產權利的一種契約性行為。其行為實質是一種借貸屬性，不過它直接涉及的是物而不是錢。租賃分為經營租賃和融資租賃。

3.5.3.1　經營租賃籌資

經營租賃是指為滿足承租人臨時或季節性使用資產的需要而發生的不完全支付式租賃。它是一種純粹的、傳統意義上的租賃。承租人只是為了滿足經營上短期的、臨時的或季節性的需要，並沒有添置資產上的意圖。出租人不僅要向承租人提供設備的使用權，還要向承租人提供設備的保養、保險、維修和其他專門性技術服務。經營租賃泛指融資租賃以外的其他一切租賃形式。租賃開始日租賃資產剩餘經濟壽命低於其預計經濟壽命25%的租賃，也視為經營租賃，而不論其是否具備融資租賃的其他條件。

（1）經營租賃籌資的特徵

①可撤銷。合同期間，承租人可中止合同，退回設備，以租賃更先進的設備。

②不足支付。基本租期內，出租人只能從出租中收回設備的部分墊支資本，需通過該項設備以後多次出租給多個承租人使用，方能補足未收回的那部分設備投資外加其應獲得的利潤。

③租賃機構不僅提供融資便利，還提供維修管理等多項專門服務，對出租設備的適用性、技術性能負責，並承擔過時風險，負責購買保險。

（2）經營租賃籌資的優點

①籌資速度快。租賃設備往往比借款購置設備更迅速、更靈活。因為租賃是籌資與設備購置同時進行的，可以縮短設備的購進、安裝時間，使企業盡快形成生產能力，有利於企業盡快占領市場，打開銷路。

②限制條款少。企業運用股票、債券制約條件多，而租賃籌資則沒有太多的限制。安裝時間短，使企業盡快形成生產能力，有利於長期借款等方式籌資。

③設備淘汰風險小。隨著科學技術的不斷進步，設備陳舊過時的風險很高，利用租賃籌資，企業可以減少這一風險。因為經營租賃期限較短，到期把設備歸還出租人，這

種風險完全由出租人承擔；租賃籌資的期限一般為資產使用年限的75%，不會像自己購買設備那樣整個期間都承擔風險；多數租賃協議都規定由出租人承擔設備陳舊過時的風險。

④到期還本負擔輕。租金在整個租期內分攤，不用到期歸還大量本金。許多借款都在到期日一次償還本金，這會給財務基礎較弱的企業造成相當大的困難，有時會造成不能償付的風險。而租賃則把這種風險在整個租期內分攤，可適當減少不能償付的風險。

⑤保存企業的借款能力。利用租賃籌資不會增加企業負債，不會改變企業的資本結構，不會直接影響承租企業的借款能力。有些企業由於種種原因，負債比率過高，不能向外界籌措大量資金。在這種情況下，採用租賃形式就可以使企業在資金不足而又急需設備時，不需要付出大量資金就能及時得到所需設備。有些企業可能會發現，當它們的信用額度已全部用完，貸款協議又限制它們去進一步舉債時，租賃籌資便成為最佳的選擇。

⑥稅收負擔輕。租金費用可在稅前扣除，具有抵免所得稅的效用，使承租企業能享受稅收上的優惠。

（3）經營租賃籌資的缺點

①籌資成本高。籌資成本高是租賃籌資的主要缺點，租金總額占設備價值的比例一般要高於同期銀行貸款的利率。在承租企業經濟不景氣、財務發生困難時期，固定的租金也會對企業構成一項較為沉重的財務負擔。

②喪失資產殘值。租賃期滿，如承租企業不能享有設備殘值，也可以視為承租企業的一種機會損失。如企業購買資產，就可以享有資產殘值。

③難於改良資產。由於租賃資產所有權一般歸出租人所有，因此承租企業未經出租人同意，往往不得擅自對租賃資產加以改良，以滿足企業生產經營的需要。

3.5.3.2　融資租賃籌資

融資租賃是指出租人根據承租人對租賃物件的特定要求和對供貨人的選擇，出資向供貨人購買租賃物件，並租給承租人使用，承租人則分期向出租人支付租金。租期屆滿，租金支付完畢並且承租人根據融資租賃合同的規定履行全部義務后，對租賃物的歸屬沒有約定的或者約定不明的，可以協議補充；不能達成補充協議的，按照合同有關條款或者交易習慣確定，仍然不能確定的，租賃物件所有權歸出租人所有。

融資租賃和經營租賃本質的區別就是：經營租賃以承租人租賃使用物件的時間計算租金，而融資租賃以承租人占用融資成本的時間計算租金。

融資租賃是集融資與融物、貿易與技術更新於一體的新型金融產業。由於其融資與融物相結合的特點，出現問題時租賃公司可以回收、處理租賃物，因而在辦理融資時對企業資信和擔保的要求不高，所以非常適合中小企業融資。

（1）融資租賃的基本特徵

①租賃物由承租人決定，出租人出資購買並租賃給承租人使用，並且在租賃期間內只能租給一個企業使用。

②承租人負責檢查驗收製造商所提供的租賃物，對該租賃物的質量與技術條件出租人不向承租人做出擔保。

③出租人保留租賃物的所有權，承租人在租賃期間支付租金而享有使用權，並負責租賃期間租賃物的管理、維修和保養。

④租賃合同一經簽訂，在租賃期間任何一方均無權單方面撤銷合同。只有租賃物毀壞或被證明為已喪失使用價值的情況下方能中止執行合同，無故毀約則要支付相當重的罰金。

⑤租期結束后，承租人一般對租賃物有留購和退租兩種選擇，若要留購，購買價格可由租賃雙方協商確定。

（2）融資租賃的種類

①簡單融資租賃。簡單融資租賃是指由承租人選擇需要購買的租賃物件，出租人通過對租賃項目風險評估后出租租賃物件給承租人使用。在整個租賃期間承租人沒有所有權但享有使用權，並負責維修和保養租賃物件。出租人對租賃物件的好壞不負任何責任，設備折舊在承租人一方。

②槓桿融資租賃。槓桿融資租賃是一種專門做大型租賃項目的有稅收好處的融資租賃，主要由一家租賃公司牽頭作為主幹公司，為一個超大型的租賃項目融資。首先成立一個脫離租賃公司主體的操作機構——專為本項目成立資金管理公司提供項目總金額20%以上的資金，其余部分資金來源則主要是吸收銀行和社會閒散遊資，利用100%享受低稅的好處「以二博八」的槓桿方式，為租賃項目取得巨額資金。其余做法與融資租賃基本相同，只不過合同的複雜程度因涉及面廣而隨之增大。由於可享受稅收好處、操作規範、綜合效益好、租金回收安全、費用低，一般用於飛機、輪船、通信設備和大型成套設備的融資租賃。

③委託融資租賃。委託融資租賃包括兩種方式：第一種方式是擁有資金或設備的人委託非銀行金融機構從事融資租賃，第一出租人同時是委託人，第二出租人同時是受託人。出租人接受委託人的資金或租賃標的物，根據委託人的書面委託，向委託人指定的承租人辦理融資租賃業務。在租賃期內租賃標的物的所有權歸委託人，出租人只收取手續費、不承擔風險。這種委託租賃的特點就是讓沒有租賃經營權的企業，可以「借權」經營。電子商務租賃即依靠委託租賃作為商務租賃平臺。第二種方式是出租人委託承租人或第三人購買租賃物，出租人根據合同支付貨款，又稱委託購買融資租賃。

④項目融資租賃。項目融資租賃是指承租人以項目自身的財產和效益為保證，與出租人簽訂項目融資租賃合同，出租人對承租人項目以外的財產和收益無追索權，租金的

收取也只能以項目的現金流量和效益來確定。出賣人（即租賃物品生產商）通過自己控股的租賃公司採取這種方式來推銷產品，擴大市場份額。通信設備、大型醫療設備、運輸設備甚至高速公路經營權都可以採用這種方法。其他還包括：返還式租賃，又稱售後租回融資租賃；融資轉租賃，又稱轉融資租賃等。

（3）融資租賃租金的計算

①決定融資租賃租金的因素

第一，租賃設備的購置成本及殘值。購置成本包括設備價款、運輸費、安裝費及保險費；殘值是指租賃期滿后設備出售的售價。

第二，利息。利息是指出租方為承租方購買設備而墊付資金的利息。

第三，租賃手續費。租賃手續費是按設備成本的一定比例計算，並無固定標準。

第四，租賃期限。租賃期限既影響租賃租金總額又影響每期租金。

第五，租金的支付方式。租金的支付方式也會影響租金的總額及每期支付租金的數額。支付方式按支付間隔期分為：年付、半年付、季付及月付。支付方式按期初和期末支付分為：先付和後付。支付方式按支付是否為等額分為：等額支付和非等額支付。在實際業務中，融資租賃租金的支付方式通常為后付等額年金方式支付。

②租金的確定方法

通常，租金的確定方式採用后付等額年金的方式，通常以資本成本作為折現率。每期支付租金的計算公式為：

$$A = \frac{(C - S) + I + F}{N}$$

式中：A——每期支付的租金；

C——設備購買成本；

S——設備的殘值；

I——租賃期間利息；

F——租賃期間手續費；

N——租期內支付次數。

【例3-9】甲公司從某租賃公司租一設備，該設備購置成本為108萬元，雙方約定租期10年，每年年末支付租金。租賃期滿后設備歸租賃公司所有，殘值為8萬元，年利率為10%，租賃手續費為價格的3%。問甲公司每年需支付的租金為多少？

$$A = \frac{(108 - 8) + [108 \times (1 + 10\%)^{10} - 108] + 108 \times 3\%}{10} = 27.54(萬元)$$

融資租賃的優點：

（1）籌資速度較快。租賃會比借款更快獲得企業所需設備。

（2）限制條款較少。相比其他長期負債籌資形式，融資租賃所受限制的條款較少。

(3) 設備淘汰風險較小。融資租賃期限一般為設備使用年限的 75%。

(4) 財務風險較小。分期負擔租金，不用到期歸還大量資金。

(5) 稅收負擔較輕。租金可在稅前扣除。

融資租賃的缺點：

(1) 資金成本較高。租金較高，成本較大；

(2) 籌資彈性較小。當租金支付期限和金額固定時，增加企業資金調度難度。

案例討論

默多克的債務危機

很多公司在發展過程中，都要借助外力的幫助，體現在經濟方面就是債務問題。債務結構的合理與否，直接影響著公司的前途、命運。世界頭號新聞巨頭默多克就曾有過一個驚險的債務危機故事。

默多克出生於澳大利亞。加入美國國籍后，他的總部仍設在澳大利亞，企業遍布全球。麥克斯韋爾生前主要控製鏡報報業集團和美國的《紐約每日新聞》。默多克的觸角比麥克斯韋爾伸得更廣，在全世界有 100 多個新聞事業，包括聞名於世的英國《泰晤士報》。

世上豪富，大都肥頭大耳，粗粗壯壯，有一副大亨的體態。可默多克壓根兒是個不起眼的糟老頭。若是以貌取人，誰都不能相信，他是擁資 25 億美元的大富豪。

默多克不像麥克斯韋爾是個白手起家的暴發戶，他從事的新聞出版業庇蔭於父親。老默多克在墨爾本創辦了導報公司，取得成功。在兒子繼承父業時，年收入已達 400 萬美元。默多克經營導報公司以后，籌劃經營，多有建樹，最終建成了一個每年營業收入達 60 億美元的報業王國。它控製了澳大利亞 70% 的新聞業、45% 的英國報業，又把美國相當一部分電視網絡置於他的王國統治之下。

1988 年，他施展鐵腕，一舉集資 20 多億美元，把美國極有影響的一座電視網買到了手。默多克和他的家族對他們的報業王國有絕對控製權，掌握了全部股份的 45%。

西方的商界大亨無不舉債立業，向資金市場融資。像滾雪球一樣，債務越滾越大，事業也越滾越大。

默多克報業背了多少債呢？24 億美元。他的債務遍於全世界，美國、英國、瑞士、荷蘭，連印度和中國香港地區的錢他都借去花了。那些大大小小的銀行也樂於給他貸款，他的報業王國的財務機構裡共有 146 家債主。

正因為債務大、債主多，默多克對付起來也實在不容易，一發牽動全身，投資風險特高。若是碰到一個財務管理上的失誤，或是一種始料未及的災難，就可能像多米諾骨

牌一樣，把整個事業搞垮。但多年來默多克經營得法，一路順風。

殊不知，1990年西方經濟衰退剛露苗頭，默多克報業王國就像中了邪似的，幾乎在陰溝裡翻船，而且令人不能置信，僅僅為1000萬美元的一筆小債務。

對默多克說來，年收入達60億美元的這一報業王國，區區1000萬美元算不了什麼，對付它輕而易舉。誰知這該死的1000萬美元，弄得他焦頭爛額，應了「一文錢逼死英雄漢」的這句古話。

美國匹茲堡有家小銀行，前些時候貸款給默多克1000萬美元。原以為這筆短期貸款，到期可以付息轉期，延長貸款期限。也不知哪裡聽來的風言風語，這家銀行認為默多克的支付能力不佳，通知默多克這筆貸款到期必須收回，而且規定必須全額償付現金。

默多克毫不在意，籌集1000萬美元現款輕而易舉。他在澳大利亞資金市場上享有短期融資的特權，期限一周到一個月，金額可以高到上億美元。他派代表去融資，大出意外，說默多克的特權已凍結了。為什麼？對方說日本大銀行在澳大利亞資金市場上投入的資金抽了回去，頭寸緊了。默多克得知被拒絕融資后很不愉快，東邊不亮西邊亮，他親自帶了財務顧問飛往美國去貸款。

到了美國，卻始料不及，那些跟他打過半輩子交道的銀行家，這回像是聯手存心跟他過不去，都婉言推辭，一個子兒都不給。默多克又是氣惱又是焦急，悔不當初也去當個大銀行家，不受這份罪。他和財務顧問在美洲大陸兜來兜去，弄到求爺爺告奶奶的程度，還是沒有借到1000萬美元。而還貸期一天近似一天，商業信譽可開不得玩笑。若是還不了這筆債務，那麼引起連鎖反應，就不是匹茲堡的一家銀行鬧到法庭，還有145家銀行都會像狼群一般，成群結隊而來索還貸款。具有最佳能力的大企業都經受不了債權人聯手要錢。這樣一來，默多克的報業王國就得清盤，被24億美元債券壓垮，而默多克也就完了。

默多克有點手足無措，一籌莫展。但他畢竟是個大企業家，經過多少風風雨雨。他強自鎮定下來思考，豁然開朗，一個主意出來了，決定口頭去找花旗銀行。花旗銀行是默多克報業集團的最大債主，投入資金最多，如果默多克完蛋，花旗銀行的損失最大。債主與債戶原本同乘一條船，只可相幫不能拆臺。花旗銀行權衡利弊，同意對他的報業王國進行一番財務調查，對資產負債狀況做出全面評估，取得結論后採取對策行動。花旗銀行派了一位女副經理、加利福尼亞大學柏克萊分校出身的女專家帶了一個班子前往著手調查。

花旗銀行的調查工作班子每天工作20小時，通宵達旦，把一百多家默多克企業一個個拿來評估，一家也不放鬆，最后完成了一份調查研究報告，這份報告的篇幅竟有電話簿那麼厚。

報告遞交給花旗銀行總部，女副經理寫下這樣一個結論：支持默多克！

原來這位女銀行專家觀察默多克報業王國的全盤狀況后，對默多克的雄才大略，對他發展事業的企業家精神由衷敬佩，決心要幫助他渡過難關。

她向總部提出一個解救方案：由花旗銀行牽頭，所有貸款銀行都必須待在原地不動，誰也不許退出貸款團。以免一家銀行退出，採取收回貸款的行動，引起連鎖反應。匹茲堡那家小銀行，由花旗出面，對它施加影響和壓力，要它到期續貸，不得收回貸款。

已經到了關鍵時刻，報告提交到花旗總部時距離還貸最后時限只剩下10個小時。默多克帶著助手飛到倫敦，花旗銀行的女副經理也在倫敦等候紐約總部進一步的指示。真是千鈞一髮，默多克報業王國的安危命運此時取決於花旗銀行的一項裁決了。

女副經理所承受的壓力也很大，她所做出的結論關係到一個報業王國的存亡，關係到14億美元貸款的安全，也關係到她自身的命運。她所提出的對策，要對花旗銀行總部直接承擔責任。如果146家銀行中任何一家或幾家不接受原地不動這項對策的約束，那麼花旗銀行在財務與信譽上都會蒙受嚴重損失，而她個人的前程也要受到重大挫折。

她雖然感到風險很大，內心忐忑不安，可她保持鎮靜、談笑自若，她的模樣使屋子裡的所有人都能夠放鬆一些。

時間在一小時一小時地過去，最后的10小時已所剩無幾，到了讀秒的關頭了！

花旗銀行紐約總部的電話終於在最后時刻以前來了：同意女副經理的建議，已經與匹茲堡的這家銀行談過了，現在應由默多克自己與對方經理直接接觸。

默多克松了一口氣，迫不及待地撥通越洋電話到匹茲堡，不料對方經理避而不接電話，空氣一下子緊張起來。

默多克再掛電話，電話在那家銀行裡轉來轉去，最終落到貸款部主任那裡。

默多克聽到匹茲堡的那家銀行貸款部主任的話音，他發覺這位先生一變先前拒人於千里之外的冷淡口氣，忽而和悅客氣起來：「你是默多克先生啊，我很高興聽到你的聲音呀，我們已決定向你繼續貸款……」

一屋子的人都變得輕鬆，氣氛頓時活躍起來。只有默多克擱下電話后像是要癱了，他招了一下手，說道：我已經筋疲力盡了！侍者遞給他一杯香檳，他一飲而盡。

默多克渡過了這一關，但他在支付能力上的弱點已暴露在資金市場上。此后半年，他仍然處在生死攸關的困境之中。由於得到了花旗銀行牽頭146家銀行一起都不退出貸款團的保證，他有了充分時間調整與改善報業集團的支付能力，半年後，他終於擺脫了財務的困境。

億萬富豪和一文不名的窮人，同樣都有窮困和危難的時候，但其產生的原因與解困的途徑截然不同。

渡過難關以後，默多克又恢復最佳狀態，進一步開拓他的報業王國的領地。這位有成就的企業家最瞭解開拓是保護事業特別有效的手段。

1992 年，他打通好萊塢，買下地皮蓋起攝影棚，拍了第一部影片——驚險科幻片《孤家寡人》，上映后大獲成功，票房很高，續集同樣贏得了觀眾。

今年，已有 192 年歷史的《紐約郵報》因財政問題嚴重，面臨倒閉危險。《紐約郵報》曾是美國發行量最大的 10 家報紙之一，近年來由於經營不善，每年虧損 1200 萬～1500 萬美元。

像當年收購垂危的倫敦《泰晤士報》一般，默多克在今年 3 月下達指示給他的美國新聞出版公司總裁珀塞爾，向美國破產法庭申請收購，法庭准許並授權默多克控製郵報。他派珀塞爾接任郵報出版人，與工會談判希望取得雇用與解雇人員的權利，改組班子，減少 600 萬美元的虧損，一度談判破裂，后經紐約州州長斡旋才最終完成收購。

默多克報業王國的旗幟上又多了一顆星。澳大利亞最近公布富豪名單：默多克名列榜首，擁有資產已上升到 45 億美元。

資料來源：代凱軍. 管理案例博士點評 [M]. 北京：中華工商聯合出版社，2000.

討論：

（1）為什麼這次財務危機中默多克有驚無險，他憑藉的是什麼？

（2）「從這次事件可以看出，默多克支付能力很差」這個觀點正確嗎？如果正確，為什麼很多銀行還願意貸款給他？

（3）請分析高負債經營的優缺點。

本章小結

企業籌資的基本動機有新建性動機、擴張性動機、調整性動機、償債性動機和混合性動機，企業籌資必須遵循合法性、規模適當、效益性、合理性和及時性等基本原則。

企業所借助的具體籌資渠道，包括政府財政資本、銀行信貸資本、非銀行金融機構資本、其他企業資本、民間資本、中國港澳臺和國外資本、企業內部資本等；企業所採用的具體籌資方式包括吸收直接資本籌資、發行股票籌資、發行債券籌資、發行商業股票籌資、銀行借款籌資、商業信用籌資和租賃籌資等。

企業的籌資需求量是籌資的數量依據，企業籌資數量預測的常用方法主要有因素分析法、銷售百分比法。

長期籌資的方式包括權益性籌資、債務性籌資和混合性籌資。其中，權益性籌資主要有投入資本和發行普通股兩種方式。債務性籌資一般有發行債券、長期借款和租賃三種方式。混合性籌資通常包括發行優先股籌資、發行可轉換債券籌資。

短期籌資主要包括：銀行短期借款、商業信用和短期融資券。

知識拓展

資產證券化

　　資產證券化通俗而言是指將缺乏流動性但具有可預期收入的資產，通過在資本市場上發行證券的方式予以出售，以獲取融資，以最大化提高資產的流動性。資產證券化在一些國家運用非常普遍。目前美國一半以上的住房抵押貸款、3/4以上的汽車貸款是靠發行資產證券提供的。資產證券化是通過在資本市場和貨幣市場發行證券籌資的一種直接融資方式。

　　資產證券化是指某一資產或資產組合採取證券資產這一價值形態的資產營運方式。它包括以下四類：

　　（1）實體資產證券化。實體資產證券化即實體資產向證券資產的轉換，是以實物資產和無形資產為基礎發行證券並上市的過程。

　　（2）信貸資產證券化。信貸資產證券化是指把欠流動性但有未來現金流的信貸資產（如銀行的貸款、企業的應收帳款等）經過重組形成資產池，並以此為基礎發行證券。

　　（3）證券資產證券化。證券資產證券化即證券資產的再證券化過程，就是將證券或證券組合作為基礎資產，再以其產生的現金流或與現金流相關的變量為基礎發行證券。

　　（4）現金資產證券化。現金資產證券化是指現金的持有者通過投資將現金轉化成證券的過程。

　　狹義的資產證券化是指信貸資產證券化。

　　具體而言，它是指將缺乏流動性但能夠產生可預見的穩定現金流的資產，通過一定的結構安排，對資產中風險與收益要素進行分離與重組，進而轉換成在金融市場上可以出售的流通的證券的過程。其中，最先持有並轉讓資產的一方，為需要融資的機構，整個資產證券化的過程都是由其發起的，稱為「發起人」。購買資產支撐證券的人稱為「投資者」。在資產證券化的過程中，為減少融資成本，在很多情形下，發起人往往聘請信用評級機構對證券信用進行評級。同時，為加強所發行證券的信用等級，會採取一些信用加強的手段，提供信用加強手段的人被稱為「信用加強者」。在證券發行完畢之後，往往還需要一專門的服務機構負責收取資產的收益，並將資產收益按照有關契約的約定支付給投資者，這類機構稱為「服務者」。

即問即答

即問：
1. 簡述籌資方式的概念和分類。
2. 籌資的動機是什麼？
3. 籌資渠道有哪些？
4. 長期籌資預測方法有哪些？

即答：
1. 籌資方式是指可供企業在籌措資金時選用的具體籌資形式，分為權益籌資和債務籌資。
2. ①新建性動機；②擴張性籌資動機；③調整性動機；④償債性籌資動機；⑤混合性籌資動機。
3. ①政府財政資金；②銀行信貸資金；③非銀行金融機構資金；④其他法人資金；⑤民間資金；⑥企業內部資金；⑦外商資本。
4. ①因素分析法；②銷售百分比法。

實戰訓練

1. 股票有何特點？
2. 公司發行股票的條件有哪些？
3. 公司增資擴股發行新股的一般程序是什麼？
4. 股份有限公司申請股票上市應具備哪些條件？
5. 普通股籌資有何優點？
6. 優先股籌資有何優缺點？
7. 融資租賃籌資的主要優點有哪些？
8. 什麼是商業銀行貸款？商業銀行貸款有何特點？
9. 公司向銀行取得一年期限的銀行借款 600,000 元，每月末償還 50,000 元，借款合同約定附加年利率為 6%，公司適用的企業所得稅稅率為 25%。公司該筆借款的應付利息為多少？實際負擔的年利率為多少？短期借款成本為多少？
10. 公司將一張不帶息的面值為 500,000 元的商業承兌匯票向銀行辦理貼現，月貼現率為 0.9%，貼現天數為 100 天。公司應付貼現利息為多少？公司取得貼現借款為多少？公司實際負擔的月利率為多少？
11. 公司發行面值為 100 元，票面利率為 8% 的 5 年期公司債券 1000 萬元，到期還

本，每年末付息一次，發行時市場平均利率為6%。該債券的發行價格為多少？

12. 公司由於生產需要，從租賃公司租入生產設備一臺，設備買價及運雜費合計為560萬元，殘值率為5%，租賃手續費為購置價格的3%，雙方約定折現率為10%，租期10年，設備預計壽命10年，每年年初支付租金。

(1) 判斷屬於哪種租賃類型？

(2) 計算每年應支付的租金額。

13. 某公司上年銷售收入為2000萬元，上年年末資產負債表（簡表）見表3-7。

表3-7　　　　　　　　　　　資產負債表（簡表）　　　　　　　　　　　單位：萬元

資產	期末餘額	負債及所有者權益	期末餘額
貨幣資金	100	應付帳款	100
應收帳款	300	應付票據	200
存貨	600	長期借款	900
固定資產	700	實收資本	400
無形資產	100	留存收益	200
資產總計	1800	負債與所有者權益合計	1800

該公司今年計劃銷售收入比上年增長20%，為實現這一目標，公司需新增設備一臺，需要300萬元資金。根據歷年財務數據分析，公司流動資產與流動負債隨銷售額同比增減。假定該公司今年的銷售淨利率為10%，淨利潤的50%分配給投資者。

(1) 計算今年公司需增加的營運資金；

(2) 計算今年的留存收益；

(3) 預測今年需要對外籌集的資金量。

詞彙對照

籌資方式	Financing Modes	權益資金	Equity capital
債務籌資	Debt financing	股權籌資	Equity financing
直接籌資	Direct financing	間接籌資	Indirect financing
內部籌資	Internal financing	外部籌資	External financing
長期籌資	Long-term financing	短期籌資	Short term financing
商業信用	Convertible bond	留存收益	Retained earnings
普通股	Common stock	優先股	Preference stock

4　資本成本與資本結構

教學目標

1. 瞭解資本成本的概念和分類，掌握資本成本的計算方法；
2. 理解財務風險的概念、影響因素和衡量方式；
3. 掌握財務活動中的槓桿原理與計量方法；
4. 瞭解傳統資本結構理論、現代資本結構的 MM 理論及其發展，掌握資本結構的決策方法。

內容結構

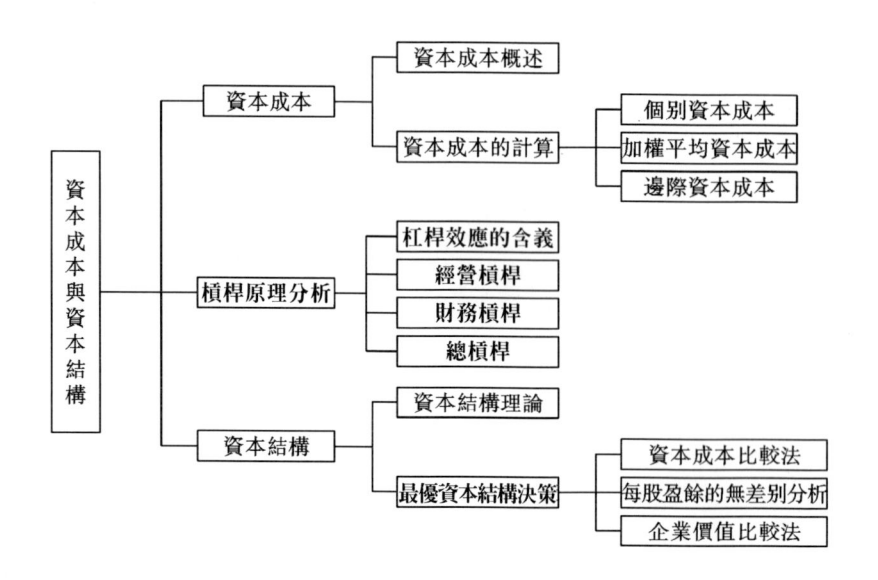

```
                              ┌─ 資本成本概述
                   ┌─ 資本成本 ─┤                    ┌─ 個別資本成本
                   │           └─ 資本成本的計算 ─────┼─ 加權平均資本本
                   │                                 └─ 邊際資本成本
                   │
                   │           ┌─ 杠桿效應的含義
資本成本與資本結構 ─┼─ 槓桿原理分析 ─┼─ 經營槓桿
                   │           ├─ 財務槓桿
                   │           └─ 總槓桿
                   │
                   │           ┌─ 資本結構理論
                   └─ 資本結構 ─┤                    ┌─ 資本成本比較法
                               └─ 最優資本結構決策 ──┼─ 每股盈餘的無差別分析
                                                    └─ 企業價值比較法
```

範例引述

愛迪生國際公司負債經營

愛迪生國際公司是南加州愛迪生公司（SCE）和五家非公用事業公司的母公司。從客戶數量的角度來看，南加州愛迪生公司是這個國家第二大電力公用事業公司。SCE 目前在一個高度管制的環境中營運，它有義務給客戶提供電力服務，以作為在南加州壟斷經營權的回報。在 1996 年，SEC 實現了 75 億美元的經營收入，大約占愛迪生國際公司總收入的 90%。傳統上，長期債務一直是愛迪生國際公司的資本結構中的一部分。愛迪生國際公司在 1996 年基於市場價值的資本結構見表 4-1。

表 4-1

項目	金額（百萬美元）	百分率（%）
債務	8464	47.8
優先股	709	4.4
股票的市場價值	8529	48.8
總計	17,702	100

愛迪生國際公司在很多方面與馬紹爾工業公司正好相反。過去的若干年裡，它一直

是在一個受管制的、非競爭性的環境中緩慢發展。公司支付大量股利。它的多數資產是以傳送、分配和發電系統的形式存在的有形資產。以下是愛迪生國際公司的副總裁和財務主管阿蘭·J.弗雷爾（AJF）回答的問題：

採訪者：傳統上，愛迪生國際公司依賴於高財務槓桿，這是為什麼呢？

AJF：這是一個低成本的資金來源，我們有伴隨穩定收入流的重要借款能力、恰當的大量資產及 SEC 的管制框架。正如你知道的債務的利息抵稅。如果我們不用納稅，情況將不同，但稅收扣減相當重要。

採訪者：愛迪生國際公司有一個目標財務槓桿比率嗎？

AJF：不明確。我們需要每個子公司有進入債務市場的準備，因此，高於 BBB 的等級才有重要意義，低於 BBB 的等級將使得新的借款更加困難。現在的差距是最低限度的，目前最大的問題是可得到性。

愛迪生國際公司是一家成熟的、高度管制的公司，具有不習慣於保持低財務槓桿的現金量。公司已確立了高股利支付率以便使現金流量回流其投資者，並保持高財務槓桿。這種行為與目標負債比率和資本結構的選擇理論相一致。

愛迪生公司的資產絕大部分是有形資產，而且州管制委員會使經理參與一些利己策略的可能性減少。結果是，對類似於愛迪生國際公司的公司而言，財務困境成本低於未受管制的公司。

表 4-2　　　　　　　　　　　愛迪生國際公司

（1996 年 12 月 31 日）

收入（百萬美元）	8,545
淨收入（百萬美元）	717
長期債務（百萬美元）	7,375
股票的市場價值（百萬美元）	8,529
股利支付率（%）	61.0
權益收益率（%）	11.1
債務占總資本比（%）	48
五年綜合收入年增長率（%）	2.5
市值－面值比	1.3

問題：

1. 愛迪生國際公司的高負債經營會帶來哪些風險？
2. 愛迪生國際公司為什麼會採用高股利支付率？請分析高股利支付率的利與弊。

本章導言

本章的重要內容：資本成本、槓桿原理與資本結構。首先介紹資本成本如何計算；其次介紹經營風險與經營槓桿的概念、經營槓桿原理與計量方法；再次介紹財務風險的概念、影響因素、財務槓桿的原理及計量方法；最後介紹傳統資本結構理論、現代資本結構的 MM 理論及其發展和資本結構決策方法。

在市場經濟條件下，公司不能無償地使用資金，公司籌集和使用資金都是有代價的。如果你作為一家公司的財務總監，需要為公司籌集一筆資金，你可以選擇向銀行貸款、發行債券、發行股票或者使用公司留存收益。每一種選擇都會有不同的成本，財務總監必須利用所掌握的相關信息來估計其資本成本，並以此作為主要依據，以資金成本為導向做出正確的籌資決策。

理論概念

4.1 資本成本

4.1.1 資本成本概述

資金成本（Cost of Funds）是指企業為籌集資金和使用資金而付出的代價。資本成本包括用資費用和籌資費用兩部分。用資費用是指企業占用資金而付出的代價，如借款所支付的利息、發行債券支付的債權利息、發行股份支付的股利；籌資費用是指企業為取得資金而支付的成本，如發行債券的費用、發行股票的手續費等。

4.1.1.1 資本成本的作用

（1）資本成本在企業籌資決策中的作用表現為：
①資本成本是影響企業籌資總額的重要因素；
②資本成本是企業選擇資金來源的基本依據；
③資本成本是企業選用籌資方式的參考標準；
④資本成本是確定最優資金結構的主要參數。
（2）資本成本在投資決策中的作用表現為：
①在利用淨現值指標進行投資決策時，常以資本成本作為折現率；
②在利用內部收益率指標進行決策時，一般以資本成本作為基準收益率。

4.1.1.2 資本成本的影響因素

（1）無風險報酬率。無風險報酬率是指無風險投資所要求的報酬率。典型的無風險投資的例子就是政府債券投資。

（2）經營風險溢價。經營風險溢價是指由於公司未來的前景的不確定性導致的要求投資報酬率增加的部分。一些公司的經營風險比另一些公司高，投資人對其要求的報酬率也會增加。

（3）財務風險溢價。財務風險溢價是指高財務槓桿產生的風險。公司的負債率越高，普通股收益的變動性越大，股東要求的報酬率也就越高。

由於公司所經營的業務不同（經營風險不同），資本結構不同（財務風險不同），因此各公司的資本成本不同。公司的經營風險和財務風險大，投資人要求的報酬率就會較高，公司的資本成本也就較高。

4.1.1.3 資本成本的分類

（1）債務資本成本

債務資本成本是指借款和發行債券的成本，包括借款或債券的利息和籌資費用。債務資本成本是資本成本的一個重要內容，在籌資、投資、資本結構決策中均有廣泛的應用。利息費用具有如下特點：①資本成本的具體表現形式是利息；②在長期債務生效期內，一般利息率固定不變，而且利息應按期支付；③利息費用是稅前的扣除項目；④債務本金應按期償還。

債務資本成本主要包括借款成本和債券籌資成本等。由於債務利息可以在所得稅前列支，具有抵稅作用，所以企業為此而負擔的實際成本低於名義利率。債務利息主要包括以下兩種：①借款資金成本。借款籌資時的籌資費用往往比較小，因此可以忽略不計，所以借款成本主要表現在借款利息上。②債券資金成本。由於債券籌資時的籌資費用較高，所以必須考慮其籌資費用。此外，債券發行價格與債券面值可能存在著差異，計算其成本時要按預計的發行價格確定其籌資總額。

（2）權益資本成本

權益資本成本是指企業通過發行股票獲得資金而付出的代價，它等於股利收益率加資本利得收益率，也就是股東的必要收益率。從財務管理學的角度看，權益資本成本率也稱為權益資本成本，包括普通股成本和留存收益成本。留存收益成本又可以稱為內部權益成本，普通股成本又可以稱為外部權益成本。

在單獨測算各種類型資本成本（主要是權益資本成本）方面，目前應用較為廣泛的工具有資本資產定價法（CAPM）、多因子模型法、歷史平均收益法、股利折現法、股利增長模型法等。這些方法主要基於企業實際收益計算企業的資本成本。

目前應用最為廣泛的方法是 CAPM 法和多因子模型法，這些模型試圖以資本資產的各種風險因子來預測其收益。由於投資者來自資本資產的收益便是公司為此應支付的資本成本，因此，通過該方式計算得到的資本收益便是企業面臨的資本成本。但該方法的應用前提是企業的 β 值較為穩定，且在預測期間不會發生變化。除此之外，歷史平均收益法由於應用較為簡便，因此使用範圍也較為廣泛。而股利折現法和股利增長模型法

由於比較難以對未來股利進行預測，應用範圍則較為有限。

4.1.2 資本成本的計算

資本成本可以有多種計量形式。在比較各種籌資方式時，使用個別資本成本，包括優先股成本、普通股成本、留存收益成本、銀行借款成本和債券成本；在進行資本結構決策時，使用加權平均資本成本；在進行追加籌資決策時，則使用邊際資本成本。

4.1.2.1 個別資本的計算

個別資本成本是單一籌資方式的資本成本。它主要包括銀行借款成本、發行債券的成本、融資租賃成本、優先股成本、普通股成本及留存收益成本。

（1）銀行借款成本

銀行借款成本包括銀行借款的利息以及籌資費用。由於借款的利息允許在計算所得稅時扣除，因此銀行借款的實際計算公式為：

$$銀行借款籌資成本 = \frac{年利息 \times (1-所得稅稅率)}{銀行借款籌資總額 \times (1-銀行借款籌資費率)} \times 100\%$$

$$K_L = \frac{I(1-T)}{L(1-f)} = \frac{i(1-T)}{1-f}$$

式中：K_L——銀行借款資金成本；

I——銀行借款年利息；

L——銀行借款籌資總額；

T——所得稅稅率；

i——銀行借款利息率；

f——銀行借款籌資費率。

由於銀行借款的手續費很低，上式中的 f 常常可以忽略不計，則上式可以簡化為：

$$K_L = i(1-T)$$

【例4-1】A公司向銀行取得5年期1000萬元的長期借款，年利率為10%，每年付息一次，到期一次還本，借款手續費率為0.4%，所得稅稅率為25%。計算該銀行借款的資金成本。

該銀行借款的資金成本為：

$$K_L = \frac{1000 \times 10\% \times (1-25\%)}{1000 \times (1-0.4\%)} \times 100\% = 7.53\%$$

由於銀行借款的手續費很低，上式中的籌資費率常常可以省略不計，則上式可以簡化為：

銀行借款籌資成本＝借款利率×（1-所得稅稅率）＝10%×（1-25%）＝7.5%

【例4-2】A公司為了擴展業務需要，打算舉借5年期、2000萬元的長期借款，通過與銀行接洽，最后簽訂了一份借款利率為9%、5年期的長期借款合同；同時銀行需

要支付 2 萬元的手續費，甲公司適用所得稅稅率為 25%。試計算該筆長期借款的實際成本。

$$K_1 = \frac{2000 \times 9\% \times (1 - 25\%)}{2000 - 2} \times 100\% = 6.75\%$$

（2）債券籌資的資本成本

債券利息與借款利息一樣在稅前利潤中支付，這樣企業實際上就少繳一部分所得稅，因此，債券資金成本可比照長期借款來計算。其計算公式為：

$$債券籌資成本 = \frac{年利息 \times (1 - 所得稅稅率)}{債券籌資金額 \times (1 - 債券籌資費率)} \times 100\%$$

$$K_b = \frac{I(1-T)}{B_0(1-f)}$$

$$= \frac{B \times i(1-T)}{B_0(1-f)}$$

式中：K_b——債券成本；

　　　I——債券每年支付的利息；

　　　B——債券面值；

　　　i——債券票面利率；

　　　B_0——債券籌資額，按發行價格確定；

　　　f——債券籌資費率。

　　　T——所得稅稅率

【例4-3】A 公司發行面值為 1500 萬元、期限為 6 年、票面利率為 10% 的長期債券，利息每年支付一次。發行費為發行價格的 3%，公司所得稅稅率為 25%。要求：分別計算債券按面值、按面值的 110% 以及按面值的 90% 發行時的資金成本。

該公司資金成本的計算如下：

①債券按面值發行時的資金成本：

$$K_b = \frac{1500 \times 10\% \times (1 - 25\%)}{1500 \times (1 - 3\%)} = 7.73\%$$

②債券溢價發行時的資金成本：

$$K_b = \frac{1500 \times 10\% \times (1 - 25\%)}{1500 \times 110\% \times (1 - 3\%)} = 7.03\%$$

③債券折價發行時的資金成本：

$$K_b = \frac{1500 \times 10\% \times (1 - 25\%)}{1500 \times 90\% \times (1 - 3\%)} = 8.59\%$$

【例4-4】甲公司發行某種債券，債券面值為 1700 萬元，票面利率為 12%，期限為 30 年，發行價格為 1900 萬元，發行費用率為 4%，甲公司適用所得稅稅率 25%。試計

算該債券的實際成本。

$$K_b = \frac{1700 \times 12\% \times (1-25\%)}{1900 \times (1-4\%)} = 8.39\%$$

（3）融資租賃資本成本

在融資租賃各期的租金中，包含有每期的償還和各期手續費用（即租賃公司的各期利潤），其資本成本率只能按貼現模式計算。其計算公式為：

資本成本率 = 所採用的折現率

【例4-5】A公司採用融資租賃方式租入設備，該設備價值300萬元，租期5年，租賃期滿時預計殘值20萬元，歸租賃公司，租賃合同約定每年租金為800,743元。試採用折現模式計算租賃的資產成本。

$3,000,000 = 800,743 \times (P/A, i, 5) + 200,000 \times (P/F, i, 5)$

這種計算利率的一般都是採用逐步測試法，查表得，i=12%

（4）優先股資本成本

優先股資本成本的計算公式如下：

$$K_P = \frac{D}{P_0(1-f)}$$

式中：K_P——優先股資本成本；

　　　D——優先股每年的股利；

　　　P_0——發行優先股總額；

　　　f——優先股籌資費率。

【例4-6】A公司發行面值為15元的優先股，每股市價為20元，發行100萬股，籌資費率5%，年股息率為12%。試計算優先股的資本成本。

$$K_P = \frac{15 \times 100 \times 12\%}{20 \times 100 \times (1-5\%)}$$

$= 9.47\%$

【例4-7】甲公司向原有股東發行優先股，每股價格15元，發行100萬股，每年可以獲得股利2元，發行費率為5%。試計算該優先股的實際成本。

$$K_P = \frac{2 \times 100}{15 \times 100 \times (1-5\%)} = 14.04\%$$

（5）普通股資本成本

普通股的資本成本是普通股股東要求的必要的投資報酬率，通常計算普通股成本的方法有三種：股利折現模型、資本資產定價模型和無風險收益加風險溢價模型。

①股利折現模型

在每年股利固定的情況下，採用股利折現模型計算普通股成本的公式為：

$$普通股籌資成本 = \frac{每年固定股利}{普通股籌資金額 \times (1 - 普通股籌資費率)} \times 100\%$$

【例 4-8】A 公司擬發行普通股，發行價格 25 元，每股發行費用 2 元，每年分派現金股利每股 1.5 元。則該普通股籌資成本為多少？

$$\frac{普通股}{籌資成本} = \frac{1.5}{(15-1)} = 10.71\%$$

在股利增長率固定的情況下，採用股利折現模型計算普通股籌資成本的公式為：

$$普通股籌資成本 = \frac{每年固定股利}{普通股籌資金額 \times (1 - 普通股籌資費率)} \times 100\% + 股利固定增長率$$

【例 4-9】B 公司準備增加普通股，每股發行價為 20 元，發行費用 2 元，第一年分派現金股利 1.5 元，以后每年股利增長 7%。則該普通股籌資成本為多少？

$$普通股籌資成本 = \frac{1.5}{(20-2)} \times 100\% + 7\% = 15.33\%$$

②資本資產定價模型

資本資產定價模型給出了普通股籌資成本 K_e 與它的市場風險 β 值之間的關係：

$$K_e = R_f + \beta(R_m - R_f)$$

式中：K_e 為普通股籌資成本；R_f 為無風險報酬率；R_m 為市場報酬率或市場投資組合的期望收益率；β 為某公司股票收益率相對於市場投資組合期望收益率變動幅度。

【例 4-10】A 公司的普通股 β 值為 1.6，無風險利率為 7%，股票市場投資組合的期望收益率為 13%。該公司的普通股股票的資金成本為多少？

$$K_e = 7\% + 1.6 \times (13\% - 7\%) = 16.6\%$$

③無風險收益加風險溢價模型

由於持有普通股股票的風險大於持有債券的風險，因此股票持有人就必然要求獲得一定的風險補償。一般來說，通過一段時間的統計數據，可以測算出某公司股票期望收益率超出無風險利率的大小，即風險溢價，無風險利率一般用同期國債收益率表示。用無風險收益加風險溢價模型計算普通股籌資成本的公式為：

$$K_e = R_f + R_p$$

式中：R_p 為風險溢價。

【例 4-11】假定 A 股份公司普通股的風險溢價估計為 10%，而無風險利率為 5%，則該公司普通股籌資成本為多少？

普通股籌資成本 = 5% + 10% = 15%

通常用公司債券收益率來表示，因為股票投資的風險高於債券投資的風險，因此股票投資的收益是建立在債券投資收益的基礎上的，是通過一系列經驗數據測得的，是投

資者風險投資的風險回報。

(6) 留存收益成本

留存收益成本與普通股的成本一樣，留存收益作為未分配的收益留存在企業，同樣相當於股東的股本投資。因此，留存收益的資本成本與普通股的成本計算方式基本相同，只是不考慮籌資費用，這裡就不再贅述。

①在普通股股利固定的情況下：

$$留存收益籌資成本 = \frac{每年固定股利}{普通股籌資金額} \times 100\%$$

【例4-12】B公司留存收益金額為1000萬元，預計每年固定股利為160萬元，則該企業留存收益籌資成本為多少？

$$留存收益籌資成本 = \frac{160}{1000} \times 100\% = 16\%$$

②在普通股股利逐年固定增長的情況下，留存收益籌資成本的計算公式為：

$$留存收益籌資成本 = \frac{第一年預期鼓勵}{普通股籌資金額} \times 100\% + 股利年增長率$$

$$K_e = \frac{D_1}{P_0} + g$$

式中：K_e——留存收益籌資成本。

D_1——第一年預期股利

P_0——普通股籌資金額

g——股利固定增長率

【例4-13】A公司普通股每股市價15元，預計第一年年末每股收益2元，每股發放股利0.7元，股利增長率為8%，則留存收益籌資成本為多少？

$$K_e = \frac{0.7}{15} + 8\% = 12.67\%$$

【例4-14】B公司目前股票市價為25元，預計明年的每股股利將達到2元，並且在未來時間裡，股利按7%的速度增長。目前股票市場的平均收益率為12%，國債收益率為9%，甲公司股票的β值為1.6，債券投資收益為10%，根據經驗數據股票的風險溢價測算為6%。求甲公司普通股的成本。

①根據股利模型計算：

$$K_e = \frac{2}{25} + 7\% = 15\%$$

②根據資本資產定價模型計算：

$$K_g = 9\% + 1.6 \times (12\% - 9\%) = 13.8\%$$

③根據無風險收益加風險溢價模型計算：

$K_e = 9\% + 6\% = 15\%$

三種方法計算出甲公司普通股的成本在13%~15%之間，通常可以取三種方法的算術平均值來確定甲公司普通股的成本。

4.1.2.2 加權平均資本成本

加權平均資本成本（WACC）是指企業以各種資本在企業全部資本中所占的比重為權數，對各種長期資金的個別資本成本加權平均計算出來的資本總成本。加權平均資本成本的計算公式為：

加權平均資金成本 = $\sum$（某種占總資金的比重 × 該種資金的成本）

$K_w = \sum W_j \cdot K_j$

式中：K_w——加權平均的資金成本；

W_j——第 j 種資金占資金的比重；

K_j——第 j 種資金的成本。

【例4-15】A企業籌資總額2000萬元，其中發行普通股1000萬元，資金成本率為15%；發行債券600萬元，資金成本率為8%；銀行借款400萬元，資金成本率為7%。要求：計算加權平均資本成本。

（1）計算各種資金所占的比重：

普通股占資金總額的比重 = 1000/2000×100% = 50%

債券占資金總額的比重 = 600/2000×100% = 30%

銀行借款占資金總額的比重 = 400/2000×100% = 20%

（2）計算加權平均資金成本：

加權平均資金成本 = 15%×50%+8%×30%+7%×20% = 11.3%

4.1.2.3 邊際資本成本

在企業籌資數量不斷增加的情況下，資金提供者所承擔的風險也在不斷提高，當籌資額達到一定數量時，資金提供者將提高要求的投資報酬率，最終將導致邊際資金成本的提高。

邊際資本成本是指公司無法以某一固定的資本成本籌集無限的資金，當公司籌集的資金超過一定限度時，原來的資本成本就會增加。追加一個單位的資本增加的成本稱為邊際資本成本。通常，資本成本率在一定範圍內不會改變，而在保持某資本成本率的條件下可以籌集到的資金總限度稱為保持現有資本結構下的籌資突破點，一旦籌資額超過突破點，即使維持現有的資本結構，其資本成本率也會增加。由於籌集新資本都按一定的數額批量進行，故其邊際資本成本可以繪成一條有間斷點的曲線。若將該曲線和投資機會曲線置於同一圖中，則可以進行投資決策：內部收益率高於邊際資本成本的投資項目應接受；反之則拒絕；兩者相等時則是最優的資本預算。

邊際資金成本的計算方法如下：

(1) 確定目標資金結構。目標資金結構應該是企業的最優資金結構，即資金成本最低、企業價值最大時的資金結構。企業籌資時，應首先確定目標資金結構，並按照這一結構確定各種籌資方式的籌資數量。

(2) 確定各種資金不同籌資範圍的資金成本。每種籌資方式的資金成本不是一成不變的，往往是籌資數量越多，資金成本就越高。因此，在籌資時要確定不同籌資範圍內的資金成本水平。

(3) 計算籌資總額突破點。籌資總額突破點是某一種或幾種個別資金成本發生變化從而引起加權平均資金成本變化時的籌資總額。籌資總額突破點可按下列公式計算：

$$BP_i = \frac{TF_i}{W_i}$$

式中：BP_i——籌資總額突破點；

TF_i——個別資金的成本率發生變化時的籌資臨界點；

W_i——個別資金的目標結構。

(4) 計算邊際資金成本。根據上一步驟計算出的籌資總額突破點排序，可以列出預期新增資金的範圍及相應的綜合資金成本。

【例4-16】A公司擁有長期資金1000萬元。其中：長期借款200萬元，資本成本率為8%；長期債券300萬元，資本成本率為12%；普通股500萬元，資本成本率為15%。平均資本成本為12.7%。由於擴大經營規模的需要，擬籌集新資金。經分析，目前的資本結構為最佳資本結構，認為籌集新資金后，仍應保持目前的資本結構，即長期借款占20%、長期債券占30%、普通股占50%，並測算出了隨籌資的增加各種資本成本的變化，見表4-3。

表4-3　　　　　　　　　　A公司籌資資料表

資金種類	目標資本結構（%）	新籌資額	資本成本（%）
長期借款	20	50萬元以內	8.0
		50萬~100萬元	9.0
		100萬元以上	10.0
長期債券	30	90萬元以內	12.0
		90萬~150萬元	13.0
		150萬元以上	14.0
普通股	50	300萬元以內	15.0
		300萬~500萬元	16.0
		500萬元以上	17.0

因為花費一定的資本成本率只能籌集到一定限度的資金，超過這一限度多籌集資金就要多花費資本成本，引起原資本成本的變化，於是就把在保持某資本成本的條件下可以籌集到的資金總限度稱為現有資本結構下的籌資突破點。在籌資突破點範圍內籌資，原來的資本成本不會改變；一旦籌資額超過籌資突破點，即便維持現有的資本結構，其資本成本也會增加。

籌資突破點的計算公式為：

籌資突破點＝可用某一待定成本籌集到的某種資金額/該種資金在資金結構中所占的比重

在花費8%的資本成本率時，取得的長期借款籌資限額為250萬元，其籌資突破點便為250萬元（50/20%）；而在花費9%的資本成本率時，取得的長期借款籌資限額為100萬元，其籌資突破點則為100萬元（100/20%）。

按此方法，資料中各種情況下的籌資突破點的計算結果見表4-4。

表4-4　　　　　　　　　　A公司籌資突破點計算表

資金種類	資本結構（%）	資本成本（%）	新籌資額	籌資突破點
長期借款	20	8.0	50萬元以內	250萬元以內
		9.0	50萬~100萬元	250萬~500萬元
		10.0	100萬元以上	500萬元以上
長期債券	30	12.0	90萬元以內	300萬元以內
		13.0	90萬~150萬元	300萬~500萬元
		14.0	150萬元以上	500萬元以上
普通股	50	15.0	300萬元以內	600萬元以內
		16.0	300萬~500萬元	600萬~1000萬元
		17.0	500萬元以上	1000萬元以上

根據上一步計算出的籌資突破點，可以得到6組籌資總額範圍：① 250萬元以內；② 250萬~300萬元；③ 300萬~500萬元；④ 500萬~600萬元；⑤ 600萬~1000萬元；⑥ 1000萬元以上。對以上6組籌資總額範圍分別計算加權平均資本成本，即可得到各種籌資總額範圍的邊際資本成本計算結果見表4-5。

表4-5　　　　　　　　　　A公司邊際資本成本計算表

籌資總額	資金種類	資本結構（%）	資本成本（%）	加權平均資本成本（%）
250萬元以內	長期借款	20	8	1.60
	長期債券	30	12	3.60
	普通股	50	15	7.50
	加權平均資本成本			12.70

表4-5(續)

籌資總額	資金種類	資本結構（%）	資本成本（%）	加權平均資本成本（%）
250萬~300萬元	長期借款	15	9	1.35
	長期債券	25	12	3.00
	普通股	60	15	9.00
	加權平均資本			13.35
300萬~500萬元	長期借款	15	9	1.35
	長期債券	25	13	3.25
	普通股	60	15	9.00
		-	-	13.60
500萬~600萬元	長期借款	15	10	1.50
	長期債券	25	14	3.50
	普通股	60	15	9.00
		-	-	14.00
600萬~1000萬元	長期借款	15	10	1.50
	長期債券	25	14	3.50
	普通股	60	16	9.60
		-	-	14.60
1000萬元以上	長期借款	15	10	1.50
	長期債券	25	14	3.50
	普通股	60	17	10.20
		-	-	15.20

表4-5右側計算得出的各種加權平均資本之差，就是隨著籌資額增加而增加的邊際資本成本。

4.2 槓桿原理分析

由於企業在融資的過程中籌資渠道的不同以及籌資方式的不同，最終會導致企業的綜合資本的成本不同。不同籌資渠道的資本的提供者對資本回報率的要求不同，因此導致了不同渠道資本的資本成本不同。為此，企業要在籌資的時候考慮不同籌資渠道的資金成本，因而會導致企業的資本結構的不同。為了使企業股東價值最大化，企業有必要確定一個最優的資本結構，以使資本成本最優。資本結構是指企業各種資本的價值構成及其比例。資本結構反應的是企業債務與股權的比例關係，它在很大程度上決定著企業的償債和再融資能力，決定著企業未來的盈利能力，是企業財務狀況的一項重要指標。合理的融資結構可以降低融資成本，發揮財務槓桿的調節作用，使企業獲得更大的自有資金收益率。

4.2.1 槓桿效應的含義

槓桿效應是指由於固定費用的存在而導致的，當某一財務變量以較小幅度變動時，另一相關變量會以較大幅度變動的現象。也就是指在企業運用負債籌資方式（如銀行借款、發行債券）時所產生的普通股每股收益變動率大於息稅前利潤變動率的現象。

財務管理中的槓桿效應有三種形式：經營槓桿、財務槓桿和複合槓桿。

4.2.2 經營槓桿

經營槓桿又稱營業槓桿或營運槓桿，反應銷售和息稅前利潤的槓桿關係。在企業生產經營中由於存在固定成本而使利潤變動率大於產銷量變動率的規律。根據成本形態，在一定產銷量範圍內，產銷量的增加一般不會影響固定成本總額，但會使單位產品固定成本降低，從而提高單位產品利潤，並使利潤增長率大於產銷量增長率；反之，產銷量減少，會使單位產品固定成本升高，從而降低單位產品利潤，並使利潤的下降率大於產銷量的下降率。所以，產品只有在沒有固定成本的條件下，才能使邊際貢獻等於經營利潤，使利潤變動率與產銷量變動率同步增減。但這種情況在現實中是不存在的。這樣，由於存在固定成本而使利潤變動率大於產銷量變動率的規律，在管理會計和企業財務管理中就常根據計劃期產銷量變動率來預測計劃期的經營利潤。

4.2.2.1 經營槓桿的衡量

只要企業存在固定成本，那麼就存在經營槓桿的作用，因此有必要對經營槓桿進行衡量，通常使用經營槓桿系數對經營槓桿進行衡量。其計算公式為：

$$經營槓桿系數 = \frac{息稅前利潤變動率}{銷售變動率}$$

$$DOL = \frac{\Delta EBIT/EBIT}{\Delta S/S}$$

式中：DOL——經營槓桿系數；

$\Delta EBIT$——息稅前利潤變動額；

$EBIT$——基期息稅前利潤；

ΔS——銷售額變動額；

S——基期銷售額。

當固定成本為 0 時，經營槓桿系數為 1。

另外，對上述公式進行變形處理可以得到另一個計算經營槓桿系數的公式：

$$經營槓桿系數 = \frac{基期邊際貢獻}{基期息稅前利潤}$$

$$DOL = \frac{Q(p-v)}{Q(p-v)-a} = \frac{M}{EBIT}$$

式中：Q——當期銷售數量；

P——產品單位銷售價格；

V——產品單位變動成本；

a——總固定成本。

【例4-17】A公司基期和計劃期的數據見表4-6。

表 4-6　　　　　　　　A公司基期數據和計劃期預測數據　　　　　　單位：萬元

項目	基期	計劃期	變動百分比（%）
銷售收入	2000	2400	20
減：變動成本總額	1200	1440	20
邊際貢獻總額	800	960	20
減：固定成本總額	400	400	—
息稅前利潤	400	560	40

另外，基期銷量為20,000件，單價為1000元，單位變動成本為600元，固定成本為400萬元，計劃期預計銷量為24,000件。計算經營槓桿系數。

經營槓桿系數為：

$$DOL = \frac{20,000 \times (1000 - 600)}{20,000 \times (1000 - 600) - 4,000,000} = \frac{8,000,000}{4,000,000} = 2$$

【例4-18】A公司生產甲產品，固定成本為500萬元，變動成本率為50%。當公司的銷售額分別為4000萬元、2000萬元、500萬元時，經營槓桿系數分別為多少？

解：

當銷售額為4000萬元時：

$$DOL = \frac{4000 - 4000 \times 50\%}{4000 - 4000 \times 50\% - 500} = 1.33$$

當銷售額為2000萬元時：

$$DOL = \frac{2000 - 2000 \times 50\%}{2000 - 2000 \times 50\% - 500} = 2$$

當銷售額為500萬元時：

$$DOL = \frac{500 - 500 \times 50\%}{500 - 500 \times 50\% - 500} = -1$$

4.2.2.2　與經營槓桿相關的收益和風險

（1）與經營槓桿相關的收益

經營槓桿營業槓桿利益是指在擴大銷售額的條件下，由於經營成本中固定成本相對降低所帶來增長程度更快的經營利潤。在一定產銷規模內，固定成本並不隨銷售量的增加而增加；反之，隨著銷售量的增加，單位銷售量所負擔的固定成本會相對減少，從而

給企業帶來額外的收益。

（2）與經營槓桿相關的風險

經營風險是指與企業經營相關的風險，尤其是指利用營業槓桿而導致息稅前利潤變動的風險。影響營業風險的因素主要有產品需求的變動、產品售價的變動、單位產品變動成本的變動、營業槓桿的變動等。營業槓桿對營業風險的影響最為綜合，企業欲取得營業槓桿利益，就需承擔由此引起的營業風險，需要在營業槓桿利益與風險之間做出權衡。

4.2.3 財務槓桿

財務槓桿又叫籌資槓桿或融資槓桿，是指由於固定債務利息、融資租賃租金和優先股股利的存在而導致普通股每股利潤變動幅度大於息稅前利潤變動幅度的現象。無論企業營業利潤多少，債務利息和優先股的股利都是固定不變的。當息稅前利潤增大時，每一元盈餘所負擔的固定財務費用就會相對減少，這能給普通股股東帶來更多的盈餘。財務槓桿影響的是企業的息稅後利潤而不是息前稅前利潤。通常財務槓桿伴隨著財務槓桿收益和財務槓桿風險，合理地利用財務槓桿有利於為股東創造更多的價值；否則，股東會遭受損失。財務槓桿的存在是不可避免的，只要企業存在財務費用及優先股股利，那麼企業就會受到財務槓桿作用的影響。

4.2.3.1 財務槓桿的衡量

財務槓桿衡量的主要指標是財務槓桿系數。財務槓桿系數是指普通股每股利潤的變動率相當於息稅前利潤變動率的倍數。其基本計算公式為：

$$財務槓桿系數 = \frac{普通股每股收益變動率}{息稅前利潤變動率}$$

$$DFL = \frac{\Delta EPS/EPS}{\Delta EBIT/EBIT}$$

式中：DFL——財務槓桿系數；

　　　ΔEPS——普通股每股收益變動額；

　　　EPS——基期普通股每股收益；

　　　$\Delta EBIT$——息稅前利潤變動額；

　　　$EBIT$——基期息稅前利潤。

將上述公式變形可以得到另一個計算財務槓桿系數的公式：

$$財務槓桿系數 = \frac{息稅前利潤}{息稅前利潤 - 利息 - \frac{優先股股利}{1 - 所得稅稅率}}$$

$$DFL = \frac{EBIT}{EBIT - I - \frac{d}{1-T}}$$

式中：I——債務利息；

d——優先股股利；

T——所得稅稅率。

由於優先股股利是稅後所得，因此在計算財務槓桿系數時將優先股股利還原成稅前的股利。

【例4-19】 A公司2012—2013年的預測數據見表4-7。

表4-7　　　　　　　　A公司2012—2013年的預測數據　　　　　　　單位：萬元

項目	2012年	2013年	變動百分比（%）
銷售收入	2000	2300	15.00
息稅前利潤（EBIT）	400	520	30.00
利息（10%）	50	50	—
稅前利潤	350	470	34.29
所得稅（25%）	87.5	117.5	34.29
稅後利潤	262.5	352.5	34.29
減：優先股股息	32	32	—
普通股淨收益	230.5	320.5	39.05
普通股股數（萬股）	1000	1000	—
每股收益（EPS）	0.23	0.32	39.05

要求：計算2013年總槓桿系數。

解：總槓桿系數為：

$$DFL = \frac{EBIT}{EBIT - I - \frac{d}{1-T}} = \frac{520}{520 - 50 - \frac{32}{1-25\%}} = 1.22$$

4.2.3.2　財務槓桿的收益與風險

（1）財務風險主要由財務槓桿產生

通過前面的論述我們已經知道所謂財務槓桿利益（損失）是指負債籌資經營對所有者收益的影響。

「風險是關於不願發生的事件發生的不確定性之客觀體現」。這一定義強調了風險是客觀存在的而不是「不確定性」的。而財務風險是指未來收益不確定的情況下，企業因負債籌資而產生的由股東承擔的額外風險。如果借入資金的投資收益率大於平均負債利息率，則可以從槓桿中獲益。財務槓桿作用使得資本收益由於負債經營而絕對值增加，從而使得權益資本收益率大於企業投資收益率，且產權比率（債務資本/權益資本）越高，財務槓桿利益越大；反之，則會遭受損失。這種不確定性就是槓桿帶來的財務風險。

從理論上講，企業財務槓桿系數的高低可以反應財務風險的大小。這裡需要指出，負債中包含有息負債和無息負債。財務槓桿只能反應有息負債給企業帶來的財務風險而沒有反應無息負債，如應付帳款的影響。通常情況下，無息負債是正常經營過程中因商業信用產生的，而有息負債是由於融資需要借入的。如果存在有息負債，財務槓桿系數大於1，放大了息稅前利潤的變動對每股盈餘的作用。實質是由負債所取得的一部分利潤轉化給了權益資本，從而使得權益資本收益率上升。財務槓桿系數越大，當息稅前利潤率上升時，權益資本收益率會以更大的比例上升，若息稅前利潤率下降，則權益利潤率會以更快的速度下降。此時，財務風險較大。相反，財務槓桿系數較小，財務風險也較小。財務風險的實質是將借入資金上的經營風險轉移給了權益資本。

(2) 財務槓桿與財務風險是不可避免的

首先，自有資金的籌集數量有限，當企業處於擴張時期，很難完全滿足企業的需要。負債籌資速度快，彈性大，適當的借入資金有利於擴大企業的經營規模，提高企業的市場競爭能力。同時，由企業負債而產生的利息，在稅前支付。若經營利潤相同，負債經營與無債經營的企業相比，繳納的所得稅較少，即節稅效應。所以，債務資本成本與權益資本成本相比較低，負債籌資有利於降低企業的綜合資本成本。但是，未來收益的不確定性使借入資金必然承擔一部分經營風險，即債務資本的經營風險轉嫁給權益資本而形成的財務風險也必定存在。其次，閒置資金的存在也會促進借貸行為的發生。資金只有投入生產過程才能實現增值。如果把一筆資金作為儲藏手段保存起來，若不存在通貨膨脹，隨著時間的推移是不會產生增值的。所以，企業將閒置資金存入銀行以收取利息，由銀行貸出投入生產。因此，財務槓桿以及財務風險也將伴隨著債務資本而存在。

4.2.4 總槓桿

經營槓桿是反應營業收入的變動對息稅前利潤的影響；財務槓桿是反應息稅前利潤的變動對每股收益的影響。如果要反應營業收入的變動對每股收益的影響，就可以用經營槓桿與財務槓桿的總槓桿進行反應。總槓桿（DTL）的程度直接反應了營業收入的變動對每股收益的影響。其計算公式為：

$$總槓桿系數 = \frac{每股收益變動率}{產銷量變動率}$$

總槓桿的計算公式還可以表示為經營槓桿與財務槓桿的乘積：

$$DTL = DOL \times DFL$$

總槓桿的計算公式的另一種表達式為：

$$DTL = \frac{M}{EBIT - I - \frac{d}{1-T}}$$

【例4-20】甲公司只生產和銷售A產品。假定該企業2012年度A產品銷售量為10,000件,每件售價為100元,單位變動成本為40元,固定成本為20萬元。按市場預測2013年A產品的銷售數量將增長15%。

要求:

(1) 計算2012年該企業的邊際貢獻總額。

(2) 計算2012年該企業的息稅前利潤。

(3) 計算2013年該企業的經營槓桿系數。

(4) 計算2013年該企業的息稅前利潤增長率。

(5) 假定企業2012年發生負債利息為20萬元、優先股股息為7.5萬元、所得稅稅率為25%,計算2012年的總槓桿系數。

解:

(1) 2012年該企業的邊際貢獻總額為:

$$10,000 \times (100-40) = 60 \text{(萬元)}$$

(2) 2012年該企業的息稅前利潤為:

$$10,000 \times (100-40) - 200,000 = 40 \text{(萬元)}$$

(3) 2012年的經營槓桿系數為:

$$60 \div 40 = 1.5$$

(4) 2013年的息稅前利潤增長率為:

$$1.5 \times 15\% = 22.5\%$$

(5) 2012年的總槓桿系數為:

$$1.5 \times \{40 \div [40-20-7.5/(1-25\%)]\} = 6$$

4.3 資本結構

4.3.1 資本結構理論

資本結構理論闡述了企業負債、企業價值與企業資本成本的關係。資本結構理論中比較有代表性的理論包括MM理論、淨收益理論、淨營業收益理論、代理理論等。

4.3.1.1 MM理論

MM理論是1958年由美國弗朗哥·莫迪格萊尼(Franco Modigliani)和莫頓·米勒(Merton Miller)兩位教授經過嚴格的理論推導得出的。MM理論有較深遠的影響,后來的資本結構理論都是在該理論的基礎上發展而來的。

該理論成立的假設條件:

(1) 企業的經營風險是可衡量的,有相同經營風險的企業即處於同一風險等級;

(2) 投資者對企業未來收益和取得這些收益所面臨風險的預期是一致的;

(3) 證券市場是完全的資本市場，沒有交易成本；

(4) 投資者可同公司一樣以同等利率獲得借款；

(5) 無論借債多少，公司及個人的負債均無風險，故負債利率為無風險利率；

(6) 投資者預期的息稅前利潤不變。

在嚴格遵守假設條件的情況下，MM 理論認為：

(1) 在沒有企業和個人所得稅的情況下，任何企業的價值，不論其有無負債，都等於經營利潤除以適用於其風險等級的收益率。風險相同的企業，其價值不受有無負債及負債程度的影響。

(2) 在考慮所得稅的情況下，由於存在稅額庇護利益，企業價值會隨著負債程度的提高而增加，股東也可以獲得更多好處。於是，負債越多，企業價值也會越大。

4.3.1.2 代理理論

代理理論認為，企業資本結構會影響經理人員的工作水平和其他行為選擇，從而影響企業未來現金收入和企業市場價值。該理論認為，債權籌資有很強的激勵作用，並將債務視為一種擔保機制。這種機制能夠促使經理多努力工作，少個人享受，並且做出更好的投資決策，從而降低由於兩權分離而產生的代理成本。但是，負債籌資可能導致另一種代理成本，即企業接受債權人監督而產生的成本。均衡的企業所有權結構是由股權代理成本和債權代理成本之間的平衡關係來決定的。

4.3.1.3 淨收益理論

淨收益理論認為，利用債務可以降低企業的綜合資金成本。由於債務成本一般較低，所以，負債程度越高，綜合資金成本越低，企業價值越大。當負債比率達到 100% 時，企業價值將達到最大。但是實際工作中該理論是不成立的，話說空手套白狼就可以很好地解釋該理論的缺點，即自己不用墊資任何成本，不承擔任何風險就可以把收益賺取。

4.3.1.4 淨營業收益理論

該理論認為，資本結構與企業的價值無關，決定企業價值高低的關鍵要素是企業的淨營業收益。儘管企業增加了成本較低的債務資金，但同時也加大了企業的風險，導致權益資金成本的提高，企業的綜合資金成本仍保持不變。不論企業的財務槓桿程度如何，其整體的資金成本不變，企業的價值也不受資本結構的影響，因而不存在最佳資本結構。

4.3.2 最優資本結構決策

4.3.2.1 資本成本比較法

在籌資決策時，企業往往有多個籌資方案測算可供選擇，通過計算各個方案的加權資本成本，最后通過比較選擇加權資本成本最低的方案的長期籌資方案的綜合資本成本

率，並以此為標準相互比較，選擇綜合成本率最低的長期籌資方案，該方案下確定的資本結構即為最佳資本結構。資本成本比較法是一種比較快捷的決策方法。但需要注意的是，通過資本成本比較法確定的資本結構只是相對的最優資本結構，畢竟提供的備選方案並沒有把實際加權成本最低的方案包含，因此資本成本比較法確定的資本結構只是相對最優資本結構。另外，該方法只是比較了不同方案的資本成本的大小，並沒有反應不同方案下的風險因素。

【例4-21】某企業初始成立時需要資本總額10,000萬元，有以下三種籌資方案：

表4-8　　　　　　　　　各種籌資方案基本數據　　　　　　　　單位：萬元

籌資方式	方案一		方案二		方案三	
	籌資金額	資本成本	籌資金額	資本成本	籌資金額	資本成本
長期借款	1000	8	2000	8	4000	9
長期債券	2000	10	3500	11	2000	10
優先股	1000	12	500	12	1000	12
普通股	6000	15	4000	14	3000	13
資本合計	10,000		10,000		10,000	

將表4-8中的數據代入計算三種不同籌資方案的加權平均資本成本。

方案一：加權平均資本成本

$$= \frac{1000}{10,000} \times 8\% + \frac{2000}{10,000} \times 10\% + \frac{1000}{10,000} \times 12\% + \frac{6000}{10,000} \times 15\%$$

$$= 13.3\%$$

方案二：加權平均資本成本

$$= \frac{2000}{10,000} \times 8\% + \frac{3500}{10,000} \times 11\% + \frac{500}{10,000} \times 12\% + \frac{4000}{10,000} \times 14\%$$

$$= 11.75\%$$

方案三：加權平均資本成本

$$= \frac{4000}{10,000} \times 9\% + \frac{2000}{10,000} \times 10\% + \frac{1000}{10,000} \times 12\% + \frac{3000}{10,000} \times 13\%$$

$$= 10.8\%$$

比較后不難發現，方案三的加權平均資本成本最低。因此，在適度的財務風險條件下，企業應按方案三的各種資本比例籌集資金，由此形成的資本結構為長期借款40%、長期債券20%、優先股10%、普通股30%，也就是相對最優的資本結構。

資本成本比較法僅以資本成本最低為選擇標準，因測算過程簡單，是一種便捷的方法。但這種方法僅是比較了各種融資方案的資本成本，難以區別不同融資方案之間的財務風險因素差異，在實際計算中有時也難以確定各種融資方式的資本成本。

4.3.2.2 每股盈余的無差別分析

每股盈余的無差別分析是利用每股盈余的無差別點來進行分析的。所謂每股盈余的無差別點，是指每股盈余不受融資方式影響的銷售水平。根據每股盈余的無差別點，可以分析判斷在什麼樣的銷售水平下適合於採用何種資本結構。基本原理是測算多種籌資方案下普通股每股利潤相等時的息稅前利潤點，在預期息稅前利潤的條件下，選擇使每股利潤達到最大的長期籌資方案，以確定最佳資本結構。每股收益的計算公式為：

$$EPS = \frac{(EBIT - I)(1 - T)}{N} = \frac{(S - VC - F - I)(1 - T)}{N}$$

式中：EPS——每股收益；

$EBIT$——息稅前利潤；

I——利息；

T——所得稅稅率；

N——流通在外普通股股數；

S——銷售收入；

VC——變動成本；

F——固定成本。

在每股盈余的無差別點上，不管是採用負債融資還是採用權益融資，每股盈余都是相等的。若以 EPS_1 代表負債融資，EPS_2 代表權益融資，則：

$$EPS_1 = EPS_2$$

$$\frac{(\overline{EBIT} - I)(1 - T)}{N_1} = \frac{(\overline{EBIT} - I)(1 - T)}{N_2}$$

【例4-22】B公司目前有資金5000萬元，適用的所得稅稅率為25%，現因生產需要準備再籌集3000萬元。現有兩種方案：一是發行1000萬元普通股，每股面值1元，發行價格為3元；二是按面值發行年利率為12%的公司債券3000萬元。該公司目前的資本成本及融資后的資本結構見表4-9。

表4-9　　　　　　　　甲公司資本結構變化情況　　　　　　　　單位：萬元

融資方式	方案一	方案二
目前資本結構	增發普通股	增發公司債券
公司債券（利率12%）	800	800	3800
普通股（每股面值1元）	1200	2200	1200
資本公積	1500	3500	1500
留存收益	1500	1500	1500
資本總額	5000	8000	8000

試為甲公司做出融資決策。

第一步，計算每股利潤無差別點。

$$\frac{\overline{(EBIT - 800 \times 12\%)} \times (1 - 25\%)}{2200} = \frac{\overline{(EBIT - 3800 \times 12\%)} \times (1 - 25\%)}{1200}$$

$$\Rightarrow \overline{EBIT} = 888\ 萬(元)$$

在此點上：$EPS_1 = EPS_2 = 0.27(元／股)$

第二步，決策。也就是說，當未來盈利能力 EBIT >888 萬元時，甲公司應當採用方案二，即採用增發公司債券融資方式。在這種融資方式下，公司股東的每股利潤較高。而當未來預期盈利能力 EBIT <888 萬元時，甲公司採用方案一，即採用增發普通股融資方式。在這種融資方式下，公司股東的每股利潤較高，見圖 4-1。

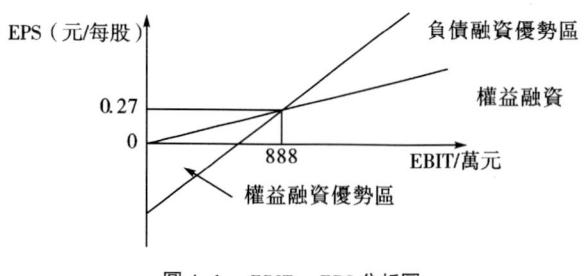

圖 4-1　EBIT – EPS 分析圖

每股利潤無差別點法只考慮了資本結構對每股利潤的影響，並假設每股利潤最大，股票價格也就最高。但把資本結構對風險的影響置之於視野之外，是不全面的。因為隨著負債的增加，投資者的風險加大，股票價格和企業價值也會有下降的趨勢，所以單純地運用 EBIT – EPS 分析法有時會做出錯誤的決策。

4.3.2.3　企業價值比較法

公司價值比較法是在充分考慮財務風險的前提下，以個別資本成本率和綜合資本成本率作為折現率，測算不同長期籌資方案的公司價值，並以此為標準選擇使公司價值達到最大的長期籌資方案，以確定最佳資本結構。

我們知道，公司理財的基本目標是公司價值最大化或股價最高。只有在風險不變的情況下，每股盈餘的增長才會直接導致股價的提高。而在現實生活中，經常是每股盈餘增加時，風險也隨之增加。若每股盈餘的增加不足以補償風險增加所需的報酬，儘管每股盈餘增加，股價仍然會下跌。所以，公司的最佳資本結構應當是可使公司的總價值最高，而不一定是每股盈餘最大的資本結構。不同的資本結構將產生不同的加權平均資本成本，而加權平均資本成本的大小與公司價值的大小成反向關係。在公司總價值最大的資本結構下，公司的資本成本也是最低的。

為了簡化問題，假定公司只有債券和普通股兩種資本。債券的市場價值等於它的面

值，公司股利支付率為100%，即所有的稅后盈利全部以股利方式支付給股東，則公司的市場總價值 V 應該等於其股票的價值 S 加上債券的價值 B，即：

$V = B + S$

式中：$S = \dfrac{(EBIT - I)(1 - T)}{K_s}$。

其中，K_s 為權益資本成本，即普通股資本成本。

所以，$V = B + (EBIT - I)(1 - T)/K_s$

採用資本資產定價模型計算股票的資本成本。其計算公式為：

$K_s = K_f + \beta(K_M - K_F)$

加權平均資本成本的計算為：

$K_w = \dfrac{B}{V}K_b(1 - T) + \dfrac{S}{V}K_s$

【例4-23】A公司2013年息稅前盈余為1000萬元，資金全部由普通股資本組合，股票帳面價值為5000萬元，假設無風險報酬率為8%，市場平均報酬率為12%，所得稅稅率為25%。該公司為了調整資本結構，準備用發行債券購回部分股票的辦法予以整理。目前的債務利率和權益資本的成本情況見表4-10。

表4-10　　不同債務水平對公司債務資本成本和權益資本成本的影響

債務資本價值（萬元）	負債稅前利率（%）	β 係數	權益資本成本（%）
0	0	1.50	14.00
600	9	1.60	14.40
800	10	1.70	14.80
1000	11	1.80	15.20
1200	12	2.00	16.00
1400	14	2.40	17.60

根據表4-10的資料，運用上述公式即可計算出籌借不同金額的債務時的公司的市場價值和資本成本，見表4-11。

表4-11　　公司市場價值和資本成本

債務資本價值（萬元）	股票的市場價值（萬元）	公司的市場價值（萬元）	稅后債務資本成本（%）	權益資本成本（%）
0	5000	5000	0	14
600	4997	5597	6.75	14.4
800	4764	5564	7.5	14.8
1000	4527	5527	8.25	15.2
1200	4181	5381	9	16
1400	3635	5035	10.5	17.6

從表 4-11 中的數據可以看出，在沒有債務的情況下，公司的總價值就是其原有股票的市場價值 5000 萬元。當公司用債務資本部分地替換權益資本時，一開始公司總價值上升，加權平均資本成本下降；在債務達到 600 萬元時，公司的總價值最高；債務超過 600 萬元后，公司總價值下降。因此，債務為 600 萬元時的資本結構是該公司的最佳資本結構。

案例討論

蒙牛引入 PE 投資

一、公司簡介

1999 年 8 月，蒙牛乳業成立，總部設在中國乳都核心區——內蒙古和林格爾經濟開發區，擁有總資產 100 多億元，職工近 3 萬人，乳製品年生產能力達 600 萬噸。到目前為止，包括林基地在內，蒙牛乳業已經在全國 16 個省市區建立生產基地 20 多個，擁有液態奶、酸奶、冰淇淋、奶品、奶酪 5 大系列 400 多個品項，產品以其優良的品質覆蓋國內市場，並出口到美國、加拿大、蒙古、東南亞及中國港澳等多個國家和地區。本著「致力於人類健康的牛奶製造服務商」的企業定位，蒙牛乳業集團在短短十年中，創造了舉世矚目的「蒙牛速度」和「蒙牛奇跡」。從創業初「零」的開始，至 2009 年年底，主營業務收入實現 257.1 億元，年均遞增超過 100%，是全國首家收入超過 200 億元的乳業企業。其主要產品的市場佔有率超過 35%；UHT 牛奶銷量全球第一，液化奶、冰淇淋和酸奶銷量居全國第一；乳製品出口量、出口的國家和地區居全國第一。

據 2006 年 9 月國家統計局發布的「中國大企業集團首屆競爭力 500 強」，蒙牛乳業集團位居第 11 位，名列全國同行業之首。另據權威機構發布的數據，蒙牛乳業集團躋身 2009 年全國大企業集團 500 強第 241 位，2009 年全球乳業 20 強第 19 位，居全國同行業之首。蒙牛股票被國際著名金融服務公司摩根士丹利評選為至 2012 年全球 50 只最優質股票之一。

二、主題內容

1999 年牛根生遭到伊利董事會免職，從此選擇了自己創業的歷程，同年 8 月成立內蒙古蒙牛乳業股份有限公司。最初的啟動資金僅僅為 900 萬元，通過整合內蒙古 8 家瀕臨破產的奶企，成功盤活 7.8 億元資產，當年實現銷售收入 3730 萬元。

據蒙牛相關人員介紹，他們在創立企業之初就想建立一家股份制公司，然後上市。除了早期通過原始投資者投資一些資金外，蒙牛在私募之前基本上沒有大規模的融資。如果要抓住乳業的快速發展機會，在全國鋪建生產和銷售網絡，對資金有極大的需求。對於當時蒙牛那樣一家尚不知名的民營企業，又是依靠重品牌輕資產的商業模式，銀行

貸款當然是有限的。

2001年開始，他們開始考慮一些上市渠道。首先他們研究當時盛傳要建立的深圳創業板，但是后來創業板沒做成，這個想法也就擱下了。同時他們也在尋求A股上市的可能，但是對於蒙牛當時那樣一家沒有什麼背景的民營企業來說，上A股恐怕需要好幾年的時間，蒙牛根本等不起。

他們也嘗試過民間融資。不過國內一家知名公司來考察后，對蒙牛團隊說他們一定要51%的控股權，對此蒙牛不答應；另一家大企業本來準備要投資，但被蒙牛的競爭對手給勸住了；還有一家上市公司對蒙牛本來有投資意向，結果又因為公司的第一把手突然調走當某市市長而把這事又擱下了。

2002年年初，蒙牛股東會、董事會均同意，在法國巴黎百富勤的指導下上中國香港二板。為什麼不能上主板？因為當時蒙牛歷史較短、規模小，不符合上主板的條件。這時，摩根士丹利和鼎暉（私募資金）通過相關關係找到蒙牛，要求與蒙牛團隊見面。見面之後摩根士丹利等提出來，勸其不要去香港二板上市。眾所周知，中國香港二板除了極少數公司以外，流通性都不好，機構投資者一般不感興趣，企業再融資非常困難。摩根士丹利與鼎暉勸蒙牛團隊應該引入私募投資者，資金到位，幫助企業成長與規範化，大到一定程度了就直接上中國香港主板。

牛根生是個相當精明的企業家，對摩根士丹利和鼎暉提出的私募建議，他曾經徵詢過很多專家意見，包括正準備為其做中國香港二板上市的百富勤朱東（現任其執行董事）的意見。眼看到手的肥肉要被私募搶走，朱東還是非常職業化地給牛根生提供了客觀的建議，他認為先私募后上主板是一條可行之路（事實上，在這之前，朱東已向蒙牛提出過中國香港主板的優勢）。這對私募投資者是一個很大的支持。

（一）蒙牛公司的第一輪資本運作

1. 初始股權結構

1999年8月18日內蒙古蒙牛乳業股份有限公司（上市公司主營子公司）成立，股份主要由職員、業務聯繫人、國內獨立投資公司認購，股份結構也十分簡單。當時註冊資本1398萬股，籌集到的資金僅為1000多萬元，當時的股權結構如圖4-2所示。

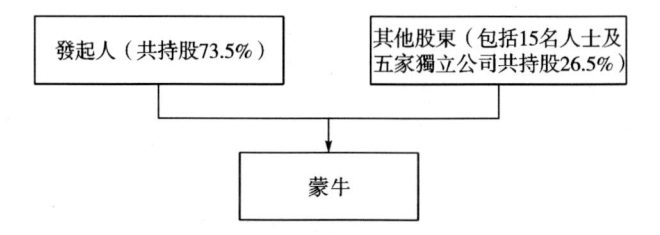

圖4-2　蒙牛乳業股份有限公司股權結構圖

2. 首輪投資前股權結構

為了成功在海外上市，首先要有資金讓它運轉起來，然而原始的資本結構過於僵硬，對大量的資金注入以及資本運作活動將產生桎梏作用，因此蒙牛在 PE 投資團隊的指導下，自 2002 年起就開始逐步改變股權結構，以便為日後的上市創造一個靈活的股權基礎。

蒙牛在避稅地註冊了四個殼公司，即在維京群島註冊的金牛公司、銀牛公司和在開曼群島註冊的開曼群島公司及在毛里求斯註冊的毛里求斯公司。其中，金牛公司的發起人主要是股東，銀牛公司的發起人主要是其他投資者、業務聯繫人員和職員等，這樣使得蒙牛管理層、其他投資者、業務聯繫人員、職員的利益都被悉數注入兩家公司中，透過金牛和銀牛兩家公司對蒙牛人員的間接持股，蒙牛管理層理所當然成為公司股東。開曼群島公司和毛里求斯公司為兩家典型的海外殼公司，作用主要在於構建二級產權平臺，以方便股權的分割和轉讓。這樣，蒙牛不但可以對風險進行一定的分離，更重要的是可以在不同情況下根據自己需要靈活運用兩個平臺吸引外部資金。四家殼公司的關係如圖 4-3 所示。

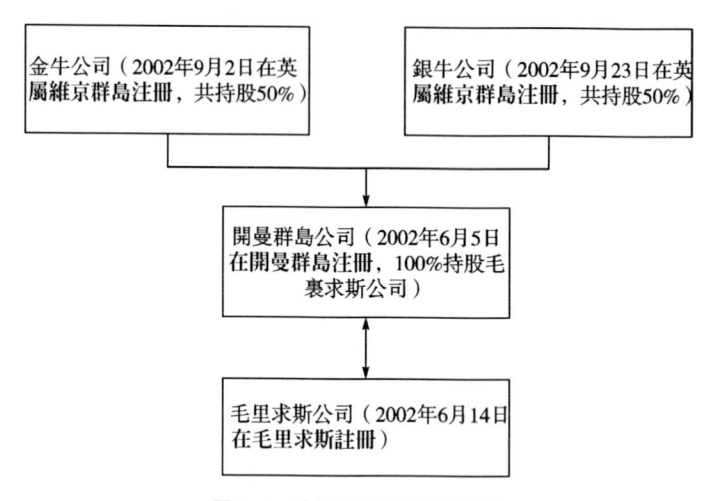

```
┌─────────────────────────┐      ┌─────────────────────────┐
│ 金牛公司（2002年9月2日在英 │      │ 銀牛公司（2002年9月23日在英│
│ 屬維京群島註冊，共持股50%）│      │ 屬維京群島註冊，共持股50%）│
└───────────┬─────────────┘      └─────────────┬───────────┘
            │                                   │
            └───────────────┬───────────────────┘
                            ▼
            ┌─────────────────────────────┐
            │ 開曼群島公司（2002年6月5日   │
            │ 在開曼群島註冊，100%持股毛   │
            │ 里求斯公司）                 │
            └──────────────┬──────────────┘
                           ▼
            ┌─────────────────────────────┐
            │ 毛里求斯公司（2002年6月14日  │
            │ 在毛里求斯註冊）             │
            └─────────────────────────────┘
```

圖 4-3　首輪投資前股權構架圖

3. 首輪註資

2002 年 9 月 24 日，開曼群島公司進行股權拆細，將 1000 股每股面值 0.001 美元的股份劃分為同等面值的 5200 股 A 類股份和 99,999,994,800 股 B 類股份（根據開曼公司法，A 類 1 股有 10 票投票權，B 類 1 股有 1 票投票權）。次日，金牛公司與銀牛公司以每股 1 美元的價格認購了開曼群島公司 4102 股 A 類股票（加上成立之初的 1000 股，共 5102 股），而 MS Dairy、CDH 和 CIC 三家海外戰略投資者則用約為每股 530.3 美元的價格分別認購了 32,685 股、10,372 股、5923 股 B 股股票（共 48,980 股），總註資約為

25,973,712 美元。

至此，蒙牛完成了首輪增資，三家戰略投資者 MS Dairy、CDH、CIC 被成功引進，而蒙牛管理層與 PE 機構在開曼群島公司的投票權分別是 51%、49%（即蒙牛管理層擁有對公司的絕對控制權）；股份數量比例分別為 9.4% 和 90.6%。緊接著開曼群島公司用三家金融機構的投資認購了毛里求斯國內公司的股份，而後者又用該款項在一級市場和二級市場中購買了蒙牛 66.7% 的註冊資本，蒙牛第一輪投資與股權重組完成，第一輪註資完成後的構架如圖 4-4 所示。

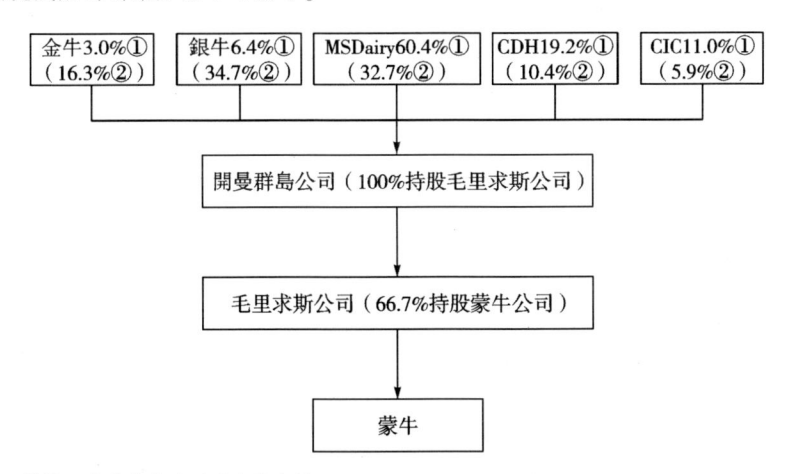

```
┌─────────┬─────────┬──────────┬─────────┬─────────┐
│金牛3.0%①│銀牛6.4%①│MSDairy60.4%①│CDH19.2%①│CIC11.0%①│
│(16.3%②)│(34.7%②)│(32.7%②)  │(10.4%②)│(5.9%②) │
└─────────┴─────────┴──────────┴─────────┴─────────┘
                        ↓
            開曼群島公司（100%持股毛里求斯公司）
                        ↓
            毛里求斯公司（66.7%持股蒙牛公司）
                        ↓
                      蒙牛
```

註：①按面值計算占公司股本的比例；
　　②各股東的投票權；
　　③MS Dairy 由摩根士丹利投資，CDH 為鼎暉投資，CIC 為英聯投資。

圖 4-4　蒙牛第一輪引資后的股權構架圖

值得一提的是，首輪註資的引入，還有一份 PE 和蒙牛管理層的協議也隨之產生：如果蒙牛管理層沒有實現維持蒙牛高速增長，開曼公司及其子公司毛里求斯公司帳面上剩餘的大筆投資現金將由投資方完全控制，屆時外資系將擁有蒙牛股份 60.4%（90.6%×66.7%）的絕對控制權。如果蒙牛管理層實現蒙牛的高速增長，一年後，蒙牛系可以將 A 類股按 1 拆 10 的比例轉換為 B 類股。這樣，蒙牛管理層可以實現在開曼群島公司的投票權與股權比例一致。即蒙牛系真正持有開曼群島公司的 51% 的股權。2003 年 8 月，蒙牛管理層提前完成任務；同年 9 月 19 日，金牛公司、銀牛公司將所持有的開曼群島公司 A 類股的 5102 股轉換為 B 類股（51,020 股），持有開曼公司 51% 的股權和投票權。至此，蒙牛系通過自身及開曼群島共持有蒙牛股份的股權為 67.32%〔51%×66.7%+(1-66.7%)〕，外資持有蒙牛股份的股權為 32.68%（49%×66.7%）。

（二）蒙牛公司的第二輪資本運作——二次註資

為了促使三家戰略投資者的二次註資，2003 年 9 月 30 日，開曼群島公司重新劃分

股票類別，以 900 億股普通股和 100 億股可換股證券分別代替已發行的 A 類、B 類股票，每股面值 0.001 美元。金牛、銀牛、MS Dairy、CDH 和 CIC 原持有的 B 類股票對應各自面值轉換為普通股。

2003 年 10 月，三家戰略投資者認購開曼群島公司發行的可換股證券，再次註資 3523 萬美元，認購「蒙牛乳業」發行的 3.67 億可換股證券，約定未來轉股價為 0.74 港元（2004 年 12 月后可轉換 30%，2005 年 6 月可全部轉換）。9 月 18 日，毛里求斯公司以每股 2.1775 元的價格購得蒙牛股份的 80,010,000 股。10 月 20 日，毛里求斯公司再次以 3.038 元的價格購買了 96,000,000 股蒙牛股份，對於蒙牛乳業的持股比例上升至 81.1%。至此，二次註資完成。第二次註資后的股權構架如圖 4-5 所示。

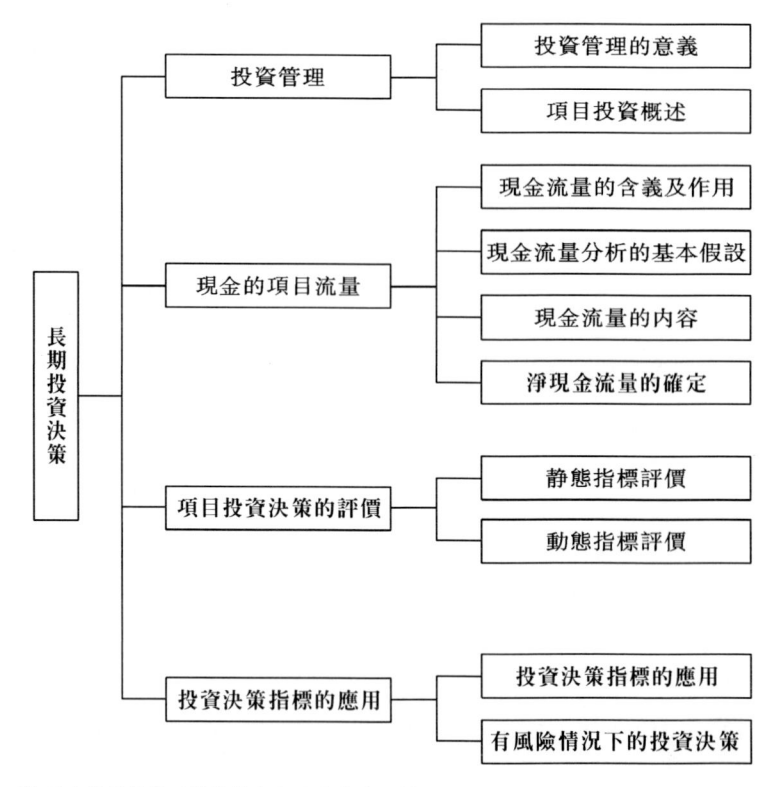

```
                    ┌──────────┬── 投資管理的意義
              投資管理┤
                    └──────────┴── 項目投資概述

                         ┌── 現金流量的含義及作用
                         ├── 現金流量分析的基本假設
              現金的項目流量┤
長期投資決策              ├── 現金流量的內容
                         └── 淨現金流量的確定

              項目投資決策的評價┬── 靜態指標評價
                             └── 動態指標評價

              投資決策指標的應用┬── 投資決策指標的應用
                             └── 有風險情況下的投資決策
```

註：① 圖中數據是按面值計算占公司股本的比例；
　　② MS Dairy 由摩根士丹利投資，CDH 為鼎暉投資，CIC 為英聯投資。

圖 4-5　蒙牛第二輪註資后的股權構架圖

二次增資的最大特點顯然是發行可轉股證券。根據當時的協議，PE 在開曼群島公司股份首次公開售股（IPO）完成后第 180 天以後最多可轉化 30% 的可轉股證券，而 IPO 完成后一年后則可轉化剩餘部分。此次增資方案沒有在發行同期增加公司股本規

模，並且同時暗藏了三大玄機：其一，暫時不攤薄管理層的持股比例，保證管理層的絕對控制與領導；其二，確保公司每股經營業績穩定增長，做好上市前的財務準備；其三，可轉股計劃鎖定了三家風險投資者的成本。

首先，這筆可轉債是以蒙牛海外母公司——毛里求斯公司的全部股權為抵押的，如果股價不盡如人意，那麼此可轉債將維持債券的模式，蒙牛有義務還本付息，這在最大程度上減少了三家機構的投資風險；其次，本金為3523萬美元的票據在蒙牛上市後可轉為3.68億股蒙牛股份，按2004年蒙牛的IPO價格3.925港元計算這部分股票價值達14.4億港元。三家機構取得巨額收益的同時還獲得增持蒙牛股權、控股控制權的機會。此可轉股證券還設有強制贖回及反攤薄條款，可以說是在最大程度上維護了投資者的利益，因此，這種可轉股證券更像是一種延期換股憑證，也從另一個角度反應了PE和蒙牛管理層在博弈過程中的優勢地位。

隨後，牛根生又與三家海外投資商簽署了一份被媒體稱之為「對弈國際投資巨頭，牛根生豪賭7千萬股權」的協議。大致內容是：如果蒙牛股份今後三年的複合增長超過某一數值，三家海外投資商將賠償金牛公司7800萬股的蒙牛乳業股份；否則，金牛公司要向三家海外投資商賠償同樣數量的股份或相當數量的資金。

(三) 蒙牛公司的第三輪資本運作——股改

2004年，蒙牛乳業為上市做了最後的準備。2004年1月15日，牛根生從謝秋旭手中購得18,100,920股蒙牛股份，占蒙牛總股本的8.2%。2004年3月22日，金牛與銀牛擴大法定股本，由5萬股擴至10萬股。同日，金牛與銀牛向原股東發行32,294股和32,184股新股，金牛、銀牛分別推出公司「權益計劃」，「以酬謝金牛、銀牛的管理層人員、非高級管理人員、供應商和其他投資者對蒙牛集團發展做出的貢獻」。

2004年3月23日，「牛氏信託」誕生，牛根生本人以1美元/份的價格買下絕大部分金牛「權益計劃」和全部銀牛「權益計劃」，分別購入5816股、1846股、1054股的蒙牛乳業的股權。這些股份的投票權和絕對財產控制權信託給牛根生本人。至此，牛根生直接控制了蒙牛乳業的6.1%的股權。

(四) 蒙牛公司的第四輪資本運作——上市

2004年6月10日，「蒙牛乳業」(2319. HK) 在中國香港掛牌上市，並創造出一個奇跡：全球公開發售3.5億股（包括通過中國香港公開發售3500萬股以及通過國際發售的3.15億股），公眾超額認購達206倍，股票發行價高達3.925港元，全面攤薄市盈率19倍，IPO融資近13.74億港元。

摩根士丹利稱：「蒙牛首次公開發行創造了2004年第二季度以來，全球發行最高的散戶投資者和機構投資者超額認購率。」事實上，2005年4月7日，蒙牛乳業宣布，由於公司表現超出預期，3名外資股東已向金牛公司提出以無償轉讓一批價值約為598.8萬美元的可轉股證券作為交換條件，提前終止「千萬豪賭」的協議。這則報導應該可

以解讀為三家海外投資商已經承認了失敗。牛根生先後兩次與國際資本進行博弈，最終大獲全勝。

資料來源：李彤. 風投的價值［J］. 中國商業評論，2005（1）.

討論：
1. 蒙牛為什麼選擇了外資 PE 方式？
2. 蒙牛是否被賤賣？
3. 為何本土難有這樣的 PE 投資？
4. 蒙牛為何選擇在中國香港上市？

本章小結

　　資本成本是企業籌集和使用資本所承付的代價。它包括籌資費用和用資費用。資本成本率有個別資本成本率、綜合資本成本率和邊際資本成本率之分。需要運用相應的方法分別予以測算。

　　資本成本對於企業財務管理具有重要作用。它是企業籌資管理的主要依據，也是企業投資管理的重要標準，亦可作為評價企業經營業績的經濟標準。

　　槓桿利益與風險是企業資本結構決策的一個基本因素。它包括經營槓桿利益與風險、財務槓桿利益與風險和總槓桿利益與風險，分別以經營槓桿系數、財務槓桿系數和總槓桿系數來衡量。

　　資本結構理論是關於公司資本結構、公司綜合資本成本率與公司價值三者之間的關係的理論。從資本結構理論與實踐的發展考察，主要有早期資本結構理論、MM 資本結構理論和新的資本結構理論。

　　資本結構是企業各種資本的價值構成及其比例關係。它有廣義和狹義之分。通常所說的資本結構是指狹義的資本結構，即企業各種長期資本價值的構成及其比例關係。資本結構的決定因素很多，主要有企業財務管理的目標、投資者的動機、債權人的態度、經營者的行為、企業的財務狀況及發展能力、政府的稅收政策、資本結構的行業差別等。

　　最佳資本結構是在適度財務風險的條件下，使預期綜合資本成本最低，達到預期利潤或價值最大的資本結構。它作為企業的目標資本結構，可採用資本成本比較法、每股利潤分析法和公司價值比較法來測算。

知識拓展

中西方對資本成本的不同理解

　　在中國理財學中，資本成本可能是理解最為混亂的一個概念。人們對它的理解往往是基於表面上的觀察。比如，許多人覺得借款利率是資本成本的典型代表，為數不少的上市公司由於可以不分派現金股利而以為股權資本是沒有資本成本的。在大多數的理財學教材中，關於資本成本最常見的定義是：資本成本是指企業為籌集和使用資金而付出的代價，包括資金籌集費用和資金占用費用兩部分。

　　出現這種情況是因為，中國的財務管理理論是從蘇聯引進的，因此按照蘇聯的做法，將財務作為國民經濟各部門中客觀存在的貨幣關係包括在財政體系之中。雖然其后的學科發展打破了蘇聯的財務理論框架，但財務一直是在大財政格局下的一個附屬學科。學術界普遍認為，財務管理分為宏觀財務和微觀財務兩個層次，並把微觀財務納入宏觀財務體系，以財政職能代替財務職能。在這種學科背景下，企業籌措資金時只考慮資金籌集和使用成本，沒有市場成本意識和出資者回報意識，從而得出與西方理論界迥異的資本成本概念。

　　現代財務管理思想來自西方微觀經濟學，財務管理與公共財政完全分離，是一種實效性的企業財務，即西方的財務概念都是指企業財務。財務管理以資本管理為中心，以經濟求利原則為基礎，著重研究企業管理當局如何進行財務決策、怎樣使企業價值最大化。在這種市場化背景下，股東的最低回報率即資本成本就成為應有之義了。西方理財學界對資本成本的定義為：資本成本是企業為了維持其市場價值和吸引所需資金而在進行項目投資時所必須達到的報酬率，或者是企業為了使其股票價格保持不變而必須獲得的投資報酬率。可以說，對資本成本的理解偏差是中國理財學發展不成熟的一個重要表現。

資料來源：中華會計網 http://www.canet.com.cn.

即問即答

即問：
1. 什麼是資本成本？
2. 什麼是資本成本率？
3. 什麼是經營槓桿？
4. 什麼是資本結構？

即答：
1. 資本成本是指企業籌集和使用資本而承付的代價。
2. 資本成本率包括：①個別資本成本率；②綜合資本成本率；③邊際資本成本率。
3. 經營槓桿是指企業在經營活動中對營業成本中固定成本的利用。
4. 資本結構是指企業各種資本的價值構成及其比例關係。

實戰訓練

1. 試分析資本成本中籌資費用和用資費用的不同特性。
2. 試說明測算綜合資本成本率中三種權數的影響。
3. 試說明營業槓桿的基本原理和營業槓桿系數的測算方法。
4. 試說明財務槓桿的基本原理和財務槓桿系數的測算方法。
5. 試說明聯合槓桿的基本原理和聯合槓桿系數的測算方法。
6. 試對企業資本結構的決策因素進行定性分析。
7. 試說明每股利潤分析法的基本原理和決策標準。
8. 試說明公司價值比較法的基本原理和決策標準。
9. 公司發行總價值為1000萬元的優先股，股息率約定為6%，發行費用率為1%；同時，發行普通股總價值為20,000萬元，籌資費用率為3%，預期第一年紅利率為5%，以后每年增2%。請計算優先股資本成本和普通股資本成本各為多少？股權籌資的加權平均資本成本為多少？
10. 公司為改造一條生產線向銀行借入5年期借款800萬元，借款年利率為8%，利息每年支付一次，到期還本，籌資費用率為0.3%；同時發行5年期公司債券面值為2000萬元，債券票面年利率為9%，採取溢價發行，實際發行額為2200萬元，籌資費用率為債券實際發行額的2%；公司適用的所得稅稅率為33%。請計算長期借款的資本成本水平和長期債券資本成本水平各為多少？這條生產線改造后的最低報酬率應達到多少？
11. 公司全部資本為8000萬元，其中，債務資本比率為50%，債務利率為7%，公司息稅前利潤額為980萬元。請計算公司的財務槓桿系數為多少？
12. 某企業擬追加籌資2500萬元。其中：發行債券1000萬元，籌資費率為3%，債券年利率為5%，期限為兩年，每年付息，到期還本，所得稅稅率為20%；優先股500萬元，籌資費率為3%，年股息為7%；普通股1000萬元，籌資費率為4%，每一年預期股利為100萬元，以后每年增長4%。試計算該籌資方案的綜合資本成本。
13. 某公司擁有總資產2500萬元，債務資金與權益資金的比例為4∶6，債務資金

的平均利率為8%，權益資金中有200萬元的優先股，優先股股利率為6.7%，公司發行在外的普通股為335萬股。2013年公司發生固定成本總額300萬元，實現淨利潤348.4萬元，公司的所得稅稅率為25%。

計算：①普通股每股收益；②息稅前利潤；③財務槓桿系數；④營業槓桿系數；⑤總槓桿系數。

14. 某公司目前擁有資金500萬元。其中：普通股250萬元，每股價格10元；債券150萬元，年利率為8%；優先股100萬元，年股利率為15%。所得稅稅率為25%。該公司準備追加籌資500萬元，有下列兩種方案可供選擇：A方案，發行債券500萬元，年利率為10%；B方案，發行股票500萬元，每股發行價格20元。

要求：

(1) 計算A方案的下列指標：①增發普通股的股份數；②公司的全年債券利息。
(2) 計算B方案下公司的全年債券利息。
(3) 計算A、B兩個方案的每股收益無差別點。
(4) 為該公司做出籌資決策。

詞彙對照

資本成本	The cost of capital	槓桿原理	Lever principle
資本結構	The capital structure	經營槓桿	Degree of operating leverage
財務槓桿	Degree of financial leverage	經營風險	Operating risk
複合槓桿	Degree of combined leverage		
息稅前利息	Earnings before interest and taxes		

5　投資管理

教學目標

1. 瞭解項目投資的概念、特點、分類、計算和程序等基本內容；
2. 熟悉項目投資決策評價指標的含義和典型項目投資決策的方法；
3. 掌握項目投資現金流量的估算方法。
4. 掌握項目投資決策評價指標的種類和計算方法並能熟練地應用。

內容結構

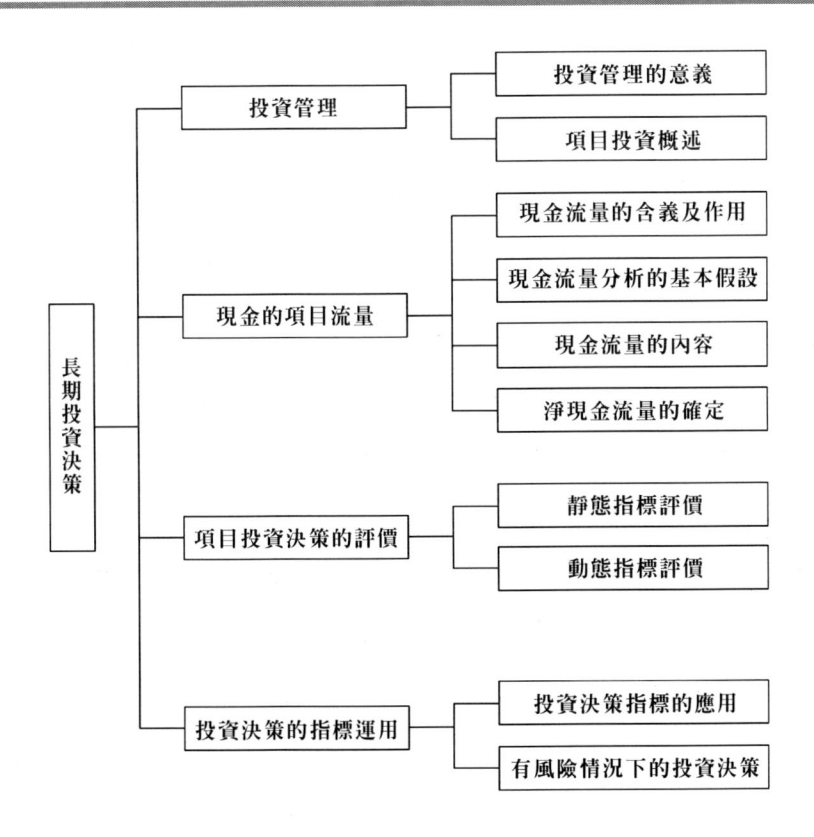

```
                    ┌─ 投資管理 ──┬─ 投資管理的意義
                    │            └─ 項目投資概述
                    │
                    │            ┌─ 現金流量的含義及作用
                    ├─ 現金的項目流量 ─┼─ 現金流量分析的基本假設
  長期投資決策 ─────┤            ├─ 現金流量的內容
                    │            └─ 淨現金流量的確定
                    │
                    ├─ 項目投資決策的評價 ─┬─ 靜態指標評價
                    │                    └─ 動態指標評價
                    │
                    └─ 投資決策的指標運用 ─┬─ 投資決策指標的應用
                                          └─ 有風險情況下的投資決策
```

範例引述

福州長樂國際機場的項目投資

　　福州長樂國際機場是20世紀90年代初以福建省、福州市兩級政府為主要投資方新建的大型基建項目。長樂國際機場與福州區相距50千米（車程需要60分鐘以上），1997年正式通航，是當時國內已建成的最大的現代化大型國際機場，占地面積1萬多畝。飛行區等級達到民航最高等級4E級，能起降目前世界上最大的波音747-400型飛機，滿足直飛東南亞、北美等地區遠距離航程的要求。

　　2002年，審計署審計長李金華向媒體宣稱：「長樂國際機場由於建設規模過度超前，目前遊客量和貨郵量只達到設計規模的1/3左右，航站樓和機場生活區大量閒置，營運4年半累計虧損達11億元。」

長樂國際機場的建設，從選址到通航，從虧損到重組，在當地一直都是個相當敏感的話題。機場的規劃設計原由中國民航設計院負責，最后確定由新加坡雅思柏機場設計公司負責。設計方案遠遠超出了國家批准的指標，航站樓原為 8 萬平方米，實建 13 萬平方米。原計劃投資 17 億元，后增加到 27 億元，加上銀行利息就達 32.28 億元。燈光、聯絡系統等進口設備的標準、數量也一再突破。從德國進口的十幾個登機橋才用了七八個，剩下的都放在倉庫中。

機場在 1992 年正式立項時，省、市兩級政府籌資 4 億元左右，至 1997 年工程竣工得到了銀行貸款及發放債券等總計 23.5 億元。機場通航之後，客運量不足的現狀突出。為此，省、市兩級政府又決定專門建設一條高速公路，全長 21 千米、投資約 12 億元，后因資金缺口被叫停。機場營運后，沉重的銀行貸款把它拖進了債務的海洋，債務積重難返，虧損越來越大。投資項目暴露出種種問題，作為省、市兩級的決策者難辭其咎，長樂國際機場被戲稱為「政府的業績工程」。

1998 年，朱鎔基在福建視察時曾講道：「福建沒必要在長樂建國際機場。廈門有機場了，一個省何必搞兩個國際機場呢？這樣會有客源嗎？發達國家建機場也沒有這麼密集。法蘭克福有了國際機場，波恩就不建了，有高速公路就行了嘛。」

長樂國際機場的問題引起了北京高層的關注，2002 年 11 月下旬，國務院有關領導指示國家計委、審計署成立聯合調查組對長樂國際機場項目進行了為期兩個月的審計。

審計人員在對已經進口的貨庫集裝區設備的去向進行追查時發現，長樂國際機場在營運后效益差的情況下，不僅未及時處置設備，仍盲目決策投資近 3000 萬元建設貨庫，進一步加大了項目虧損。

審計組最終全面清查了福州長樂國際機場虧損的直接原因：一是項目決策不科學，可行性研究中市場預期論證不充分，基礎數據採集不科學，預測結果過於樂觀；二是項目建設規模過度超前，大量舉債加大營運成本；三是項目建設管理比較混亂，未嚴格執行基建程序，資金損失和資產閒置浪費；四是機構營運後體制不順，管理不到位，業務經營不理想等。

2002 年 11 月國家審計署對其重點審計之后，把它作為國內重點建設項目的負面典型，定性為「決策失誤造成重大國有資產損失」。

思考題：

1. 福建長樂機場為什麼會投資失敗？
2. 通過案例告訴我們，在投資時應注意哪些事項？
3. 投資的程序是什麼？

資料來源：鐘岷源. 福州長樂機場決策失誤調查 [J]. 南風窗，2004（1）.

本章導言

本章就長期投資決策的基本概念、特點以及意義做了全面的概括與總結。所謂長期投資決策即指擬定長期投資方案，用科學的方法對長期投資方案進行分析、評價、選擇最佳長期投資方案的過程。長期投資決策是涉及企業生產經營全面性和戰略性問題的決策，其最終目的是為了提高企業總體經營能力和獲利能力。因此，長期投資決策的正確進行，有助於企業生產經營長遠規劃的實現。

理論概念

5.1 投資管理

5.1.1 投資管理概述

5.1.1.1 投資的概念

投資（Investment）是指特定經濟主體（包括國家、企業和個人）為了在未來可預見的時期內獲得收益或使資金增值，在一定時期向一定領域的標的物投放足夠數額的資金或實物等貨幣等價物的經濟行為。從特定企業角度看，投資就是企業為獲取收益而向一定對象投放資金的行為。

5.1.1.2 投資的種類

按照不同的標準進行分類，投資有不同的內容，具體如表 5-1 所示。本章主要講述項目投資的相關內容。

表 5-1　　　　　　　　　　投資的種類

分類標準	內容	含義
按投資方向分類	對內投資	又稱項目投資，把資本企業放在企業內部，以購置生產經營用資產，獲取自己經營利潤的投資。
	對外投資	以貨幣、財產物資、無形資產或購買股票、債券的形式向外單位投資。
按與生產經營的關係分類	直接投資	將資本投放於生產經營性資產（開廠、設點），以獲取經營利潤為目的的投資。
	間接投資	將資本投放於證券等金融資產，以獲取股利或利息為目的的投資。
按投入的領域不同分類	生產性投資	將資金投向物質生產領域。
	非生產性投資	將資金投向非物質生產領域。

表5-1(續)

分類標準	內容	含義
按決策角度分類	獨立方案投資	只有一個方案,是否投資該項目的決策。
	互斥方案投資	在兩個以上方案中,只能選擇其中一個方案的投資決策。
按回收期間分類	短期投資	又稱流動資產投資,是指在一年內能收回的投資,主要指對貨幣資金、應收帳款、存貨、短期有價證券的投資。
	長期投資	是指一年以上才能收回的投資,主要指對廠房、機器設備等固定資產的投資,也包括對無形資產和長期有價證券的投資。
按投資的風險程度分類	確定性投資	投資風險很小,投資的收益可以比較準確地預測的投資。
	風險性投資	投資風險較大,投資的收益很難準確地預測的投資。

5.1.1.3 投資管理的意義

投資風險是指企業在投資活動中,由於各種難以預計或無法控製的因素使投資收益率達到預期目標而產生的風險。

不同的投資項目,對企業價值和財務風險的影響程度也不同。如果投資決策不科學、投資所形成的資產結構不合理,那麼投資項目往往不能達到預期效益,影響企業的盈利水平和償債能力,從而產生財務風險。巨額固定資產和無形資產投資帶來的風險尤其突出,興盛一時的巨人集團、河南紅高粱快餐連鎖就是因為這類投資風險失控而走向衰敗的。

5.1.2 項目投資概述

5.1.2.1 項目投資的概念及分類

項目投資(Project Investment)是一種以特定項目為對象,直接與新建項目或更新改造項目有關的長期投資行為,主要包括新建項目和更新改造項目。

(1) 新建項目

新建項目是指以新建生產能力為目的的外延式擴大再生產。新建項目按涉及內容細分為單純固定資產投資項目和完整工業投資項目。

①單純固定資產投資項目(簡稱固定資產投資)。其特點在於:在投資中只包括為取得固定資產而發生的墊支資本投入,而不涉及週轉資本的投入。

②完整工業投資項目。其特點在於:在投資中不僅包括固定資產投資,而且涉及流動資金投資,甚至包括無形資產等其他長期投資決策。

(2) 更新改造項目

更新改造項目是指以恢復或改善生產能力為目的的內涵擴大再生產。

項目投資的種類如圖5-1所示。

```
                          ┌─── 單純固定資產投資項目
              ┌── 新建項目 ─┤
  項目投資 ───┤             └─── 完整工業投資項目
              └── 更新改造項目
```

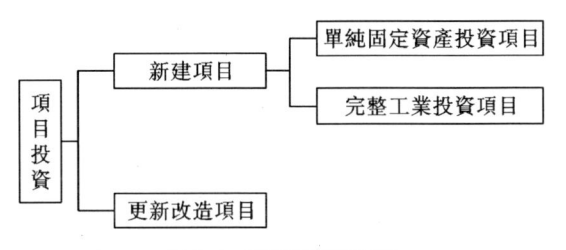

圖 5-1　項目投資的種類

因此，不能將項目投資簡單地等同於固定資產投資。項目投資對企業的生產和發展具有重要意義。項目投資是企業開展正常生產經營活動的必要前提，是推動企業生產和發展的重要基礎，是提高產品質量、降低產品成本不可缺少的條件，是增加企業市場競爭能力的重要手段。

5.1.2.2　項目投資的內容

項目總資產包括原始投資和建設期資本化利息，是反應項目投資總體規模的價值指標。原始投資（又稱初始投資）等於企業為使該項目完全達到設計生產能力、開展正常經營而投入的全部現實資金，包括建設投資和流動資產投資兩項內容。建設投資是指在建設期內按一定生產經營規模和建設內容進行的投資，具體包括固定資產投資、無形資產投資和其他資產投資三項內容。項目總投資的內容如圖 5-2 所示。

```
                                      ┌── 固定資產投資
                    ┌── 建設投資 ──┤── 無形資產投資
                   │                  └── 其他資產投資
  項目總投資 ──── 原始投資 ──┤
                   │                  指項目投產前後分
                   └── 流動資產投資 ── 次或一次投放於流
                                      動資產項目的投資
                                      增加額，又稱墊支
                                      流動資金或營運資
                                      金的投資
              └── 建設期資本化利息
```

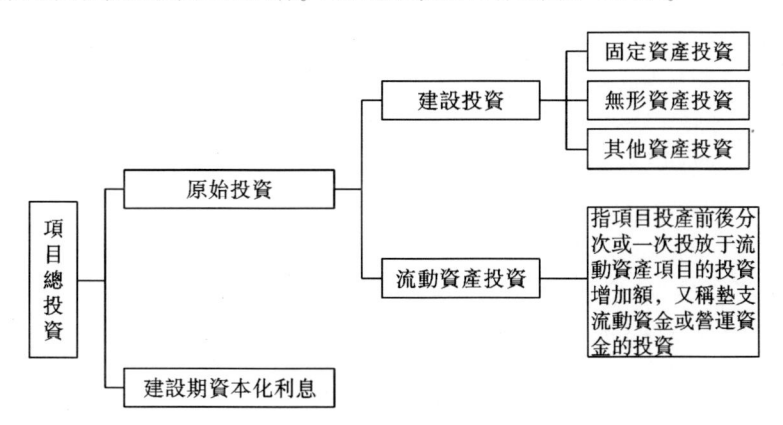

圖 5-2　項目總投資的內容

【例 5-1】A 企業擬新建一條生產線項目，建設期為 2 年，營運期為 15 年，全部建設投資分別安排在建設起點、建設期第二年年初和建設期末分三次投入，投資額分別為 160 萬元、300 萬元和 100 萬元；全部流動資金投資安排在建設期末和投產後第一年年末分兩次投入，投資額分別為 20 萬元和 5 萬元。根據項目籌資方案的安排，建設期資本化借款利息為 40 萬元。

要求：分別計算建設投資、流動資金投資、原始投資和項目總投資金額。

（1）建設投資合計＝160+300+100＝560（萬元）

（2）流動資金投資合計＝20+5＝25（萬元）

（3）原始投資＝560+25＝585（萬元）

（4）項目總投資＝585+40＝625（萬元）

5.1.2.3 項目投資的特點

（1）影響期限長

固定資產一般使用時間較長，能在非常長的時間內多次參加企業的生產經營活動，但仍保持物質形態。固定資產的投資決策一旦做出，將在很長時間內影響到企業的經營成果和財務狀況。

（2）變現能力差

固定資產主要是一些廠房和設備等，往往是該企業從事經營活動的必要勞動資料和勞動工具，特別是設備類換到其他企業不一定能適用。因此，一旦投資決策完成，要想改變用途或出售是比較困難的。

（3）次數少、金額大

與流動資產相比，固定資產投資並不經常發生，一般要間隔幾年才投資一次，但每次投資的金額都比較大。

（4）投資風險高

在對投資機會做決策時，企業假定投資是在既定的狀況下進行。然而市場狀況瞬息萬變，企業稍有不慎就有可能達不到預期的效果，投資風險高。

5.1.2.4 項目投資的程序

由於項目投資具有很大的風險，一旦決策失誤，會嚴重影響公司的財務狀況和現金流量，甚至導致公司破產，因此，公司決策者必須在認真調查的基礎上，依照特定的程序，運用科學的方法，對每一項投資做出可行性分析，以確保投資決策的正確性和合理性。

項目投資的程序如圖5-3所示。

5.1.2.5 項目投資資金的投入方式

項目投資資金的投入方式有一次投入和分次投入兩種形式。一次投入方式是指投資行為集中一次發生在項目計算期第一年度的年初或年末；如果投資行為涉及兩個或兩個以上年度，或雖然只涉及一個年度但同時在該年的年初和年末發生，則屬於分次投入方式。

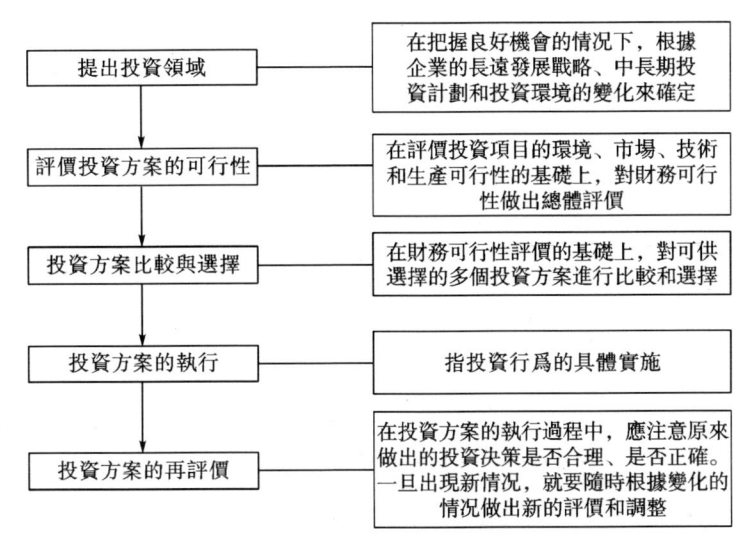

```
┌─────────────┐      ┌──────────────────────────────┐
│ 提出投資領域 ├─────▶│ 在把握良好機會的情況下,根據     │
└──────┬──────┘      │ 企業的長遠發展戰略、中長期投    │
       │             │ 資計劃和投資環境的變化來確定   │
       ▼             └──────────────────────────────┘
┌──────────────────┐  ┌──────────────────────────────┐
│ 評價投資方案的可行性├─▶│ 在評價投資項目的環境、市場、技術│
└────────┬─────────┘  │ 和生產可行性的基礎上,對財務可行│
         │            │ 性做出總體評價                │
         ▼            └──────────────────────────────┘
┌──────────────────┐  ┌──────────────────────────────┐
│ 投資方案比較與選擇 ├─▶│ 在財務可行性評價的基礎上,對可供│
└────────┬─────────┘  │ 選擇的多個投資方案進行比較和選擇│
         ▼            └──────────────────────────────┘
┌──────────────────┐  ┌──────────────────────────────┐
│ 投資方案的執行    ├─▶│ 指投資行為的具體實施          │
└────────┬─────────┘  └──────────────────────────────┘
         ▼            ┌──────────────────────────────┐
┌──────────────────┐  │ 在投資方案的執行過程中,應注意原來│
│ 投資方案的再評價  ├─▶│ 做出的投資決策是否合理、是否正確。│
└──────────────────┘  │ 一旦出現新情況,就要隨時根據變化的│
                      │ 情況做出新的評價和調整         │
                      └──────────────────────────────┘
```

圖 5-3　項目投資的程序

5.1.2.6 項目計算期的構成

項目計算期是指投資項目從投資建設開始到最終清理介紹整個過程的全部時間,包括建設期和營運期。用公式表示為:

項目計算期(n) = 建設期(s) + 營運期(p)

(1) 建設期(記為 s,s≥0)。建設期是指項目資金從正式投入(建設起點)開始到項目建成投產(投產日)為止所需要的時間。

(2) 營運期(記為 p)。營運期是指從投產日到終結點之間的時間間隔,包括試產期和達產期。

項目計算期的構成示意圖,如圖 5-4 所示。

```
                    ┌─ 建設期(記為s,s≥0):項目資金從正式投入
                    │  (建設起點)開始到項目建成投產(投產日)
┌──────────┐       │  為止所需要的時間
│ 項目計算期├───────┤
└──────────┘       │
                    └─ 運營期(記為p)從投產日到終結點之
                       間的時間間隔,包括試產期和達產期
```

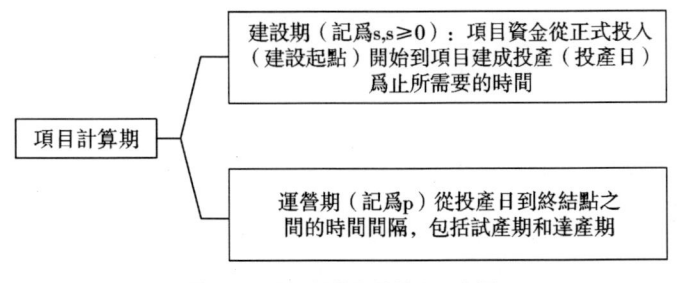

圖 5-4　項目計算期的構成示意圖

【例 5-2】A 企業擬投資新建一個項目,在建設起點開始投資,歷經兩年後投產,試產期為 1 年,主要固定資產的預期使用壽命為 15 年。

要求:分別計算該項目的建設期、營運期、達產期、項目計算期。

（1）建設期＝2年

（2）營運期＝15年

（3）達產期＝15-1＝14（年）

（4）項目計算期＝2+15＝17（年）

5.2 項目的現金流量

5.2.1 現金流量的含義及作用

現金流量（Cash Flow）是指投資項目在整個期間（包括建設期和營運期）內所產生的現金流入和現金流出的總稱。這裡的「現金」是廣義的，包括各種貨幣資金以及項目需要投入企業所擁有的非貨幣資源的變現價值。

財務管理中以現金流量作為項目投資的重要價值信息，主要出於以下考慮：

（1）現金流量信息所揭示的未來期間現實貨幣資金收支，可以隨時動態地反應項目投資的流向與收回之間的投入產出關係，使決策者處於投資主體的立場上，便於更完整、準確、全面地評價具體投資項目的經濟效益。

（2）利用現金流量指標代替利潤指標作為反應項目效益的信息，可以擺脫在貫徹財務會計的權責發生制時必然面臨的困境。

（3）利用現金流量信息，排除了非現金收付內部週轉的資本運動形式，從而簡化了有關投資決策評價指標的計算過程。

（4）由於現金流量信息與項目計算期的各個時點密切結合，有助於在計算投資決策評價指標時，應用資金時間價值的形式進行動態投資效果的綜合評價。

5.2.2 現金流量分析的基本假設

確定項目的現金流量是在收付實現制的基礎上，預計並反應現實貨幣資本在項目計算期內未來各年中的收支情況。但是確定現金流量存在一定的困難，如相關因素的不確定性。因此，有必要做出相關的基本假設，具體內容如表5-2所示。

表5-2　　　　　　　　現金流量分析的基本假設

基本假設	含義
財務可行性假設	假設項目已經具備國民經濟可行性和技術可行性，確定現金流量就是為了進行項目的財務可行性研究。
項目投資類型假設	假設投資項目只包括單純固定資產投資項目、完整工業投資項目和更新改造投資項目。
全投資假設	假定在確定投資項目的現金流量時，只考慮全部投資的運動情況，而不具體區分自有資金和借入資金等具體形式的現金流量，即使實際存在借入資金也將其作為自有資金看待。

表5-2(續)

基本假設	含義
時點指標假設	建設投資在建設期內有關年度的年初或年末發生，流動資金投資在期初發生，經營期內各年的收入、成本、折舊、攤銷、利潤、稅金等項目的確認均在年末發生，項目最終報廢或清理均發生在終結點，但更新改造項目除外。
建設期與營運期不重疊假設	假設先投資建設，后營運，兩者不同時進行。
經營期與折舊年限一致假設	折舊年限與經營年限相同。
確定性假設	假設與項目現金流量有關的價格、產銷量、成本水平、所得稅等因素均為已知常數。

5.2.3 現金流量的內容

在進行項目投資決策時，首要環節就是估計投資項目的預算現金流量。現金流量按流向可以分為現金流入量和現金流出量。

5.2.3.1 現金流入量

現金流入量是指投資項目實施後在項目計算期內所引起的企業現金流入的增加額，簡稱現金流入，包括：

（1）營業收入

營業收入是指項目投產后每年實現的全部營業收入。為簡化核算，假定正常經營年度內，每期發生的賒銷額與回收的應收帳款大致相等。營業收入是營運期主要的現金流入量項目。

（2）固定資產的余值

固定資產的余值是指投資項目的固定資產在終結報廢清理時的殘值收入，或中途轉讓時的變價收入。

（3）回收流動資金

回收流動資金是指投資項目在項目計算期結束時，收回原來投放在各種流動資產上的營運資金。

固定資產的余值和回收流動資金統稱為回收額。

（4）其他現金流入量

其他現金流入量是指以上三項指標以外的現金流入量項目。

5.2.3.2 現金流出量

現金流出量是指投資項目實施后，在項目計算期內所引起的企業現金流出的增加額，簡稱現金流出，包括：

（1）建設投資（含更新改造投資）

建設投資是指在建設期內按一定生產經營規模和建設內容進行的投資，包括固定資

產投資、無形資產投資和其他資產投資三項內容。建設投資是建設期發生的主要現金流出量。

(2) 墊支的流動資金

墊支的流動資金是指投資項目建成投產后為開展正常經營活動而投放在流動資產（存貨、應收帳款等）上的營運資金。

(3) 付現成本（或經營成本）

付現成本（Outlay Cost）是指在經營期內為滿足正常生產經營而需用現金支付的成本，它是生產經營期內最主要的現金流出量。其計算公式為：

付現成本 = 變動成本 + 付現固定成本
　　　　 = 總成本 - 折舊額(及攤銷額)

(4) 所得稅稅額

所得稅稅額是指投資項目建設投產后因應納稅所得額增加而增加的所得稅。

(5) 其他現金流出量

其他現金流出量是指不包括在以上內容中的現金流出項目。

5.2.4 淨現金流量的確定

5.2.4.1 淨現金流量概述

淨現金流量（Net Cash Flow，NCF）是指在項目計算期內每年現金流入量與同年現金流出量之間的差額所形成的序列指標。一定期間的現金流入量大於現金流出量時，淨現金流量為正值；反之，淨現金流量為負值。無論在營運期還是建設期內都存在淨現金流量；建設期內的淨現金流量一般小於或等於零，營運期內的淨現金流量則多為正值。淨現金流量用公式表示如下：

淨現金流量 = 現金流入量 - 現金流出量

$NCF_t = CI_t - CO_t$　　$(t = 0, 1, 2, \cdots, n)$

式中：NCF_t 表示第 t 年的淨現金流量；CI_t 表示第 t 年的現金流入量；CO_t 表示第 t 年的現金流出量。

5.2.4.2 淨現金流量分階段的計算

由於一個項目從準備投資到投資結束，經歷了項目籌備和建設期、生產經營期及項目終止期三個階段，因此投資項目淨現金流量包括建設期淨現金流量、營運期淨現金流量和項目終結點淨現金流量。

(1) 建設期淨現金流量

建設期淨現金流量是指開始投資時發生的現金淨流量，包括固定資產投資、無形資產投資和其他資產投資等建設投資、流動資產投資和原有固定資產的變價收入。建設期淨現金流量，一般為現金流出量，用負數表示。其計算公式為：

建設期淨現金流量= –該年發生的投資額

（2） 營運期淨現金流量

營運期淨現金流量是指投資項目完成後，在整個壽命期內正常生產經營過程中的淨現金流量。根據是否考慮企業所得稅，可以分為營運期稅前淨現金流量和營運期稅後淨現金流量。

①營運期稅前淨現金流量的計算公式為：

營運期稅前淨現金流量＝營業收入 – 付現成本
　　　　　　　　　　＝營業收入 –（總成本 – 折舊）
　　　　　　　　　　＝稅前利潤 + 折舊

②營運期稅後淨現金流量的計算公式為：

營運期稅後淨現金流量＝營業收入 – 付現成本 – 所得稅
　　　　　　　　　　＝營業收入 –（總成本 – 折舊）– 所得稅
　　　　　　　　　　＝稅後利潤 + 折舊

或　營運期稅後淨現金流量
　　＝營業收入 – 付現成本 – 所得稅
　　＝營業收入 – 付現成本 –（營業收入 – 付現成本 – 折舊）× 所得稅稅率
　　＝營業收入 ×（1 – 所得稅稅率）– 付現成本 ×（1 – 所得稅稅率）+ 折舊 × 所得稅稅率

（3） 終結點淨現金流量

終結點淨現金流量是指項目經濟壽命終結時發生的現金淨流量，包括固定資產變價收入或者處置支出、原墊支的淨流動資金回收額。根據是否考慮企業所得稅，可以分為終結點稅前淨現金流量和終結點稅後淨現金流量。

①終結點稅前淨現金流量的計算公式為：

終結點稅前淨現金流量＝營業收入 – 付現成本 + 回收額
　　　　　　　　　　＝稅前利潤 + 折舊 + 回收墊支流動資金 + 回收固定資產殘值

②終結點稅後淨現金流量的計算公式為：

終結點稅後淨現金流量＝營業收入 – 付現成本 + 回收額
　　　　　　　　　　＝淨利潤 + 折舊 + 回收墊支流動資金 + 回收固定資產殘值

現金流量分析中應注意的問題。在確定項目投資的現金流量時，應遵循的基本原則是：只有增量現金流量才是與投資項目相關的現金流量。所謂增量現金流量是指由接受或放棄某個投資項目所引起的現金變動部分。由於採納某個投資方案引起的現金流入量增加額，才是該方案的現金流入；同理，某個投資方案引起的現金流出增加額，才是該方案的現金流出。為了正確計算投資項目的增量現金流量，要注意以下幾個問題：

（1） 沉沒成本。沉沒成本是過去發生的支出，而不是新增成本。這一成本是由於過去的決策所引起的，對企業當前的投資決策不產生任何影響。

（2）機會成本。在投資決策中，如果選擇了某一投資項目，就會放棄其他投資項目，其他投資機會可能取得的收益就是本項目的機會成本。它不是實際發生的支出或費用，而是一種潛在的放棄的收益。在投資決策過程中考慮機會成本，有利於全面分析所面臨的各個投資機會，以便選擇經濟上最為有利的投資項目。

（3）公司其他部分的影響。一個項目建成后，該項目會對公司的其他部門和產品產生影響，這些影響所引起的現金流量變化應計入項目現金流量。

（4）對淨營運資金的影響。一個新項目投產后，存貨和應收帳款等流動資產的需求隨之增加，同時應付帳款等流動負債也會增加。這些與項目相關的新增流動資產與流動負債的差額即淨營運資金應計入項目現金流量。

【例5-3】A企業擬建一條生產線項目，建設期為2年，營運期為15年，全部建設投資分別安排在建設起點和建設期末分兩次等額投入，共投資200萬元，全部流動資金投資安排在建設期末投入，投資額為10萬元。投產后每年的稅前利潤為100萬元。固定資產殘值收入20萬元，所得稅稅率為25%。

要求：計算該項目投資各年所得稅前淨現金流量和所得稅后淨現金流量。

項目計算期＝建設期＋營運期＝2＋15＝17（年）

固定資產原值＝200萬元

年折舊＝（200-20）/15＝12（萬元）

各年所得稅前淨現金流量：

NCF_0＝-建設投資＝-100萬元

NCF_1＝0萬元

NCF_2＝-（建設投資＋流動資金投資）＝-100-10＝-110（萬元）

NCF_{3-11}＝稅前利潤＋折舊＝100＋12＝112（萬元）

NCF_{12}＝稅前利潤＋折舊＋回收墊支流動資金＋回收固定資產殘值

　　　＝100＋12＋10＋20

　　　＝142（萬元）

各年所得稅后淨現金流量：

NCF_0＝-建設投資＝-100萬元

NCF_1＝0萬元

NCF_2＝-（建設投資＋流動資金投資）＝-100-10＝-110（萬元）

NCF_{3-11}＝稅后利潤＋折舊＝100×（1-25%）＋12＝87（萬元）

NCF_{12}＝稅后利潤＋折舊＋回收墊支流動資金＋回收固定資產殘值

　　　＝100×（1-25%）＋12＋10＋20

　　　＝117（萬元）

【例5-4】A公司因擴大生產需要，準備購入一臺設備，有甲、乙兩種方案可以選擇。甲方案需投資500萬元，使用壽命5年，採用直線折舊法，5年後無殘值。五年中，每年的銷售收入為300萬元，每年付現成本為160萬元。乙方案需投資600萬元採用直線折舊使用壽命5年，五年後殘值收入100萬元。五年中每年銷售收入400萬元，付現成本第一年為150萬元，以後隨著設備陳舊，將逐年增加修理費35萬元，另需墊付營運資金200萬元。假設所得稅稅率為25%，試計算這兩種方案的現金流量。

表5-3　　　　　　　　　　投資項目現金淨流量計算表　　　　　　　　單位：萬元

年度	第1年	第2年	第3年	第4年	第5年
甲方案					
銷售收入①	300	300	300	300	300
付現成本②	160	160	160	160	160
折舊③	100	100	100	100	100
稅前利潤④=①-②-③	40	40	40	40	40
所得稅⑤=④×25%	10	10	10	10	10
稅後利潤⑥=④-⑤	30	30	30	30	30
經營現金淨流量⑦=⑥+③=①-②-⑤	130	130	130	130	130
乙方案					
銷售收入①	400	400	400	400	400
付現成本②	150	185	220	255	290
折舊③	100	100	100	100	100
稅前利潤④=①-②-③	150	115	80	45	10
所得稅⑤=④×25%	37.5	28.75	20	11.25	2.5
稅後利潤⑥=④-⑤	112.5	86.25	60	33.75	7.5
經營現金淨流量⑦=⑥+③=①-②-⑤	212.5	186.25	160	133.75	107.5

表5-4　　　　　　　　　投資項目全部現金淨流量計算表　　　　　　　單位：萬元

年度	第0年	第1年	第2年	第3年	第4年	第5年
甲方案						
固定資產投資	−500					
經營現金淨流量		130	130	130	130	130
現金淨流量合計	−500	130	130	130	130	130
乙方案						
固定資產投資	−600					
營運資金墊支	−200					
經營現金淨流量		212.5	186.25	160	133.75	107.5

表5-4(續)

年度	第0年	第1年	第2年	第3年	第4年	第5年
固定資產殘值						100
營運資金回收						200
現金淨流量合計	-800	212.5	186.25	160	133.75	407.5

【例5-5】A公司擬更新一套尚可使用5年的舊設備。舊設備原價90萬元，帳面淨值50萬元，期滿殘值5萬元，目前舊設備變價淨收入40萬元。舊設備每年營業收入100萬元，付現成本80萬元。新設備投資總額175萬元，可用5年，使用新設備后每年可增加營業收入40萬元，並降低付現成本10萬元，期滿殘值25萬元。

要求：

①計算舊方案的各年現金淨流量；

②計算新方案的各年現金淨流量；

③更新方案的各年差量現金流量。

解析：

①繼續使用舊設備的各年現金淨流量：

$NCF_0 = -40$ 萬元

$NCF_{1-4} = 100 - 80 = 20$（萬元）

$NCF_5 = 20 + 5 = 25$（萬元）

②採用新設備的各年現金淨流量：

$NCF_0 = -175$ 萬元

$NCF_{1-4} = (100 + 40) - (80 - 10) = 70$（萬元）

$NCF_5 = 70 + 25 = 95$（萬元）

③更新方案的各年差量現金淨流量：

$\Delta NCF_0 = -175 - (-40) = -135$（萬元）

$\Delta NCF_{1-4} = 70 - 20 = 50$（萬元）

$\Delta NCF_5 = 95 - 25 = 70$（元）

5.3 項目投資決策的評價

項目投資決策評價指標是指用於衡量和比較投資項目可行性，並據以進行方案決策的定量化標準和尺度，主要包括投資報酬率、靜態投資回收期、淨現值、淨現值率、獲利指數、內含報酬率。按照是否考慮資金時間價值因素分類，項目投資決策評價指標可以分為靜態評價指標和動態評價指標。

5.3.1 靜態指標評價法

靜態指標評價法是指不考慮時間價值因素的決策方法，即非貼現法。

5.3.1.1 靜態投資回收期

靜態投資回收期（Payback Period，PP）是指以投資項目經營淨現金流量抵償原始投資所需要的全部時間，簡稱回收期。靜態投資回收期指標可以採用公式法和列表法計算。

（1）公式法

使用公式法來計算靜態投資回收期要滿足以下兩個條件：①項目投資集中發生在建設期內；②投產后一定期間內每年淨現金流量相等，且其合計數大於或等於原始投資額。如果滿足以上兩個條件，則可以按以下簡化公式直接計算靜態投資回收期：

$$不包括建設期的投資回收期 = \frac{原始投資額}{投產后前若干年每年相等的淨現金流量}$$

包括建設期的投資回收期 = 不包括建設期的投資回收期 + 建設期

（2）列表法

如果投資項目的淨現金流量不能滿足公式法的兩個條件，那麼只能採用列表法計算靜態投資回收期。列表法就是通過列表計算項目投資的累計淨現金流量，累計淨現金流量為零的年限就是包括建設期的投資回收期，然后再計算不包括建設期的回收期。這種方法不論在什麼情況下都可以使用，是一種計算投資回收期的通用方法。

採用列表法計算項目投資回收期，會出現兩種情況：①「累計淨現金流量」為零的年限是個整數，在表中能直接找到，那麼對應的年限就包括建設期的投資回收期；②「累計淨現金流量」為零的年限不是個整數，在表中不能直接找到，通過下式計算包括建設期的投資回收期。

包括建設期的投資回收期

$$= 累計淨現金流量最后一項負值所對應的年數 + \frac{至該年尚未回收的投資額}{下年淨現金流量}$$

5.3.1.2 投資報酬率

投資報酬率（ROI）又稱投資利潤率，是指達產期正常年份的年平均利潤占項目總投資的百分比。其計算公式為：

$$投資報酬率 = \frac{年平均利潤}{項目總投資} \times 100\%$$

5.3.2 動態指標評價法

動態指標評價法又稱貼現法，是考慮了貨幣的時間價值的決策方法。

5.3.2.1 淨現值決策法

淨現值（NPV）是指在項目計算期內，按基準折現率或設定折現率計算的各年淨

現金流量的代數和。其計算公式為：

$$淨現值(NPV) = \sum_{t=0}^{n} NCF \times (P/F, i, t)$$

【例5-6】某企業新建一項固定資產，投資600萬元，建設期一年，建設資金分別於年初和年末各投入300萬元，按直線法計提折舊，使用壽命為5年，期末有100萬元淨殘值，預計投產後每年可獲利160萬元，假定該項目的基準折現率為9%，則有：

年折舊額 = (600 - 100) ÷ 5 = 100(萬元)

NCF_0 = - 300 萬元

NCF_1 = - 300 萬元

NCF_{2-5} = 160 + 100 = 260(萬元)

NCF_6 = 260 + 100 = 360(萬元)

淨現值計算如下：

NPV = - 300 - 300 × (P/F, 9%, 1) + 260 × (P/A, 9%, 4) × (P/F, 9%, 1) + 360 × (P/F, 9%, 6) = 412.21(萬元)

5.3.2.2 淨現值率決策法

淨現值率（NPVR）是指投資項目的淨現值占原始投資現值總和的百分比指標。其計算公式為：

$$淨現值率 = \frac{投資項目的淨現值}{原始投資的現值合計}$$

【例5-7】根據【例5-6】的淨現值數據，則有：

淨現值(NPV) = 412.21 萬元

原始投資現值 = 300 + 300 × (P/F, 9%, 1) = 575.22(萬元)

$$淨現值率 = \frac{412.21}{575.22} = 0.72$$

淨現值率的決策標準是：如果投資方案的淨現值率大於或等於零，則該方案具有財務可行性；如果投資方案的淨現值率小於零，則該方案不行；如果幾個方案的淨現值率均大於零，則淨現值率最大的方案為最優。

5.3.2.3 獲利指數決策法

獲利指數（PI）也稱現值指數，是指投產後按基準折現率或設定折現率折算的各年淨現金流量的現值合計與原始投資的現值合計之比。其計算公式為：

$$獲利指數 = \frac{投產後各年淨現金流量的現值合計}{原始投資的現值合計}$$

獲利指數與淨現值率有以下的關係：

獲利指數(PI) = 1 + 淨現值率($NPVR$)

【例 5-8】根據【例 5-6】的淨現值數據，則有：

淨現值 (NPV) = 412.21 萬元

原始投資現值 = 300 + 300 × $(P/F, 9\%, 1)$ = 575.22(萬元)

投產后的淨現值 = 412.21 + 575.22 = 987.43(萬元)

獲利指數 $(PI) = \dfrac{987.43}{575.22} = 1.72$

獲利指數與淨現值率的關係驗證如下：

1 + 淨現值率$(NPVR)$ = 1 + 0.72 = 1.72 = 獲利指數(PI)

獲利指數法的決策標準是：如果投資方案的獲利指數大於或等於 1，則該方案具有財務可行性；如果投資方案的獲利指數小於 1，該方案不可行。

5.3.2.4 內含報酬率決策法

內含報酬率（IRR）也稱內部收益率，是指該項目投資實際可望達到的報酬率，實質上，它是使投資項目的淨現值等於零時的折現率。內含報酬率計算滿足下列公式：

$$\sum_{t=0}^{n} \{NCF \times (P/F, IRR, t)\} = 0$$

內含報酬率的計算方法有兩種。一種是根據計算的年金現值系數求得；另一種採用逐次逼近法計算。

5.3.2.5 動態評價指標之間的關係

NPV、NPVR、PI 和 IRR 四個動態評價指標之間的關係如下：

當 NPV>0 時，NPVR>0，PI>1，IRR>i

當 NPV=0 時，NPVR=0，PI=1，IRR=i

當 NPV<0 時，NPVR<0，PI<1，IRR<i

5.4 投資決策的指標運用

5.4.1 投資決策指標的應用

5.4.1.1 固定資產更新決策

隨著科學技術的不斷發展，固定資產更新週期大大縮短。這是因為舊設備往往消耗大、維修費用多，當生產效率更高、原材料、燃料、動力的消耗更低的高效能設備出現，儘管舊設備繼續使用，但企業也會對固定資產進行更新。因此，固定資產更新決策便成為企業長期投資決策的一項重要內容。固定資產更新決策通常有以下兩種方法：

（1）差量分析法。差量分析法用來計算新設備相對於舊設備的 ΔNPV。

若 ΔNPV<0，應繼續用舊設備；

若 ΔNPV>0，應更新設備。

(2) 淨現值法。淨現值法用來計算兩種方案的淨現值。

【例 5-9】A 公司考慮購買一臺新設備替代原來的舊設備，以減少成本，增加收益。舊設備購置成本為 80 萬元，預計使用年限 10 年，已使用 5 年，期滿無殘值。如果現在處置該設備可收入 40 萬元，如果繼續使用該設備可以每年獲得收入 100 萬元，每年的付現成本 60 萬元。新設備購置成本 120 萬元，可使用 5 年，期滿有殘值 20 萬元，使用新設備每年可獲得收入 160 萬元，每年付現成本 80 萬元。假定公司資本成本率為 9%，所得稅稅率為 25%。新舊設備都使用直線法折舊。試問 A 公司是否應該進行資產更新？

決策過程：從新設備的角度去分析兩種方案的差量現金流？

(1) 計算初始投資現金流的差額及折舊現金流的差額。

Δ初始投資現金流 120－40＝80（萬元）

Δ年折舊差額＝20－8＝12（萬元）

(2) 計算各年現金流差額，見表 5-5。

表 5-5

項目	1~5 年各年現金流
Δ銷售收入①	60
Δ付現成本②	20
Δ折舊額③	12
Δ稅前利潤④＝①－②－③	28
Δ所得稅⑤＝④×25%	7
Δ稅後利潤⑥＝④－⑤	21
Δ經營現金淨流量⑦＝⑥+③	33

(3) 根據上表計算的現金流量差額計算兩個方案的最終現金流量差額，見表 5-6。

表 5-6

項目	第 0 年	第 1 年	第 2 年	第 3 年	第 4 年	第 5 年
Δ初始投資	－80					
Δ經營現金淨流量		33	33	33	33	33
Δ終結現金淨流量						20
Δ現金流量	－80	33	33	33	33	53

(4) 計算淨現值的差額。

$\Delta NPV = 33 \times (P/A, 9\%, 4) + 53 \times (P/F, 9\%, 5) - 80$

$= 33 \times 3.2397 + 53 \times 0.6499 - 80$

$= 61.35$（萬元）

固定資產更新后可以多獲得 61.35 萬元的差額，因此選擇更新固定資產。

5.4.1.2 資本限量決策

資本限量是指企業的資金有一定的限度，不能投資於所有可接受的投資項目。也就是說，企業也許有很多可以獲利的項目，但是企業沒有足夠的資金。因此，資本限量決策就是為了使企業擁有的資金，使其投資效率最大化。資本限量決策一般有兩種方法：現值指數法和淨現值法。

（1）現值指數法的決策步驟

①計算所有項目的現值指數，並列出其初始投資額；

②接受所有 PI≧1 的項目，如果所有可接受的項目都有足夠的資金，則沒有資本限量，決策完成；

③如果資金不能滿足所有 PI≧1 項目，則要對上一步進行修正，對所有資本限量可接受的項目進行組合，計算出加權平均現值指數；

④選取加權平均現值指數最大的組合。

（2）淨現值法的決策步驟

①計算所有項目的淨現值，並列出其初始投資額；

②接受所有 NPV≧0 的項目，如果所有可接受的項目都有足夠的資金，則沒有資本限量，決策完成；

③如果資金不能滿足所有 NPV≧0 的項目，則要對上一步進行修正，對所有資本限量可接受的項目進行組合，計算出各種組合的淨現值；

④選取淨現值最大的組合。

【例5-10】B 公司現在有 4 個可選的投資項目，其中，A 與 B、C 與 D 為互斥項目，公司的資本限額是 800 萬元。各項目的具體信息見表5-7。

表 5-7

投資項目	初始投資額（萬元）	現值指數（PI）	淨現值（NPV）（萬元）
A	240	1.56	134.4
B	300	1.53	159
C	600	1.37	222
D	250	1.17	42.5

上述各投資項目的組合見表5-8。

表 5-8

投資項目	初始投資額（萬元）	加權平均現值指數（PI）	合計淨現值（NPV）（萬元）
ABD	790	1.42	331.8
AB	540	1.37	199.8
AD	490	1.22	107.8
BD	550	1.25	137.5

關於組合的加權平均現值指數的算法，ABD 組合仍有 10 萬元的剩余，那麼將該剩余資金投資於有價證券。假設投資與有價證券的現值指數為 1，則 ABD 組合的加權平均現值指數的計算方法如下：

$$\frac{240}{800} \times 1.56 + \frac{300}{800} \times 1.53 + \frac{250}{800} \times 1.17 + \frac{10}{800} \times 1 = 1.42$$

同理，其他組合的加權平均現值指數也可以由此求出。從上表的結果可以看出，ABD 組合為最優投資方案，其淨現值為 331.8 萬元。

5.4.1.3 投資開發時機決策

對於某些稀缺資源開發時機不同其收益也不同，因此開發時機決策也就較為重要。

決策方法：首先計算各種方案在同一時點的淨現值（NPV），然後再進行比較，選擇淨現值大的方案。

【例 5-11】B 公司擁有一處礦產資源，市場上該種產品供不應求，該礦產品的價格正在不斷攀升。據預測，6 年后該礦產品的價格會一次性上升 50%，因此，公司目前在研究什麼時候開發的問題。無論是現在開發還是 6 年后開發其初始投資都相同。建設期均為 1 年，從第二年開始投產，投產后 5 年就開採完全部礦藏。具體資料見表 5-9。

表 5-9　　　　　　　　　投資回報預測表

項目		項目	
固定資產投資	160 萬元	年產銷量	3000 噸
營運資本墊支	20 萬元	現在開發每噸價格	0.2 萬元
固定資產殘值	0	6 年后開發每噸價格	0.3 萬元
資本成本率	9%	年付現成本	120 萬元
		所得稅稅率	25%

（1）計算現在開發的淨現值：

現在開發的經營現金流量見表 5-10。

表 5-10　　　　　　　　　經營現金流量表

項目	2~6 年各年現金流
銷售收入①	600
付現成本②	120
折舊額③	32
稅前利潤④=①-②-③	448
所得稅⑤=④×25%	112
稅后利潤⑥=④-⑤	336
經營現金淨流量⑦=⑥+③	368

根據經營現金流量、初始投資和終結現金流量編製現金流量計算表，見表 5-11。

表 5-11　　　　　　　　　　　現金流量計算表

項目	第 0 年	第 1 年	第 2 年	第 3 年	第 4 年	第 5 年	第 6 年
初始投資	-160						
營運資金墊支	-20						
經營現金淨流量		0	368	368	368	368	368
營運資金收回							20
現金流量	-180	0	368	368	368	368	388

計算現在開發的淨現值：

$NPV = [368 \times (P/A, 9\%, 4) \times (P/F, 9\%, 1) + 388 \times (P/F, 9\%, 6)] - 180$

$= (368 \times 3.2397 \times 0.9174 + 388 \times 0.5963) - 180$

$= 1145.1(萬元)$

（2）計算 6 年后開發的淨現值

6 年后開發的經營現金流量見表 5-12。

表 5-12　　　　　　　　　　　經營現金流量表

項目	2~6 年各年現金流
銷售收入①	900
付現成本②	120
折舊額③	32
稅前利潤④=①-②-③	748
所得稅⑤=④×25%	187
稅后利潤⑥=④-⑤	561
經營現金淨流量⑦=⑥+③	593

根據經營現金流量、初始投資和終結現金流量編製現金流量計算表，見表 5-13。

表 5-13　　　　　　　　　　　投資項目現金流量表

項目	第 0 年	第 1 年	第 2 年	第 3 年	第 4 年	第 5 年	第 6 年
初始投資	-160						
營運資金墊支	-20						
經營現金淨流量		0	593	593	593	593	593
營運資金收回							20
現金流量	-180	0	593	593	593	593	613

計算 6 年后開發到開發期淨現值：

$NPV = [593 \times (P/A, 9\%, 4) \times (P/F, 9\%, 1) + 613 \times (P/F, 9\%, 6)] - 180$

$= (593 \times 3.2397 \times 0.9174 + 613 \times 0.5963) - 180 = 1947.99(萬元)$

計算開發期到現在的淨現值的折現值：

6 年后開發折算為立即開發的淨現值 $= 1947.99 \times (P/A, 9\%, 6)$

$= 1947.99 \times 0.5963$

$= 1161.59(萬元)$

結論：比較兩種開發方案的淨現值 6 年后開發的淨現值要比立即開發的淨現值高 16.49 萬元，因此選擇 6 年后開發。

5.4.1.4 投資期決策

從投資開始至投資結束投入生產所需要的時間成為投資期。不同的決策可以縮短或增加投資期的長度，因而對整個投資的現金流量也會有較大的影響。

決策方法：差量分析法。根據縮短投資期與正常投資期的現金流量差額計算淨現值差額（ΔNPV）。①若 $\Delta NPV \geq 0$，則縮短投資期有利；②若 $\Delta NPV \leq 0$，則正常投資期有不利。

【例 5-12】B 公司有一項投資方案，正常的投資期為 3 年，每年需投入 100 萬元。第 4 年至第 13 年每年產生現金淨流量 105 萬元。如果把投資期縮短為 2 年，則每年需投資 160 萬元，竣工后使用壽命與每年淨現金流量不變，項目資本成本率為 12%，項目終結無殘值，無需墊支營運資金。請你決策是否應該縮短投資期？

(1) 以縮短投資期的為標準，計算兩個方案的現金流量的差額，見表 5-14。

表 5-14　　　　　　　　投資現金流量表

項目	第 0 年	第 1 年	第 2 年	第 3 年	第 4-12 年	第 13 年
投資期縮短的現金流量	-160	-160	0	105	105	0
正常投資短的現金流量	-100	-100	-100	0	105	105
現金流量差額	-60	-60	100	105	0	-105

(2) 計算現金流量差額的現值：

縮短投資期的 ΔNPV

$= -60 - 60 \times (P/F, 12\%, 1) + 100 \times (P/F, 12\%, 2) + 105 \times (P/F, 12\%, 3) - (P/F, 12\%, 13)$

$= -60 - 60 \times 0.8929 + 100 \times 0.7972 + 105 \times 0.7118 - 105 \times 0.2292$

$= 16.82(萬元)$

因為縮短投資期后，其差額現金流的現值大於 0，所以應選擇縮短投資期。

5.4.1.5　項目壽命不等的投資決策

由於項目壽命不同，因而就不能對其淨現值、內部報酬率和現值指數進行準確比較。為了使項目具有可比性，必須使兩個項目有相同的壽命週期。

常用的決策方法有：

（1）最小公倍壽命法。最小公倍壽命法是使兩個壽命不同的項目的壽命週期調整一致，在一致的壽命內進行淨現值（NPV）的比較。

（2）年均淨現值法。年均淨現值（ANPV）是把項目總的淨現值轉化為項目每年的平均淨現值。其計算公式為：

$$ANPV = \frac{NPV}{(P/A,\ r,\ n)}$$

式中：ANPV 表示年均淨現值；(P/A, r, n) 表示建立在資本成本率和項目週期基礎上的年金現值系數。

【例 5-13】B 公司要在兩個投資方案中選一個方案進行投資。方案一需要初始投資 80 萬元，每年產生 40 萬元的現金淨流量，項目壽命 3 年，3 年後必須更新且無殘值；方案二需要初始投資 105 萬元，使用壽命 6 年，每年產生 32 萬元的現金淨流量，6 年後必須更新且無殘值。企業資本成本率為 12%，B 公司應該選取哪個方案？

兩個方案的淨現值如下：

方案一：

$NPV = NCF \times (P/A,\ K,\ n) - C$

$\quad\ = 40 \times (P/A,\ 12\%,\ 3) - 80$

$\quad\ = 40 \times 2.4018 - 80$

$\quad\ = 16.07（萬元）$

方案二：

$NPV = 32 \times (P/A,\ 12\%,\ 6) - 105$

$\quad\ = 32 \times 4.1114 - 105$

$\quad\ = 26.56（萬元）$

由此表明方案二優於方案一，應先選用方案二。但這種分析是不準確的，因為沒有考慮兩個投資方案之間的壽命是不同的。對於項目壽命期不同的項目，無法直接比較其淨現值得出結論。這便出現了進行合理比較的兩種基本方法——最小公倍壽命法和年均淨現值法。下面分別是兩種決策方法的運用。

（1）最小公倍壽命法。

方案一壽命 3 年，方案二壽命 6 年，那麼其最小公倍壽命為 6 年，因此將方案一的壽命調整至 6 年，即對方案一進行二次投資，方案二可以保持不變。假設項目要在第 0 年和第 3 年進行相同投資的淨現值，調整后方案一的現金流計算見表 5-15。

表 5-15　　　　　　　　　　　投資現金流量表

項目	第 0 年	第 1 年	第 2 年	第 3 年	第 4 年	第 5 年	第 6 年
第 1 次投資現金流	-80	40	40	40			
第 2 次投資現金流				-80	40	40	40
合併現金流	-80	40	40	-40	40	40	40

兩次投資現金流的現值計算如下：

方案一 6 年期的淨現值 = 第 0 年投資的淨現值 + 第 3 年投資的淨現值 × (P/F, 12%, 3)

$$= 16.07 + 16.07 \times 0.7118$$
$$= 27.51（萬元）$$

方案二的淨現值為 26.56 萬元，對比調整後兩個項目的淨現值，因此應該選擇方案一。

（2）年均淨現值法。

方案一：$ANPV = \dfrac{16.07}{(P/A, 12\%, 3)} = \dfrac{16.07}{2.4018} = 6.69（萬元）$

方案二：$ANPV = \dfrac{26.56}{(P/A, 12\%, 6)} = \dfrac{26.56}{4.1114} = 6.46（萬元）$

比較結果，可以確認方案一較好。

5.4.2　有風險情況下的投資決策

5.4.2.1　按風險調整貼現率法

（1）用資本資產定價模型

特定項目投資按風險調整貼現率可以按以下公式計算：

$$K_j = R_F + \beta_j (R_m - R_F)$$

式中：K_j ——項目 j 按風險調整的貼現率或項目必要報酬率；

　　　R_F ——無風險報酬率；

　　　β_j ——項目 j 的不可分散風險的 β 系數；

　　　R_m ——所有項目的平均貼現率或必要報酬率。

（2）按投資項目的風險等級來調整貼現率

首先給各個項目的風險打分，在確定各個項目所處的風險等級，根據風險等級調整貼現率。

例如：

表 5-16

總分	風險等級	調整后的貼現率
0~8 分	很低	8%
8~18 分	較低	9%
18~24 分	一般	13%
24~32 分	較高	16%
32~40 分	很高	19%
40 分以上	最高	25%以上

（3）按風險報酬率模型調整貼現率

一項風險投資的報酬包括無風險報酬和風險報酬。其計算公式為：

$K = R_F + bV$

因此，特定項目按風險調整可按下式計算：

$K_i = R_F + b_i V_i$

式中：K_i——項目 i 按風險調整的貼現率或項目必要報酬率；

R_F——無風險報酬率；

b_i——項目 i 的風險報酬系數；

V_i——項目 i 的預期標準離差率。

5.4.2.2 按風險調整現金流量法

風險使得各年的現金流變得不確定，因此，就需要對各年的現金流進行調整。然后用無風險報酬率作為折現率計算淨現值。常用的方法叫確定當量法。

通常根據項目標準離差率選擇約當系數。其計算公式為：

$$NPV = \sum_{t=0}^{n} \frac{a_t \times CF_t}{(P/F, i, t)}$$

式中：a_t——第 t 年的當量系數；

CF_t——第 t 年現金流量；

i——折現率。

例如：

表 5-17

（標準離差率）	約當系數
0~0.07	1
0.08~0.15	0.90
0.16~0.23	0.80
0.24~0.32	0.70
0.33~0.42	0.60

表5-17(續)

(標準離差率)	約當系數
0.43~0.54	0.50
0.55~0.7	0.40
……	……

【例5-14】 B公司準備進行一項投資,其各年的現金流量和分析人員確定的約當系數如下表,無風險報酬率為12%。判斷該項目是否值得投資?

表5-18

項目	第0年	第1年	第2年	第3年	第4年
NCF	-100	40	40	40	40
d	1	0.95	0.90	0.85	0.80

$NPV = 0.95 \times 40 \times (P/F, 12\%, 1) + 0.90 \times 40 \times (P/F, 12\%, 2) + 0.85 \times 40 \times (P/F, 12\%, 3) + 0.80 \times 40 \times (P/F, 12\%, 4) + 1 \times (-100)$

$= 107.17(萬元)$

$NPV \geq 0$時,B公司規定的投資是可以接受的。

案例討論

上海康奈特光學股份有限公司的項目投資分析

2011年9月7日,上海康奈特光學股份有限公司對外公布了《關於投資建設1.60和1.67高折射樹脂鏡片生產項目的可行性分析報告》。現將全文整理如下:

一、項目概況

本項目建設地點為上海康耐特光學股份有限公司(以下簡稱公司)上海川沙廠區,擬在原有車間新建三條生產線:1.60高折射樹脂鏡片生產線、1.67高折射樹脂鏡片生產線和加硬鍍膜生產線,這三條生產線部分設備可以通用。項目投產後公司將實現年產1.60高折射樹脂鏡片200萬副、1.67高折射樹脂鏡片100萬副的產能。

本項目預計總投資3000萬元人民幣,其中廠房裝修321萬元,採購設備1564萬元,鋪底流動資金1115萬元。項目投產後預計可以實現年銷售收入9450萬元,淨利潤1847.48萬元。

二、項目實施的必要性

1. 優化公司產品結構,符合公司戰略目標

國內以平光、單光鏡片為主的1.499和1.56系列基礎樹脂鏡片生產企業眾多,行

業內部競爭非常激烈，產品質量良莠不齊。儘管公司產品質量處於國際領先水平，經營業績穩步提高，但為實現公司未來的可持續發展，投資建設本項目，擴大1.60和1.67高折射樹脂鏡片的生產規模，將進一步優化公司產品結構，提高公司產品整體檔次，符合公司整體發展戰略。

2. 提高綜合毛利率水平，提升公司盈利能力

1.60和1.67高折射樹脂鏡片屬高附加值鏡片，對生產工藝和技術、設備的精密性、操作人員的技術水平均有較高要求，目前國內完全掌握此類鏡片生產技術的企業為數不多，而市場需求逐年增長，產品毛利率遠遠高於1.499和1.56系列中基礎鏡片的毛利率。公司通過投資建設本項目，將有利於提升公司產品的綜合毛利率，提高公司的整體盈利能力。

3. 強化公司核心競爭力，鞏固公司行業領先地位

公司從事樹脂鏡片的研發、生產與銷售已超過10年，在樹脂鏡片生產領域已有相當的技術和工藝累積，憑藉穩定的產品質量和出色的售後服務，公司已成為國內鏡片生產行業的知名企業，產品出口排名行業前列。公司主要產品均獲得美國FDA及歐盟CE認證，生產與銷售規模逐年擴大。本項目建成投產後將進一步強化公司的核心競爭力，鞏固並擴大公司在高附加值樹脂鏡片生產領域的領先地位。

三、項目實施的可行性

1. 市場容量與需求分析

折射率是鏡片性能的重要參數，是鏡片對入射的光的投射光角度和入射光角度的正弦之比。在相同度數下，折射率越高，鏡片越薄，質地越輕，佩戴起來更為美觀，價格也更高。1.60折射率鏡片厚度約為1.56折射率鏡片厚度的75%，1.67折射率鏡片則更為輕薄。

隨著科技的進步和消費者對眼睛保護意識的增強，消費者在注重眼鏡的品質和功能的同時，越來越重視眼鏡的裝飾功能，也更加重視眼鏡的科技含量。鈦、鈦合金、記憶金屬鏡架，漸進多焦點、非球面及高折射率的鏡片越來越多的消費者認識和接受，消費需求逐漸上升。

根據依視路在其2009年年度報告中公布的市場數據：1988年1.60折射率的樹脂鏡片銷量占全球鏡片銷量的比重不到1%，1.67和1.74折射率的樹脂鏡片尚未在市場出現；2008年1.60折射率的樹脂鏡片銷量增長至全球的7%，1.67和1.74折射率的樹脂鏡片銷量增至全球的4%。高折射率的樹脂鏡片銷量逐漸上升，且增長速度逐漸加快。

2. 生產技術及生產工藝儲備已完成

公司自成立以來一直專注於熱固型樹脂鏡片的研發與生產，在基礎鏡片領域擁有豐富的生產管理經驗。通過借鑑國外先進的製造技術和自身長期的研發累積，公司已申請了《超薄型高折射率光學樹脂鏡片的製造工藝》、《高折射率光學樹脂材料的制備方法》

等發明專利及實用新型專利。為了更好地掌握並改進生產技術，公司利用現有設備進行了1.60和1.67高折射樹脂鏡片的研發及試生產，產品投放市場後已得到了客戶的認可。

3. 及時掌握國際生產技術與市場需求的動態

由於偏振光及光致變色樹脂鏡片的生產技術和研發處於不斷的更新換代之中，為保證本項目能夠成功實施，公司必須緊隨國際先進的生產與研發動態。公司產品主要銷往美國、德國、西班牙、新加坡等六十多個國家和地區，可以及時掌握國際市場需求的變化趨勢，改進生產工藝，從而確保公司產品能夠及時與國際需求接軌。

4. 成熟穩定的銷售網絡

經過十多年的精心經營，公司憑藉穩定可靠的產品質量和完善的售後服務，累積了大批優質客戶，樹立了良好的聲譽。目前公司1.60和1.67高折射樹脂鏡片主要銷往美國、中國、韓國、泰國、義大利、加拿大等十多個國家，與多名客戶形成了穩定的合作關係。

四、項目的具體實施方案

1. 選址

本項目無需徵地，利用公司現有廠房進行建設，擬占用川沙廠區二號車間第一層生產廠房，面積約2800平方米。

2. 設備配置

本項目計劃從國內外購置鍍膜機、固化爐等64套（臺）設備，主要設備如表5-19所示。

表5-19　　　　　　　　　　主要設備明細表

設備名稱	數量	設備名稱	數量
普盧泰鍍膜機	4	模具預清洗機	1
萊寶鍍膜機	2	循環制冷固化爐	20
6槽預清洗機	1	30千克配料、澆料罐	10
清洗加硬全套設備	2	10匹冰水機	6
加硬二次固化爐	2	羅茨真空泵	1
焦度計	4	二次固化爐	5
14槽鏡片清洗機	1	66平方米冷庫	1
Ro純水設備	1	精密過濾器	3

3. 人員配置、招聘及培訓

根據項目實施計劃，公司將分三年招聘員工200名，具體招聘計劃如表5-20所示。

表 5-20　　　　　　　　　　　　　招聘計劃

項目	2012 年	2013 年	2014 年	合計
1.60 和 1.67 高折射樹脂	100 人	50 人	50 人	200 人

註：1.60、1.67 加硬鍍膜機三條生產線在同一個車間，且部分工藝流程接近，部分設備可以共用，所以員工可以在三條生產線互相調換、輪崗。

4. 主要原輔材料的供應

（1）1.60 和 1.67 高折射樹脂鏡片所需的主要原材料 MR-7、MR-8 全部由外國進口，主要從日本或者韓國進口。

（2）1.60 和 1.67 高折射樹脂鏡片所需的輔助材料基本都由國內供應商提供，公司與供應商均保持了長期良好的合作關係，相關材料供應充足，可以保證公司生產需要。

5. 水電等能源配套設施

本項目位於上海市川沙工業園區，水、電等相關能源配套設施完備，能夠滿足本項目的需求。

6. 投資概算

本項目投資總額為 3000 萬元，具體估算如表 5-21 所示。

表 5-21　　　　　　　　　　　　投資概算明細表

項目名稱		投資額（萬元）
廠房裝修費	生產車間吊頂、隔斷、淨化	168
	防靜電環氧樹脂地坪	20
	車間排風系統	15
	車間電氣、電纜	35
	車間監控、通信、網絡系統	8
	中央空調系統	40
	空調	35
	小計	321
生產線及其他設備		1564
鋪底流動資金	模具、鏡片存貨	605
	原輔材料	412
	現金	98
	小計	1115
投資總額		3000

7. 項目的實施進度

本項目自 2011 年 9 月開始建設，建設期約為 6 個月，2012 年投產，如表 5-22 所示。

表 5-22　　　　　1.60 和 1.67 高折射樹脂鏡片生產項目實施進度表

項目	實施時間
車間裝修	2011 年 9 月
工程	2011 年 10 月
採購設備	2011 年 11 月
設備安裝	2011 年 12 月
員工培訓	2012 年 1 月
投入營運	2012 年 2 月

五、項目經濟效益分析

1. 主要假設及依據

（1）本項目經過 3 年投產，其中投產當年產量達到 30%，第 2 年達到 60%，第 3 年達到 100%。

（2）產品產銷率為 70%，產品銷售價格不變。

（3）產品成本按《企業會計準則》、公司現有的相關數據及變化趨勢確定。

（4）固定資產折舊採用直線折舊法，其中機械設備折舊年限為 10 年，殘值率為 5%；電子設備折舊年限為 5 年，殘值率為 5%。

（5）所得稅稅率為 15%，其他稅種不計。

（6）法定盈余公積金按淨利潤的 10% 計算。

（7）貼現率（必要報酬率）按 10% 計算。

（8）項目的財務評價計算期為 10 年。

2. 盈利能力預測

本項目總投資 3000 萬元，各年營業收入、總成本費用、利潤及相關盈利能力指標預測如表 5-23 所示。

表 5-23　　　　　　　　　　分析指標預測表

項目	第 1 年	第 2 年	第 3~10 年	合計
營業收入（萬元）	2835.00	5670.00	9450.00	
總成本費用（萬元）	2409.75	4592.70	7276.50	
利潤總額（萬元）	425.25	1077.30	2173.50	
淨利潤（萬元）	361.46	915.71	1847.48	
淨現值（貼現率=10%）（萬元）				6251
稅後內部收益率（%）				39.23
投資回收期（靜態）（年）				2.92

註：本項目是在公司原有廠房內建設生產線，不涉及購置土地、建造廠房等事項，因此本項目效益分析未考慮土地和廠房的初始投資以及以后年度攤銷和折舊。

六、項目風險分析

1. 產能擴張不能及時消化的風險

本項目投產後，主要生產1.60和1.67高折射樹脂鏡片。雖然該產品有巨大的市場需求為本項目的成功實施提供有力的保障，同時公司依據自己在技術、營銷、品牌、客戶等方面的優勢制定了詳細的營銷策略，但是若市場容量增長低於預期或公司營銷網絡體系未能按計劃迅速擴大，可能會帶來產能擴張不能及時消化的風險。

2. 產品價格下降的風險

1.60和1.67高折射樹脂鏡片相比大眾、基礎鏡片有較高的毛利率，必然會吸引更多的資本投入，在未來幾年，可能會有更多的企業參與1.60和1.67高折射樹脂鏡片的研發、生產，競爭的加劇會影響公司1.60和1.67高折射樹脂鏡片的價格。

七、報告結論

綜合以上分析，本項目成功實施后，將會進一步優化公司產品結構，鞏固和提升公司高端鏡片生產實力和市場地位，增強公司競爭優勢。本投資項目有良好的投資收益預期，能夠創造較好的股東價值，建議公司盡快實施該項目。

要求：

（1）熟悉投資項目可行性分析報告的內容、結構；

（2）熟悉投資項目可行性分析報告中項目經濟效益分析的假設及依據；

（3）判斷經濟效益分析的準確性、完整性；

（4）提出該投資項目可行性分析報告的修改建議。

資料來源：至誠財經頻道。

本章小結

項目投資是一種以特定建設項目為對象，直接與新建項目或更新改造項目有關的長期投資活動，企業進行項目投資，必須對投資項目進行可行性分析和評價，其使用的指標是不計利潤，而是現金流量。

現金流量是指投資項目在其計算期內因資本循環而發生的各項資金流入和現金流出的總稱，包括現金流入量、現金流出量和淨現金流量，在項目的不同時期，現金流量的內容有所不同。

項目投資評價指標主要有靜態評價指標和動態評價指標。靜態評價指標包括投資回收期和投資利潤率，動態評價指標包括淨現值、淨現值率、獲利指數和內含報酬率，其中淨現值指標是投資決策評價指標中最重要的指標。

項目投資決策評價是指利用特定評價指標作為標準或依據的各種方法的統稱，主要有淨現值法、淨現值率法、獲利指數、內含報酬率法。

因投資項目的類型不同，如資本限量的方案、投資開發時機不同的投資方案、投資期不同的方案、項目壽命不等的投資方案和設備更新方案，應根據項目類型和使用條件選擇合適的決策方法。

投資項目的實施將給企業帶來風險，在投資決策中也需考慮投資風險，具體的決策方法有按風險調整貼現率法和按風險調整現金流量法。

知識拓展

計算期統一法

計算期統一法包括方案重複法和最短計算期法。最短計算期法又稱最短壽命期法，是指在將所有方案的淨現值均還原為等額年回收額的基礎上，再按照最短的計算期來計算出相應淨現值，進而根據調整后的淨現值指標進行多方案比較決策的一種方法。

在這種方法下，具有最短計算期的方案，其調整后的淨現值與調整前的淨現值是一樣的。在最短計算期法下，如果計算期最長的方案不重複的話，計算期最長方案的調整淨現值等於原淨現值。

最短計算期法的計算：

1. 計算期最短的方案調整后的淨現值 NPV = 該方案本身的淨現值 NPV。

2. 其他方案調整后的淨現值 NPV = 年等額回收額 × $(P/A, i_c, n)$，其中 n 是指最短計算期。

例：為了滿足擴大生產的需要，甲企業擬投資建設一條新生產線，現有 A、B 兩個方案可供選擇。A 方案的項目計算期為 10 年，淨現值為 130 萬元。B 方案的項目計算期為 15 年，淨現值為 150 萬元。該企業基準折現率為 12%。

要求：採用最短計算期法做出最終的投資決策。

A 方案的調整后淨現值 = 130 萬元

B 方案的調整后淨現值 = 150/（P/A, 12%, 15）×（P/A, 12%, 10）

　　　　　　　　　　= 150/6.8109×5.6502

　　　　　　　　　　= 124.44（萬元）

通過計算得出，A 方案調整后的淨現值大於 B 方案調整后的淨現值，所以該企業應選擇 A 方案。

即問即答

即問：

1. 項目投資評價指標有哪些？
2. 項目投資決策方法有哪些？

即答：

1. 項目投資評價指標主要有靜態評價指標和動態評價指標。靜態評價指標包括投資回收期和投資利潤率，動態評價指標包括淨現值、淨現值率、獲利指數和內含報酬率，其中淨現值指標是投資決策評價指標中最重要的指標。

2. 項目投資決策方法是指利用特定評價指標作為標準或依據的各種方法的統稱，主要有淨現值法、淨現值率法、獲利指數法、內含報酬率法。因投資項目的類型不同，如資本限量的方案、投資開發時機不同的投資方案、投資期不同的方案、項目壽命不等的投資方案和設備更新方案，應根據項目類型和使用條件選擇合適的決策方法。

實戰訓練

1. 什麼是現金流量？如何估算投資項目的現金流量。
2. 如何進行互斥方案的決策比選。
3. 什麼是項目投資？有什麼特點？項目投資的程序有哪些？
4. 如何評價獨立方案的財務可行性。
5. 如何進行設備更新決策。
6. 某企業打算進行一系列的固定資產投資，為開拓新的市場做好先期準備，根據企業的實力提供了甲、乙兩種可供選擇的方案。

甲方案：原始投資1000萬元。其中固定資產投資800萬元，流動資金投資200萬元，淨殘值為10%。該項目的建設期為2年，經營期10年，固定資產投資在前兩年平均投入，流動資金在項目完工時投入，預計項目投產後，每年發生的營業收入和營業成本分別為500萬元和300萬元，所得稅稅率為25%，該行業的基準折現率為10%。

乙方案：原始投資1200萬元。其中固定資產1000萬元，流動資金投資200萬元，淨殘值為10%。該項目的建設期為1年，經營期10年，固定資產投資一次性投入，流動資金在項目完工時投入，其他條件不變。

（1）請分別計算甲、乙兩個投資方案的靜態投資回收期、淨現值、淨現值率、獲利指數、內含報酬率指標，並且進行財務可行性評價。

（2）如果你是企業領導，你會選擇哪個方案進行投資？

（3）如果你是項目的投資分析人員，你認為有哪些不確定的因素？

7. 假設你是公司的財務經理，現有甲、乙兩個投資項目，它們的初始投資額均為100萬元，資本成本均為12%。各項目預計現金流量表見表5-24。

表 5-24　　　　　　　　　投資項目淨流量表　　　　　　　　單位：萬元

	0	1	2	3	4	5
甲項目	-100	32	32	32	32	32
乙項目	-100	60	35	20	20	10

要求：（計算結果均保留兩位小數）

（1）分別計算甲、乙兩個項目的投資回收期、淨現值、盈利指數以及內含報酬率。

（2）如果這兩個項目是相互獨立的，哪些項目會被接受？請說明理由。

（3）如果這兩個項目是相互排斥的，按淨現值和內含報酬率分別評價兩個項目會出現什麼現象？此時應該如何決策？請說明理由。

詞彙對照

投資項目決策　the investment project decision

投資報酬率　rate of income on investment

淨現值　net present value

淨現值率　net present value rate

獲利指數　profitability index

內含報酬率　internal rate of return

資本資產定價模型　Capital Asset Pricing Model

6　營運資本管理

教學目標

1. 熟悉營運資本的含義、特性和管理的基本內容；
2. 掌握現金的持有動機和成本、最佳現金持有量的計算，熟悉現金日常管理的主要內容；
3. 掌握應收帳款的成本、信用政策的構成與決策，瞭解應收帳款日常管理的主要內容；
4. 掌握存貨的成本、存貨經濟批量的計算，熟悉存貨日常管理的主要內容。

內容結構

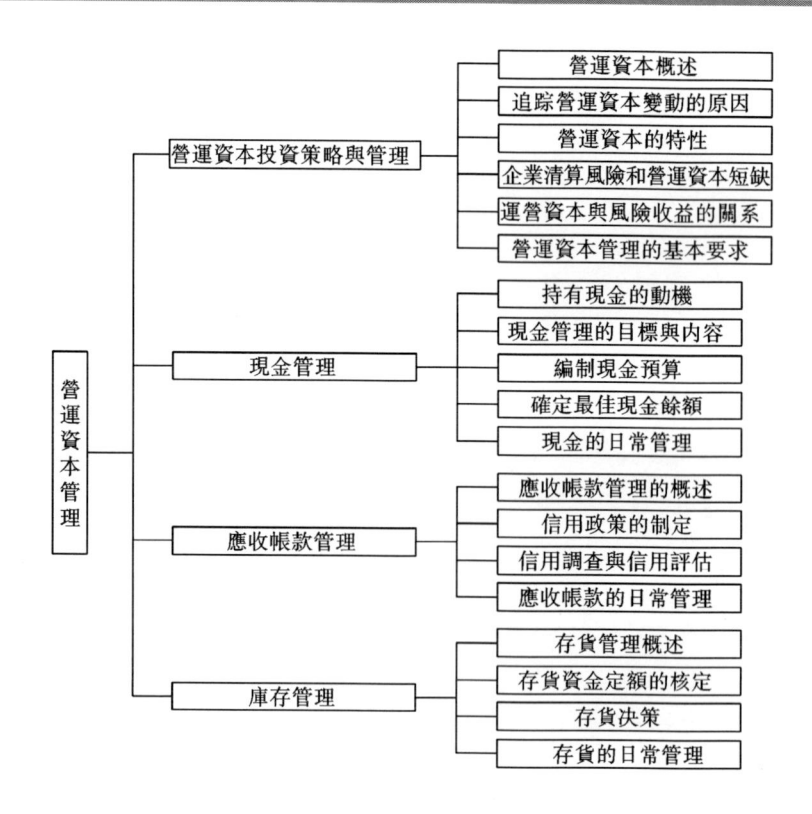

```
                              ┌── 營運資本概述
                              ├── 追踪營運資本變動的原因
          ┌─ 營運資本投資策略與管理 ─┼── 營運資本的特性
          │                    ├── 企業清算風險和營運資本短缺
          │                    ├── 運營資本與風險收益的關係
          │                    └── 營運資本管理的基本要求
          │
          │                    ┌── 持有現金的動機
          │                    ├── 現金管理的目標與內容
          ├─ 現金管理 ──────────┼── 編制現金預算
營運資本管理 ┤                    ├── 確定最佳現金餘額
          │                    └── 現金的日常管理
          │
          │                    ┌── 應收帳款管理的概述
          ├─ 應收帳款管理 ───────┼── 信用政策的制定
          │                    ├── 信用調查與信用評估
          │                    └── 應收帳款的日常管理
          │
          │                    ┌── 存貨管理概述
          └─ 庫存管理 ──────────┼── 存貨資金定額的核定
                              ├── 存貨決策
                              └── 存貨的日常管理
```

範例引述

福日電子股份存貨管理

福建福日電子股份有限公司（以下簡稱福日公司）主要生產福日牌彩電，於1999年4月向社會公開發行6000萬普通股，募集資金2.54億元，主要投向數字化大屏幕彩電、超大屏幕背投彩電等項目。該公司所用的主要原材料有顯像管、機芯散件、外殼等。招股說明書披露：「存貨取得採用實際成本計價，存貨發出採用以下方法計價，外購商品採用分批確認法；原材料按移動加權平均法；生產成本中費用分配按工時費用率；低值易耗品採用一次性攤銷。根據福建日立電視機有限公司董事會決議，福日公司產成品核算方法從1998年1月1日起由原來的先進先出法改為后進先出法。」

根據該公司披露的財務數據，公司產品成本中主要組成部分為顯像管，而顯像管價格一直處於下跌趨勢。在這樣的價格趨勢下，改變存貨計價方式將會影響公司成本和毛

利率。公司披露存貨計價方式改變后，平均每臺彩電銷售成本降低5%左右。公司1997年的彩電產品毛利率為11%，如果產品價格維持不變，則存貨計價方式的改變將提高毛利率至15%的水平。但事實上，1998年福日公司產品的毛利率為8%，比1997年的11%還有較大幅度下降（見表6-1），這從另一方面說明了價格大幅下降是該行業當時的競爭狀況。

表6-1　　　　　　　　　　　　　　　　　　　　　　　　　　　　　　單位：萬元

項目	1998年度	1997年度	1996年度
主營業務收入	676,216	413,083	875,399
減：主營業務成本	620,844	367,512	792,298
毛利潤	55,372	45,571	83,101
毛利率	8%	11.03%	9.49%

如果福日公司沒有改變存貨發出計價方法，則毛利率還要減少。相反，當市場價格處於不斷上漲時，后進先出法有利於企業獲得稅收上的好處，減少企業的現金流出。但是，期末存貨的計價不能反應真實情況，會使存貨成本出現低估現象，而且也為人為地調節利潤提供了機會。企業採納新準則后，此類盈餘管理空間將不復存在。

思考題：

1. 存貨的計價方法有哪些？
2. 存貨管理對企業利潤有哪些影響？

本章導言

在一個有效營運組織中，我們需要熟悉市場和衍生金融工具，利用這些衍生工具來制定資金決策。營運資本決策通常由財務總監或財務經理來做，公司會計師或財會人員輔助決策。

如萊美藥業，在生產經營中，公司如何處置多余現金，是購買短期債券獲取收益或存入銀行帳戶；面臨短期支付的短缺、收益風險的增加等伴隨著的問題該怎麼解決。

建立一個系統，不至於讓現金閒置，保持最佳的在產品和應收帳款，公司自然要將資金投入原材料儲備、半成品、在製品及產成品，財務要協調銷售與生產，保持一個合適的資金占用。貨幣資金也是個機會成本，這個最佳點的估算是重點，需要靠數學模型及對市場的經驗判斷。

理論概念

6.1 營運資本投資策略與管理

6.1.1 營運資本概述

企業為了生存和發展，必須持有一定數量的營運資本。不論在商業企業還是工業企業，營運資本在企業總資產中占的比重都很高。

營運資本又稱營運資金，是指流動資產與流動負債的淨額，是企業為維持日常經營活動所需要的資金。

6.1.1.1 營運資本的計算公式

營運資本＝流動資產－流動負債
　　　　＝(總資產－非流動資產)－(總資產－所有者權益－長期負債)

6.1.1.2 營運資金的作用

營運資金可以用來衡量公司或企業的短期償債能力，其金額越大，代表該公司或企業對於支付義務的準備越充足，短期償債能力越好。當營運資金出現負數，也就是一家企業的流動資產小於流動負債時，這家企業的營運可能隨時因週轉不靈而中斷。

一家企業的營運資金到底多少才算足夠，才稱得上具備良好的償債能力，是決策的關鍵。償債能力的數值若是換成比例或比值進行比較，可能會出現較具意義的結論。

6.1.2 追蹤營運資本變動的原因

營運資本與企業的生產經營息息相關，營運資本的變化也影響著企業的各種決策的制定。只有明確影響營運資本的變動原因，才能更好地為企業的生存和發展服務。營運資本變動的原因如下：

6.1.2.1 外部環境的不確定性

隨著社會主義市場經濟的發育和完善，企業所面臨的外部環境也將日趨複雜，外部環境的不可控性也日益增大。企業的外部環境儘管複雜多樣，但主要包括三個方面：一是政治、經濟和國家宏觀經濟政策的變化；二是市場狀況的變化以及競爭對手的出現；三是投資者的投資結構、投資行為和投資偏好的變化。由於這些外部環境因素變化的不可預測性，因而具有極大的不確定性，從而導致了營運資本的變動。

6.1.2.2 資本營運活動本身的複雜性

隨著資本市場的發展，新的金融衍生物的產生，經濟活動的國際化，資本經營日趨複雜，資本經營活動的難度加大，從而加大了企業進行資本經營的困難性。

6.1.2.3 企業資源的有限性

企業的資本營運受到人、財、物、技術、信息等各個要素的影響。當外部環境發生

變化、資本經營活動的複雜性和難度超過企業的能力時，風險便可能發生。企業資本經營中人的要素很重要，如決策者、管理者的素質、能力、風險處理技巧等都對營運資本活動造成影響。

6.1.3　營運資本的特性

為了有效地管理企業的營運資金，必須研究營運資金的特點，以便有針對性地進行管理。營運資金具有以下特點：

（1）週轉時間短。根據這一特點，說明營運資金可以通過短期籌資方式加以解決。

（2）非現金形態的營運資金容易變現。如存貨、應收帳款、短期有價證券。

（3）數量具有波動性。流動資產或流動負債容易受內外條件的影響，數量的波動往往很大。

（4）來源具有多樣性。營運資金的需求問題既可通過長期籌資方式解決，也可通過短期籌資方式解決。僅短期籌資就有銀行短期借款、短期融資、商業信用、票據貼現等多種方式。

6.1.4　企業清算風險和營運資金短缺

營運資金的管理直接關係到企業的償債能力和企業信譽。一旦企業的營運資金管理出現問題，就有可能造成企業資不抵債、面臨破產的風險。

在企業的破產清算程序中，破產財產的處理和分配，股東的權益是在分配次序的最后。當營運資金的增長不能滿足企業經營規模擴張的需要時，一方面抑制增長率，另一方面面臨流動性短缺。企業的營運資金短缺，造成的財務風險加大，破產清算的風險也就增長了，一旦破產清算，最終損害的是股東的權益。

6.1.5　營運資本與風險收益的關係

根據流動資產在總資產中所占的比重，營運資本的投資政策包含激進型、穩健性和保守型。在決定企業適當的營運資本投資政策之前，需要對預計盈利能力和無法完成時帶來的風險進行權衡。盈利能力用總資產收益率來衡量。下面我們用一個例子來說明營運資本投資政策與風險收益之間的關係。

例如：某企業預計稅前利潤為 20 萬元，固定資產 80 萬元，三種投資政策下的流動資產分別為 20 萬元、30 萬元、40 萬元，見表 6-2。

表 6-2

投資政策	A 激進型	B 穩健性	C 保守型
流動資產（萬元）	20	30	40
固定資產（萬元）	80	80	80

表6-2(續)

投資政策	A 激進型	B 穩健性	C 保守型
總資產（萬元）	100	110	120
流動負債（萬元）	10	10	10
預計息稅前利潤（萬元）	20	20	20
總資產收益率（%）	20	18.2	16.7
淨營運資本（萬元）	10	20	30
流動比率（%）	2	3	4

例子中 A 方案流動資產的持有比例較小，淨營運資本比較少，預計收益率達到了 20%，同時也加大了遇到財務困難的風險。

C 方案持有較多低盈利性的流動資產，導致了預計總資產收益率下降，增加了淨營運資本，同時也降低了財務風險。

6.1.6 營運資本管理的基本要求

表 6-3

原則	闡述
保證合理的資金需求	營運資金管理的首要任務。
提高資金使用效率	關鍵是採取得力措施，縮短營業週期，加速變現過程，加快營運資金週轉。
節約資金使用成本	一方面，要挖掘資金潛力，盤活全部資金，精打細算地使用資金；另一方面，積極拓展融資渠道，合理配置資源，籌措低成本資金，服務於生產經營。
保持足夠的短期償債能力	合理安排流動資產和流動負債的比例關係，保持流動資產結構與流動負債結構的適配性，保證企業有足夠的短期償債能力是營運資金管理的重要原則之一。

6.2 現金管理

6.2.1 持有現金的動機

6.2.1.1 交易性動機

企業持有現金是為了滿足日常生產經營的需要。企業在生產經營過程中，需要購買原材料，支付各種成本費用。為了滿足這種要求，企業應持有一定數量的現金。

6.2.1.2 預防性動機

企業在現金管理時，要考慮到可能出現的意外情況。為了應付企業發生意外可能對現金的需要，企業應準備一定的預防性現金。

6.2.1.3 投機性動機

企業的現金是與有價證券投資聯繫在一起的，即多余的現金購買有價證券，需要現金將有價證券變現成現金。但是，有價證券的價格與利率的關係非常緊密。一般來說，利率的下降會使有價證券的價格上升；利率的上升會使有價證券的價格下降。當企業持有大量現金要購買有價證券時，可能由於預測利率將要上升而停止購買有價證券，這樣企業就會持有一定量的現金，即投機性現金需求。

6.2.2 現金管理的目標與內容

現金管理的目標是：權衡現金的流動性和收益性，合理安排現金收支，最大限度地獲取收益。

現金管理的內容包括：

（1）制度管理。首先要遵守國家關於現金的管理規定。國家關於現金的管理制度主要包括現金的使用範圍、庫存現金的限額、現金的存取規定等。其次要建立企業內部的關於現金管理的制度。企業內部現金的管理制度包括專人管理制度、現金登記制度、內部審計制度。

（2）預算管理。以現金預算作為管理現金活動的標準。主要包括現金收入管理、現金支出管理、現金余額管理等內容。利用預算管理能夠提高企業的整體管理水平。

（3）收支管理。收支管理主要包括兩個方面：一是加速收款，採取一些技術手段盡量使現金回收的時間縮短；二是控製現金支出。在不影響企業信譽的情況下，盡可能推遲款項的支付，利用銀行存款的浮遊量。

6.2.3 現金預算的編製

現金預算（Cash Budget）是指企業運用一定的方法，對未來一定時期的現金需要進行預測，並採取相應對策的方法。現金預算為投資和籌資決策的制定提供了基礎，能夠最大限度地提高企業現金管理的效率。

編製現金預算通常使用收支法。在收支法下，現金預算的編製步驟如下：

（1）預測現金收入，根據收入計算企業所能獲得的現金流入；

（2）預測現金支出，根據現金支出計劃，計算購買原材料、支付工資、支付費用和稅費等現金流出額；

（3）計算現金余缺。其計算公式為：

現金結余＝期初余額＋本期流入－本期流出－期末余額

6.2.4 確定最佳現金余額

為了滿足生產經營的需要，企業需要持有一定量的現金。但是持有過多會發生大量成本，降低收益；持有過少又會影響到企業正常的生產經營，到底持有多少現金才合

適呢？

最優現金水平：既滿足生產經營的需要，將企業的違約水平控製在較低水平，又避免過多現金占用，使現金使用的效率和效益達到最高。

確定最佳現金余額的方法主要有存貨模型、米勒—奧爾模型、經驗公式。

6.2.4.1 存貨模型（鮑曼模型）

現金是企業生產經營活動中的一種特殊存貨。

基本原理：將現金持有量與有價證券聯繫起來衡量，即將持有現金的成本與轉換有價證券所發生的交易成本進行平衡，以求得兩項成本之和最低時的現金持有量。

基本假設：

（1）未來現金流穩定均衡且可以預測；

（2）企業所需要的現金可以通過證券變現取得，且證券變現的不確定性很小；

（3）證券的利率或報酬率以及每次固定性交易費用可以確定；

（4）只考慮現金流出，不考慮現金流入。

其計算公式為：

現金總成本 = 持有現金成本 + 現金交易成本

$$TC = \frac{Q_C}{2}K + \frac{T}{Q_C}F$$

式中：Q_C——最優現金余額（年現金總需求量）；

　　　　K——持有現金的機會成本；

　　　　T——特定時期內的現金的總需求量；

　　　　F——進行證券交易或貸款的固定成本（平均每次資產轉化費用）。

使總成本最小的現金持有量就是最優現金余額：

$$Q_C = \sqrt{\frac{2TF}{K}}$$

最低總成本：

$$TC = \sqrt{2TFK}$$

交易次數 $= \frac{T}{Q} = \sqrt{\frac{TK}{2F}}$

【例6-1】B公司現金收支狀況穩定，根據歷年資料分析，預計全年現金總需求量為150萬元，有價證券的轉換成本為每次100元，國庫券的年收益率為12%。請用存貨模式計算最佳現金余額和最低總成本。

最佳現金持有量 $Q_C = \sqrt{\dfrac{2TF}{K}}$

$$= \sqrt{\frac{2 \times 年現金需求總量 \times 證券交易成本}{國庫券收益率}}$$

$$= \sqrt{\frac{2 \times 1,500,000 \times 100}{12\%}}$$

$$= 50,000(元)$$

最低總成本 = $\sqrt{2 \times 1,500,000 \times 100 \times 12\%}$ = 6000（元）

機會成本 = $50,000 \div 2 \times 10\%$ = 2500(元)

轉換成本 = $1,500,000 \div 50,000 \times 100$ = 3000(元)

6.2.4.2 米勒—奧爾模型

假設：

（1）現金流入和流出隨機波動；

（2）每日既有現金流入也有現金流出；

（3）每日淨現金流量服從正態分佈。

設：H 為現金控製上線；L 為現金控製下線；Z 為最佳現金余額（現金余額的均衡點）。

企業的現金余額在 H 和 L 之間隨機上下波動，此時不會發生現金交易。當現金余額升至 H 時，如 X 點，則企業購入 H-Z 元有價證券。當現金余額降至 L 時，如點 Y，企業就需要出售 Z-L 元有價證券，使現金余額回升到 Z。管理層設置 L 下限取決於企業對現金短缺風險的承受程度、公司籌款能力、公司日常週轉所需資金等因素。見圖 6-1。

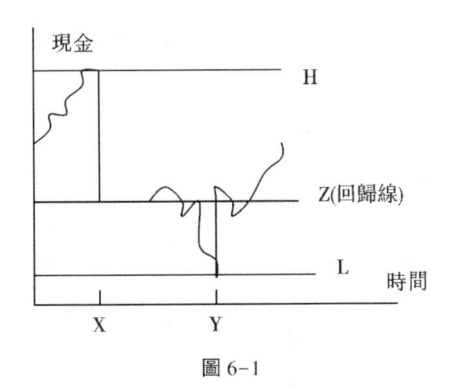

圖 6-1

米勒—奧爾模型每期的交易次數是隨各期變化而變化的一個隨機變量，它取決於現金流入與現金流出的模式。

每期的交易成本取決於該期有價證券的期望交易次數。持有現金的機會成本是每期期望現金余額的函數。

現金持有政策的期望總成本＝期望交易成本＋期望機會成本

則最佳現金餘額的計算公式為：

$$Z = \sqrt[3]{3F\sigma^2/4K}$$

現金餘額的持有上限的計算公式為：

$$H = 3Z + L$$

【例6-2】企業現金經理決定現金餘額下限L為15,000元，估計現金流量標準差為1500元，持有現金的年機會成本為20%，換算為日投資收益率為0.041%，固定轉換成本F為200元。試計算該企業最佳現金餘額。

最佳現金餘額 $Z = \sqrt[3]{\dfrac{3 \times 200 \times 1500^2}{4 \times 0.041\%}} = 9372$（元）

最低總成本 $TC = 9372+15,000 = 24,372$（元）

現金餘額上限 $H = 3\times9372+15,000 = 43,116$（元）

6.2.4.3 經驗公式

最佳現金餘額＝(上年現金平均佔用額－不合理佔用額)×(1±預計銷售收入變化百分比)

6.2.5 現金的日常管理

6.2.5.1 建立健全企業的現金管理制度

實行錢帳分離、財務主管保管印章的相互牽制制度。

6.2.5.2 閒置現金投資管理

企業在籌集資金和經營業務時會取得大量的現金，這些現金在用於資本投資或其他業務活動之前，通常會閒置一段時間。可以將其投入到流動性高、風險性低、交易期限短，且容易變現的投資如國債、企業債券、股票等，以獲取更多的利益。

6.2.5.3 現金收入的管理

（1）折扣、折讓激勵法

在企業急需現金的情況下，可以通過一定的折扣、折讓來激勵客戶盡快結付帳款。例如：10天內付款給予客戶3%的折扣，20天內給予2%的折扣，30天內給予1%的折扣等。使用這種方法企業本身必須根據現金的需求程度和取得該筆現金後所能發揮的經濟效益，以及為此而折扣、折讓形成的有關成本，進行精確地預測和分析，從而確定出一個令企業和客戶雙方都能滿意的折扣或折讓比率。

（2）銀行業務集中法

這是一種通過建立多個收款中心來加速現金流轉的方法。

（3）大額款項專人處理法

企業設立專人負責制度，將現金收取的職責明確落實到具體的責任人，提高辦事效

率，從而加速現金流轉速度。採用這種方法時，必須保持人員的相對穩定，因為處理同樣類型的業務，有經驗的通常比沒有經驗的要方便、快捷。

6.2.5.4 現金支出管理

在合理合法的前提下，盡可能地延緩現金的支出時間是控製企業現金持有量最簡便的方法。當然，這種延緩必須不影響企業信譽的；否則，企業延期支付所帶來的效益必將遠小於為此而遭受的損失。企業延期支付帳款的方法主要有：

（1）推遲支付應付帳款法

供應商在向企業收取帳款時，都會給企業預留一定的信用期限。企業可以在不影響信譽的前提下，盡量推遲支付的時間。

（2）匯票付款法

這種方法是在支付帳款時，可以採用匯票付款的盡量使用匯票，而不採用支票或銀行本票，更不是直接支付現鈔，從而達到合法地延期付款的目的。

（3）合理利用「浮遊量」

現金的浮遊量是指企業現金帳戶上現金金額與銀行帳戶上所示的存款額之間的差額。有時企業已開出的付款票據，銀行尚未付款出帳，而形成的未達帳項。對於這部分現金的浮遊量，企業可以根據歷年的資料進行合理地分析預測，有效地加以利用。

（4）分期付款法

適當地採取分期付款的方法，可以採用大額分期付款、小額按時足額支付的方法。對於採用分期付款方法時，一定要妥善擬訂分期付款計劃，並將計劃告之客戶，且必須確保按計劃履行付款義務，這樣就不會失信於客戶。

（5）外包加工法

對於生產型企業特別是工序繁多的生產型企業，可以採取部分工序外包加工的方法，有效地節減企業現金。外包后，只需要先付給外包單位部分定金就可以了。在支付外包單位的帳款時，還可以採用上述方法合理地延緩付款時間。

6.3 應收帳款管理

應收帳款是指企業因銷售商品、提供勞務等經營活動，向購貨單位或接受勞務單位應收而未收的款項，主要包括企業銷售商品或提供勞務等應向有關債務人收取的價款及代購貨單位墊付的包裝費、運雜費等。

6.3.1 應收帳款管理概述

應收帳款管理是指在賒銷業務中，從授信方（銷售商）將貨物或服務提供給受信方（購買商），債權成立開始，到款項實際收回或作為壞帳處理結束，授信企業採用系統的方法和科學的手段，對應收帳款回收全過程所進行的管理。其目的是保證足額、及

時收回應收帳款，降低和避免信用風險。應收帳款管理是信用管理的重要組成部分，它屬於企業後期信用管理範疇。

應收帳款管理的目標對於一個企業來講，應收帳款的存在本身就是一個產銷的統一體，企業一方面想借助於它來促進銷售，擴大銷售收入，增強競爭能力；另一方面希望盡量避免由於應收帳款的存在而給企業帶來的資金週轉困難、壞帳損失等弊端。如何處理和解決好這一對立又統一的問題，便是企業應收帳款管理的目標。

應收帳款管理的目標是要制定科學合理的應收帳款信用政策，並在這種信用政策所增加的銷售盈利和採用這種政策預計要擔負的成本之間做出權衡。只有當所增加的銷售盈利超過運用此政策所增加的成本時，才能實施和推行使用這種信用政策。同時，應收帳款管理還包括企業未來銷售前景和市場情況的預測與判斷，以及對應收帳款安全性的調查。如企業銷售前景良好，應收帳款安全性高，則可以進一步放寬其收款信用政策，擴大賒銷量，獲取更大利潤；相反，則應相應嚴格其信用政策，或對不同客戶的信用程度進行適當調整，確保在企業獲取最大收入的情況下，使損失降到最低點。

企業應收帳款管理的重點，就是根據企業的實際經營情況和客戶的信譽情況制定企業合理的信用政策。這是企業財務管理的一個重要組成部分，也是企業為達到應收帳款管理目的必須合理制定的方針策略。

6.3.2 信用政策的制定

賒銷能夠擴大銷售，刺激利潤增長，是企業促進銷售的重要手段。但應收帳款會占用企業大量現金，產生機會成本，引起資金的週轉，使企業的財務風險增大。

為了更好地利用應收帳款，享受賒銷帶來的收益，同時降低企業風險，更好地管理應收帳款，必須制定符合自身特點的信用政策。

6.3.2.1 信用標準

信用標準是指顧客獲得企業的交易信用所應具備的條件。如果顧客達不到信用標準，便不能享受企業的信用或只能享受較低的信用優惠。在設定信用標準時，要充分考慮客戶可能延期支付和最終成為壞帳損失的可能性。在收集、整理客戶的信用資料後，即可採用五 C 評估法系統分析客戶的信用程度。為避免信用評價人員的主觀性，在對客戶信用狀況進行定性分析的基礎上，有必要對客戶的信用風險進行定量分析。企業應根據具體情況權衡利弊，制定合理的信用標準，既能使企業保持適當的應收帳款水平，又能滿足擴大銷售規模、提高市場競爭力、增加利潤的需要。

6.3.2.2 信用條件

信用條件是指銷貨企業要求賒購客戶支付貨款的條件，包括信用期限、折扣期限和現金折扣。信用期限是企業為顧客規定的最長付款時間，折扣期限是為顧客規定的可享受現金折扣的付款時間，現金折扣是在顧客提前付款時給予的優惠。

信用期限是企業對客戶提供商業信用而提出的最長付款時間。信用期間過短，不足以吸引客戶，在競爭中會使銷售額下降；信用期間過長，對銷售額固然有利，但如果盲目放寬信用期，可能影響資金週轉，使得相應的費用增加，甚至造成利潤的減少。現金折扣是企業對客戶早付款時的一種優惠。建立現金折扣政策的主要目的是為了吸引客戶為享受優惠而提前付款，縮短平均收現期。現金折扣同樣會對企業的收益和費用同時產生影響。如果制定方法不當，也會使企業得不償失。所以，企業要根據具體情況制定合適的信用條件。

6.3.3 信用調查與信用評估

6.3.3.1 客戶的信用評估

企業在對客戶進行賒銷前，首先必須對客戶的信用狀況進行調查，然后對客戶的信用情況進行評估。客戶信用狀況的評估結果是企業制定信用政策、確定信用標準的前提。進行企業信用評估的方法很多，常用的有以下兩種：

（1）5C 評估法

所謂 5C 評估法是指通過重點分析影響企業信用的五個方面，而對客戶信用進行評估的方法。

①品質。品質是指債務到期時客戶願意主動履行償債義務的可能性。客戶的品質主要是企業領導人或主管部門負責人的品質。其好壞將直接影響到應收帳款的回收速度和數量，品質被認為是影響信用狀況最重要的因素。

②能力。能力是指客戶的償債能力。通過分析與客戶收益有關的各種財務資料，企業就可以大致預測出該企業客戶在信用期滿時的償債能力。

③資本。資本是指客戶的一般財務狀況。企業通過分析客戶的各項財務比率，如流動比率、資產負債率等，可以瞭解客戶的一般財務狀況。

④抵押品。抵押品是指客戶為獲得信用可能提供擔保的資產。如果客戶能夠提供抵押品，企業向他們提供信用的風險就小得多，因此信用標準可以適當放寬。

⑤環境。環境是指外部環境，如經濟形勢和競爭狀況。外部環境對客戶來說雖然不可控，但會直接或間接影響到客戶的信用狀況。

對以上五個因素分別分析后，還要對這些因素進行排列綜合。每個因素都是良好，說明客戶的信用狀況最佳；反之，每個因素都不好，說明客戶的信用狀況最差。

（2）信用評級法

信用評級法是指直接借用評估機構所發布的信用等級結論，對客戶信用進行評估的方法。信用評估機構在企業信用等級評價方面，目前主要採用兩種標準。

①三等九級制。三等九級制把企業的信用狀況分為 A、B、C 三等和 AAA、AA、A、BBB、BB、B、CCC、CC、C 九級。按照國際慣例 AAA 級和 AA 級表示信用狀況良

好；A 級和 BBB 級表示信用狀況一般；BB 級和 B 級表示信用狀況較差；CCC 級、CC 級和 C 級表示信用狀況很差。

②三級制。三級制把企業的信用狀況分為 AAA、AA、A 三個等級。通常 AAA 級表示信用狀況良好，AA 級表示信用狀況一般，A 級表示信用狀況較差或很差。

專門的信用評估機構通常評估方法先進，評估調查細緻，評估程序合理，從而做出的結論的可信程度較高。信用評級法是一種對客戶信用評估的較為簡捷的方法。

6.3.3.2 判斷客戶的信用等級

信用評分是對客戶的有關財務比率指標和其他信用指標進行分析的數量結果。

$$Y = a_1 x_1 + a_2 x_2 + a_3 x_3 + \cdots + a_n x_n = \sum_{i=1}^{n} a_i x_i$$

式中：x_1 表示企業的利息保障倍數；x_2 表示速動比率；x_3 表示資產負債率；x_4 表示存續時間。

權重系數依照不同的金融機構確定的執行。

基本經營和競爭地位，考察企業管理層素質的高低及穩定性、行業發展戰略和經營理念是否明確、穩健，企業的治理結構是否合理等，關聯交易、擔保和其他還款保障。

6.3.4 應收帳款的日常管理

6.3.4.1 設置應收帳款明細分類帳

企業為加強對應收帳款的管理，在總分類帳的基礎上按信用客戶的名稱設置明細分類帳，來詳細地、序時地記載與各信用客戶的往來情況，明細帳應定期同總帳核對。

6.3.4.2 設置專門的賒銷和徵信部門

應收帳款收回數額的多寡及時間的長短取決於客戶的信用。壞帳將造成損失，收帳期過長將削弱應收帳款的流動性。所以，企業應設置賒銷和徵信部門，專門對客戶的信用進行調查，並向對企業進行信用評級的徵信機構取得信息，以便確定要求賒購客戶的信用狀況及付款能力。

6.3.4.3 實行嚴格的壞帳核銷制度

應收帳款因賒銷而存在，所以，應收帳款從產生的那一天起就冒著可能收不回來的風險，即發生壞帳的風險，可以說壞帳是賒銷的必然結果。對於整個賒銷而言，可以將個別壞帳理解為賒銷費用。為了縮小企業的損失，根據配比原則，發生的壞帳應同收益進行配比，從收益中扣除，從而列示企業的實有資產。同時，不虛誇所有者權益及收益，這也是謹慎性原則的要求。

6.3.4.4 制定合理的應收帳款政策

應收帳款政策：信用標準、信用條件（賒帳期限和現金折扣）和收帳政策。

信用標準的確定要求在應收帳款成本（壞帳成本、管理成本、機會成本）和收益

之間取得平衡，使邊際收益等於邊際成本。

【例6-3】A公司生產某種產品，單價為6元/件，變動成本為3元/件，固定成本80萬元，採用15天內按發票金額付款的信用政策，銷售量為100萬件。為了增加銷售量，現擬將信用期放寬到30天。該公司投資的最低報酬率為12%，其他數據見表6-4。

表6-4　　　　　　　　　信用期與收帳費用及壞帳關係　　　　　　　　單位：萬元

應收帳款天數（天）	15	30
銷售量	100	120
銷售額	600	720
銷售成本		
變動成本	300	360
固定成本	180	180
毛利	120	180
可能發生的收帳費用	1.5	2
可能發生的壞帳損失	2	3.2

收益增加：

銷售量增加×單位邊際貢獻＝（120-100）×（6-3）＝60（萬元）

信用期為15天時：

應收帳款平均余額＝600×15÷360＝25（萬元）

銷售成本率＝（300+180）÷600＝75%

應收帳款占用資金＝25×0.8＝20(萬元)

應收帳款應計利息＝20×0.12＝2.4(萬元)

信用期為30天時：

應收帳款平均余額＝600×30÷360＝50（萬元）

銷售成本率＝（360+180）÷720＝75%

應收帳款占用資金＝50×0.75＝37.5(萬元)

應收帳款應計利息＝37.5×0.12＝4.5(萬元)

應計利息增加＝4.5-2.4＝2.1（萬元）

收帳費用和壞帳損失增加：

收帳費用增加＝2-1.5＝0.5

壞帳損失增加＝3.2-2＝1.2

改變信用期間的淨收益：

收益增加-費用增加＝60-（2.1+0.5+1.2）＝56.2（萬元）

由於收益增加大於費用增加，故採用30天信用期。

6.4 存貨管理

6.4.1 存貨管理概述

存貨管理是指將廠商的存貨政策和價值鏈的存貨政策進行作業化的綜合過程。一種管理理念是反應方法或稱拉式存貨方法。它是利用顧客需求，通過配送渠道來拉動產品配送的方法。另一種管理理念是計劃方法。它是按照需求量和產品可得性，主動排定產品在渠道內的運輸和分配的方法。

6.4.2 存貨資金定額的核定

核定存貨資金定額的方法通常有定額日數計算法、因素分析法、比例計算法和余額計算法。

（1）定額日數計算法是根據資金完成一次循環所需要的天數（資金定額日數）和每日平均週轉額（每日平均資金占用額）來計算存貨資金定額的方法。

（2）因素分析法是以有關存貨資金項目上年度的實際平均占用額為基礎，根據計劃年度的生產任務和加速存貨資金週轉的要求，進行分析調整，來計算存貨資金定額的方法。

（3）比例計算法是根據影響存貨資金需要量的相關指標的變動情況，按比例推算存貨資金定額的方法。

（4）余額計算法是以基年結轉余額為基礎，根據計劃年度發生額、攤銷額來計算存貨資金定額的方法。

6.4.3 存貨的決策管理

企業的存貨是製造業採購生產銷售循環中各個環節的緩衝器，可以使企業有彈性的選擇原材料的採購時間，合理地進行資源的配置，滿足產品生產和銷售的需要。但是企業持有存貨過多會產生儲存和管理成本、占用資金，持有過少又會影響企業正常的生產經營活動，不能滿足企業生產經營的需要。為了有效地降低成本，保證企業生產經營的需求，企業要保持一定量的存貨。我們用經濟訂貨模型來為企業的存貨管理做決策。

基本假設：

（1）存貨總需求和訂貨提前期是已知常數，單位貨物成本為常數，無批量折扣；

（2）貨物一次性入庫；

（3）庫存持有成本與庫存量呈線性關係；

（4）貨物是獨立需求的商品，不受其他貨物的影響。

設：TC 為每期存貨的總成本；Q 為每次訂貨批量；R 為每期對存貨的總需求；C_0 為每次訂貨費用；C_F 為每期單位存貨持有費率（保管費）。則有：

$$TC = C_0 \times \frac{R}{Q} + \frac{Q}{2} \times C_F$$

$$EOQ = \sqrt{\frac{2RC_0}{C_F}}$$

$$TC = \sqrt{2C_0 C_F R}$$

【例6-4】 A公司甲材料的年需求量為5000千克，每千克標準進價為20元。銷售企業規定：客戶每批購買量不足1000千克的，按照標準價格計算；每批購買量1000千克以上2000千克以下的，優惠3%；每批購買量2000千克以上的，價格優惠5%。已知每批進貨費用100元，單位材料的年儲存成本4元。計算經濟進貨批量。

在沒有數量折扣（即進貨批量1000千克以下）時的經濟進貨批量和存貨成本總額為：

經濟進貨批量 = $\sqrt{2 \times 5000 \times 100 / 4}$ = 500（千克）

存貨成本總額 = 5000×20+5000/500×100+500/2×4 = 106,000（千克）

進貨批量在1000~1999千克之間，可以享受2%的價格優惠。在此範圍內，進價成本總額是相同的，越接近價格優惠的批量範圍內，成本總額就越低。所以，在可享受3%的價格優惠的批量範圍內，成本總額最低批量是1000千克。存貨成本總額計算如下：

存貨成本總額 = 5000×20×（1-3%）+5000/1000×100+1000/2×4 = 99,500（元）

同理，在享受5%的價格優惠的進貨批量範圍內，成本總額最低的進貨批量為2000千克。存貨成本總額的計算如下：

存貨成本總額 = 5000×20×（1-5%）+5000/2000×100+2000/2×4 = 99,250（元）

通過比較可以發現，在各種價格條件下的批量範圍內，成本總額最低的進貨批量為2000千克。

6.4.4 存貨的日常管理

6.4.4.1 存貨採購管理

一律通過供應部統一採購，各部門需採購存貨時，應填寫一式三份的採購申請表，列明其要求和建議，經部門負責人審批后交供應部。供應部根據公司採購流程實施採購。

6.4.4.2 存貨的驗收、入庫

外購存貨，公司倉庫管理人員應根據隨貨同行的送貨單驗收貨物，需要確認貨物是否為公司訂單所定貨物，實物貨物是否與送貨單一致，貨物是否有損傷。

自制存貨，生產部門加工完畢移交於倉庫的產品，由倉庫部門認真驗收合格後，出具產成品入庫單，並經雙方簽字、確認。

6.4.4.3 存貨的發出

外銷，倉庫管理員根據訂單生成銷售出庫單並發貨，打印銷售出庫單。

內部領用，倉庫管理員根據審核批准后的領料申請單發貨。

6.4.4.4 存貨的盤點

企業確定存貨的實物數量有兩種方法：一種是實地盤存制；另一種是永續盤存制。實地盤存制通常僅適用於一些單位價值較低、自然損耗大、數量不穩定、進出頻繁的特定貨物。會計年度終了，應由倉庫管理人員及獨立的會計記帳人員和科室存貨保管人員進行一次全面的盤點清查，並編製盤點表，保證帳實相符。如有不符，應查明原因及時處理。存貨盤點共同進行。

案例討論

萬科營運資本管理

近幾年來，房地產行業迅速擴張、「屯地」在為房地產企業進行資源貯備的同時，也影響到其資金的週轉效率。儘管從 2007 年下半年起，中央銀行政策對市場發展有一定的影響，但 2007 年以來至今，房地產市場仍繼續保持較快的增長速度。萬科地產（000002）作為房地產行業的龍頭老大，2006 年以來一改前期「現金為王」的策略，開始大規模「屯地」。即使以每年平均 500 萬平方米的消化量計算，公司土地儲備也至少可以維持 4 年以上。更何況，萬科的「屯地」步伐絲毫沒有停止。雖然 2007 年萬科高價拿地，吃過「地王」苦頭，但從 2008 年和 2009 年的拿地面積來看，萬科啓動了其久違的「拿地模式」，營業收入和營業利潤在經過 2008 年的低谷期之後，迅速回升。紅火的市場需求固然喜人，可是大規模「屯地」引發的高比率的存貨又會給萬科帶來怎樣的影響？利潤的激增表明了企業迅速成長，可是公司是否有足夠的融資能力滿足經營活動對現金流的需求？在高成長性的背後，萬科的營運資金管理狀況究竟如何？

萬科高盈利背后的營運資金效率分析

1. 案例背景

與製造業相比，房地產開發行業存貨變現的時間更長，受宏觀環境和政策的影響更多，經營風險也更大。很多房地產企業通過囤地和捂盤追求高銷售利潤率，或通過保持投資性房地產（商業地產出租）平滑利潤，借以控制經營風險。然而，在 2006 年以前，萬科奉行的卻是「專注於住宅開發，通過資產高速週轉來獲取超額回報」的戰略。通過品牌營銷和深入挖掘客戶需求，充分利用現有資源擴大和加速銷售；通過標準化設計和工業化生產縮短建設週期；通過業務外包和嚴控成本費用，以較少的投入實現較大的產出。與同行業優秀企業相比，萬科的存貨週轉率長期處在較好水平，流動週轉率和

總資產週轉率在同行中也長期處於領先水平。然而，隨著房地產行業迅速擴張、「屯地」爭奪愈演愈烈，萬科也逐漸感受到來自各競爭對手的壓力，2000年以後開始改變其一直貫徹的「現金為王」的政策，啓動了久違的「拿地模式」。

表 6-5

年度	每股收益(元)	資產報酬率(%)	淨資產收益率(%)	淨利潤(億元)	營業收入(億元)
2007	0.73	5.62	46.55	53.18	355.27
2008	0.37	4.20	12.65	46.4	409.92
2009	0.48	4.95	14.26	64.3	488.81

從表6-5可以看出，萬科的每股收益、資產報酬率和淨資產收益率在2008年跌入谷底後，2009年發生反轉，較2008年有一定的增幅，2009年的淨利潤和營業收入甚至還超過了2007年的數值，創出歷年新高。眾所周知，2008年中國的房地產行業進入低谷，萬科也不例外。從萬科公布的數據來看，萬科2008年累計銷售面積557.0萬平方米，銷售金額478.7億元。其中，銷售面積同比下滑近9.2%，銷售金額下滑8.6%。但2008年12月銷售額環比增長50%以上，12月萬科實現銷售面積66.1萬平方米、銷售金額53.4億元。萬科這一業績基本上與市場預期相符合，雖然2008年總體業績下滑，但這是整個經濟環境所致。萬科在2008年的經營低谷之後，迅速恢復「拿地模式」，各項盈利能力指標也顯示著其高速的發展。進一步深入分析其盈利增長來源，我們發現萬科2009年盈利的增長主要來源於：一是資產減值準備的轉回。受政策利好、市場信心恢復的影響，2009年全國房地產成交大幅增長，帶動了房價、土地價格的上漲，萬科所儲備的土地、在建及已建商品房獲得增值，原計提的存貨跌價準備於2009年轉回，轉回金額達55,267萬元，對淨利潤的增長起著很大的推動作用。二是投資收益的增加。被投資單位分紅，按成本法核算，萬科獲得投資收益19,795萬元，較2008年增加4763%；被投資單位收益增長，按權益法核算，萬科獲得投資收益54,186萬元，較2008年增加158%，而被投資單位基本是從事房地產或與房地產相關的行業。三是利息費用的減少。從報表附註可以看出，萬科債務的利息率較2008年下降，企業承擔的利息費用減少，這也有利於淨利潤的提高。雖然營業收入創歷年新高，但營業毛利、主要經營利潤較2008年有明顯下降，對淨利潤的增長產生負向作用，萬科主要經營活動創造利潤的能力略有下降，並未得到增強。由此可見，萬科高速增長的帳面利潤背後可能隱藏著經營方面的問題。下面我們就從萬科的營運資金入手，分析其高盈利的背後營運資金週轉及融資狀況。

2. 萬科的營運資金狀況

（1）收入與資產結構的配比分析

表6-6　　　　　2007—2009年萬科營運資金與主營業務收入比率　　　　單位：億元

項目	2007年	2008年	2009年
總資產	1000.94	1192.37	1376.09
流動資產占總資產比例（%）	95.34	95.15	94.71
流動資產	954.33	1134.56	1303.23
流動負債	487.74	645.54	680.58
淨營運資金	466.59	489.02	622.65
主營業務收入	355.27	409.92	488.81
淨營運資金主營業務收入比率（%）	1.31	1.19	1.27
對比			
保利地產	2.68	2.17	2.19
招商地產	2.28	5.12	1.87
金融街	0.83	2.53	3.37
陸家嘴	3.06	2.41	0.82

萬科的總資產和主營業務收入從2007年到2009年，增長了約40%，相對於地產行業均值來說，萬科的主營業務收入增長並不算很高。對比於同行業的招商地產、保利地產等的高速發展，萬科採取的似乎是一種穩健的發展策略。三年來，其流動資產占總資產比例一直維持在95%左右。從營運資金需求上分析，萬科的生產經營活動有顯著特點。首先，營運資金需求量大，占主營業務收入的比例較高（為了更好地研究營運資金與主營業務收入的增長配比情況，我們引入「淨營運資金主營業務收入比率」這一指標，即營運資金週轉率的倒數）。但與同行業的保利地產、招商地產、金融街以及陸家嘴相比，其淨營運資金主營業務收入比率相對比較小。近三年，營運資金數額均大於營業收入數額，這與資金密集型行業特點有關，地產項目一般生產週期較長，附加價值較高。其次，收入和營運資金需求的增長方向一致。三年裡，萬科的營運資金增長33%，主營業務收入增長38%，相比較於同行業高速增長的招商地產等來看，其銷售收入和流動資產結構的配比是比較合理的。

（2）資金週轉狀況

表 6-7　　　　　　　　　　2007—2009 萬科資金週轉率　　　　　　　　　單位：億元

年度	營業收入	流動資產 數額	流動資產 週轉率（%）	應收帳款 數額	應收帳款 週轉率（%）	應付帳款 數額	應付帳款 週轉率（%）	存貨 數額	存貨 週轉率（%）	營運資金 數額	營運資金 週轉率（%）
2007	355.27	954.33	0.49	8.65	57.79	111.04	2.42	664.73	0.41	466.59	0.76
2008	409.92	1134.56	0.39	9.23	45.83	128.96	2.08	858.99	0.33	489.02	0.84
2009	488.81	1303.23	0.40	7.13	59.76	163	2.36	900.85	0.39	622.65	0.79

三年中萬科加強了對應收帳款的管理，應收帳款週轉率有所提高，但由於房地產行業按揭貸款銷售的特徵，應收帳款比重很小，占流動資產的比例不到 1%，很難對公司整體的流動性造成影響，所以應收帳款的週轉不具有重要性。而應付帳款的比例較大，平均約占流動資產的 12%，應付帳款週轉率在近三年變化不大，只是略微有下降趨勢。在流動資產總額裡，存貨占了很大的比重（近三年平均占總資產的 72.03%），因此，存貨週轉率的變動對流動資產週轉率變動的影響最大。

（3）存貨資金的沉澱

萬科的存貨週轉率一直很低，一方面是由於房產這種商品本身週轉比較慢；另一方面，隨著近幾年「房地產熱」，企業不斷擴張，增加企業的存貨量。除去每年保持 20% 左右的貨幣資金，萬科其餘的流動資產全部為存貨。土地作為房地產行業的存貨變現能力尤為差，存貨週轉率極低。這些資金被存貨長期占用，早已喪失了其流動資產的特性，幾乎沒有變現能力，資產的使用效率並不理想。下面我們通過萬科的存貨結構來分析存貨對其資產流動性的影響，見表 6-8。

表 6-8　　　　　　　　　2007—2009 年萬科存貨結構　　　　　　　　　單位：萬元

	2007 年	2008 年	2009 年
存貨			
已完工開發產品	466,625	790,115	531,999
原材料	5148	4846	6000
庫存商品	1261		
擬開發產品	2,787,760	3,471,910	4,362,690
在建開發產品	3,387,690	4,447,110	4,170,310
存貨合計	6,648,484	8,713,981	9,070,999
擬開發和在建開發產品占存貨的比例（%）	92.89	90.88	94.07
流動資產	9,543,250	11,345,600	13,032,300
存貨占流動資產的比例（%）	69.67	76.80	69.60

從購買土地到商品房上市銷售，沉澱在開發過程中的資金主要以三種形式存在，即土地使用權、年內擬開發的土地和在建開發產品。其中作為土地使用權的無形資產，占用資金較少，大部分資金都被後兩個階段所占據。而在萬科的存貨結構中，除了原材料、庫存商品以及少量已開發完成的商品房外，90%以上為擬開發和在建中的土地，這一比例在2008年房產行業不景氣時稍有下降，但在2009年又回升至2007年以上的水平，達到94%，大量的資金沉澱在土地上。從2007—2009年間萬科的拿地政策來看，雖然自2007年董事長王石拋出「拐點論」後，萬科就開始採取減少庫存、升級產品為主導的防禦性戰略，整個2008年萬科拿地速度以及新建面積銳減。但隨著政府救市政策出抬和天量放貸進入地產市場，房地產從寒冬迅速回暖，萬科在2009年感到了內外部的巨大壓力，迅速啟動了「拿地模式」，2009年萬科拿地共支付地價款約241.8億元。可見，雖然萬科的流動資產數量比較大且穩定，但是主要資金都沉澱在土地中，流動資產週轉效率不高，不僅沒能提高萬科應對營運風險的能力，而且現金流壓力巨大，營運資金的收益性和效率都不高。存貨作為主要的流動資產是實現未來的營業收入的重要資源儲備。然而，這些土地儲備到目前為止，還不能轉化為已完成開發過程的商品資產，難以在短期內實現營業收入現金流。同時，這些土地儲備要轉化為可出售狀態的房地產商品，還需要追加巨額的持續性資金投入。如果沒有持續的資金投入，不僅無法實現帳面利潤，更無法保證資金回流、完成資金鏈的循環。隨著房地產行業銀行信貸門檻的提高，高比例存貨資金的沉澱對萬科的融資政策提出了嚴峻的挑戰。萬科的營運資金融資能否配合高比例存貨資金的沉澱呢？

3. 萬科的營運資金融資政策

2007—2009年間，萬科經營活動產生的現金流不斷增加，商品、勞務收入支出比例逐年增大，用於商品和勞務的資金缺口越來越小，2008年和2009年甚至出現收入大於支出。行業平均值顯示，房地產行業經營活動對資金的需求比較高，商品、勞務收入支出比例的行業均值約為1左右，萬科該比率顯著高於行業均值。雖然投資活動產生的現金流連續三年為負，但由於經營活動現金流比較充裕，萬科2007—2009年間籌資活動現金流顯著下降，通過籌資活動來滿足經營活動的需求量越來越小。

表6-9　　　　　2007—2009年萬科現金流量結構　　　　　單位：億元

	2007年	2008年	2009年
經營活動產生的現金流量	-104.38	-0.34	92.53
其中：銷售商品、提供勞務收到的現金	447.13	427.83	575.95
購買商品、接受勞務支出的現金	461.71	302.18	345.60
商品、勞務收入支出比率（%）	0.97	1.42	1.67
投資活動產生的現金流量	-46.04	-28.44	-41.91

表6-9(續)

	2007年	2008年	2009年
籌資活動產生的現金流量	213.61	58.66	-30.29
現金淨流量	63.19	29.88	20.34
每股經營現金流量	-1.5189	-0.0031	0.8416

雖然萬科經營活動創造現金流量的能力不斷加強，但是總的來說，萬科2007—2009年三年中的每股經營現金流量很小，甚至為負，三年分別為-1.519元/股、-0.003元/股和0.842元/股。近幾年萬科依靠規模效益實現了業務的迅速擴張，「囤地」支出越來越大，沉澱在存貨中的資金占用越來越多，這也意味未來幾年萬科對資金的需求仍然十分強烈。如果現金流量不足以應對購買土地的大額支出的話，這種極度的擴張將給萬科帶來巨大的負面影響，不僅將限制企業進一步的發展，而且可能會引發財務危機等一系列的問題。因此，如何提高自身的融資能力是萬科亟待解決的問題。

表6-10　　　　　　　　　　淨營運資金存量及融資結構　　　　　　　　單位：億元

公司/項目		2007年		2008年		2009年	
^	^	淨營運資金	流動負債占流動資產比例(%)	淨營運資金	流動負債占流動資產比例(%)	淨營運資金	流動負債占流動資產比例(%)
萬科		466.59	51.11	489.02	56.90	622.65	52.22
對比	保利地產	217.12	46.55	336.965	36.67	502.706	43.20
^	招商地產	93.842	56.69	182.79	43.75	189.239	55.62
^	金融街	34.9644	62.20	141.5883	32.79	210.31	36.99
^	陸家嘴	62.7481	43.22	41.0256	66.94	28.6724	72.54

由於購地支出，房地產行業普遍需要部分長期負債和權益對流動資產進行補充融資。隨著規模的擴大，萬科的淨營運資金不斷增長，從2007年的466.59億元增長到2009年的622.65億元，增長幅度大約為40%，而萬科的流動負債基本穩定在流動資產的50%左右，也就意味著長期負債和權益融資要滿足部分流動資產資金的需求。與同行業其他規模較大、盈利能力較強的公司進行對比發現，這種流動負債融資相對不足的現象普遍存在。在房地產行業，土地就是資本，優質土地更無疑會提高公司的盈利能力，因此，盈利能力很強的公司普遍淨營運資金較多。然而，高盈利能力相應的代價是高昂的融資成本和較長的資金鏈，大量淨營運資金缺口需要依靠長期負債和權益融資進行補充。長期資金的到期日遠，到期不能還本付息的風險較小。但是長期資金的利息成本較高，並且缺乏彈性，會影響企業的經濟效益。股權融資固然擁有著不用償還等好處，但是不僅成本高昂，而且存在著股權稀釋等問題。

從整個房地產行業來看，國家加強對銀行信貸管制的情況近幾年不會改變。為了保證企業對現金流的需求，萬科加強了融資力度，努力開拓融資途徑。萬科主要通過股權融資、銀行信貸、債券融資和信託借款來進行融資。股權融資固然是一種好的方式，但畢竟有限，大約占到所有融資的30%，其餘70%資金為債權融資。雖然萬科近年也努力擴充融資渠道，但這逾七成的負債還是主要來自於高利率的銀行信貸。高比例的銀行信貸不僅提高了萬科的經營成本，也加大了企業的風險。

資料來源：道克巴巴DOC88.COM，作者：馬忠，2014年4月19日。

問題：

請你閱讀上述材料後，思考萬科的債務融資傾向於哪種方式？這種方式會給萬科的經營帶來哪些風險？萬科應該怎麼樣應對這些風險？

本章小結

營運資金是企業流動資產和流動負債的總稱。流動資產減去流動負債的余額稱為淨營運資金。營運資金管理包括流動資產管理和流動負債管理。

營運資本具有週轉時間短、變現能力強、數量具有波動性、來源廣等特性。

現金是指立即可以投入流通的交換媒介。它具有普遍的可接受性，可以有效地立即用來購買商品、貨物、勞務或償還債務。它是企業中流通性最強的資產。可由企業任意支配使用的紙幣、硬幣。

持有現金的動機包括交易性動機、預防性動機、投機性動機。

確定最佳現金余額的方法有存貨模型、米勒—奧爾模型。

應收帳款是伴隨企業的銷售行為發生而形成的一項債權。因此，應收帳款的確認與收入的確認密切相關。通常在確認收入的同時，確認應收帳款。該帳戶按不同的購貨或接受勞務的單位設置明細帳戶，進行明細核算。

應收帳款表示企業在銷售過程中被購買單位所占用的資金。企業應及時收回應收帳款以彌補企業在生產經營過程中的各種耗費，保證企業持續經營；對於被拖欠的應收帳款應採取措施，組織催收；對於確實無法收回的應收帳款，凡符合壞帳條件的，應在取得有關證明並按規定程序報批后，做壞帳損失處理。

存貨是指企業在日常活動中持有以備出售的產成品或商品、處在生產過程中的在產品、在生產過程或提供勞務過程中耗用的材料、物料等。存貨區別於固定資產等非流動資產的最基本的特徵是：企業持有存貨的最終目的是為了出售，不論是可供直接銷售（如企業的產成品、商品等），還是需經過進一步加工后才能出售（如原材料等）。

知識拓展

零營運資金管理

20世紀90年代以來，零營運資金管理作為一種新興的財務管理理念在世界範圍內受到推崇。由於傳統的營運資本理念已不適應當今的國際市場，這種以減少流動資產上的投資並大量舉借短期負債為方式的「零營運資金管理」理念便應運而生。

零營運資金管理的基本原理，即從營運資金管理的著重點出發，在滿足對流動資產基本需求的前提下，盡可能地降低企業在流動資產（主要為存貨和應收帳款）上的投資額，並大量利用短期負債進行流動資產的融資。如某大型汽車生產廠家，採用延遲支付應付帳款，大量占用供應商的資金，將生產的汽車銷售並收到貨款後，再支付供應商的貨款。零營運資金管理會有較高的盈利水平，即所謂的高風險、高收益。

實現零營運資金管理的有效途徑，從流動資產與流動負債兩方面著手：

貨幣資金的週轉公式為：現金週期＝存貨週轉期＋應收帳款週轉期－應付帳款週轉期。通過上面的公式可以看出，要想縮短週期，就要從存貨管理、應收帳款管理和應付帳款管理三個方面入手。在存貨管理方面，一是要加強銷售力度，增加銷售以減少存貨週轉期；二是要通過確定訂貨成本、採購成本以及儲存成本計算經濟批量，使存貨占用的資金盡可能的減少。在應收帳款管理方面，企業銷售只有貨幣資金的回收才能創造價值。因此，要在信用風險分析的基礎上，制定科學合理的應收帳款信用政策。通過這些措施使客戶盡量提前交付貨款，實現資金回籠，從而加速應付帳款的週轉。在應付帳款管理方面，企業拖延付款雖然可以加強企業對資金的有效利用，但是也同時帶來信譽損失的風險，所以企業應權衡利弊找到最佳方案。

合理利用流動負債，企業要想得到短期資金主要有兩條渠道：一是商業信用；二是短期銀行借款。企業籌集短期資金的渠道不僅有商業信用以及短期銀行借款，還有短期融資債券、應付工資、票據貼現等多種形式，但是無論採用哪種籌資方式都各有利弊。要想實現「零營運資金管理」，企業一定要在仔細分析比較的前提下，選擇最合理的籌資組合，在考慮企業的償債能力、保證企業良好信譽的前提下，盡量多使用流動負債。對流動資產而言，就是要最大限度地減少流動資產投資金額，從而加速資金週轉；對流動負債而言，則要有一個暢通的短期融資通道，來滿足企業日常的運作需要。

資料來源：郎曉旭，安亞人. 企業零營運資金管理問題研究［J］. 經濟視角，2012（2）.

即問即答

即問：

1. 什麼是營運資金？
2. 營運資金有什麼特點？
3. 現金的持有動機包括哪些內容？
4. 應收帳款產生的原因是什麼？

即答：

1. 營運資金也叫營運資本。廣義的營運資金又稱總營運資本，是指一個企業投放在流動資產上的資金，包括現金、有價證券、應收帳款、存貨等占用的資金；狹義的營運資金是指某時點內企業的流動資產與流動負債的差額。

2. 營運資金的特點如下：①週轉時間短；②非現金形態的營運資金如存貨、應收帳款、短期有價證券容易變現；③數量具有波動性；④來源具有多樣性。

3. 現金的持有動機包括：①交易性動機；②預防性動機；③投機性動機。

4. 應收帳款產生的原因包括：①商業競爭；②銷售和收款的時間差。

實戰訓練

1. 什麼是營運資金？簡述營運資金的特點。
2. 營運資金的管理應遵循哪些原則？
3. 簡述現金的持有動機和成本。
4. 什麼是 5C 評估法？
5. 簡述應收帳款的日常管理。
6. 企業為什麼要儲備存貨？儲備存貨的成本包括什麼？
7. 簡述 ABC 分類法的基本做法。
8. 某企業 2008 年 A 產品銷售收入為 4000 萬元，總成本為 3000 萬元，其中固定成本 600 萬元。2009 年該企業有兩種信用政策可供選用：甲方案給予客戶 60 天信用期限（n/60），預計銷售收入為 5000 萬元，貨款將於第 60 天收到，其信用成本為 140 萬元；乙方案的信用政策為（2/10、1/20、n/90），預計銷售收入為 5400 萬元，將有 30% 的貨款於第 10 天收到，20% 的貨款於第 20 天收到，其餘 50% 的貨款於第 90 天收到（前兩部分貨款不會產生壞帳，后一部分貨款的壞帳損失率為該部分貨款的 4%），收帳費用為 50 萬元，該企業 A 產品銷售額的相關範圍為 3000 萬～6000 萬元，企業的資金成本率為 8%。

要求：

（1）計算該企業2008年的變動成本總額和變動成本率；

（2）計算乙方案的應收帳款平均收帳天數、應收帳款平均餘額、維持應收帳款所需資金、應收帳款機會成本、壞帳成本和採用乙方案的信用成本；

（3）甲方案的現金折扣、乙方案的現金折扣、甲、乙兩方案信用成本前收益之差，甲、乙兩方案信用成本後收益之差；

（4）你認為該企業會採取何種信用政策的決策，並說明理由。

9. 已知A公司現金收支平穩，預計全年（360天）現金需要量為360,000元，現金與有價證券的轉化成本為每次360元，有價證券年均報酬率為6%。

要求：

（1）運用存貨模式計算最佳現金持有量；

（2）計算最佳現金持有量下的最低現金管理相關總成本、全年現金轉換成本和全年現金持有機會成本；

（3）計算最佳現金持有量下的全年有價證券交易次數和有價證券交易間隔期。

10. B企業目前年賒銷收入為30萬元，信用條件為（n/30）。變動成本率為70%，有價證券收益率為12%。該企業為擴大銷售擬定了A、B兩個信用條件方案：甲方案信用條件為（n/60），預計賒銷收入將增加8萬元，壞帳損失率為4%，預計收帳費用為2萬元。乙方案信用條件為（1/30、n/60），預計賒銷收入將增加14萬元，壞帳損失率為5%。估計有80%的客戶（按賒銷額計算）會利用折扣，預計收帳費用為2.4萬元。

要求：確定公司應該選擇哪一個信用方案。

11. 已知C公司與庫存有關的信息如下：

（1）年需求量為30,000單位（假設每年360天）；

（2）購買價為每單位100元；

（3）庫存儲存成本是商品買價的30%；

（4）訂貨成本為每次60元；

（5）公司希望的安全儲備量為750單位；

（6）訂貨數量只能按100的倍數（四捨五入）確定；

（7）訂貨至到貨的時間為15天。

要求：

（1）計算最佳經濟訂貨量；

（2）計算再訂貨點；

（3）計算存貨平均資金佔用量。

12. D企業賒購商品一批，總價款為800,000元。供貨商向企業提出的付款條件分別為：立即付款，價款是780,800元；5天後付款，價款是781,200元；10天後付款，

價款是 781,600 元；20 天后付款，價款是 783,000 元；30 天后付款，價款是 785,000 元；45 天后付款，價款是 790,000 元；最后付款期限是 60 天，全額付款。該企業近期可能獲得短期借款的年利率為 20%。

要求：

（1）分別計算企業放棄不同現金折扣的機會成本；

（2）判斷企業在何時支付貨款比借款付出的成本低；

（3）分析企業應在何時支付貨款最合適。

詞彙對照

營運資金	working capital	現金	cash
應收帳款	accounts receivable	存貨	stock
現金管理	Cash management	信用政策	Credit policy
現金折扣	Cash discount	存貨管理	Inventory management
經濟訂貨批量	Economic order quantity		

7 公司收益與利潤分配

教學目標

1. 熟悉收益分配的內容與程序；
2. 瞭解股利分配的形式、政策類型及優缺點；
3. 掌握不同股利分配形式對股東權益的影響。

內容結構

```
                            ┌─ 利潤的構成
            ┌─ 利潤分配概述 ─┼─ 利潤分配原則
            │               └─ 利潤分配項目
公司收益     │                   ┌─ 影響股利政策的原因
與利潤分配 ──┼─ 利潤分配方案的制訂 ┼─ 股利分配政策
            │                   └─ 股利分配方案的確定
            │                       ┌─ 股票分割
            └─ 股票分割與股票回購 ──┤
                                    └─ 股票回購
```

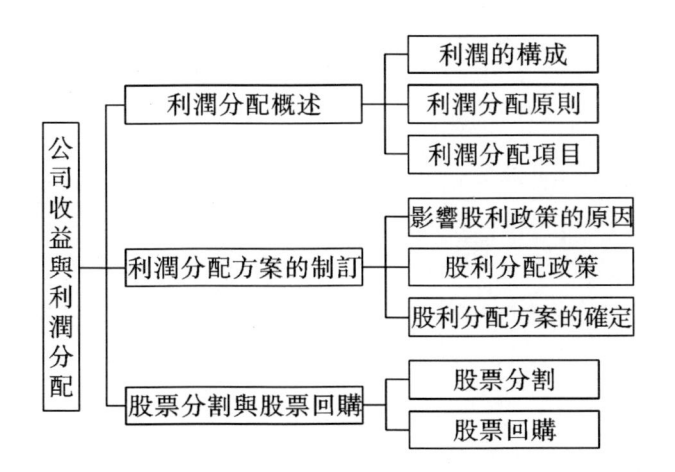

範例引述

鹽田港的高額派現路

深圳市港田集團有限公司與 1997 年 7 月 21 日獨立發起成立了深圳市鹽田港股份有限公司，公司股票「鹽田港 A」在深圳證券交易所掛牌上市。主要業務包括：碼頭的開發與經營，貨物裝卸與運輸，港口配套交通設施建設與經營，港口配套倉儲及工業設施建設與經營，集裝箱修理，轉口貿易，貨物及技術進出口。

近年來，「鹽田港 A」股價走勢穩步上升，連創新高，已成為滬深 300 指數、深證成分股指數、深證綜合指數等主要綜合指數的樣本股，這也樹立了公司在中國證券市場的績優藍籌股形象。2006 年 8 月，鹽田股份有限公司入選「2006 最佳成長上市公司」50 強。

自 1997 年上市到 2006 年間，公司一直實施現金股利政策。這十年不間斷股利派現，踐行著公司對投資者的承諾，給投資者 100 倍的信心，從而在市場上樹立了良好的形象。2005 年，公司被全國著名媒體新浪網等評選為「中國十佳最重分紅回報上市公司」。那麼，鹽田港股份對投資者的回報到底怎樣呢？

自上市以來，公司董事會一直堅持派現的股利政策。下面列出鹽田港股份有限公司十年間的稅後利潤分配方案：

表 7-1　　　　鹽田港股份有限公司十年間的稅後利潤分配

分紅年度	分紅方案	股權登記日	除權基準日	紅股上市日
2006	10 派 3 元（含稅）	2007-07-11	2007-07-12	
2005	10 派 6.5 元（含稅）	2006-07-13	2006-07-14	
2004	10 派 6.5 元（含稅）	2005-08-12	2005-08-15	
2003	10 轉增 10 股派 10 元（含稅）	2004-07-19	2004-07-20	2004-07-20
2002	10 股派 1 元	2003-07-25	2003-07-28	
2001	10 派 5 元（含稅）	2002-06-20	2002-06-21	
2000	10 派 1.3 元（含稅）	2001-06-28	2001-06-29	
1999	10 派 1.26 元（含稅）	2000-08-23	2000-08-24	
1998	10 派 1.9 元（含稅）	1999-08-25	1999-08-26	
1997	10 派 2 元（含稅）	1998-08-21	1998-08-24	

從表 7-1 可以看出，公司自 1997 年上市以來，一直採用了穩定的鼓勵政策。其股利主要是以現金紅利的方式回報給投資者；其特點是基本維持高派現，且具有一定的持續性。而類似鹽田港這樣高派現的公司在中國股市上並不多見，其股利政策是否具有合理性？存在超能力派現？

資料來源：王棣華. 財務管理案例分析 [M]. 北京：中國市場出版社, 2009.

思考題：
你認為該企業可以有哪幾種鼓勵分配方案？

本章導言

股東財富最大化是當前絕大多數股份公司的財務目標，股利的分配直接影響著股東的財富，又影響著經營者、企業職工等相關群體的利益。因此，股利決策與投資決策、融資決策合稱企業財務管理的三大重要內容。

股利決策主要是討論稅後利潤的分配問題。以現金形式分給股東的股利，包括定期的股息（稱為紅利）和其他形式的股利（包括財產、實物以及股票股利等）。股利決策是指公司對股利支付有關事項的確定，如是否發放股利、發放多少股利、何時發放股利以及其他形式的股利等。

理論概念

7.1 利潤分配概述

利潤分配是指企業按照國家有關法律法規以及企業章程的規定，在兼顧股東與債權人等其他利益相關者的利益關係的基礎之上，將實現的利潤在企業與企業所有者之間、企業內部的有關項目之間、企業所有者之間進行分配的活動。利潤分配決策是股東當前利益與企業未來發展之間權衡的結果，將引起企業的資金存量與股東權益規模及結構的變化，也將對企業內部的籌資活動和投資活動產生影響。

7.1.1 利潤的構成

企業實現利潤是利潤分配的前提。合理進行利潤分配的前提條件是正確地確定企業的利潤總額。利潤是企業在一定會計期間的經營成果。通常情況下，如果企業實現了利潤，表明企業的所有者權益將增加；反之，如果企業發生了虧損，表明企業的所有者權益將減少。利潤的多少決定著企業利潤分配參與者的利潤和企業的發展能力。

從企業利潤的構成來看，既有通過生產經營活動而獲得的，也有通過投資活動獲得的，還有包括那些與生產經營活動無直接關係的事項所引起的盈虧。根據中國企業會計準則的規定，企業的利潤一般包括營業利潤、投資收益、補貼收入和營業外收支淨額等部分。

7.1.1.1 稅前利潤（利潤總額構成）

（1）營業利潤

營業利潤是企業利潤的主要來源，主要由主營業務利潤、其他業務利潤和期間費用構成。

主營業務利潤是指企業生產經營活動中主營業務所產生的利潤。企業的主營業務收入淨額減去主營業務成本和主營業務應負擔的流轉稅后的余額，通常稱為毛利。

其他業務利潤是指企業經營主營業務以外的其他業務活動所產生的利潤。

主營業務利潤與其他業務利潤之和再減去期間費用為營業利潤，營業利潤這一指標能夠比較恰當的代表企業管理者的經營業績。

（2）營業外收支淨額

營業外收支是指與企業的生產經營活動無直接關係的各項收支。營業外收支雖然與企業的生產經營活動沒有多大關係，但從企業主體來考慮，同樣會帶來收入或形成企業的收支，也是增加或減少利潤的因素，對企業的利潤總額及淨利潤產生較大的影響。

①營業外收入。營業外收入是指與企業生產經營活動無直接關係的各種收入。營業外收入並不是由於企業經營資金耗費所產生的，不需要企業付出代價，實際上是一種純收入，不可能也不需要與有關費用進行配比。因此，會計核算上，嚴格區分了營業外收入和營業收入的界限。營業外收入主要有固定資產盤盈、處置固定資產淨收益、出售無形資產淨收益、非貨幣性交易收益、罰款收入和教育費附加返還款等。

②營業外支出。營業外支出是指不屬於企業生產經營費用，與企業生產經營活動沒有直接關係，但應從企業實現的利潤總額中扣除的支出。營業外支出包括固定資產盤虧、處置固定資產淨損失、出售無形資產損失、非常損失、罰款支出、債務重組損失、捐贈支出、提取固定資產減值準備與提取無形資產減值準備和提取在建工程減值準備等。

（3）投資淨收益（或淨損失）

企業除了正常的生產經營活動外，往往進行證券投資以及對外投資活動。投資活動所產生的淨收益或淨損失也是影響企業收益水平的一個重要因素。

企業在生產經營活動過程中，通過銷售過程將商品賣給購買方，實現收入，收入扣除當初的投入成本以及其他一些費用，再減去非經營性質的收支以及投資收益，即為企業的利潤總額或虧損總額。其有關計算公式為：

營業利潤＝營業收入−營業成本−營業稅金及附加−銷售費用−管理費用−財務費用−資產減值損失＋公允價值變動收益（−公允價值變動損失）＋投資收益（−投資損失）

利潤總額＝營業利潤＋營業外收入−營業外支出

7.1.1.2 稅前利潤調整

在計算出企業利潤總額后，必須對利潤總額進行調整，以便計徵企業所得稅，最后實現企業收益。對利潤總額的調整包括永久性差異調整、暫時性差異調整和彌補虧損調整三個方面。

永久性差異是指某一會計期間由於會計準則和稅法在計算收益、費用或損失時的口徑不同，所產生的稅前會計利潤與應納稅所得額之間的差異。這種差異在本期發生時，不會在以后各期轉回。暫時性差異是指資產或負債的帳面價值與其計稅基礎之間的差異。這種差異發生於某一會計期間，但是在以后某一期或若干期內能夠轉回。為了減輕虧損企業的所得稅負擔，企業發生的年度虧損，可以在以后5年內用所得稅前利潤進行彌補；延續5年為彌補的虧損，可用稅后利潤彌補。

7.1.1.3 所得稅計徵和企業最終利潤的形成

企業利潤總額在進行上述三項調整后，便可確認企業當期的應納稅所得額。應稅所得額與適用的所得稅稅率的乘積，即為企業當期應繳納的所得稅額。企業利潤總額在繳納所得稅后，剩餘部分就是稅后利潤，它是利潤分配的基礎。淨利潤的計算公式為：

淨利潤＝利潤總額－所得稅

7.1.2 利潤分配原則

企業利潤分配是企業的一項重要工作，它關係到企業、投資者等有關各方面的利益，涉及企業的生存與發展。因此，在利潤分配過程中，應遵循以下原則：

7.1.2.1 依法分配原則

企業利潤分配的對象是企業繳納所得稅后的淨利潤，這些利潤是企業的權益，企業有權自主分配。國家有關法律法規對企業利潤分配的基本原則、一般次序和重大比例也做了較為明確的規定。其目的是為了保障企業利潤分派的有序進行，維護企業和所有者、債權人以及職工的合法權益，促使企業增加累積，增強風險防範能力。國家有關利潤分配的法律法規主要有《公司法》、《外商投資企業法》等，企業在利潤分配中必須切實執行上述法律法規。利潤分配在企業內部屬於重大事項，企業的章程必須在不違背國家有關規定的前提下，對本企業利潤分配的原則、方法、決策程序等內容做出具體而又明確的規定，企業在利潤分配中也必須按規定辦事。

7.1.2.2 資本保全原則

資本保全是責任有限的現代企業制度的基礎性原則之一，企業在分配中不能侵蝕資本。利潤的分配是對經營中資本增值額的分配，不是對資本金的返還。按照這一原則，一般情況下，企業如果存在尚未彌補的虧損，應首先彌補虧損，然后再進行其他分配。

7.1.2.3 充分保護債權人利益原則

債權人的利益按照風險承擔的順序及其合同契約的規定，企業必須在利潤分配之前

償清所有債權人到期的債務，否則不能進行利潤分配。同時，在利潤分配之後，企業還應保持一定的償債能力，以免產生財務危機，危及企業生存。此外，企業在與債權人簽訂某些長期債務契約的情況下，其利潤分配政策還應徵得債權人的同意或審核方能執行。

7.1.2.4 多方及長短期利益兼顧原則

利益機制是制約機制的核心，而利潤分配的合理與否是利益機制最終能否持續發揮作用的關鍵。利益分配涉及投資者、經營者、職工等多方面的利益，企業必須兼顧，並盡可能保持穩定的利潤分配。在企業獲得穩定增長的利潤後，應增加利潤分配的數額或百分比。同時，由於發展及資本結構的需要，除依法必須留用的利潤外，企業仍可以出於長遠發展的考慮，合理留用利潤。在累積與消費關係的處理上，企業應貫徹累積優先原則，合理確定提取盈餘公積金和分配給投資者利潤的比例，是利潤分配真正成為促進企業發展的有效手段。

7.1.2.5 投資與收益對等原則

企業分配收益應當體現「誰投資，誰收益」，收益大小與投資比例相適應的原則，這是正確處理投資者利益關係的關鍵。

7.1.3 利潤分配項目及順序

公司在利潤分配過程中應遵守公開、公平、公正的「三公」原則，所有股東在公司中只以其股權比例享受合法權益，不得以其特殊地位而謀取私利。同時，中國法律在處理分配和累積的關係上有一定限制，另外在員工福利方面也有規定。

7.1.3.1 利潤分配項目

《公司法》第一百七十七條規定，利潤分配涉及法定公積金、法定公益金、任意公積金和股利等。

(1) 法定公積金

公司在分配當年的稅後利潤時，應提取利潤的10%列入公司的法定公積金，用於公司的累積和發展。具體來講，法定公積金經公司股東大會決議，可用於彌補上一年度的累計虧損。當本年度累計盈利時，可用於新投資機會。另外，法定公積金累計達到公司註冊資本的50%以上的，可不再提取。

(2) 任意公積金

任意公積金是在計提法定公積金和法定公益金之後，由公司章程規定或股東會議決議提取的公積金。其提取比例或金額由股東會議確定，但有合理的比例。公司盈利較多時可多提，公司盈利較少時可少提或不提，公司虧損時應不提。另外，當公司提取的公積累計額占公司註冊資本的比例較少時，可多提；否則，應少提或不提。當公司有新的投資機會時，可多提；否則，可少提或不提。在提取任意公積金時，應協調大小股東

的利益。

(3) 股利

股利是公司在彌補虧損、提取公積金、公益金之后向股東分配的利潤。通常情況下，股利原則上應從累計盈利中分派，無盈利不得支付股利。如果當年度利潤及上年度累計利潤不足以向股東支付股利，公司為了維護其股票信譽，經股東大會特別決議，公司也可以用公積金支付股利，但其支付額不得超過股票面值的 6%，且在支付股利后公司法定公積金累計不能低於公司註冊資本的 25%。

公司在利潤分配過程中，應按一定的順序進行。按照中國有關規定，公司的利潤分配應按下列順序進行：首先計算本年累計盈利，其次計提法定公積金、法定公益金，再次計提任意公積金，最后向股東支付股利。

值得一提的是，《公司法》第一百七十七條還規定：「股東大會或董事會違反規定，在公司彌補虧損和提取法定公積金、法定公益金之前向股東分配利潤的，必須將違法規定分配的利潤退還給公司。」

7.1.3.2 利潤分配順序

企業的收益分配有廣義和狹義兩種概念。廣義的收益分配是指對企業的收入和淨利潤進行分配，包括兩個層次的內容：第一層次是對企業收入的分配，是先對成本費用進行補償形成利潤的過程，是一種初次分配；第二層次是對企業（淨）利潤的分配，是一種再分配。其主要內容可概括為收入管理、成本費用管理和利潤分配管理。其中：收入管理中收入是企業收益分配的首要對象。銷售收入是指企業在日常經營活動中，由於銷售產品、提供勞務等所形成的貨幣收入。這是企業收入的主要構成部分，是企業能夠持續經營的基本條件。銷售收入的制約因素主要是銷量與價格。銷售預測分析與銷售定價管理構成了收入管理的主要內容；成本費用管理中成本費用是商品價值中所耗費的生產資料的價值和勞動者必要勞動所創造的價值之和，在數量上表現為企業的資金耗費。主要的成本費用管理模式包括成本歸口分級管理、成本性態分析、標準成本管理、作業成本管理、責任成本管理等；利潤分配管理中利潤是收入彌補成本費用后的餘額。若成本費用不包括利息和所得稅，則利潤表現為息稅前利潤；若成本費用包括利息而不包括所得稅，則利潤表現為利潤總額；若成本費用包括利息和所得稅，則利潤表現為淨利潤。而狹義的收益分配則僅僅是指對企業淨利潤的分配。這也是本書的觀點。

按照《公司法》等法律法規的規定，公司向投資者分配利潤應按一定的順序進行。

(1) 彌補以前年度虧損

根據企業所得稅法的規定，企業納稅年度發生的虧損準予向以后年度結轉，用以后年度所得彌補，但彌補虧損期最長不得超過 5 年。

（2）提取法定盈余公積金

法定盈余公積金按照當年淨利潤扣除彌補以前年度虧損後的10%提取〔即法定盈余公積金＝（本年淨利潤−年初未彌補虧損）×10%〕，當年法定盈余公積金累積額達到註冊資本的50%時，不再提取。提取法定盈余公積金的目的是為了增加企業內部累積，以利於企業擴大再生產。

（3）向投資者分配利潤

公司股東會或董事會違反上述利潤分配順序，在抵補虧損和提取法定公積金之前向股東分配利潤的，必須將違反規定發放的利潤退還公司。

【例7-1】A公司2006年發生年度虧損80萬元，假設該公司2008—2013年度應納所得數額分別為：−130萬元、20萬元、30萬元、30萬元、40萬元、60萬元。所得稅稅率為25%。該企業在進行利潤分配時的順序是什麼？

解析：根據稅法規定，該企業2008年度虧損的130萬元，可分別用2008—2013年的20萬元、30萬元、30萬元、40萬元和60萬元來彌補。在2013年，該企業的應納稅只能彌補5年以內的虧損，也就是說，不能彌補2006年度的虧損。由於2009年以來該企業一直沒有虧損，因此，2013年度應當繳納的企業所得稅為12.5萬元〔（60−10）萬元×25%〕。繳納所得稅之後，剩餘利潤37.5萬元（60−10−12.5）。其次，提取法定盈余公積金3.75萬元（37.5×10%）。該企業2013年的可向投資者分配的利潤為33.75萬元（60−10−12.5−3.75）。

7.2 利潤分配方案的制訂

企業的股利分配方案既取決於企業的股利政策，也取決於決策者對股利分配的理解和認識，即股利分配理論。

股利政策是關於股份公司是否發放股利、發放多少股利、何時發放股利以及以何種形式發放股利等方面的方針和策略，其最終目標是使公司價值最大化。一個成功的股利政策有利於提高公司的市場價值。

股利分配理論是指人們對股利分配的客觀規律的科學認識與總結，其核心問題是股利政策與公司價值的關係問題。人們對股利分配與財務目標之間關係的認識存在不同的流派與觀念，其中有股利相關論和股利無關論被認為是兩種較流行的觀念。所謂股利無關論者認為股利分配對公司的市場價值（或股票價格）不會產生影響，因而又被稱為完全市場理論或MM理論；而股利相關論者認為由於股利無關論的基本假設是建立在一種簡單而又完全的市場之上，但現實環境不可能完全滿足這種情況，所以他們認為股利政策不可能不影響公司的市場價值。在市場經濟條件下，股利分配要符合財務管理的目標。表7-2是股利分配理論對照表。

表 7-2　　　　　　　　　　　　股利分配理論對照表

股利理論		要點說明
(1) 股利無關理論（MM 理論）		在一定假設條件下，股利政策不會對公司的價值或股票的價格產生任何影響。一個公司的股票價格完全由公司的投資決策的獲利能力和風險組合決定，而與公司的收益分配政策無關。
(2) 股利相關論	①股利重要論（「手中鳥」理論）	用留存收益再次投資從而給投資者帶來收益，這具有很大的不確定性，且投資風險會隨著時間的推移而進一步增大，因此投資者喜歡現金股利，所以公司分配股利越多，企業價值越大。
	②信號傳遞理論	在信息不對稱的情況下，公司可以通過股利政策向市場傳遞有關公司未來盈利能力的信息，從而會影響公司的股利。一般來講，預期未來盈利能力強的公司往往願意通過相對較高的股利支付水平，把自己同預期盈利能力差的公司區別開來，以吸引更多的投資者。
	③所得稅差異理論	由於稅賦對股利和資本收益徵收的稅率不同，公司選擇不同的股利支付方式，從而對公司市場價值、公司的稅收負擔產生不同影響。若考慮納稅影響，企業應採用低股利政策。
	④代理理論	股利政策相當於是協調股東和管理者之間代理關係的一種約束機制。高水平股利一方面降低了企業代理成本，另一方面又增加了外部融資成本。因此，最佳的股利政策應當是兩種成本之和最小。

7.2.1　影響股利政策的因素

在現實生活中，公司的股利政策是在種種制約因素下制定的，公司不可能擺脫這些因素的影響，所以在具體制定股利政策時，應充分考慮一下這些限制因素。

7.2.1.1　法律因素

為了保護債權人和股東的權益，《公司法》和《證券法》及相關法規對公司的股利分配在資本保全、企業累積、淨利潤和超額累積利潤等方面進行了限制。例如，公司不能用資本（包括股本和資本公積）發放股利，公司必須按淨利潤的一定比例提取法定公積金。公司年度累積淨利潤必須為正數時才能發放股利，以前年度虧損必須足額彌補等。

7.2.1.2　股東因素

如從避稅方面考慮，即一些高股利收入的股東出於避稅的考慮（股利收入的所得稅往往高於股票交易的資本利得稅），往往反對公司發放較多的股利；股權控制權的要求，即如果公司大量支付現金股利，使得內部留用利潤減少，而通過增發新的普通股形式以融通所需資金，那麼現有股東的控製權就有可能被稀釋，從而其控製權也可能被稀釋。另外，隨著新股的發行，流通在外的普通股股數必將增加，最終會導致普通股的每股盈利和每股市價下降，從而影響現有股東的利益；低稅負與穩定收入的要求（公司

股東大致有兩類：一類是希望公司能夠支付穩定的股利來維持日常生活；另一類是希望公司多留利而少發放股利，以求少繳個人所得稅）。因此，公司到底採取什麼樣的股利政策，還應分析研究本公司股東的構成，瞭解股東的利益願望。

7.2.1.3　公司因素

（1）變現能力

公司資金的靈活週轉是企業經營得以正常進行的必要條件。公司現金股利的分配自然也應以不危及企業經營資金的流動性為前提。如果公司的現金充足，資產有較強的變現能力，則支付股利的能力也較強。如果公司因擴充或償債已消耗大量現金，資產的變現能力較差，大幅度支付現金股利則非明智之舉。

（2）籌資能力

公司如果有較強的籌資能力，則應考慮發放較高現金股利，並可以採取籌集資金來滿足企業經營對貨幣資金的需求；反之，則要考慮並保留更多的資金用於內部週轉或償還將要到期的債務。一般而言，規模大、獲利豐厚的大公司較容易籌集到所需資金，因此，他們傾向於多支付現金股利；而創辦時間短、規模小、風險大的中小企業，通常需要經營一段時間以後，才能較順利地取得外部資金，因而往往在某一階段要限制現金股利的支付。

（3）投資機會的制約

一般地，如果公司的投資機會較多，往往採用低股利政策；反之，如果公司的投資機會較少，就可以採用高股利政策。

（4）盈利能力的限制

一般而言，盈利能力較強的公司，通常採取較高的股利政策；而盈利能力較弱或不穩定的公司，通常採用較低的股利政策。

（5）資產流動性

較多的支付現金股利會減少公司的現金持有量，使資產的流動性降低；而維持一定的資產流動性是公司經營所必需的。

7.2.1.4　其他因素

其他因素主要有債務合同約束和通貨膨脹影響。尤其是長期債務合同，往往有限制公司現金支付程度的條款，這使得公司只有採取低股利政策。

總的來說，一個良好的股利政策能夠保證公司長期發展的需要，實現公司價值最大化；能夠保障股東權益，平衡公司與股東以及和股東之間的利益關係；能夠穩定股票價格，維持良好的市場形象。

7.2.2　股利分配政策

7.2.2.1　剩餘股利政策

所謂剩餘股利政策就是在公司有著良好的投資機會時，根據一定的目標資本結構

（最佳資本結構），測算出投資所需的權益資本先從盈余中留用，然后將剩余的盈余作為股利予以分配。剩余股利政策的依據是股利無關論，一般適用於公司的初創階段。

公司若要採用剩余股利政策，需遵循以下幾個步驟：

（1）設定目標資本結構，在此結構下，公司的加權平均資本成本達到最低水平；

（2）確定公司的最佳資本預算，並根據公司的目標資本結構預計資金需求中所需增加的權益資本數額；

（3）最大限度地使用留存收益來滿足資金需求中所需的權益資本數額；

（4）留存收益在滿足公司權益資本增加后，若還有剩余再用來發放股利。

7.2.2.2 固定或穩定增長的股利政策

所謂固定或穩定增長的股利政策是指公司將每年派發的股利額固定在某一特定水平或是在此基礎上維持某一固定比率逐年穩定增長。只有在確信公司未來的盈利增長不會發生逆轉時，才會宣布實施固定或穩定增長的股利政策。在固定或穩定增長的股利政策下，首先確定的是股利分配額，而且該分配額一般不隨資金需求的波動而波動。該政策通常適用於經營比較穩定或正處於成長期的企業，且很難被長期使用。如案例引入中的鹽田港公司自1997年上市以來，一直採用了穩定增長的股利政策。

固定或穩定增長的股利政策的優點：

（1）穩定的股利向市場傳遞公司正常發展的信息，有利於樹立公司的良好形象，增強投資者信心，穩定股票的價格；

（2）穩定的股利額有利於投資者安排股利收入與支出，有利於吸引那些打算進行長期投資並對股利有很高依賴性的股東；

（3）穩定的股利政策可能會不符合剩余股利理論，但考慮到股票市場回收多種因素影響（包括股東的心理狀態和其他要求），為了將股利維持在穩定的水平上，即使推遲某些投資方案或暫時偏離目標資本結構，也可能比降低股利或鼓勵增長率更為有利。

固定或穩定增長的股利政策的缺點：

（1）股利的支付與企業的盈利相脫節；

（2）在企業無利可分時，若依然實施該政策，也是違反《公司法》的行為。

7.2.2.3 固定股利支付率政策

所謂固定股利支付率政策是指公司確定一個股利占盈余的比例，長期按此比例支付股利的政策。在這一股利政策下，各年股利隨公司經營的好壞而上下波動，獲得較多盈余的年份股利額較高，獲得較少盈余的年份股利額較低。該政策比較適用於那些處於穩定發展且財務狀況也較穩定的公司。主張實行固定股利支付率者認為，這樣做能使股利與公司盈余緊密地配合，以體現多盈多分、少盈少分、不盈不分的原則，才算真正公平地對待了每一位股東。但是在這種政策下，各年的股利變動較大極易造成公司不穩定的感覺，對於穩定股票價格不利。

【例7-2】A公司成立於2011年1月1日，2011年度實現淨利潤100萬元，分配現金股利55萬元，提取盈余公積10萬元（所提盈余公積均已指定用途）。2012年實現的淨利潤為300萬元。2013年計劃增加投資，所需資金為300萬元。假定公司目標資本結構為自有資金占60%，借入資金占40%。計算A公司2013年度可以用於分配的現金股利數額。

解析：在保持目標資本結構的前提下，若採用剩余股利政策，計算2013年投資方案所需的自有資金額和需要從外部借入的資金額。

2013年投資方案所需的自有資金額＝400×60%＝180（萬元）

2013年投資方案需要從外部借入的資金額＝400×40%＝120（萬元）

在保持目標資本結構的前提下，如果A公司執行剩余股利政策：

2013年度可用以分配的現金股利

＝2013年淨利潤－2013年法定盈余公積－2013年投資方案所需的自有資金額

＝300－300×10%－180

＝90（萬元）

在不考慮目標資本結構的前提下，如果A公司執行固定股利政策：

2012年度應分配的現金股利＝上年分配的現金股利＝55萬元

可用於2013年度投資的留存收益＝300－10－55＝235（萬元）

2013年度投資需要對外籌集的資金額＝300－235＝65（萬元）

在不考慮目標資本結構的前提下，如果A公司執行固定股利支付率政策：

該公司的股利支付率＝$\frac{55}{100}$×100%＝55%

2012年度應分配的現金股利＝55%×300＝165（萬元）

7.2.2.4 低正常股利加額外股利政策

所謂低正常股利加額外股利政策，是指公司一般情況下每年只支付固定的、數額較低的股利，在盈利較多的年份，再根據實際情況向股東發放額外股利。低正常股利加額外股利政策適用於那些盈利隨著經濟週期而波動較大的公司或者盈利與現金流量很不穩定的企業。

額外股利的不固定化特徵，使公司的股利政策具有較大的靈活性。當公司盈余較少或投資需要較多資金時，可以維持設定的較低但正常的股利，股東不會有失落感；而當盈余有較大幅度增加時，則可以適度增發股利。對於那些依靠股利度日的股東而言，雖然每年可以得到的收益較低，但比較穩定從而可以吸引住這部分股東。這種政策的股利發放額可以用以下公式表示：

$y = a + bx$

式中：y為每股股利，x為每股收益，a為低正常股利，b為股利支付率。

A公司維持的最低股利分配額每股為0.3元，2011年收益為0.6元，採用低正常股利加額外股利政策，A公司2012年利潤較高，額外增加0.08元/股，發行在外普通股500萬股，則應向投資者發放股利的數額為190萬元［500×(0.3+0.08)］。

公司處於不同的發展階段與其所適應的股利政策總結如表7-3所示。

表7-3　　　　　　　　　　　　股利政策總結

發展階段	特　點	適應的股利政策
公司初創階段	公司經營風險高，有投資需求且融資能力差	剩餘股利政策
公司高速發展階段	公司快速發展，投資需求大	低正常加額外股利政策
公司穩定增長階段	業務穩定增長，投資需求減少，淨現金流入量增加，每股收益呈上升趨勢	固定或穩定增長股利政策
公司成熟階段	公司盈利水平穩定，公司通常已累積了一定的留存收益和資金	固定股利支付率政策
公司衰退階段	公司業務銳減，獲利能力和現金獲得能力下降	剩餘股利政策

7.2.3　股利分配方案的確定

股利分配方案的確定，主要考慮確定以下四個方面：一是選擇股利政策類型，二是確定股利支付水平的高低；三是確定股利支付形式，即確定合適的股利分配形式；四是確定股利發放的日期。

對於股份有限公司而言，股利分配方案的確定與變更決策都在董事會。要完成股利政策的制定與決策，通常需要經過三個階段：一是公司的財務部門；二是董事會；三是股東大會。其中，財務部門為董事會提供制定股利政策與方案的各種財務數據；董事會擬定企業的股利政策分配方案；股東大會主要是依據公司財務報告，審核批准董事會制訂的股利政策與分配方案等的預案。

7.2.3.1　股利支付的方式

股利的支付方式有多種，最常見的主要有以下四種：

（1）現金股利

這是股利支付最常見的方式，也是我們常說的用現金支付紅利的方式。由於支付現金股利往往是一筆較大的現金流出，因此，支付現金股利除了要有留存收益外還要有足夠的現金，我們會發現現金的充足與否往往會成為公司發放現金股利的主要制約因素。

（2）股票股利

這是公司以增發股票來支付股利的方式，中國實務中通常也稱其為「紅股」。股票股利通常以現有股票的百分率來表示，習慣上我們也稱之為股利發放率。比如，某公司宣布發放10%的股票股利，則股東每擁有100股股票就會獲得10股新股。股票股利對

公司來說，並沒有現金流出企業，也不會導致公司的財產減少或負債增加，而只是將公司的留存收益轉化為股本和資本公積。但股票股利會增加流通在外的股票數量，同時降低股票的每股價值，它不會改變公司股東權益總額，但會影響所有者權益項目的結構發生變化。

【例7-3】A公司目前發行在外的普通股為500萬股，每股面值1元，每股市價為12元。假設現有600萬元的留存收益可供分配，不同股利支付方式下的每股股利各是多少？

解析：

（1）在現金股利的情況下，A公司發放現金股利600萬元。

每股股利 = 600÷500 = 1.2（元）

應納個人所得稅是 = 600×50%×20% = 60（萬元）

中國《個人所得稅法》及其實施條例規定，利息、股息、紅利所得適用稅率為20%，並由支付所得單位按照規定履行扣繳義務。另外，根據《財政部、國家稅務總局關於股利紅利個人所得稅有關通知》（財稅［2005］102號）及《財政部、國家稅務總局關於股利紅利個人所得稅政策的補充通知》（財稅［2005］107號）規定，上市公司自2005年6月13日起，對個人投資者從上市公司取得的股息紅利所得按50%記入個人應納稅所得額，依照現行稅法規定計徵個人所得稅。現金股利按20%繳納個人所得稅，股票股利以派發紅利的股票票面金額為收入額，按利息、股息、紅利項目計徵個人所得稅。

（2）在股票股利的情況下，若A公司宣布發放5%的股票股利，每20股轉增1股，股票面值1元，共25萬股。則：

每股除權價 = 12/（1+0.05）= 11.43（元）

應納個人所得稅 = 25×50%×20% = 2.5（萬元）

（3）財產股利。這是除現金以外的其他資產支付股利的方式，主要是指公司以其所擁有的其他公司的有價證券作為股利支付給股東，如債權、股票等。

（4）負債股利。這是公司以負債的方式支付股利的方式，通常以公司的應付票據支付給股東，或者發行公司債券抵付股利。財產股利和負債股利實際上是現金股利的替代。這兩種股利支付方式在中國公司實務中較少使用，但並非法律所禁止。

【例7-4】B公司在2012年的淨利潤為1000萬元，在發放股票股利前，其資產負債表上的股東權益帳戶情況如下：發行在外的普通股股數為500萬股，其中股東甲持股200萬股，每股面額1元，資本公積為3000萬元，未分配利潤為1500萬元，股東權益合計額為5000萬元。若公司計劃發放5%的股票股利，則該公司的股東權益內部結構是否會發生變化？發放股票股利對股東的影響是什麼？

解析：如果B公司計劃發放5%的股票股利，則公司將發放25萬股新股，發放股

票股利后，由於該股票當時的市場價格為 7 元，那麼隨著股票股利的發放，B 公司應從「未分配利潤」項目中劃轉出 175 萬元（7×25）；而由於股票面額不變，則 25 萬新股只能使「普通股」項目增加 25 萬元，其餘的 150 萬元（175-25）應作為股票溢價轉至「資本公積」項目。所以，公司發放股票股利后，股東權益各項目如表 7-4、表 7-5 所示。

表 7-4　　　　　　　發放股票股利后股東權益項目表　　　　　金額單位：萬元

普通股（面額 1 元，500 萬股）	525
資本公積	3150
未分配利潤	1325
股東權益合計	5000

表 7-5　　　　　　　　　甲股東財富變動表

項目	股票股利發放前	股票股利發放后
每股收益	1000/500 = 2（元/股）	1000/525 = 1.9（元/股）
每股市價	7（元/股）	15/（1+5%）= 6.67（元/股）
持股比例	200/500 = 40%	210/525 = 40%
持股總價值	7×200 = 1400（萬元）	6.67×210 = 1400（萬元）

結論：通過對比以上兩個表我們可以發現，股票股利的發放，不會影響公司股東權益總額，但是會引起資金在各股東權益項目之間的再分配。

發放股票股利，不會直接增加股東的財富，不會改變股東的持股比例，但是其對公司以及股東有著特殊的意義。見圖 7-1。

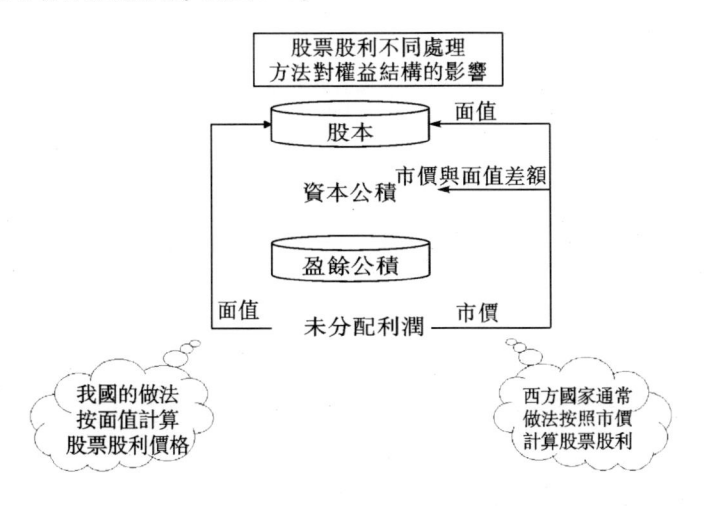

圖 7-1　股票股利發放方法對權益的影響圖

7.2.3.2 發放股票股利對於公司和股東的意義

（1）對於股東來講：①理論上，派發股票股利後，每股市價會成比例下降，但實務中這並非必然結果。因為市場和投資者普遍認為，發放股票股利往往預示著公司會有較大的發展和成長，這樣的信息傳遞會穩定股價或是股價下降比例減小甚至不降反升，股東便可以獲得股票價值相對上升的好處。②由於股利收入與資本利得稅率的差異，如果股東把股票股利出售，還會給他帶來資本利得納稅上的好處。

（2）對於公司來講：①不需要向股東支付現金，在再投資機會較多的情況下，公司可以為再投資提供成本較低的資金，從而有利於公司發展；②可以降低公司股票價格，有利於促進股票的交易和流通，又有利於吸引更多的投資者成為公司股東，進而使股權更分散，有效地防止公司被惡意控製；③可以傳遞公司未來發展前景良好的信息，從而增強投資者的信心，在一定程度上穩定股票價格。

7.2.3.3 股利支付程序

股利支付程序及內容見圖 7-2。

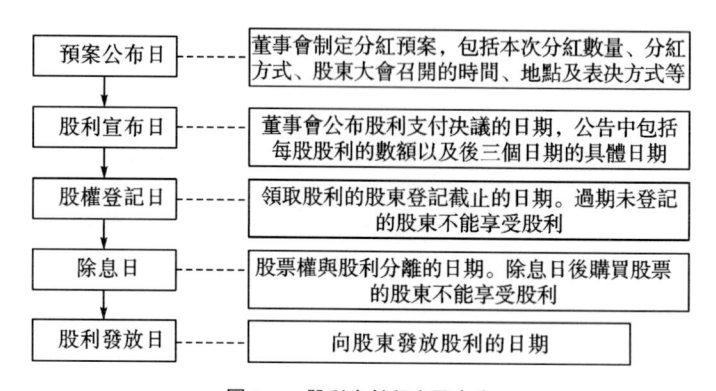

預案公布日	董事會制定分紅預案，包括本次分紅數量、分紅方式、股東大會召開的時間、地點及表決方式等
股利宣布日	董事會公布股利支付決議的日期，公告中包括每股股利的數額以及後三個日期的具體日期
股權登記日	領取股利的股東登記截止的日期。過期未登記的股東不能享受股利
除息日	股票權與股利分離的日期。除息日後購買股票的股東不能享受股利
股利發放日	向股東發放股利的日期

圖 7-2　股利支付程序及內容

註：上述案例引入中的鹽田港 2006 年度發放股利的股權登記日為 2007 年 7 月 11 日；鹽田港 2006 年發放股利的除息日為 2007 年 7 月 12 日。而如 A 公司 2012 年 4 月 10 日公布 2011 年度的最后分紅方案的發布公告如下：「公司於 2012 年 4 月 9 日在北京召開股東大會，通過了 2012 年 4 月 2 日董事會關於每股分派 1.5 元的 2011 年股息分配方案。股權登記日為 4 月 25 日，除息日是 4 月 26 日，股東可在 5 月 10~25 日之間通過深圳證券交易所按交易方式領取股息。特此公告。」

該公司的股利支付程序見圖 7-3。

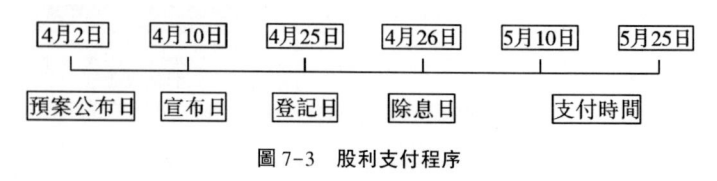

4月2日	4月10日	4月25日	4月26日	5月10日	5月25日
預案公布日	宣布日	登記日	除息日	支付時間	

圖 7-3　股利支付程序

7.3 股票分割與股票回購

7.3.1 股票分割

股票分割又稱為拆股，是指通過成比例的降低股票面值來增加普通股的數量。例如，1比2的股票分割將使股票數量增加為原來股票的兩倍。股票分割產生的效果與發放股票股利近似，因此，1比2的股票分割相當於100%的股票股利發放率。一般來說，當企業希望自己的股票市價有大幅度下降時，可以採用股票分割（或者大比例股票股利）。股票分割前后的每股現金股利很少是不變的，但是有可能增加股東的實際股利。對於股東來說，股票分割后各股東所持有的股數增加，但持股比例不變，持有股票的總價值不變。

股票分割具有以下作用：

（1）降低股票價格。由於股票分割是在不增加股東權益的情況下增加流通中的股票數量，分割后每股股票所代表的股東權益的價值將降低，每股股票的市場價格也會相應降低。當股票的市場價格過高時，股票交易會因每手交易所需的資金量太大而受到影響，特別是許多小戶、散戶，因為資金實力有限難以入市交易，使這類股票的流通性降低，股東人數減少。因此，許多公司在其股票價格過高時，採用股票分割的方法，降低股票的交易價格，提高公司股票的流通性，使公司的股東更為廣泛。

（2）向股票市場和廣大投資者傳遞「公司正處於發展之中」的信息。這種信息有利於吸引投資者，從而對公司有所幫助。有時公司希望通過股票分割向股市傳遞公司不但業績好、利潤高，而且還有增長潛力的信息，股票的價格在目前的高價位上有進一步提升的空間。因此，股票分割往往是成長中的公司的行為。

股票股利和股票分割對財務的影響歸納如表7-6所示。

表 7-6　　　　　　　　股票股利和股票分割對財務的影響

項目	股票股利	股票分割
（1）資產總額	不變	不變
（2）負債總額	不變	不變
（3）所有者權益總額	不變	不變
（4）所有者權益內部結構	變化	不變
（5）流通股數	增加	大量增加
（6）每股收益	下降	下降
（7）每股淨資產	下降	下降
（8）每股市價	可能下降	下降
（9）股東持股比例	不變	不變
（10）股東所持股份的市場價值總額	不變	不變

【例7-5】A公司發行面額為2元的普通股500萬股。當前資本結構下,資本公積為3000萬元,未分配利潤為1000萬元,股東權益總額為5000萬元。若按1股換成2股的比例進行股票分割,則公司採用股票分割後的股東權益會發生什麼變化?如果是發放10%的股票股利呢?

表7-7為A公司1比2股票分割表。

表7-7　　　　　　　　　　A公司1比2股票分割表　　　　　　　　金額單位:萬元

股票分割前	股票分割後	發放股票股利（10%的股票股利）
普通股　　　　　　　　1000	普通股　　　　　　　　1000	普通股　　　　　　　　1100
（每股面值2元,共500萬股）	（每股面值1元,共1000股）	（每股面值2元,共550股）
資本公積　　　　　　　3000	資本公積　　　　　　　3000	資本公積　　　　　　　2900
未分配利潤　　　　　　1000	未分配利潤　　　　　　1000	未分配利潤　　　　　　1000
股東權益總額　　　　　5000	股東權益總額　　　　　5000	股東權益總額　　　　　5000

7.3.2 股票回購

所謂股票回購是指上市公司出資將其發行的流通在外的股票以一定價格購買回來予以註銷或作為庫存股的一種資本運作方式。股票回購的方式主要有公開市場回購、要約回購和協議回購。很多情況下,只有在滿足相關法律規定的情形下才允許股票回購,也可以認為是公司股東支付現金股利的一種代替方式。

7.3.2.1 股票回購的方式

(1) 公開市場回購（Open Market Repurchase）。公開市場回購是指公司在股票的公開交易市場上以等同於任何投資者的地位,按照公司股票當前市場價格回購股票。這種方式的缺點是在公開市場回購時很容易推高股價,從而增加回購成本。另外,交易稅和交易佣金也是不可忽視的成本。公司通常在股票市場表現欠佳時小規模回購有特殊用途（如股票期權、雇員福利計劃和可轉換證券執行轉換權）的股票時採用這種方式。據統計,美國公司90%以上的股票回購採用的都是公開市場回購方式。

(2) 要約回購（Tend Offer Repurchase）。要約回購是指公司在特定期間向市場發出的以高出股票當前市場價格的某一價格,回購既定數量股票的要約。這種方式賦予所有股東向公司出售其所持股票的均等機會。通常情況下,公司享有在回購數量不足時取消回購計劃或延長要約有效期的權利。而如果願意出售的股票數量多於要約數量,公司會按一定的配購比例向股東配購。

與公開市場回購相比,要約回購通常被市場認為是更積極的信號,原因在於要約價格存在高出股票當前價格的溢價。但是,溢價的存在也使得回購要約的執行成本較高。

(3) 協議回購（Negotitated Repurchase）。協議回購是指公司以協議價格直接向一個或幾個主要股東回購股票。協議價格一般低於當前的股票市場價格,尤其是在賣方首

先提出的情況下。但是有時公司也會以超長溢價向其認為有潛在威脅的非控股股東回購數量，顯然這種過高的回購價格將損害繼續持有股票股東的利益，公司有可能為此涉及法律訴訟。

7.3.2.2 股票回購的動機

公司實施股票回購的目的是多方面的，同時股票回購對上市公司的市場價值也有著複雜的影響。在成熟的證券市場上，股票回購的動機主要有以下幾種：

（1）現金股利的替代。股票回購屬於非正常股利政策，需要現金可出售股票。

（2）提高每股收益。提高每股收益，可以減少股票的供應，相應地提高每股收益及每股市價。

（3）改變公司的資本結構。改變公司的資本結構，可以改變公司的資本結構，提高財務槓桿水平，降低公司整體資金成本。

（4）傳遞公司的信息以穩定或提高公司的股價。傳遞公司真實投資價值的信息，是傳遞內部信息的一種手段。

（5）鞏固既定控制權或轉移公司控制權。採取直接或間接的方式回購股票，從而鞏固既有的控制權。

（6）防止敵意收購。收購可以使公司流通在外的股份數變少，股價上升，從而使收購方要獲得控制公司的法定股份比例變得更為困難。

（7）滿足認股權的行使。在企業發放認股權證的情況下，認股權持有人行使認股權時企業必須提高股票，回購的股票可以滿足認股權行使的要求。

（8）滿足企業兼併與收購的需要。回購的股票可以在併購時換取被併購企業股東的股票，從而使企業以較小的代價取得對被併購企業的控制權。

7.3.2.3 股票回購的影響

（1）對股東的影響

對於投資者來說，與現金股利相比，股票回購不僅可以節約個人稅收，而且具有更大的靈活性。因為股東時派發的現金股利沒有是否接受的可選擇性，而股東對股票回購則具有可選擇性，需要現金的股東可以選擇賣出股票，而不需要現金的股東則可以繼續持有股票。

（2）對上市公司的影響

股票回購需要大量資金支付回購的成本，易造成資金緊缺，資產流動性變差，影響公司的發展。回購股票可能是公司的發起人股東更注重創業利潤的兌現，在一定程度上削弱了對債權人利益的保護，而忽視公司長遠的發展、損害公司的根本利益。股票回購容易導致內部操縱股價，甚至有可能出現公司借回購之名炒作本公司股票之實。

本章小結

利潤分配是指企業按照國家有關法律法規以及企業章程的規定，在兼顧股東與債權人等其他利益相關者的利益關係的基礎上，將實現的利潤在企業與企業所有者之間、企業內部的有關項目之間、企業所有者之間進行分配的活動。

利潤分配必須按照依法分配原則、資本保全原則、充分保護債權人利益原則、多方及長短期利益兼顧原則和投資與收益對等原則按照次序進行分配。

企業的股利分配方案既取決於企業的股利政策，也取決於決策者對股利分配的理解和認識，即股利分配理論。股利分配理論包括股利無關理論和股利相關理論。其中：股利無關理論包括MM理論；股利相關理論包括手中鳥理論、信號傳遞理論、所得稅差異理論和代理理論。

股票分割又稱為拆股，是指通過成比例的降低股票面值來增加普通股的數量。股票回購是指上市公司出資將其發行的流通在外的股票以一定價格購買回來予以註銷或作為庫存股的一種資本運作方式。

案例討論

福建新大陸電腦股份有限公司分配政策

背景與情境：

福建新大陸電腦股份有限公司（以下簡稱公司）2003年度股東大會於2004年5月12日在公司會議室召開，出席會議的股東及股東授權委託的代表人數為5人，代表公司股份83,980,000股，占公司股份總數的72.4%，符合《公司法》及《公司章程》的規定。會議由董事長胡鋼先生主持，公司董事、監事和高級管理人員列席會議。大會以記名投票方式逐項表決，審議通過了14項議案。其中，《2003年度利潤分配及資本公積金轉增股本的預案》和《2004年度利潤分配政策》經股東審議表決全部通過。

1. 2003年度利潤分配及資本公積金轉增股本的預案

經廈門天健華天有限責任會計師事務所審計，公司2003年實現稅後淨利潤41,559,077.48元，按淨利潤的10%提取法定公積金，計4,155,907.75元；按淨利潤的5%本年度實際已支付的2002年股利34,800,000元，實際可供股東分配的利潤為36,274,987.19元。公司董事會決定，2003年度利潤暫不分配，剩餘未分配利潤36,274,987.19元，轉入下一年度一併分配。表決結果為：83,980,000股同意，占出席股東大會有表決權股份總數的100%；0股棄權，占出席股東大會有表決權股份總數的0%；0股反對，占出席股東大會有表決權股份總數的0%。

2. 2004 年度利潤分配政策

預計 2004 年度公司分配股利 1～2 次，2004 年實現的淨利潤用於股利分配的比例不超過 80%。公司 2003 年度未分配利潤主要用於下一年度股利分配。股利分配主要採用派發現金或送紅股的形式，預計現金股息占股利分配的比例不超過 80%。具體分配方案依據公司實際情況由公司董事會提出預案，報公司股東大會審議決定。根據公司發展和當年盈利情況，公司董事會保留對 2004 年利潤分配政策做出調整的權利。表決結果為：83,980,000 股同意，占出席股東大會有表決權股份總數的 100%；0 股棄權，占出席股東大會有表決權股份總數的 0%；0 股反對，占出席股東大會有表決權股份總數的 0%。

問題：
1. 簡述該公司的利潤分配程序及每一環節的利潤分配數額。
2. 「公司董事會決定 2003 年度利潤暫不分配」的表述是否正確？
3. 「公司董事會決定 2003 年度利潤暫不分配」是指不分配什麼？
4. 結合案例說明送股對公司的影響。

資料來源：福建新大陸電腦股份有限公司的《福建新大陸電腦股份有限公司 2003 年度股東大會決議公告》。

知識拓展

股票約定式回購交易

股票約定式回購交易是指符合條件的投資者以約定價格向證券公司賣出特定股票，並約定在未來某一日期按照另一約定價格從證券公司購回的交易行為。據業內人士透露，早在 2014 年年初，中信、海通、招商、國信、銀河、國泰君安等多家券商就股票約定式回購交易向監管機構上報了各自的方案，不過初期試點花落三家，即中信、海通以及銀河。

股票約定式回購交易的客戶初期將有較多限定，審查條件包括開戶時間、資產規模、信用狀況、風險承受能力等，並且該項業務只對機構客戶開放，個人客戶不得參與。能夠成為股票約定式回購交易的抵押標的券必須是流通股，且是符合證券交易所若干規定的個股。經專業人士測算，符合證券交易所規定的個股約 400 只，包括上證 50、上證 180、中證 500、滬深 300 中的滬市股票等，而 ST 類個股以及試點券商的股票被排除在可質押品種之外。對於最受關注的借款成本，消息人士稱是要高於同期銀行的貸款利率，「目前初步擬定的回購利率大約在 9% 左右，基本和融資融券的利率相同，按照借款天數計算利息」。為控制風險，股票約定式回購的借款期限較短，最長借款期限不超過 182 天。

作為一種融資手段，約定式回購業務可以讓急需資金的機構從券商手中借到錢，但與融資融券業務不同的是，融資融券交易最終掙的是股票上漲和下跌的收益，融資業務獲取的資金只能用於購買股票，而股票回購的融資卻沒有用途限制，因此對於持有大量上市公司股票的產業資本有較大吸引力。

業內人士指出，這項業務可以使企業利用股權來獲得短期融資，而不必在當前市況不佳的情況下直接賣出股票，而且其借款優勢在於放款時間非常快。通過股票約定式回購借出的這些錢日後還得把股票贖回，所以這些錢一般只能投入生產或者有確定收益目標的，包括為重組收購項目提供資金等。某大型券商高層指出，「此項業務一方面能夠暫緩小非的解禁拋售壓力，另一方面能夠為股市提供新的增量資金，同時券商還能小幅提升資本收益率。」

資料來源：《財務與會計（理財版）》2014 年第 4 期。

即問即答

即問：

1. 利潤總額構成。
2. 利潤分配原則。
3. 利潤分配項目。
4. 利潤分配次序。
5. 股利分配理論。

即答：

1. 營業利潤、營業外收支淨額、投資淨收益。
2. 依法分配原則、資本保全原則、充分保護債權人利益原則、多方及長短期利益兼顧原則和投資與收益對等原則。
3. 法定公積金、任意公積金、股利。
4. 彌補以前年度虧損、提取法定盈余公積金、向投資者分配利潤。
5. 股利無關理論和股利相關理論。其中：股利無關理論包括 MM 理論；股利相關理論包括手中鳥理論、信號傳遞理論、所得稅差異理論和代理理論。

實戰訓練

1. 什麼是剩餘股利政策、固定或穩定增長的股利政策、固定股利支付率政策及低正常股利加額外股利政策？

2. 什麼是現金股利、股票股利、財產股利及負債股利？

3. 什麼是股票分割和股票回購？

4. 企業如何根據自身特點制訂股利分配方案？

5. 股票股利與股票分割有什麼異同？

6. 股票回購對公司有什麼影響？

7. A 公司 2006 年虧損 20 萬元，2007 年盈利 2 萬元，2008 年盈利 3 萬元，2009 年盈利 5 萬元，2010 年盈利 8 萬元，2011 年盈利 10 萬元。假設無納稅調整事項，所得稅稅率為 25%。

要求：

（1）計算 2010 年 A 公司是否應交納所得稅，以及能否進行利潤分配？

（2）計算 2011 年 A 公司是否應交納所得稅？若交納所得稅，A 公司應交納多少？A 公司是否應提取法定盈余公積金和公益金？如果按 15% 的比率計提法定盈余公積金和公益金，應提取多少？

8. 正大股份有限公司發行在外普通股 6000 萬股，去年實現淨利潤 4500 萬元，分配現金股利每股 0.45 元，而今年公司的淨利潤只有 3750 萬元。該公司對未來發展仍有信心，決定投資 3600 萬元引進新生產線，所需資金的 60% 來自舉債，另外 40% 來自權益資本。如果公司採用剩余股利分配政策，計算該公司今年可供分配的每股現金股利。

9. 華夏股份有限公司 2011 年 2 月 28 日公布了 2010 年度報告，並提出了 2010 年度的利潤分配預案：以 2010 年年末的總股本為基數，向全體股東每 10 股派發現金股利 5 元；同時提出來按 10：3 的比例以資本公積金轉增股本的方案。2011 年 3 月 26 日，公司召開股東大會，審議通過了公司 2010 年度利潤分配及資本公積金轉增股本方案。公司董事會於 2011 年 4 月 13 日發布分紅派息公告稱：「以 2010 年年末總股份 205,085,492 股為基數，每 10 股轉增 3 股派 5 元（含稅）。股權登記日為 2011 年 4 月 18 日，除權除息日為 2011 年 4 月 19 日，新增可流通股份上市日為 2011 年 4 月 20 日，現金股利發放日為 2011 年 4 月 26 日。」

要求：

（1）寫出華夏股份有限公司股利發放的具體日程安排。

（2）如果某一股東在 2011 年 4 月 20 日購入該公司 1000 股流通股，那麼該股東是否可以參與此次股利分配？

10. 康達生股份有限公司是一家從事藥品製造的上市公司。上市 5 年來，公司一直保持這裡較好的發展勢頭和較高的盈利水平，每年的淨利潤基本上以 10% 的速度持續增長。公司總股本為 8000 萬股。近 5 年來，公司每年均分配現金股利，沒有分配股票股利，也沒有實施資本公積金轉增股本的方案。2009 年，公司實現淨利潤 5800 萬元，分配現金股利 2610 萬元。2010 年，公司實現稅后利潤 6400 萬元，尚未分配。2010 年

年末，公司的資本結構為權益資本占55%、債務資本占45%。公司2011年準備擴大生產能力，需要增加資本總額10,000萬元。2011年年初，公司董事會討論了2010年度的股利分配方案。財務部門設計了以下幾種利潤分配方案：

(1) 採用穩定增長的股利政策，每年分配的現金股利按照10%的速度穩定增長。

(2) 採用固定股利支付率政策，保持上年的股利支付率。

(3) 如果公司管理當局認為，目前公司的資本結構是較為理想的資本結構，公司將繼續採用剩餘股利政策。2011年，公司投資所需債務資本通過長期借款來滿足，所需權益資本通過2010年的收益留存來滿足，多餘的利潤分配現金股利。

(4) 採用低正常股利加額外股利政策，公司確定的低正常股利為每股0.30元；由於2010年的盈利狀況較為理想，考慮每股再額外增加0.10元的股利。

要求：針對上述各種利潤分配方案，分別計算該公司2010年度應分配的現金股利。

11. 甲公司2010年年末的股東權益如下：

表7-8　　　　　　　　　　　　　　　　　　　　　　　　　　　　　　單位：萬元

普通股（面值1元，流通在外10,000萬股）	10,000
資本公積金	1640
盈餘公積金	850
未分配利潤	7110
股東權益合計	19,600

假定該公司在2011年3月的年度股東大會上，通過了如下利潤分配方案：以2010年年末的總股數為基數，向全體股東分配20%的股票股利，假如利潤分配前的股票每股市價為15元。計算股票股利分配后，公司股東權益總額及結構對單一股東權益及股票價格的影響如何？

詞彙對照

利潤分配	Distribution of the profits	資本保全	Capital Maintenance
股利理論	Dividend theory	股利政策	Dividend policy
現金股利	Cash dividends	股票分割	Stock split
股票回購	Stock repurchase	剩餘股利	The remaining dividend

第三篇

財務管理手段

　　公司理財的方法是指在公司理財工作中，為了能組織好各種複雜的財務活動，處理好各種財務關係，達到公司理財目標而使用的公司理財的技能。通常的公司理財方法包括財務預測、財務分析、財務控製以及財務決策等。

8　財務報表分析

教學目標

1. 瞭解企業財務分析的作用、目的、基礎、種類和程序；
2. 理解企業財務趨勢分析方法；
3. 掌握企業財務比率分析方法、因素分析法以及綜合分析方法；
4. 重點與難點：正確運用比率分析法對企業償債能力、營運能力、盈利能力和發展能力進行分析。

內容結構

```
                              ┌─ 財務分析的作用
                              │                    ┌─ 債權人財務分析的目的
                              │                    ├─ 股權投資者財務分析的目的
              ┌─ 財務分析概述 ─┼─ 財務分析的目的 ───┼─ 管理層財務分析的目的
              │               │                    ├─ 審計師財務分析的目的
              │               │                    └─ 政府部門財務分析的目的
              │               └─ 財務分析的程序
              │
              │                      ┌─ 趨勢分析法
              ├─ 財務分析的方法 ─────┼─ 比率分析法
              │                      └─ 因素分析法
              │
              │                      ┌─ 資產負債表
    財務分析 ─┼─ 財務分析的基礎 ─────┼─ 利潤表
              │                      └─ 現金流量表
              │
              │                      ┌─ 財務能力分析 ┬─ 償債能力分析
              │                      │               ├─ 營運能力分析
              │                      │               ├─ 盈利能力分析
              │                      │               └─ 發展能力分析
              │                      │
              ├─ 財務分析的內容 ─────┼─ 財務趨勢分析 ┬─ 比較財務報表
              │                      │               ├─ 比較百分比報表
              │                      │               ├─ 比較財務比率
              │                      │               └─ 圖解法
              │                      │
              │                      └─ 財務綜合分析 ┬─ 財務比率綜合評分法
              │                                      └─ 杜邦分析法
              │
              └─ 財務分析的局限 ─────┬─ 財務報表數據自身的局限
                                     └─ 不同報表核算基礎與時間差異
```

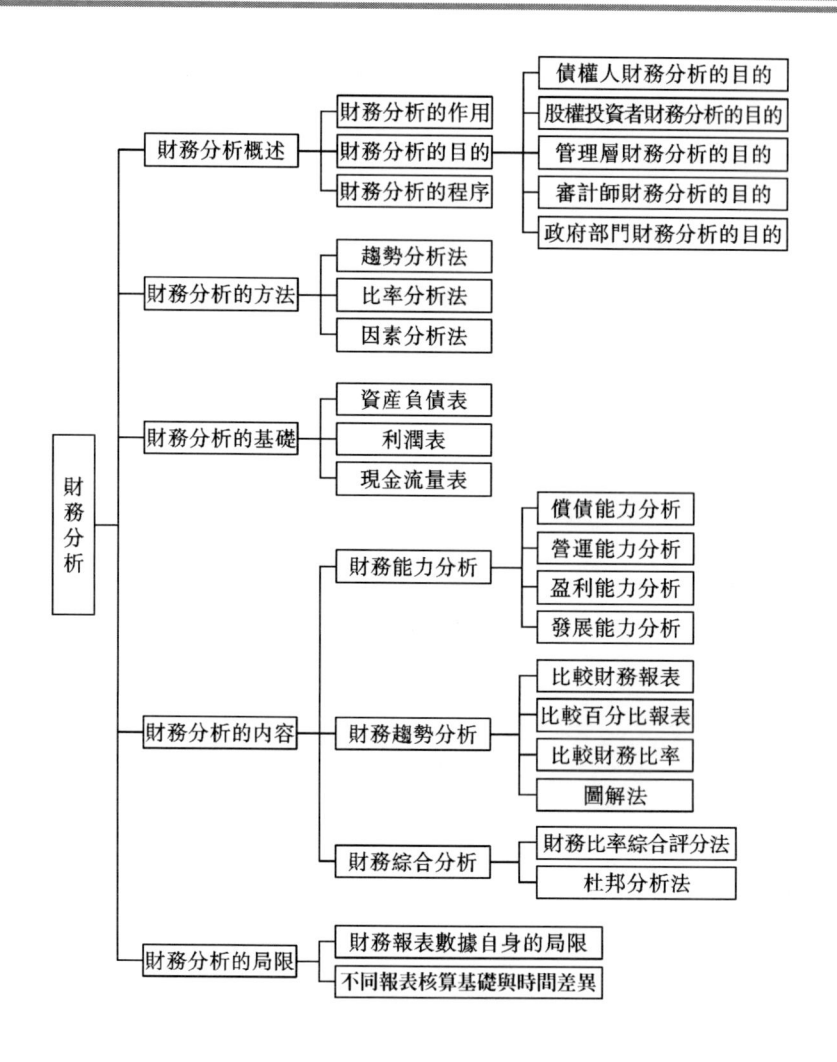

範例引述

中興通訊財務分析

2011年8月，Thought Works中國公司資深諮詢師熊節運用杜邦分析法對中興通訊的財務報表和企業經營狀況進行瞭解讀。通過對銷售淨利率、資產週轉率、權益乘數等基礎財務指標的計算和分析比較，他對中興通訊的財務狀況得出以下結論：

（1）銷售淨利率顯示成本控製能力。中興通訊這項指標同比下降約30%，對照

「營業成本列示」可見，營運商網絡、終端產品、電信軟件及服務三大主營業務的成本都顯著上升，成本升幅（28%）超過收入（22%）。除了為占領市場而採取積極的價格策略的影響外是國內成本的顯著增加：在營業成本增額的不到 60 億元當中，「購買商品、接受勞務支付的現金」和「支付給職工以及為職工支付的現金」兩項貢獻超過 40 億元（合併現金流量表）。

（2）資產週轉率顯示資產使用效率。該指標有小幅提升，與市場環境好轉的印象相符。但是在「流動資產」的增額中做出最大貢獻的是應收票據、應收帳款和存貨，內部各個環節的管理、經營效率似乎有點經不起發展的衝擊。

（3）權益乘數顯示財務融資能力。這項指標同比上升 15.5%，對照「流動負債」中增加的近百億元短期借款，可以認為中興通訊正在繼續擴展業務，同時也得到了有效的財務支撐。

綜上所述，根據簡單的財務報表分析，中興通訊似乎正在積極擴展業務，並且得到了的外部支持。但利潤率降低是一個嚴重的隱患，不論是為了搶占市場還是因為成本控制不力。在國內成本還會繼續上升的大背景下，內部挖潛控制成本只能是輔策，調整產品結構、提升市場定位、拓展價值供應，才是長久之計。

在熊節對中興通訊進行杜邦分析后一年，中興通訊 2012 年中期財報報出巨虧，利潤率持續走低正是導致該企業及其幾家主要競爭對手從 2012 年起開始大幅裁員的直接原因之一。

資料來源：《商業新聞網》2013 年。

本章導言

事實上，瞭解一個企業最直接的方式，就是閱讀它的財務報表。上市企業的財務報表都是公開的。閱讀一份財務報表可以瞭解很多基本的信息：這家企業的所有權性質、主要業務、主要客戶、收入結構、成本結構、員工規模、人才結構、戰略方向、主要風險……即便你真正想瞭解的企業是非上市企業（比如華為），它也必定與其最主要的競爭對手（比如中興）有很多相似之處。

財務分析正是在財務報告等有關材料的基礎上，對企業經營活動的過程和結果進行分析研究，以評價企業的財務狀況、經營成果和現金流量的狀況的管理活動。通過財務分析，我們可以分析評價企業的財務能力，不僅為外部會計信息使用者的投資決策做出幫助，同時也能夠借此對企業內部的經營狀況和計劃完成情況予以考評。對企業而言，財務分析是最為基礎的財務手段。

理論概念

8.1 財務分析概述

8.1.1 財務分析的作用

財務分析是指在財務報告等有關材料的基礎上，參考其他市場信息，運用科學的技術和方法對企業經營活動的過程和結果進行分析研究，以揭示各項財務指標的關係，從而評價企業的財務狀況、經營成果和現金流量的狀況的一項管理活動。

財務報告是企業向會計信息使用者提供信息的主要文件。它反應了企業財務狀況、經營成果和現金流量等方面的會計信息，為會計信息使用者進行經濟決策提供依據。但由於財務報告缺乏一定的綜合性，無法深入揭示企業各方面的財務能力以及反應企業的發展變化趨勢。因此，需要利用財務分析對這些會計信息做進一步的加工和處理，以提高會計信息的利用程度。在實務中，財務分析可以發揮以下重要作用：

（1）財務分析可以綜合評價企業的財務能力，從而分析企業經營活動中存在的問題，總結財務管理工作的經驗教訓，促進企業改善經營活動、提高管理水平。

（2）財務分析可以為企業外部投資者、債權人等利益相關者提供更為系統的、完整的會計信息，以便其更加深入地瞭解企業的財務狀況、經營成果和現金流量情況，做出投資決策、信貸決策及其他經濟決策。

（3）財務分析可以檢查企業內部各職能部門和單位完成經營計劃的情況，考核各部門和單位的經營業績，有利於企業建立健全完善的業績評價體系，保證企業的財務目標順利實現。

8.1.2 財務分析的目的

財務分析的目的取決於人們使用會計信息的目的。儘管財務分析所依據的資料是客觀的，但不同的人所關心的問題不同，因此他們進行財務分析的目的也各不相同。會計信息的使用者主要包括債權人、股權投資者、企業管理層、審計師、政府部門等。下面分別介紹不同的會計信息使用者進行財務分析的目的。

8.1.2.1 債權人財務分析的目的

債權人因為不能參與企業剩餘收益的分享，其風險與收益的這種不對稱性特徵決定了債權人必須對其貸款的安全性首先予以關注。對企業而言，具有長期獲利能力及良好的現金流動性是企業按期清償長期貸款及利息的基礎。因此，債權人最為關心的是在債務到期之日，企業是否有足夠支付能力以及財務穩定性，以保證其本息能夠及時、足額的得以收回。短期債權人對企業現金流動性的關注甚於對獲利能力的關心。

8.1.2.2 股權投資者財務分析的目的

現有投資者作為企業永久性資本的出資者，自然要對投資風險和投資回報進行判斷和估計。現有投資者在決定是購買、持有還是轉讓對某一企業投資時，需要估計該企業的未來收益與風險水平。因此，現有投資者最為關心的是企業的盈利能力、管理效率和投資回報率。另外，潛在投資者也需要相關的財務信息幫助他們在競爭性的投資機會中做出選擇。

8.1.2.3 管理層財務分析的目的

管理層作為受託責任人，肩負著受託經營管理的責任。受託責任的完成和履行情況最終是以財務報表的形式呈現出來的。因此，經營者最為關心的各個方面，包括營運能力、償債能力、盈利能力、社會貢獻能力及未來的發展趨勢等信息，以便及時發現問題，為企業可持續發展制定合理的企業發展戰略和策略。

8.1.2.4 審計師財務分析的目的

審計師作為財務報表的鑒證者，要對財務報表的質量做出專業的判斷和評價。為了規避審計風險，審計師最關心企業編製的財務報表是否遵守《企業會計準則》和《公司法》的相關規定，財務報表是否具有可靠性和公允性。

8.1.2.5 政府部門財務分析的目的

政府部門既是財務報表的鑒證者又是財務報表的使用者。稅務管理部門需要確定企業的納稅所得額，對企業的銷售和盈利水平感興趣；中國證券監督管理委員會可能對公司的盈利能力和關聯方交易感興趣。

8.1.3 財務分析的程序

財務報表分析的基本步驟一般按照以下過程進行：

8.1.3.1 確定範圍，收集資料

財務分析的範圍可以是企業經營活動的某一方面，也可以是企業經營活動的全過程，它取決於財務分析的目的。債權人只需要對企業的償債能力進行分析，而企業經營者則應進行全面的財務分析。財務分析的範圍則決定了所需收集資料的數量。

8.1.3.2 選擇方法，確定指標

財務分析的目的和範圍不同，其選用的方法和指標也不同。局部的財務分析可以只選用某種方法，而全面的財務分析則需要綜合運用各種方法。分析指標也應該依據財務分析的目的而定，使結果更為客觀準確。

8.1.3.3 因素分析，抓住要點

通過財務分析，可以找到影響企業財務狀況的各項因素。應對各因素進行分析，分清有利因素和不利因素，抓住主要因素，並提出相應的應對方法，以改善企業的生產經營現狀。

8.1.3.4 提供建議，做出決策

財務分析的最終目的是為經濟決策提供依據。通過前述比較分析的過程，即可為經濟決策提供幾種建議方案，並從中挑選出最佳方案，做出決策。同時，決策者也可以通過財務分析中所反饋的信息，總結經驗教訓，從而改進工作。

8.2 財務分析的方法

8.2.1 趨勢分析法

趨勢分析法是指根據企業連續數期的財務報表，比較各個有關項目的金額、增減方向和幅度，從而揭示當期財務狀況和經營成果的增減變化及其發展趨勢的一種方法。趨勢分析可以繪成統計圖表，可以採用移動算術平均法、指數滑動平均法等，但通常採用比較法，即將連續幾期的同一類型報表加以比較。

趨勢分析法有水平分析法和垂直分析法兩種。

8.2.1.1 水平分析法

水平分析法是將企業連續幾個會計年度的財務報表上的相同項目進行比較，觀察這些項目的變化，以揭露其變化的原因和趨勢。它有助於評估企業經營發展態勢及需要加強的方面。水平分析法的表現形式有兩種：一是定比。定比是以某一時期數額為基數，其他各期數額均與該期的基數進行比較。二是環比。環比是分別以上一時期數額為基數，然後將下一期數額與上一期數額進行比較。

水平分析時應注意剔除偶然因素的影響，既可以用絕對數進行比較，也可以用相對數進行比較。

8.2.1.2 垂直分析法

垂直分析法是計算財務報表中的各項目占總體的比重，反應財務報表中每一項目與其相關總量之間的百分比及其變動情況，準確地分析企業財務活動百分比及其變動情況和發展趨勢。在這一方法下，每項數據都與一個相關的總量對應，並被表示為占這一總量的百分比形式。這種僅有百分比而不表示金額的財務報表稱為共同比財務報表，它是垂直分析的一種重要形式。垂直分析法有助於考察總體中某個部分的形成和安排是否合理，以便合理配置財務資源。

8.2.2 比率分析法

比率分析法是指對企業同一時期財務報表中的相關項目進行對比，以計算出的財務比率來揭示企業財務狀況、評價經營成果的分析方法。該方法由於信息準確，易於比較，因此運用廣泛。

財務比率主要有構成比率、效率比率和相關比率三類。

8.2.2.1 構成比率

構成比率又稱結構比率，是指某項經濟指標的各個組成部分與總體的比例，反應部分與總體的關係。利用構成比率可以識別總體中的某個部分的形成和安排是否合理。

8.2.2.2 效率比率

效率比率是指某項經濟活動投入與產出之間的比例關係。利用效率比率可以考察經濟活動的經濟效益，以揭示企業的獲利能力。

8.2.2.3 相關比率

相關比率是指反應某兩個或兩個以上相關經濟項目比值的財務比率。利用相關比率可以識別有聯繫的相關業務安排是否合理，以保障企業經營活動順利進行。

8.2.3 因素分析法

因素分析法又稱連環替換分析法，是指先確定影響綜合性指標的各個因素，然後按照一定的順序逐個用實際數替換影響因素的基數，以計算各項因素影響程度的一種方法。使用因素分析法時應看到影響因素和經濟指標之間的因果關係，瞭解其前提是在分別計算時假定某一因素變化而其他因素不變，同時也應注意因素替換的順序性。

因素分析法的步驟：

（1）確定影響綜合性指標變動的各項因素；

（2）按「先數量后質量、先實物后價值、先主要后次要」的順序排列各因素；

（3）以基期指標為基礎，將各因素的基期數依次以實際數來替換尚未替代過的因素，使其仍維持及其水平，直至全部因素均被替換過；

（4）對比每次替換前后的計算結果，兩者差異就是所替換因素的影響程度。將各因素的影響數值相加，即實際指標與基期指標之間的總差異。

8.3 財務分析的基礎

財務分析是以企業的會計核算資料為基礎，通過加工整理得出一系列財務指標，並進行分析和評價。其中，會計核算資料主要是指財務報表。財務報表一般包括資產負債表、利潤表、現金流量表和所有者權益變動表。

8.3.1 資產負債表

資產負債表是基本財務報表之一，以「資產＝負債＋所有者權益」為平衡關係，反應企業在某一特定日期的財務狀況，揭示了企業當時所擁有或控制的經濟資源、所承擔的現時義務以及所有者享有的剩餘權益。它主要包括資產、負債、股東權益三大類項目，按流動性從大到小分項列示。

資產負債表提供了企業的資產結構、資金來源狀況、資產流動性、負債水平及結構

等財務信息。分析者通過對資產負債表的分析，可以對企業償債能力、資金營運能力等進行瞭解。

8.3.2 利潤表

利潤表又稱損益表，是反應企業一定期間內生產經營成果的財務報表。利潤表中的各項目以「收入－費用＝利潤」這一會計等式為依據進行編製。在利潤表中，通常按照利潤的構成項目分別來列示。企業的利潤可以分為營業利潤、利潤總額以及淨利潤，三者依次在利潤表中列示。

利潤表可以考核企業的利潤計劃完成情況，並對企業的盈利能力進行分析，揭示其利潤增減變化的原因，預測企業利潤發展趨勢，從而為投資者及企業經營者提供決策依據。

8.3.3 現金流量表

現金流量表是指現金或現金等價物流入或流出信息的財務報表。現金流量表將企業的現金流量分為經營活動產生的現金流量、投資活動產生的現金流量和籌資活動產生的現金流量三類，以收付實現制為原則編製而成。

現金流量表中，現金是指企業的庫存現金以及隨時可取用的存款，包括庫存現金、銀行存款和其他貨幣資金；現金等價物是指企業持有的期限短、流動性強、易於轉換為已知金額現金、價值變動風險很小的投資，如3個月內到期的債券投資；現金流量是指企業一定時期內現金和現金等價物的流入和流出的數量。

現金流量表可以為會計信息使用者提供企業現金流入和流出的信息，使其便於預測企業未來現金流量。

8.4 財務分析的內容

財務分析的內容主要包括財務能力分析、財務趨勢分析以及財務綜合分析三部分。下面我們將分別對其進行闡述。

8.4.1 財務能力分析

財務能力分析主要包括償債能力分析、營運能力分析、盈利能力分析和發展能力分析。

8.4.1.1 償債能力分析

償債能力是指企業償還到期債務的能力。通過對企業資產流動性、負債水平等情況的瞭解，可以分析企業償還債務的能力，從而評價企業的財務狀況和財務風險。

（1）短期償債能力分析

短期償債能力是指企業償付流動負債的能力。流動負債是指1年內需要償付的債

務，償債能力即流動資產對流動資產償還的保障程度，它取決於近期可變現的流動資產的多少。用於反應短期償債能力的指標主要包括流動比率、速動比率、現金流量比率和到息債務本息償付比率等。

①流動比率。流動比率是指流動資產與流動負債的比率。其計算公式為：

$$流動比率 = \frac{流動資產}{流動負債} \times 100\%$$

其中：流動資產主要包括現金、銀行存款、交易性金融資產、應收帳款、存貨等資產；流動負債主要包括短期借款、應付帳款、預收帳款及各類應交應付款項。

一般認為，流動比率越高的企業的短期償債能力越強，但並不是流動比率越高越好。根據經驗，流動比率在 2：1 左右較為適宜。

②速動比率。速動比率是指企業的速動資產與流動負債的比率。其計算公式為：

$$速動比率 = \frac{速動資產}{流動負債} = \frac{流動資產 - 存貨}{流動負債}$$

其中，速動資產＝貨幣資金＋交易性金融資產＋應收帳款＋應收票據，即從流動資產中剔除了變現能力較差的資產，如存貨等。

一般而言，速動比率越高，企業償債能力越強。但速動比率並不是越高越好。根據經驗，速動比率為 1：1 較為安全。

③現金流量比率。現金流量比率是指企業一定時期的經營性現金淨流量與流動負債的比率。其計算公式為：

$$現金流動負債比率 = \frac{經營現金淨流量}{流動負債}$$

該指標是通過經營性現金流的流入與流出從動態的角度反應企業的償債能力。企業經營產生的利潤並不一定有足夠的現金來償還其到期債務。但現金流是在收付實現制的基礎上計算而來的，因此現金流動負債比率更能反應企業實際的償債能力。

④到期債務本息償付比率。到期債務本息償付比率是經營現金淨流量與本期到期債務本息的比值。其計算公式為：

$$到期債務本息償付比率 = \frac{經營現金淨流量}{本期到期債務本金 + 現金利息支出}$$

到期債務本息償付比率主要是用來衡量本年度內到期的債務本金及相關的利息支出可由經營活動所產生的現金來償付的程度。該比率越高，說明企業償債能力越強。若該指標小於 1，表明企業不足以償付本期到期債務本息。

（2）長期償債能力分析

長期償債能力是指企業償還長期負債的能力。對長期償債能力的分析有助於債權人和投資者全面瞭解企業償債能力及財務風險。該指標主要用來反應企業長期償債能力的

指標，如資產負債率、股東權益比率和利息保障倍數等。

①資產負債率。資產負債率是指企業負債總額與資產總額的比率。其計算公式為：

$$資產負債率 = \frac{負債總額}{資產總額} \times 100\%$$

該指標反應了企業每1元的資產中有多少錢是借來的。一般情況下，資產負債率越小，表明企業長期償債能力越強，財務風險越小。但從企業所有者來說，該指標過小表明對財務槓桿利用不夠。企業的經營決策者應當將償債能力指標與獲利能力指標結合起來分析。

②股東權益比率。股東權益比率是指股東權益總額與資產總額的比率，反應了資產總額中所有者投入的比例。其計算公式為：

$$股東權益比率 = \frac{股東權益總額}{資產總額}$$

一般情況下，產權比率越低，企業的長期償債能力越強，但也表明企業不能充分地發揮負債的財務槓桿效應。從企業長期償債能力而言，該比率應該小於1。

股東權益比率的倒數是權益乘數，是指資產總額相當於股東權益的倍數。權益乘數反應了企業財務槓桿的大小。權益乘數越大，說明財務槓桿越大。其計算公式為：

$$權益乘數 = \frac{總資產}{所有者權益總額} = \frac{1}{1 - 資產負債率}$$

③利息保障倍數。利息保障倍數也稱已獲利息倍數，是指企業息稅前利潤與利息支出的比值。它是衡量企業支付負債利息能力的指標。其計算公式為：

$$已獲利息倍數 = \frac{息稅前利潤}{利息費用}$$

式中：息稅前利潤（EBIT）＝稅前利潤（總利潤）＋利息費用。

企業生產經營所獲得的息稅前利潤與利息費用相比，倍數越大，說明企業支付利息費用的能力越強。因此，債權人要分析利息保障倍數指標，以此來衡量債權的安全程度。

上述財務比率是分析企業償債能力的主要指標，但在分析企業償債能力時，還應考慮到以下因素對企業的償債能力，包括或有負債、擔保責任、租賃活動以及可用的銀行授信額度。這些因素既能夠影響企業的長期償債能力，又能夠影響其短期償債能力。

8.4.1.2 營運能力分析

營運能力是指企業對資產的利用和管理能力。企業對資產進行利用以取得收益，通過對企業資產保值增值情況進行瞭解，可以分析企業的資產利用效率、管理水平及資金週轉狀況以及經營者的管理水平。

營運能力主要用資產的週轉速度來衡量。一般而言，週轉速度越快，資產的使用效

率越高,則營運能力越強。資產週轉速度通常用週轉率和週轉期(週轉天數)來表示。營運能力分析主要包括流動資產週轉情況分析、固定資產週轉情況分析和總資產週轉情況分析。

(1)流動資產週轉情況分析

反應流動資產週轉情況的指標主要包括流動資產週轉率、存貨週轉率和應收帳款週轉率。

①流動資產週轉率是指一定時期流動資產平均占用額和流動資產週轉額的比率。它既是反應流動資產週轉速度的指標,也是綜合反應流動資產利用效果的基本指標。其計算公式為:

$$流動資產週轉率 = \frac{銷售收入}{流動資產平均余額}$$

$$流動資產週轉率 = \frac{期初流動資產余額 + 期末流動資產余額}{2}$$

流動資產在一定時期的週轉次數越多,亦即每週轉一次所需要的天數越少,週轉速度就越快,流動資產的營運能力就越好;反之,週轉速度越慢,流動資產的營運能力就越差。

②存貨週轉率是指企業在一定時期內存貨占用資金可週轉的次數,或存貨每週轉一次所需要的天數。因此,存貨週轉率指標有存貨週轉次數和存貨週轉天數兩種形式。其計算公式為:

$$存貨週轉率 = \frac{銷售成本}{(期初存貨余額 + 期末存貨余額)/2}$$

$$存貨週轉天數 = \frac{360}{存貨週轉率} = \frac{平均存貨余額 \times 360}{銷售成本}$$

應當注意,存貨週轉次數和週轉天數的實質是相同的。但是其評價標準不同。存貨週轉次數是個正指標,因此,週轉次數越多、存貨週轉率越高。影響存貨週轉率的因素很多,但它主要還是受材料週轉率、在產品週轉率和產成品週轉率的影響。這三個週轉率的評價標準與存貨評價標準相同,都是週轉次數越多越好,週轉天數越少越好。通過不同時期存貨週轉率的比較,可以評價存貨管理水平,查找出影響存貨利用效果變動的原因,不斷提高存貨管理水平。

③應收帳款週轉率。應收帳款週轉率的表現形式有應收帳款週轉次數、應收帳款週轉天數。其計算公式為:

$$應收帳款週轉率 = \frac{賒銷收入淨額}{(期初應收帳款 + 期末應收帳款)/2}$$

$$應收帳款週轉天數 = \frac{360}{應收帳款週轉率} = \frac{應收帳款平均余額 \times 360}{賒銷收入淨額}$$

其中，應收帳款余額為未扣除壞帳準備的應收帳款余額。

應收帳款週轉率可以用來估計應收帳款變現的速度和管理的效率。回收迅速既可以節約資金也說明企業信用狀況好，不易發生壞帳損失；一般認為週轉次數愈多愈好；按應收帳款週轉天數進行分析，則週轉天數愈短愈好。

④營業週期。營業週期是指從取得存貨開始到銷售存貨並收回現金為止的這段時間。營業週期的長短取決於存貨週轉天數和應收帳款週轉天數。營業週期的計算公式為：

營業週期＝存貨週轉天數＋應收帳款週轉天數

營業週期反應了將期末存貨全部變為現金所需的時間。一般情況下，營業週期短，說明資金週轉速度快，管理效率高，資產的流動性強，資產的風險降低；營業週期長，說明資金週轉速度慢，管理效率低，風險上升。因此，分析研究企業的營業週期，並想方設法縮短營業週期，對於增強企業資產的管理效果具有重要意義。

(2) 固定資產週轉情況分析

固定資產週轉情況主要用固定資產週轉率進行分析。

固定資產週轉率是指銷售收入與固定資產平均占用額的比率，是用來衡量企業固定資產利用效率的指標。其計算公式為：

$$固定資產週轉率 = \frac{銷售收入}{(期初固定資產淨值 + 期末固定資產淨值)/2}$$

一般而言，固定資產週轉次數越高，表明固定資產的利用效率越高，固定資產的配置結構越合理；反之亦然。而固定資產週轉天數則是越短越好；反之亦然。

在分析固定資產週轉率時，應當注意固定資產淨值因固定資產折舊而減少或因固定資產更新而增加的因素。同時，在對不同企業固定資產週轉率進行比較分析時，應當統一口徑，如使用相同的折舊方法計算出來的固定資產淨值。

(3) 總資產週轉情況分析

總資產週轉情況主要使用總資產週轉率指標進行分析。

總資產週轉率是指銷售收入與總資產的比率，是用來分析全部資產使用效率的指標。其計算公式為：

$$總資產週轉率 = \frac{銷售收入}{平均資產總額}$$

總資產週轉次數越多或總資產週轉天數越少，說明企業對資產的使用效率越高；反之，則說明資產使用的效率低下。

8.4.1.3 盈利能力分析

盈利能力是指企業獲取利潤的能力，獲利是企業的主要經營目標之一，同時也反應了企業的綜合素質。無論是投資者還是債權人都十分關心企業的盈利能力，而通過對企業獲取利潤的絕對數及相對指標進行分析，可以為其提供決策的依據。

一般而言，企業的獲利能力是指正常的營業狀況下賺取的利潤，不包括非正常的營業狀況的收益或損失。反應公司盈利能力的指標主要有營業利潤率、成本費用淨利率、總資產報酬率、淨資產收益率、股利支付率和市盈率等。

（1）營業利潤率又稱銷售淨利率，它可以評價企業通過銷售賺取利潤的能力。該指標越高，表明企業市場競爭力越強，發展潛力越大，盈利能力越強。其計算公式為：

$$營業利潤率 = \frac{淨利潤}{營業收入} \times 100\%$$

（2）成本費用淨利率反應了企業生產經營過程中發生的耗費與獲得的收益之間的關係。該指標越高，表明企業為取得利潤而付出的代價越小，成本費用控制得越好，盈利能力越強。其計算公式為：

$$成本費用淨利率 = \frac{淨利潤}{成本費用總額} \times 100\%$$

成本費用總額＝營業成本＋營業稅金及附加＋銷售費用＋管理費用＋財務費用

（3）總資產報酬率又稱資產淨利率。一般情況下，該指標越高，表明企業的資產利用效益越好，整個企業盈利能力越強。其計算公式為：

$$總資產報酬率 = \frac{淨利潤}{平均總資產} = \frac{淨利潤}{營業收入} \times \frac{營業收入}{平均資產總額}$$

（4）淨資產收益率又稱股東權益報酬率。一般認為，淨資產收益率越高，企業自有資本獲取收益的能力越強，營運效益越好，對企業投資人、債權人的保證程度越高。其計算公式為：

$$淨資產收益率 = \frac{淨利潤}{平均淨資產} \times 100\%$$

（5）股利支付率又稱股利發放率，表明股份公司的淨收益中有多少用於現金股利的分派。其計算公式為：

$$每股股利 = \frac{現金股利總額 - 優先股股利}{發行在外的普通股股數}$$

$$股利支付率 = \frac{每股股利}{每股利潤} \times 100\%$$

與股利支付率相關的反應利潤留存比例的指標是收益留存率，也叫留存比率。其計算公式為：

$$收益留存率 = \frac{每股利潤 - 每股股利}{每股利潤} \times 100\%$$

$$= \frac{淨利潤 - 現金股利額}{淨利潤} \times 100\%$$

股利支付率＋收益留存率＝1

(6) 市盈率又稱價格盈余比率或價格與收益比率，反應了公司市場價值與盈利能力之間的關係。市盈率高，說明投資者對該公司的發展前景看好，因此成長性好的公司股票市盈率通常略高。但若市盈率過高，也預示著該股票具有較高的投資風險。其計算公式為：

$$市盈率 = \frac{每股市價}{每股利潤}$$

另外，市淨率也可以反應公司股東權益的市場價值與帳面價值之間的關係。市淨率越高，說明股票的市場價值越高，公司資產質量越好、盈利能力越強。若市淨率低於1，則說明投資者對公司未來發展前景持悲觀看法。其計算公式為：

$$市淨率 = \frac{每股市價}{每股淨資產}$$

8.4.1.4 發展能力分析

發展能力是指企業進一步發展壯大的空間和潛力。從企業的管理者到外部會計信息使用者都對企業發展能力非常關心。通過對企業的發展能力進行分析，可以判斷企業發展潛力和經營前景，避免因決策失誤帶來的重大損失。

企業能否健康發展取決於多種因素，包括外部經營環境、企業內在素質及資源條件等。通常用來衡量企業發展能力的指標主要包括：營業收入增長率、資本保值增長率、總資產增長率、營業利潤增長率。

(1) 營業收入增長率。營業收入增長率大於零，表示企業本年營業收入有所增長。該指標值越高表明增長速度越快，企業市場前景越好。其計算公式為：

$$營業收入增長率 = \frac{本年營業收入增長額}{上年營業收入} \times 100\%$$

(2) 營業利潤增長率。營業利潤增長率是企業本年營業利潤增長額與上年營業利潤總額的比率，反應企業營業利潤的增減變動情況。其計算公式為：

$$營業利潤增長率 = \frac{本年營業利潤增長額}{上年營業利潤總額} \times 100\%$$

本年營業利潤增長額＝本年營業利潤總額－上年營業利潤總額

(3) 股權資本增長率率。一般認為，股權資本增長率越高，表明企業的資本累積狀況越好，所有者權益增長越快，債權人的債務越有保障。該指標通常應大於100％。其計算公式如下：

$$股權資本增長率 = \frac{本年股東權益增長額}{年初所有者權益總額} \times 100\%$$

(4) 總資產增長率。該指標越高，表明企業一定時期內資產經營規模擴張的速度越快。其計算公式為：

$$總資產增長率 = \frac{本年總資產增長率}{年初資產總額} \times 100\%$$

分析時，需要同時關注資產規模擴張的質和量的關係，以及企業的后續發展能力，避免盲目擴張。

8.4.2 財務趨勢分析

財務趨勢分析主要包括比較財務報表、比較百分比財務報表、比較財務比率和圖解法四種方法。

8.4.2.1 比較財務報表

比較財務報表是指對企業連續幾期財務報表的數據進行比較，分析其中各項目的變化幅度和變化原因，據此來判斷企業財務狀況的發展趨勢。

在採用比較財務報表法進行分析時，選擇的財務報表期數越多，分析結果的可靠性越強。同時，分析時也應該考慮會計政策等因素的變化，以保證各期數據的可比性。

8.4.2.2 比較百分比財務報表

比較百分比財務報表是指將財務報表中的各項數據用百分比表示，並對各項目百分比的變化進行比較，以判斷企業財務狀況的變化趨勢。該方法更為直觀地反應了企業的發展趨勢。

比較百分比財務報表既可以用於同一企業不同時期財務狀況的縱向比較，也可以用於不同企業之間或與同行業平均數之間的橫向比較。

8.4.2.3 比較財務比率

比較財務比率就是將企業連續幾期的財務比率進行對比，以分析企業財務狀況的發展趨勢。該方法是比率分析法與比較分析法的結合，更加直觀地反應了企業財務狀況各方面的變動趨勢。

8.4.2.4 圖解法

圖解法是指將企業連續幾期的財務數據或財務比率繪製成圖，並根據圖形走勢來判斷企業財務狀況的變動趨勢。這種方法更為簡單、直觀，往往能夠發現以下通過比較法所不易發現的問題。

8.4.3 財務綜合分析

為了對企業的財務狀況和經營成果進行全面、合理的評價，我們需要對各類財務指標進行系統的、綜合的分析。下面介紹兩種常用的綜合分析法：財務比率綜合評分法和杜邦分析法。

8.4.3.1 財務比率綜合評分法

財務比率綜合評分法也稱沃爾評分法，是指通過選定的幾項財務比率進行評分，然后計算出綜合得分，並據此評價企業財務狀況。採用財務比率綜合評分法一般要遵循如下程序：

（1）選定財務比率。選擇的財務比率應具有全面性、代表性及變化方向的一致性。

反應企業償債能力、營運能力和盈利能力的三類財務比率都應當包括在內，同時應選用較為重要的財務比率。另外，當財務比率增大時，說明財務狀況的改善；反之，則表明財務狀況的惡化。

（2）確定標準評分值。根據各項財務比率的重要程度，確定其標準評分值，即重要性係數，並使各項財務比率的標準評分值之和等於100分。

（3）確定上下限。為了規避個別異常財務比率給總分帶來的影響，應對財務比率評分值的上下限予以規定。

（4）確定標準值。財務比率的標準值又稱最優值，是指各項財務比率在本企業現時條件下最理想的數值，一般可參照行業水平確定。

（5）計算關係比率。計算企業在一定時期各項財務比率的實際值，並將各項實際值與標準值進行比較，得出關係比率。關係比率反應了實際值偏離標準值的程度。

（6）計算實得分。各項財務比率的實際得分是關係比率和標準評分值的成績，單項得分不得超過上下限，所有實際得分之和即為企業財務狀況的綜合得分。若企業綜合得分超過100分，則說明其財務狀況較理想；反之，則說明其財務狀況較差。

8.4.3.2 杜邦分析法

杜邦分析法是指由美國杜邦公司首先創造的，利用幾種主要的財務比率之間的關係來綜合分析企業財務狀況的一種方法。它能夠全面地反應企業各方面財務狀況之間的關係，揭示了每一個因素變動對財務狀況系統所帶來的影響。杜邦系統主要反應了以下幾種主要的財務比率關係：

（1）股東權益報酬率＝資產淨利率×權益乘數

（2）資產淨利率＝銷售淨利率×總資產週轉率

（3）銷售淨利率＝淨利潤÷銷售收入

（4）總資產週轉率＝銷售收入÷資產平均總額

杜邦系統在揭示以上幾種關係之后，再將淨利潤、總資產進行層層分解，以全面地揭示企業的財務狀況以及系統內部各因素之間的關係。

8.5 財務分析的局限

財務分析儘管意義重大，但它也並非萬能的，有一定的局限性。具體而言，財務報表主要有以下兩個方面的局限性：財務報表數據自身的局限性以及不同報表核算基礎與時間的差異。

8.5.1 財務報表數據自身的局限性

8.5.1.1 財務數據具有「貨幣計量」假設

財務報表只能反應以貨幣衡量的經濟資源，許多不能用貨幣表示但對企業未來盈利

有影響的因素，財務報表無法反應，如企業的重大科技突破、人力資源情況以及社會經濟環境的變化。事實上，這些內容對決策者有相當重大的參考價值。

8.5.1.2 財務數據具有「幣值穩定」假設

財務報表並沒有考慮通貨膨脹因素和物價變動，其數據隱含著資產超值或貶值的風險。在進行財務分析時，應考慮該假設對企業經濟資源價值的影響。

8.5.1.3 財務數據具有「歷史成本」計量屬性

財務報表根據歷史情況進行記錄、提供信息，並未考慮到現行市價、重置成本等因素，其數據缺乏時效性。因此，其資產價值無法完全反應企業資產的現時價值。

8.5.1.4 財務數據產生的價值確認具有選擇性

財務數據是依照會計準則、財務制度的要求按核算程序加工產生的。統一會計對象，在進行價值確認時選擇的方法不同，其加工所得的財務數據也會不同，如存貨發出價值有先進先出法、全月一次加權平均法等。因此，進行財務分析時應該明確財務數據產生時選用的確認價值方法，並結合縱向與橫向兩種比較方式對財務數據進行正確客觀的使用。

8.5.2 不同報表核算基礎與時間的差異

在財務報表中，資產負債表與利潤表採用以「權責發生制」為核算基礎，而現金流量表採用以「收付實現制」為基礎，三者突出的財務信息重點不同。

另外，財務報表中資產負債表與利潤表反應的時間也不同。資產負債表只反應企業某一時點的財務狀況，屬於時點報告；而利潤表反應的是整個會計年度的數據信息，屬於時期報告。在對兩者數據以比率形式進行比較時，其可比性程度不一致。

公式解釋

財務分析的相關公式已經在簡述概念時做過簡單列示，下面我們通過對萊美藥業2009—2013年財務報表的分析來解釋各類財務比率及財務分析方法的具體運用。

（一）營運能力分析

1. 運用短期資產的能力

（1）應收帳款週轉次數。應收帳款週轉次數反應的是應收帳款週轉速度，可以用來分析應收帳款的變現速度和管理效率。（假設所有營業收入均為賒銷收入淨額）

其計算公式為：

應收帳款週轉次數＝賒銷收入淨額/應收帳款平均余額

應收帳款平均余額＝（期初應收帳款+期末應收帳款）/2

表 8-1　　　　　　　　萊美藥業 2009—2013 年的應收帳款情況表　　　　　　　　單位：萬元

年份	營業收入	年末應收帳款	年初應收帳款	應收帳款平均余額	應收帳款週轉次數
2009	33,354.40	7196.64	5977.22	6586.93	5.06
2010	37,764.80	9403.18	7196.64	8299.91	4.55
2011	53,409.40	11,832.30	9403.18	10,617.74	5.03
2012	63,146.10	13,944.40	11,832.30	12,888.35	4.90
2013	75,911.80	16,900.50	13,944.40	15,422.45	4.92

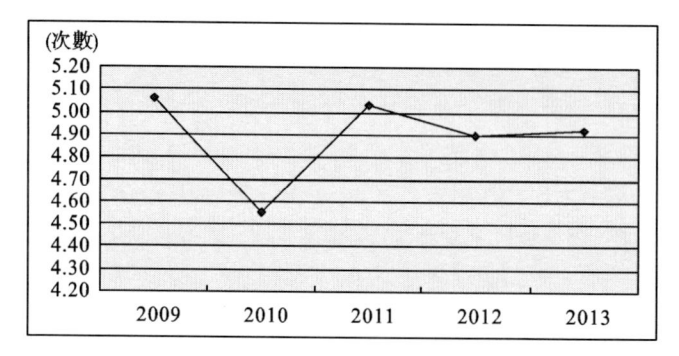

圖 8-1　應收帳款週轉次數

通過以上指標計算可以看出，該公司營業收入從 2009 年的 33,354 萬元增長到 2013 年的 75,911.8 萬元，可應收帳款週轉次數從 2009 年的 5.06 次下降到 2013 年的 4.92 次，說明該公司銷售收入增長卻回款減緩。

（2）存貨週轉次數。存貨週轉率是企業一定時期的銷售成本與存貨平均余額的比率，可以反應企業存貨的變現速度，衡量企業的銷售能力及存貨是否過量。（假設全部營業成本均為銷售成本）

其計算公式為：

存貨週轉率 = 銷售成本／存貨平均余額

存貨平均余額 = (期初存貨余額 + 期末存貨余額)/2

表 8-2　　　　　　　　萊美藥業 2009—2013 年存貨週轉情況表　　　　　　　　單位：萬元

年份	營業成本	年末存貨余額	年初存貨余額	存貨平均余額	存貨週轉次數
2009	21,250.80	6634.16	6468.41	6551.285	3.24
2010	23,962.20	11,679.50	6634.16	9156.83	2.62
2011	33,422.00	13,647.30	11,679.50	12,663.4	2.64
2012	37,920.60	14,897.50	13,647.30	14,272.4	2.66
2013	47,068.40	16,961.30	14,897.50	15,929.4	2.95

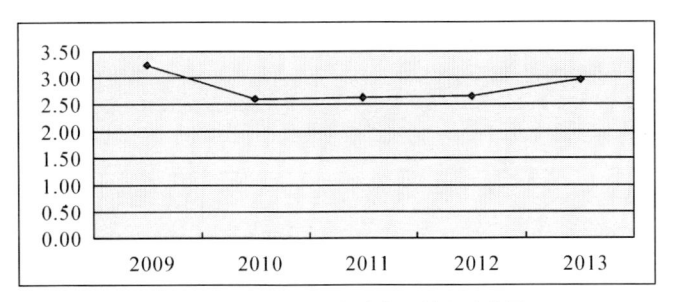

圖 8-2　2009—2013 年存貨週轉率趨勢圖

　　以上應收帳款週轉次數、存貨週轉次數兩個指標反應了企業短期資金週轉的能力，也就是反應了企業運用短期資產的能力。

　　一般而言，應收帳款週轉次數越多，說明應收帳款的週轉速度越快，流動性越強。萊美藥業應收帳款的週轉率不是太高，並且 2012 年、2013 年應收帳款的週轉次數有小幅度的下降。這是由於這兩年的應收帳款余額增加造成的。我們認為，萊美藥業的應收帳款次數降低，可能是由於企業奉行了比較寬鬆的信用政策，由此可能導致營業收入增長、應收帳款次數減緩的結果。

　　與此同時，我們看到萊美藥業最近五年的存貨週轉率儘管保持穩定但總體趨勢有所上揚，一直呈上升趨勢。雖然萊美藥業產品的特殊性決定了它投入在存貨上的營運資金必然更多，但這樣的存貨週轉率與同行業的其他企業相比來說依舊是過低的。存貨週轉率過低，說明企業在產品銷售方面存在一定的問題，應該採取積極的銷售策略，提高存貨的週轉速度。

2. 運用長期資產的能力

　　固定資產週轉率是指企業銷售收入與固定資產平均淨值的比率。該指標主要用於分析企業對廠房、設備等固定資產的利用效率。該比率越高，說明固定資產的利用率越高，管理水平越好。

　　其計算公式為：

　　固定資產週轉率 = 銷售收入／固定資產平均淨值

　　固定資產平均淨值 = (期初固定資產淨值 + 期末固定資產淨值)/2

表 8-3　　　　　　　　萊美藥業 2009—2013 年固定資產情況表　　　　　　　單位：萬元

年份	銷售收入	年末固定資產淨值	年初固定資產淨值	固定資產平均淨值	固定資產週轉次數
2009	33,354.40	5756.68	5927.78	5842.23	5.71
2010	37,764.80	13,194.20	5756.68	9475.44	3.99
2011	53,409.40	18,879.50	13,194.20	16,036.85	3.33
2012	63,146.10	38,752.20	18,879.50	28,815.85	2.19
2013	75,911.80	36,269.50	38,752.20	37,510.85	2.02

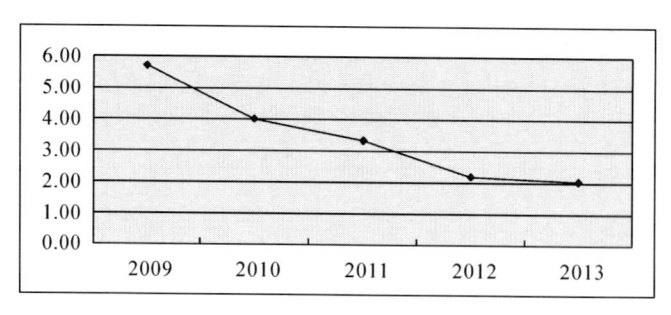

圖 8-3　2009—2013 年固定資產週轉率趨勢圖

固定資產週轉率反應了企業固定資產週轉的能力，也就是反應了企業運用長期資產的能力。一般來說，固定資產週轉率越高，企業對於設備、廠房等利用效率越高，管理水平越高。藥品生產企業在擴大生產規模過程中經常需要添加一些大型設備，因而固定資產淨額的值較大。而萊美藥業在 2009—2013 年固定資產週轉率有所下滑，是增加投資的結果，一旦新產品投入生產將會提高固定資產利用率。

3. 運用總資產的能力

總資產週轉率是指企業銷售收入與資產平均總額的比率。

其計算公式為：

總資產週轉率＝銷售收入／資產平均總額

資產平均余額＝（期初資產總額＋期末資產總額）／2

表 8-4　　　　　　萊美藥業 2009—2013 年總資產情況表　　　　　單位：萬元

年份	營業收入	期末資產總額	期初資產總額	資產平均總額	總資產週轉率
2009	33,354.40	65,362.60	26,855.70	46,109.15	0.72
2010	37,764.80	88,401.00	65,362.60	76,881.8	0.49
2011	53,409.40	108,099.00	88,401.00	98,250	0.54
2012	63,146.10	142,372.00	108,099.00	125,235.5	0.50
2013	75,911.80	218,214.00	142,372.00	180,293	0.42

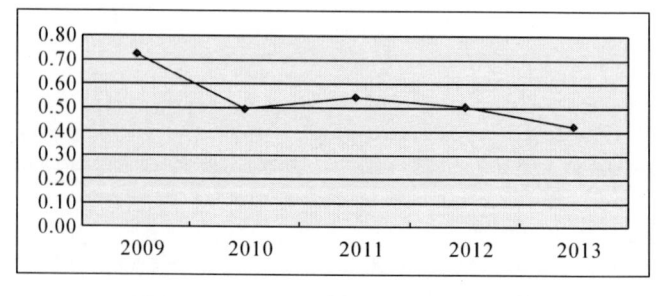

圖 8-4　2009—2013 年總資產週轉率趨勢圖

總資產週轉率反應了企業總資產週轉的能力，即企業運用資產的綜合能力。總體來看，萊美藥業對於總資產的運用不太理想，其總資產週轉率儘管有所波動，但始終大於0.4。尤其是2010年，由於受到金融危機的影響，企業的銷售能力受到影響，總資產週轉率低至0.49，低於同行業的魯抗醫藥和白雲山。但2010年以後，隨著銷售收入的增加，該比率又有所回升。

4. 總結

表8-5　　　　　　　　2009—2013年萊美藥業營運能力指標　　　　　　單位：次

年份	應收帳款週轉次數	存貨週轉次數	固定資產週轉次數	總資產週轉次數
2009	5.06	3.24	5.71	0.72
2010	4.55	2.62	3.99	0.49
2011	5.03	2.64	3.33	0.54
2012	4.90	2.66	2.19	0.50
2013	4.92	2.95	2.02	0.42

綜上所述，萊美藥業在2009—2013年期間的營運能力比較好，應收帳款週轉率和存貨週轉率都比較穩定，但是週轉率都不高。與之相較而言，企業對於固定資產的利用能力較強，但有下降的趨勢，且總體趨勢是下降的，因此企業應該重視對於長期資產的利用。

總而言之，萊美藥業應充分利用其現有資產，在營運能力方面需要進一步提高。

（二）償債能力分析

1. 短期償債能力分析

短期償債能力是指企業在一定的時期（一年或一個營業週期）內以流動資產償還流動負債的能力。短期償債能力的大小，主要取決於營運資金的大小及資產變現速度的快慢。反應短期償債能力的指標主要有流動比率、速動比率、現金比率。其計算公式分別為：

流動比率＝流動資產／流動負債

速動比率＝速動資產／流動負債×100%

現金比率＝（速動資產－應收帳款）／流動負債×100%

（1）流動比率

該指標反應企業運用流動資產變現償還流動負債的能力，同時也能反應企業承受流動資產貶值能力的強弱。通過計算發現，近五年萊美藥業的流動比率都在2以下（見表8-6），所以該企業的短期償債能力比較弱，面臨較大的財務風險。同時，該企業流動比率呈現下降趨勢，說明該企業短期償債能力有所下降。從資產負債簡表來看，萊美藥業的流動負債與非流動負債相比較大，因此該企業傾向於低成本的流動負債籌資政策，

該政策在給企業帶來經濟上利益的同時也帶來了債務的償還壓力，企業的短期償債能力下降導致財務風險上升。為此，企業應注意對流動負債進行有效監控，確保能夠及時清償到期債務。

表 8-6　　　　　　　　　　　流動比率分析表

年份 指標	2009	2010	2011	2012	2013
流動比率	4.4172	1.6022	1.1724	0.9137	0.9643
速動比率	3.9011	1.2174	0.8338	0.6973	0.7855
現金比率	308.7199	61.8545	30.7374	20.3504	45.8029

（2）速動比率

該指標剔除了存貨等變現能力較弱的流動資產，用於衡量企業用貨幣和信用資產來償還債務的能力。由於存貨相對流動資產和應收帳款來說數額較小，所以該指標計算結果與流動比率相差不大，而且保持同比例變動。從表 8-6 可以看出，萊美藥業的速動比率呈先下降後上升的趨勢，特別是 2011 年以後始終低於 1，說明該企業短期償債能力偏低且不穩定。

（3）現金比率

該指標反應企業用現金及現金等價物償還債務的能力。由於應收帳款相對流動資產來說數額較大，所以該指標計算結果與流動比率相差較大，而且比率比較低。這五年的數據不穩定，呈先下降後上升的趨勢，說明企業的短期償債能力存在一些問題。但近幾年企業現金比率均在 20%以上，說明企業用現金及現金等價物償還債務的能力較強。

從對以上三個指標的分析可以看出，萊美藥業的短期償債能力比較弱，存在較大問題。為此，公司應加強對短期債務的監控力度和現金的調度能力，否則可能會引起一定的財務危機，進而引起信任危機。

2. 長期償債能力分析

長期償債能力是指企業按期支付利息和到期償還本金的能力。在企業正常生產經營的情況下，企業不能依靠變賣資產從而償還長期債務，而需要將長期借款投入到回報率較高的項目中得到利潤來償還到期債務。長期償債能力主要從保持合理的負債權益結構角度出發，來分析企業償付長期負債到期本息的能力。長期償債能力指標主要包括資產負債率、產權比率、利息保障倍數。其計算公式分別為：

資產負債率 = 負債總額 / 資產總額 × 100%

產權比率 = 負債總額 / 股東權益總額

利息保障倍數 = (稅前利潤 + 利息費用) / 利息費用

（1）資產負債率

該指標揭示了所有者對債權人債權的保障程度，是反應企業長期償債能力的重要指

標。一般認為，資產負債率為50%時比較合理。由表8-7知，萊美藥業這幾年該指標由低到高，慢慢地接近比較合理的資產負債率。

表 8-7　　　　　　　　　　　　產權比率分析表

指標＼年份	2009	2010	2011	2012	2013
資產負債率（%）	19.67	36.47	38.93	50.10	48.41
產權比率（%）	24.48	54.06	62.12	98.16	85.50
利息保障倍數（%）	1042.24	17,545.33	785.32	356.39	341.58

（2）產權比率

該指標反應債權人與股東提供的資本的相對比例，能夠反應企業的資本結構是否合理、穩定，同時也表明債權人投入資本受到股東權益的保障程度。一般來說，這一比率越低，表明企業長期償債能力越強，債權人權益保障程度越高，承擔的風險越小。萊美藥業的產權比率近五年一直在上升，快接近於1，表明採取的是高風險、高報酬的財務結構，企業的長期償債能力不高。

（3）利息保障倍數

利息保障倍數又稱已獲利息倍數。它是衡量企業支付負債利息能力的指標（用以衡量償付借款利息的能力）。企業生產經營所獲得的息稅前利潤與利息費用相比，倍數越大，說明企業支付利息費用的能力越強。一般認為，當已獲利息倍數在3或4以上時，企業的付息能力就有保證。萊美藥業近五年利息保障倍數都較高，其中2009年和2010年、2011年分別達到了10.42、175.45、7.85，2012年和2013年利息保障倍數雖然有所下降，但仍然高於3，表明該企業付息能力較強。

從對以上三個指標的分析可以看出，企業的負債權益結構不是很合理，企業所獲得的利潤較高，按期支付利息的能力很強，但流動負債所占比例較高，企業財務風險較大。

3. 總結

總的來說，萊美藥業的償債能力良好，正常經營狀況下能夠及時支付利息及償還貸款。但該企業在長期償債能力上存在一定問題，企業應注重資產結構的調整，確保能夠及時償還本息，從而保證自己的信譽。

（三）盈利能力分析

1. 生產經營盈利能力

銷售毛利率＝銷售毛利率／銷售淨收入×100%

　　　　　＝（銷售收入－銷售成本）/（銷售收入－銷售折讓－銷售退回）×100%

銷售淨利率＝淨利潤／淨銷售收入×100%

以上兩個指標可以評價企業通過銷售賺取利潤的能力。該指標越高，企業通過擴大銷售獲取收益的能力越強。從表8-8、圖8-5可以看出，萊美藥業銷售毛利率在2009—2013年比較平穩，整體呈穩步上升的趨勢，但銷售淨利率在2012—2013年有所下降；同時從利潤簡表可以看出，萊美藥業營業利潤從2009年的4506.79萬元逐年上升至2012年的5345.92萬元，這說明萊美藥業在不斷擴大經營規模，增加生產和銷售，實現銷售利潤的增長。

表8-8　　　　　　　　　　銷售利潤率表　　　　　　　　　　單位:%

年份	2009	2010	2011	2012	2013
銷售毛利率	36.29	36.55	37.42	39.95	38.00
銷售淨利率	12.13	11.60	13.98	8.73	8.32

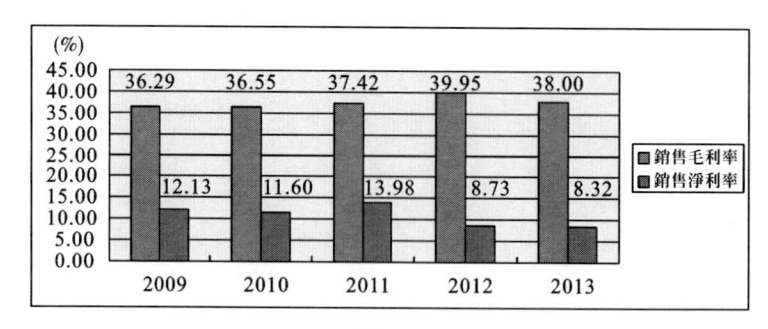

圖8-5

但是萊美藥業與白雲山、魯抗醫藥的近幾年的銷售淨利率相比有很大優勢，白雲山2012年、2013年的銷售淨利率分別為4.96%、5.72%，魯抗醫藥2012年、2013年的銷售淨利率分別為1.9%、-5.6%，相比之下萊美藥業的銷售淨利率最低也達到了8%，在以后的發展中應多重視增加銷售淨利潤。

2.資產盈利能力

總資產利潤率=息稅前利潤/資產平均總額×100%

　　　　　　=（利潤總額+利息支出總額）/（期初資產總額/2+期末資產總額/2）×100%

資產報酬率=淨利潤/平均資產總額×100%

成本費用利潤率=產品銷售利潤/產品銷售成本×100%

表 8-9　　　　　　　　　　　　　　　　　　　　　　　　　　　　　　單位:%

年份 項目	2009	2010	2011	2012	2013
總資產利潤率	6.1913	4.9574	6.9056	3.8723	2.8941
資產報酬率	9.9571	10.5431	16.2128	12.74	10.2217
成本費用利潤率	16.8079	15.3508	18.6777	11.0069	10.6234

總資產利潤率是指企業一定時期內獲得的報酬總額與資產平均總額的比率。它表示企業包括淨資產和負債在內的全部資產的總體獲利能力，用以評價企業運用全部資產獲利的能力，是評價企業資產營運效益的重要指標。萊美藥業的資產規模變化見圖 8-6。

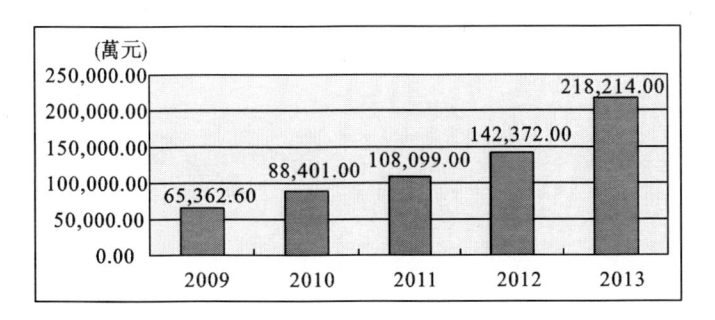

圖 8-6　萊美藥業 2009—2013 年總資產變動情況

資產規模在不斷擴大，而資產報酬率有所下降，這說明萊美藥業在五年間企業經營生產規模不斷擴大，而且資產收益率保持較好。

從圖 8-7 可以看出，2009—2013 年萊美藥業資產報酬率整體呈先上升後下降的趨勢，但總體保持在 10% 以上，這說明企業對資產的利用效率比較高。

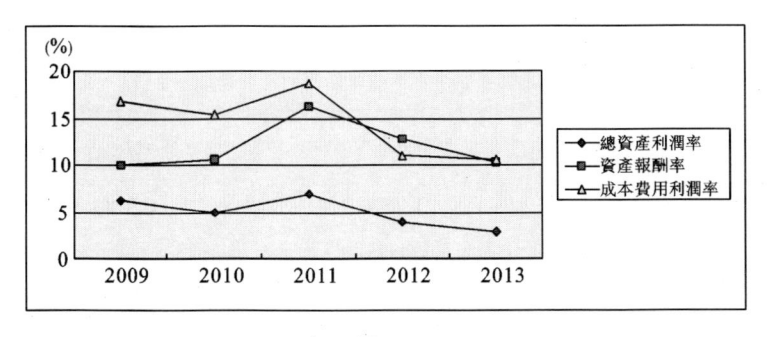

圖 8-7

成本費用利潤率五年來先上升後下降，但在 2012 年相較前三年有大幅度下跌，引起這一情況的原因主要表現在 2011 年的費用大幅度增長的結果，達到了 47.8%。而銷

售收入增長率只有19%，跟不上成本費用的增長，這說明企業在擴大經營規模過程中還應注意費用的控制。見圖8-7。

3. 資本盈利能力

淨資產收益率＝淨利潤／平均股東權益 × 100%

從表8-10可以看出，萊美藥業淨資產收益率逐步增長，2011年之後大幅度下降。這表明萊美藥業收益水平相對較高。

表8-10　　　　　萊美藥業2009—2013年淨資產收益率　　　　　單位:%

年份	2009	2010	2011	2012	2013
淨資產收益率	7.71	7.84	11.71	8.14	5.54

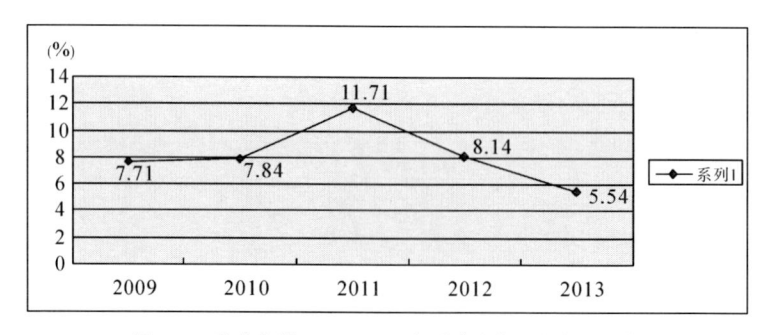

圖8-8　萊美藥業2009—2013年淨資產收益率變化趨勢

(四) 發展能力分析

1. 銷售增長指標

銷售增長率＝本年銷售增長額／上年銷售收入總額 × 100%

　　　　　＝(本年銷售收入總額－上年銷售總額)／上年銷售收入總額 × 100%

銷售成本增長率＝本年銷售成本增長額／上年銷售成本 × 100%

表8-11　　　　　萊美藥業2009—2013年銷售增長情況　　　　　單位:%

年份＼項目	2009	2010	2011	2012	2013
主營業務收入增長率	25.7613	13.2227	41.4265	18.2303	20.2161
銷售成本增長率	0.2551	0.1444	0.4178	0.2347	0.2275
淨利潤增長率	23.0523	8.2941	70.3372	-26.1864	14.5499

以2009年為基準年份，萊美藥業的銷售收入增長率、銷售成本增長率均為正值，這說明企業的生產銷售規模在不斷擴大。從圖8-9可以看出，逐年的增長比率不穩定，呈波浪形狀，銷售成本的增長率遠低於銷售收入的增長率，企業的成本控制比較好。萊

美藥業的利潤增長率變動幅度比較大，特別是 2012 年淨利潤的增長率小於 0。從利潤表可以看出，2012 年的營業外收入急遽減少，說明公司營業外收入對淨利潤的影響比較大。

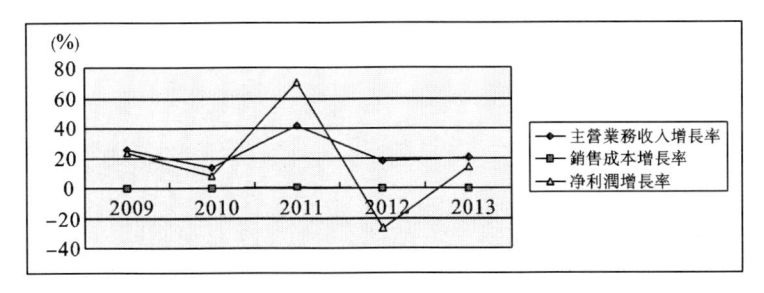

圖 8-9　萊美藥業 2009—2013 年銷售增長情況

2. 資產及資本增長指標

總資產增長率 = 本年總資產增長額 / 年初資產總額 × 100%

資本累積率 = 本年所有者權益增加額 / 年初所有者權益總額 × 100%

五年利潤平均增長率 = $\left(\sqrt[5]{\dfrac{\text{年末利潤總額}}{\text{五年前末利潤總額}}} - 1 \right) \times 100\%$

表 8-12　　　　　　　萊美藥業 2009—2013 年資產增長情況　　　　　　單位：%

年份 項目	2009	2010	2011	2012	2013
資本累積率	281.0756	6.9537	17.5537	7.6247	58.4372
總資產增長率	143.3841	35.2472	22.282	31.7058	53.2699

五年利潤平均增長率 = 7.13。

表 8-13　　　　　　　萊美藥業 2009—2013 年五年資產增長率　　　　　　單位：%

五年總資產平均增長率	57.1778
五年平均資本累積率	74.3290

總資產增長率是從企業資產規模擴張方面來衡量企業的發展能力，一般增長率越大，企業資產規模增長速度越快，企業競爭力會增強；淨資產增長率又稱資本累積率，反應了企業當年股東權益的變化水平，體現了企業資本累積的能力，是評價企業發展潛力的重要財務指標。從萊美藥業五年平均的總資產增長率和平均資本累積率來看，企業的資產規模正在以較快的速度擴張，而企業的資本累積能力也比較高。這說明企業發展能力良好。但是兩者沒有同樣的增長速度，總資產增長率要比資本增長率高 17.2%，這說明企業規模的擴張過程中吸收的負債投資比權益投資多。從圖 8-10 也可以看出，

2010 年之后資產以及資本的增長率呈緩慢增長的趨勢，這說明企業擴張的速度比較穩定，發展前景良好。

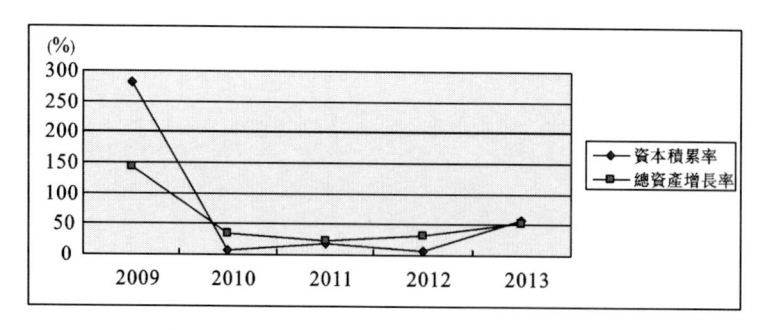

圖 8-10　萊美藥業 2009—2013 年資本增長趨勢

（五）杜邦分析圖

1. 2013 年萊美藥業杜邦分析

由圖 8-11 可知，萊美藥業 2013 年淨資產收益率為 5.54%。該指標主要由銷售淨利

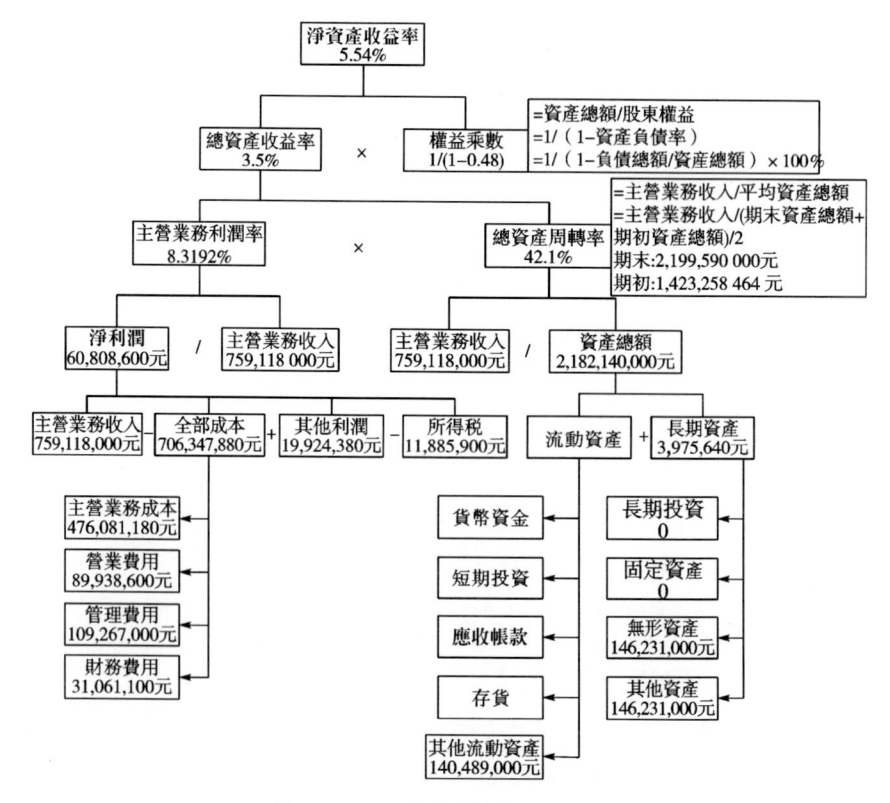

圖 8-11　2013 年萊美藥業杜邦分析圖

率、總資產週轉率、權益乘數三個比率決定。該指標反應了企業所有者投入資本獲取淨利潤的能力，說明了企業籌資、投資、資本營運等各項財務及其管理活動的效率。2013年銷售淨利率為8.32%，該指標反應了企業的盈利能力。想要提高銷售淨利率，一方面要擴大銷售收入，另一方面需要降低成本費用。2013年權益乘數為0.86，該指標反應了公司的償債能力以及籌資結構、資金成本和財務風險。權益乘數越高，債務給公司帶來的槓桿作用越強。2013年總資產週轉率為0.72，該指標反應了企業運用資產盈利的能力。

2. 2012年萊美藥業杜邦分析

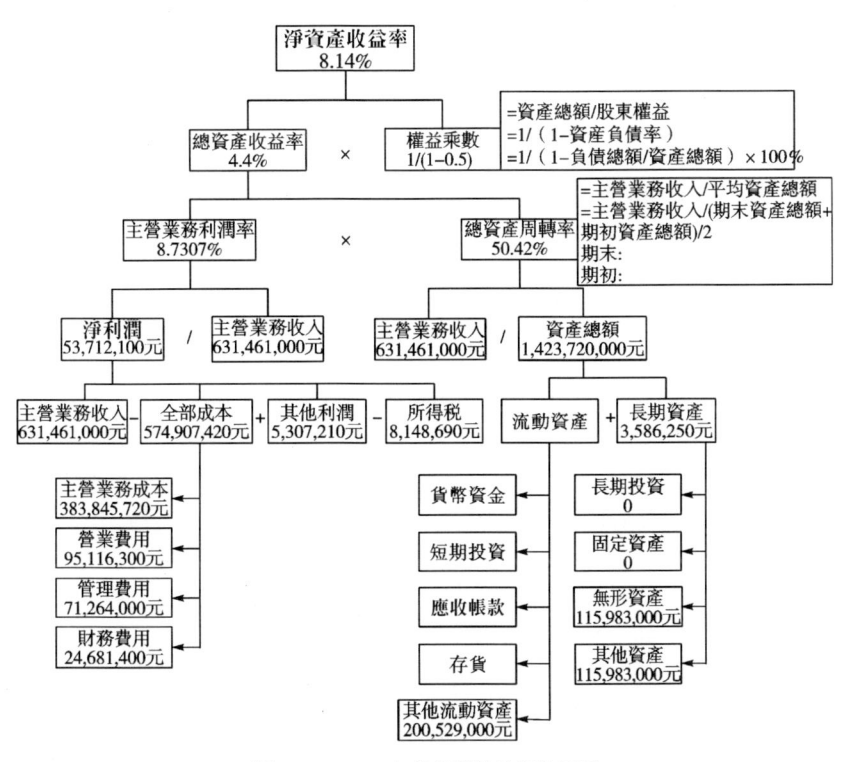

```
                                淨資產收益率
                                   8.14%
                                     │
                ┌────────────────────┴────────────────────┐
          總資產收益率                                 權益乘數
             4.4%              ×                     1/(1−0.5)
                                                    =資產總額/股東權益
                                                    =1/（1−資產負債率）
                                                    =1/（1−負債總額/資產總額）×100%
      ┌──────────┴──────────┐
   主營業務利潤率          總資產周轉率        =主營業務收入/平均資產總額
      8.7307%       ×        50.42%          =主營業務收入/(期末資產總額+
                                              期初資產總額)/2
                                              期末：
                                              期初：
   ┌────┬────┐           ┌────┬────┐
 淨利潤  主營業務收入   主營業務收入  資產總額
53,712,100元 / 631,461,000元   631,461,000元 / 1,423,720,000元

主營業務收入 − 全部成本 + 其他利潤 − 所得稅    流動資產 + 長期資產
631,461,000元 574,907,420元 5,307,210元 8,148,690元              3,586,250元

主營業務成本                               貨幣資金          長期投資
383,845,720元                                                   0
營業費用                                   短期投資          固定資產
95,116,300元                                                    0
管理費用                                   應收帳款          無形資產
71,264,000元                                              115,983,000元
財務費用                                     存貨            其他資產
24,681,400元                                              115,983,000元
                                        其他流動資產
                                        200,529,000元
```

圖 8-12 2012 年萊美藥業杜邦分析圖

從圖 8-11 和圖 8-12 可以看出，2013 年淨資產收益率較 2012 年下降了 2.6%，這反應了 2013 年萊美藥業所有者投入資本獲取淨利潤的能力有所下降。由於 2013 年權益乘數比 2012 年少了 0.08，因此淨資產收益率的減少是由於 2013 年資產淨利率下降了 0.41 和淨資產中資本公積大幅度增加（由 2012 年的 263,480,000 元增加到了 2013 年的 640,543,000 元，增長率達到了 143%）導致所有者權益總額增加造成的。而資產淨利率的影響因素有銷售淨利率、總資產週轉率，一方面，銷售淨利率由 8.73% 減至 8.32%，這是由於其成本大幅增加而利潤沒有增加相應幅度造成的；另一方面，總資產

249

週轉率由0.5下降到了0.42，證明萊美藥業利用資產獲取收入的能力在減弱，企業應重視通過增加銷售來提高資產的獲利能力。

總而言之，2013年萊美藥業淨資產收益率下降的原因是由於總資產週轉率下降較多（達到了1個百分點），這可能是由於公司在銷售增加收入方面存在一定的問題；同時公司的在建工程比上年增加了532%，由2012年的73,324,800元增加到了2013年的463,423,000元，研發支出也比2012年增加了90%；除此之外，公司的長期負債也增加了很多，公司的大規模投資導致了資產總額由2012年的1,423,720,000元增加到了2013年的2,182,140,000元，增長率達到了53%。綜合來說，是企業增加投資擴大生產規模，而效益尚未完全發揮的結果。

案例討論

世界通信財務舞弊

2002年6月25日在美國密西西比州克林頓市世界通信的總部，上任不到2個月的首席執行官約翰·西擇摩爾（John Sidgmore）向新聞媒體發布了一則震驚世界的信息：內部審計發現，2001年度以及2002年第一季度，世界通信公司將支付給其他電信公司的線路和網絡費用確認為資本性支出，在五個季度內低估期間費用，虛增利潤38.52億元。

世界通信曾經以1150億美元股票市值一度成為美國第25大公司。1999年6月24日，其股票市值超過1150億美元，醜聞公布后恢復交易的2002年7月1日，股票市值猛跌至3億美元以下，債權銀行和機構投資者損失慘重。

首先發現世界通信財務舞弊的是內部審計部的副總經理辛西亞·庫伯（Cynthia Cooper）。通過對財務報表的分析及會計系統的調查，庫伯發現2001年前三個季度，世界通信公司對外披露的資本支出中，有20億美元既沒有納入2001年度的資本支出預算，也沒有獲得任何授權。這一嚴重違法內部控製的做法，使辛西亞和摩斯懷疑世界通信公司可能將經營費用轉作資本支出，一次增加利潤。2002年3月7日，SEC（美國證券交易委員會）勒令世界通信提供更多文件資料以證明2001年度盈利的真實性。電信業的不景氣使世界通信公司的直接競爭對手AT&T一蹶不振，遭受巨額損失，而世界通信在2001年度仍然報告巨額利潤。這一反差引起了SEC的疑心，並最終導致其在2002年3月12日對世界通信的會計問題展開正式調查。

根據SEC以及美國總檢察長辦公室向法院遞交的起訴書，世界通信公司會計造假的動機是為了迎合華爾街財務分析師的盈利預測。世界通信公司的財務舞弊手法大致有以下五種類型：

1. 濫用準備金，衝銷線路成本

濫用準備金科目，利用以前年度計提的各種準備（如遞延稅款、壞帳準備、預提費用）衝銷線路成本，以誇大對外報告的利潤，是世界通信公司的第一類財務舞弊手法，此類造假金額高達 16.35 億美元。

2000 年 10 月和 2001 年 2 月，在審閱了 2000 年第三季度和第四季度的財務報表後，蘇利文認為線路成本占營業收入的比例偏高，體現的利潤達不到華爾街財務分析師的盈利預期，也不符合世界通信公司先前向投資大眾提供的盈利預測。為此，他下令將第三季度和第四季度的線路成本分別調減（貸記），並按相同金額借記已計提的遞延稅款、壞帳準備和預提費用等準備金科目，以保持借貸平衡。上述會計處理既無原始憑證和分析資料支持，也缺乏簽字授權和正當理由。

2. 衝回線路成本，誇大資本支出

世界通信公司的高管人員以「預付容量」為借口，要求分支機構將原已確認為經營費用的線路成本衝回，轉至固定資產等資本支出帳戶，以此降低經營費用，調高經營利潤。SEC 和司法部已查實的這類造假金額高達 38.52 億美元。

2001 年 4 月，蘇利文在審閱了第一季度的財務報表後，發現線路成本占營業收入的比例仍居高不下，他決定將已記入經營費用的線路成本以「預付容量」的名義轉至固定資產等資本支出帳戶，從而使稅前利潤虛增了 38.52 億美元。擠去水分後，世界通信公司的盈利趨勢與其競爭對手 AT&T 大致同向。這類造假手法在誇大利潤的同時，也虛增了世界通信公司經營活動產生的現金流量。本應在現金流量表反應為經營活動產生的現金流出，結果卻被反應為投資活動產生的現金流出，嚴重誤導了投資者、債權人等報表使用者對世界通信公司現金流量創造能力的判斷。

3. 武斷分攤收購成本，蓄意低估商譽

世界通信公司還利用收購兼併進行會計操縱。在收購兼併過程中利用所謂的未完工研發支出（In process R&D）進行報表粉飾，是美國上市公司慣用的伎倆。其做法是：盡可能將收購價格分攤至未完工研發支出，並作為一次性損失在收購當期予以確認，以達到在未來期間減少商譽攤銷或避免減值損失的目的。然而，世界通信公司並不能提供這些未完工研發支出的相關證據，也無法說明擬分攤至未完工研發支出的金額為何從 60 億~70 億美元銳減至 31 億美元。這一武斷分攤收購成本的做法，導致商譽被嚴重低估。

4. 隨意計提固定資產減值，虛增未來期間經營業績

世界通信公司一方面通過確認 31 億美元的未完工研發支出壓低商譽，另一方面通過計提 34 億美元的固定資產減值準備虛增未來期間的利潤。收購 MCI 時，世界通信公司將 MCI 固定資產的帳面價值由 141 億美元調減為 107 億美元，此舉使收購 MCI 的商譽虛增了 34 億美元。按照 MCI 的會計政策，固定資產的平均折舊年限約為 4.36 年，通

過計提34億美元的固定資產減值損失，使世界通信公司在收購MCI後的未來4年內，每年可減少約7.8億美元的折舊。而虛增的34億美元商譽則分40年攤銷，每年約為0.85億美元。每年少提的7.8億美元折舊和多提的0.85億美元商譽攤銷相抵後，世界通信公司在1999—2001年每年約虛增了6.95億美元的稅前利潤。

5. 借會計準則變化之機，大肆進行巨額衝銷

世界通信公司最終將收購MCI所形成的商譽確認為301億美元，並分40年攤銷。世界通信公司在這5年中的商譽及其他無形資產占其資產總額的比例一直在50%左右徘徊。高額的商譽成為制約世界通信公司經營業績的沉重包袱。為此，世界通信公司以會計準則變化為「契機」，利用巨額衝銷來消化併購所形成的代價高昂的商譽。

1997—2001年年末商譽的金額分別為133.36億美元、440.76億美元、447.67億美元、448.70億美元、498.25億美元，占各期末資產總額的比例分別為56.5%、51%、49.2%、43.2%和48.0%；占帳面股東權益的比例分別為97%、98%、87%、81%和86%。

資料來源：《中國農業會計》2002年第12期，作者：鄧順勇。

問題：

1. 案例中哪些部分用到了財務分析？財務分析的信息使用者分別是誰？
2. 從案例來看，財務分析對防止及發現財務舞弊案有何作用？
3. 財務舞弊對財務分析有何影響？

本章小結

財務分析是指在財務報告等有關材料的基礎上，參考其他市場信息，運用科學的技術和方法對企業經營活動的過程和結果進行分析研究，以揭示各項財務指標的關係，為財務信息的使用者提供參考的活動。財務信息的使用者包括債權人、股權投資者、企業管理層、審計師、政府部門等。

財務分析是以企業的會計核算資料為基礎，最主要的是財務報表，一般包括資產負債表、利潤表、現金流量表和所有者權益變動表。

財務分析的方法有趨勢分析法、比率分析法、因素分析法等。

財務分析的內容主要包括財務能力分析、財務趨勢分析以及財務綜合分析。

財務能力分析包括償債能力分析、營運能力分析、盈利能力分析和發展能力分析。

財務趨勢分析主要包括比較財務報表、比較百分比財務報表、比較財務比率以及圖解法四種方法。

知識拓展

上市公司財務報表分析框架

要求：

1. 公司背景及簡介

（1）成立時間、創立者、性質、主營業務、所屬行業、註冊地；

（2）所有權結構、公司結構、主管單位；

（3）公司重大事件（如重組、併購、業務轉型等）。

2. 公司所屬行業特徵分析

（1）產業結構：

① 該行業中廠商的大致數目及分佈。

② 產業集中度：該行業中前幾位的廠商所占的市場份額、市場佔有率的具體數據（一般衡量指標為四廠商集中度或八廠商集中度）。

③ 進入壁壘和退出成本：具體需要何種條件才能進入，如資金量、技術要求、人力成本、國家相關政策等，以及廠商退出該行業需花費的成本和轉型成本等。

（2）產業增長趨勢：

① 年增長率（銷售收入、利潤）、市場總容量等的歷史數據；

② 依據上述歷史數據及科技與市場發展的可能性，預測該行業未來的增長趨勢；

③ 分析影響增長的原因：探討技術、資金、人力成本、技術進步等因素是如何影響行業增長的，並比較各自的影響力。(應提供有關專家意見)

（3）產業競爭分析：

① 行業內的競爭概況和競爭方式；

② 對替代品和互補品的分析：替代品和互補品行業對該行業的影響、各自的優劣勢、未來趨勢；

③ 影響該行業上升或者衰落的因素分析；

④ 分析加入 WTO 對整個行業的影響及新條件下其優劣勢所在。

（4）相關產業分析：

① 列出上下游行業的具體情況與該行業的依賴情況、上下游行業的發展前景，如有可能，應做產業相關度分析；

② 列出上下游行業的主要廠商及其簡要情況。

（5）勞動力需求分析：

① 該行業對人才的主要要求，目前勞動力市場上的供需情況；

② 勞動力市場的變化對行業發展的影響。

(6) 政府影響力分析：

① 分析國家產業政策對行業發展起的作用（政府的引導傾向、各種優惠措施等）；

② 其他相關政策的影響，如環保政策、人才政策、對外開放政策等。

3. 公司治理結構分析

(1) 股權結構分析：列出持股 10%（必要時列出 10%）以上的股東。

(2) 是否存在影響公司的少數股東，如存在分析該股東的最終持有人等情況及其在資本市場上的操作歷史。

(3) 「三會」的運行情況，如股東大會的參加情況、對議案的表決情況，董事會董事的出席情況、表決情況，監事會的工作情況及其效率。

(4) 經理層狀況：總經理的權限等。

(5) 組織結構分析：公司的組織結構模式、管理方式、效率等。

(6) 主要股東、董事、管理人員的背景、業績、聲譽等。

(7) 重點分析公司第一把手的情況（教育背景、經營業績、任職期限、政府背景）以及他在公司中的作用。

(8) 分析公司中層管理人員的總體情況，如素質、背景、對公司管理理念的理解、忠誠度等。

4. 主營業務分析

(1) 主導產品。

① 名稱、價格、質量、產品生命週期、公司規模、特許經營、科技含量、佔有率、專利、商標、發展戰略、市場定位、消費群等；

② 生產週期、庫存量、週轉率等；

③ 銷售方式；

④ 設計能力、年產能力、實際生產量；

⑤ 廣告投入數量及方式；

⑥ 客戶反饋；

⑦ 同類產品的差別。

(2) 產品定價。

① 本公司及競爭對手的定價政策，定價政策對公司經營的影響；

② 主要產品的價格；

③ 需求彈性；

④ 價格變動敏感性分析；

⑤ 是否為行業中的價格領導者。

(3) 生產類型（如生產率、生產週期、生產成本、能耗、需求人力等）。

(4) 公共關係。

（5）市場營銷。
① 營銷網絡、結構、模式；
② 激勵機制（對分銷商、銷售人員）。
5. 公司競爭力分析
（1）簡單分析：分析廠商未來發展的潛力，並與同行業競爭對手比較。
（2）R&D。
① 主要研究項目和對原有產品的改進計劃。
現在：費用、完成時間、收益。
將來：投資金額、收益、時間。
a 競爭對手的研發情況；
b 主要研究人員的簡要介紹（教育技術背景、構成比例、隊伍穩定度、薪酬、激勵機制等）。
② 設施及實驗室。
③ R&D 占銷售收入的比例。
④ 與競爭對手的比較。
⑤ 專利、商標、Know-how 等。
⑥ 與科研機構的長期穩定合作。
（3）激勵機制：年薪制、期權、其他激勵措施。
6. 對上市公司的經營戰略及「概念」「題材」的分析
（1）公司經營戰略分析。
① 總結公司經營發展戰略；
② 分析公司發展戰略的可行性與實現的必要條件。
（2）公司新建項目可行性分析。
① 資源情況（人才、技術、資金、是否為相關行業、優勢、地理資源及位置）；
② 影響項目成敗的因素，項目所處行業的現狀（結構、成熟度、市場空間）；
③ 具體分析現有資源能否支持項目運行；
④ 競爭對手情況；
⑤ 行業發展趨勢；
⑥ 國家產業政策。
（3）風險分析。
① 資金來源及占淨資產的比例；
② 經營業績的影響；
③ 如項目失敗對公司經營的影響程度。

7. 財務分析

(1) 最近三年來的主要財務指標：主營業務收入、主營業務利潤、淨利潤、非正常性經營損益所占利潤總額的比例、總資產、所用者權益、每股受益、淨資產收益率。

(2) 財務比率（選取最近三年數據，如有行業指標，應說明各項指標的意義）。

① 流動性指標

流動比率＝流動資產/流動負債

速動比率＝（流動資產－存貨）/流動負債

② 資產效率比率

應收帳款週轉率＝銷售收入/應收帳款淨額

存貨週轉率＝主營業務成本/存貨淨額

固定資產週轉率＝銷售收入/固定資產

總資產週轉率＝銷售收入/總資產

③ 盈利性指標

毛利率＝主營業務利潤/銷售收入

淨利潤率＝淨利潤/銷售收入

總資產收益率＝EBIT/總資產

淨資產收益率＝淨利潤/所有者權益

投資收益＝EBIT/（所有者權益＋長期負債）

④ 負債管理比率

資產負債率＝負債/總資產

利息倍率＝EBIT/利息費用

(3) 現金流量表分析。

① 總體分析公司現金流量的運轉情況；

② 每股現金流量情況；

③ 與利潤表和資產負債表進行對照分析；

④ 營運資金管理。

(4) 資產質量。

① 有無重大訴訟；

② 應收帳款、其他應收款的年限、計提壞帳情況；

③ 其他或有負債情況。

8. 結論

第2~7部分每部分得出一條總結性意見，最終得到一個或幾個結論。結論是在前面事實的基礎上分析得到的邏輯結果，不進行相應的引申，不分析二級市場相關的情況。

即問即答

即問：

1. 公司理財的內容；
2. 公司理財的目標；
3. 公司理財的方法；
4. 公司理財的環境。

即答：

1. 投資管理、籌資管理、營運資金管理及利潤分配。
2. 利潤最大化、股東價值最大化、企業價值最大化。
3. 財務預測、財務決策、財務決算、財務控制、財務分析。
4. 法律環境、經濟環境、金融環境。

實戰訓練

1. 公司理財的主要內容有哪些？
2. 公司的財務關係主要有哪些？
3. 公司理財的環節有哪些？
4. 公司理財目標主要有哪些？其優缺點分別是什麼？
5. 影響公司理財的環境因素有哪些？
6. A企業2012年的有關資料為：年初資產總額為500萬元，年末資產總額為400萬元，資產週轉率為0.6次。2013年有關財務資料如下：年末流動比率為2，年末速動比率為1.21，年末資產總額為400萬元，年末流動負債為70萬元，年末長期負債為70萬元，年初存貨為30萬元。2013年銷售淨利率為21%，資產週轉率為5次。該企業流動資產中只有貨幣資金、應收帳款和存貨。

要求：

(1) 計算該企業2013年年末流動資產總額、資產負債淨利率和淨資產收益率；

(2) 計算該企業2013年的存貨、銷售成本和銷售收入；

(3) 運用差額分析法計算2013年同2012年相比，資產週轉率與平均資本變動對銷售收入的影響。

7. A公司2013年和2014年有關財務數據見表8-14、表8-15。

表 8-14　　　　　　　　　　　　　利潤表

項目	2013 年	2014 年
一、營業收入	2000	3000
減：營業成本	1400	2100
營業稅金及附加	200	300
銷售費用	28	42
管理費用	40	60
財務費用	12	18
二、營業利潤	320	480
三、利潤總額	320	480
減：所得稅	80	120
四、淨利潤	240	36

表 8-15　　　　　　　　　　　　資產負債表

項　目	2013 年	2014 年
資產		
貨幣資金	50	75
應收帳款	608	912
存貨	700	1050
固定資產淨值	200	400
資產總額	1558	2437
負債		
短期借款	50	75
應付帳款	450	675
應付費用	50	75
長期負債	400	400
負債合計	950	1225
實收資本	60	484
留存收益	548	728
所有者權益合計	608	1212
負債及所有者權益	1558	2437

要求：

（1）計算甲公司 2013 年及 2014 年銷售淨利率；

（2）計算甲公司 2014 年應收帳款週轉率和週轉天數；

（3）計算甲公司 2014 年存貨週轉率和週轉天數；

（2）計算甲公司 2014 年淨資產收益率和總資產收益率。

（3）簡要分析計算得出的結果。

案例分析

　　世界通信等中外財務舞弊案件的頻頻曝光，讓我們認識到企業財務報表分析也存在著一定的局限性。「財務指標註水、會計報表化裝」，致使企業的財務報表不能真實反應企業的經營情況，而對虛假財務報表進行分析與評價的結果也必然與預期存在著差距，財務報表分析的作用並不能完全發揮出來。

　　財務報表分析中財務舞弊的識別財務舞弊帶來的后果是嚴重的，對於會計信息使用者來說，如何透過財務報表上炫目的數字，識別財務舞弊行為，保證財務報表分析結果的準確性就顯得尤為重要。

　1. 從三大報表的關係入手

　　首先，可以考慮稅金與利潤、收入之間的關係。流轉稅和所得稅是企業稅中的兩大類型。一般而言，流轉稅率和所得稅稅率應相對穩定，且同行業之間不會存在太大差異。如果出現了顯著差異，則折射出該企業可能存在著一定的風險。其次，關注三大報表相關科目之間的關係。資產負債表、利潤表、現金流量表相關科目之間的關聯關係也是我們分析財務報表真實性的重要武器。如果三張報表之間的同一科目結果存在顯著的矛盾，則說明該企業可能存在著財務舞弊。

　2. 關注財務指標異常的公司

　　首先，從盈利能力指標看，進行財務舞弊的公司出於虛構利潤的需要，財務報表上通常會顯示不尋常的持續高盈利能力。對於持續的畸形高利潤率，財務報表分析者應當予以高度警惕。

　　其次，從現金指標看，現金流量表是衡量企業收益質量的重要途徑，其各項指標及結構為我們提供了會計分析的重要途徑。眾所周知，經營現金流量反應了企業營業利潤質量的真實性，因此被譽為現金流量表的靈魂。如果一個績優公司的經營現金流量長期為負或者很低，其收益質量就值得關注。一要警惕經營活動淨現金流量大額為正，同時伴隨大額為負的投資活動淨現金流量；二要分析公司貨幣資金余額的合理性。

　　最后，從營業週轉指標來看，虛構業績的公司，往往存在虛構往來和存貨的現象。在連續造假時，公司應收款項相應地持續膨脹，週轉速度顯著降低。若這樣的公司仍能持續保持較高的經營活動現金流量，就值得懷疑。

　3. 借助報表附註進行綜合分析

　　分析公司財務報表時，不僅要看報表還要看報表附註，分析公司基本情況，關注上市公司的歷史和主營業務，關注會計處理方法對利潤的影響，分析子公司和關聯方對利

潤的影響，分析會計主要項目的詳細資料，並且瞭解宏觀經濟的發展狀況和被分析對象所處行業的發展水平；同時豐富財務報表分析的手段，建立行業財務比率標準，加強對企業財務失敗預測分析，借鑑國外經驗，使財務報表分析更為可靠、有用，為報表使用者提供堅實的決策依據。

另外，投資者還可以從以下一些非財務方面發現公司舞弊的跡象和警訊，包括公司治理結構完善程度、董事和高管的背景、任職情況及更換情況、遭受監管機構譴責和處罰情況、訴訟和擔保情況、財務主管和外部審計師是否頻繁變更等。

反過來，財務舞弊也會對財務分析產生一定的影響，如造成財務報表信息披露不真實、財務分析結果不可靠等問題。對此，我們除了完善公司治理、改善公司內部控製環境、健全法制建設，還應當加強公司內部審計制度的建設和實施，保證會計信息的質量，從而為財務報表使用者的決策提供更為真實可靠的信息。

詞彙對照

財務分析　Financial analysis

趨勢分析法　Trend analysis approach

比率分析法　Ratio analysis approach

因素分析法　Factor analysis approach

資產負債表　Balance sheet

利潤表　Profit and lost account

現金流量表　Statement of cash flows

所有者權益變動表　Statement of changes in stockholders' equity

償債能力　Liquidity

流動比率　Current ratio

資產負債率　Ratio of assets to liabilities

盈利能力　Profitable

9 財務預算

教學目標

1. 瞭解全面預算體系，理解財務預算與全面預算的關係；
2. 理解財務預算編製的各類方法；
3. 掌握財務預算編製案例，理解業務預算、財務預算以及資本支出預算之間的勾稽關係；
4. 重點與難點：熟悉財務預算編製的各種方法及內容，能夠編製簡單的財務預算。

內容結構

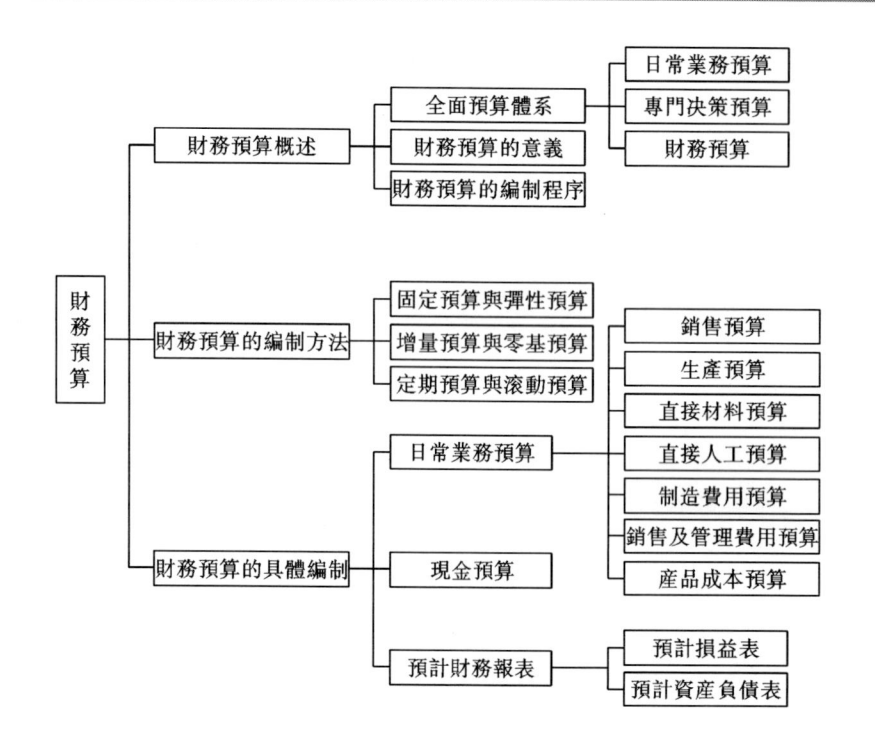

```
                                          ┌─ 日常業務預算
                           ┌─ 全面預算體系 ─┼─ 專門決策預算
            ┌─ 財務預算概述 ─┼─ 財務預算的意義   └─ 財務預算
            │              └─ 財務預算的編制程序
            │
            │                    ┌─ 固定預算與彈性預算
財務預算 ────┼─ 財務預算的編制方法 ─┼─ 增量預算與零基預算
            │                    └─ 定期預算與滾動預算
            │
            │                              ┌─ 銷售預算
            │                              ├─ 生產預算
            │                              ├─ 直接材料預算
            │              ┌─ 日常業務預算 ─┼─ 直接人工預算
            │              │                ├─ 製造費用預算
            └─ 財務預算的具體編制 ─┼─ 現金預算   ├─ 銷售及管理費用預算
                           │                └─ 產品成本預算
                           │
                           └─ 預計財務報表 ─┬─ 預計損益表
                                          └─ 預計資產負債表
```

範例引述

國家開發投資公司財務預算體系

有這樣一家企業，在國務院國資委年度業績考核中，它連續 8 年獲得 A 級，並在連續兩個任期考核中成為「業績優秀企業」；它依靠領先的管理實踐，在 2012 年上半年中央企業利潤普遍下滑的不利形勢下逆風飛揚，實現利潤穩步增長——它就是國家開發投資公司。

這家成立於 1995 年的中央企業，前 8 年一直在摸索中艱難前行。到了 2003 年，公司梳理戰略規劃，制定了打造「一流項目、一流團隊、一流管理」的建設方針，開始大力推進信息化建設，以信息化水平的提升支撐企業一流管理水平的要求，陸續啓動了 ERP 建設、全面預算管理、財務合併等管理體系設計及系統實施項目。

自 2003 年伊始，隨著國家開發投資公司的業務不斷擴張，原有的 Excel、預算模塊等預算編制工具已不能滿足企業多業務形態及多組織架構體系下對預算管理的準確性、

高效率和靈活性要求。2008 年,在景華天創公司的幫助下,國家開發投資公司啓動全面預算管理系統建設。

通過構建預算管理體系、以預算驅動績效考核等措施的實施,在全面預算管理系統的支撐下,國家開發投資公司戰略規劃得以順利執行,在實現「兩調」(調結構、調節奏)和「兩強」(強管理、強效益)的發展道路上快速推進。2011 年,國家開發投資公司加大結構調整力度,完成 134 個非主業項目的退出,回收資金 19.7 億元,優化了資產結構。一大批關係國家發展的大項目相繼開工建設。國家開發投資公司持續加大戰略性新興產業領域的投資力度,提升企業經濟效益。公司旗下的中國高新先後參股投資了醫藥、電子、通信、新材料、新能源、新一代信息技術、節能環保、文化產業等領域 42 個項目,其中 9 個項目成功上市。公司在 2012 年實現華麗轉身,成為中央企業中的佼佼者,在實現國有資產保值增值及履行社會責任方面成效卓著。

資料來源:《新理財》2012 年第 10 期,作者:徐龍建。

本章導言

財務預算是企業全面預算體系中的最后環節,是從價值方面總括地對經營期決策預算與業務預算結果的反應,在全面預算體系中具有重要地位。財務預算以財務預測的結果為依據,同時服從決策目標的要求,是決策目標的具體化、系統化和定量化,另外,企業的日常控制和業績考核也以財務預算為依據。因此,財務預算對於企業而言,具有重要意義。

正如景華天創的案例中所述,隨著業務不斷擴張,企業多業務形態及多組織架構體系下對預算管理的準確性、高效率和靈活性的要求越來越高。因此,我們更需要對預算體系進行進一步的完善,幫助企業明確決策目標、合理配置財務資源、控製財務活動,同時做好業績的考核與評價。只有建立了系統合理的全面預算體系,企業才能有效完成決策目標,提高經營效益,從而在同行業的競爭中脫穎而出。

理論概念

9.1 財務預算概述

9.1.1 全面預算體系

全面預算體系是指用價值和數量等指標表示的未來一定期間內的生產經營狀況、經營成果及財務狀況等的一系列詳細計劃。其實質為一套以貨幣及其他數量形式反應的預

計財務報表和其他報表。全面預算體系包括日常業務預算、專門決策預算和財務預算。

9.1.1.1 日常業務預算

日常業務預算是指企業日常發生的與生產經營直接相關的各種經營業務的預算，主要包括銷售預算、生產預算、直接材料採購預算、直接人工預算、製造費用預算、產品成本預算、銷售及管理費用預算等。這些預算既有實物量指標又有價值量指標，前后銜接，相互勾稽。

9.1.1.2 專門決策預算

專門決策預算是指企業為不經常發生的長期投資項目或者一次性專門業務所編製的預算。通常是與企業投資活動、籌資活動或收益分配等相關。專門決策預算包括資本預算和一次性專門業務預算。其中，資本預算主要是根據企業長期投資決策編製的預算，包括固定資產投資預算、權益性資本投資預算和債券投資預算；一次性專門業務預算主要是針對企業日常財務活動中經常發生的一次性專門業務，包括資金籌措、資金投放及運用預算、交納稅金與發放股利預算等。

9.1.1.3 財務預算

財務預算是指反應企業未來一定期限內預計財務狀況和經營成果，以及現金收支等價值指標的各種預算。它包括反應現金收支活動的現金預算、反應財務活動總體情況的預算、反應財務狀況的預計資產負債表、預計財務狀況變動表，以及反應財務成果的預計損益表等。

9.1.2 財務預算的意義

編製財務預算是企業財務管理的一項重要工作。一方面其必須服從決策目標的要求，使決策目標具體化、系統化和定量化；另一方面也有助於財務目標的順利實現。其意義主要有以下幾個方面：

9.1.2.1 明確決策目標

財務預算能使決策目標具體化、數量化。同時，通過財務預算能夠將財務目標所依據的主要設想和意圖，以及達到目標所需的措施詳細進行列舉，明確規定企業各部門各層次各自職責及相應的奮鬥目標，做到人人事先心中有數。

9.1.2.2 合理配置資源

編製財務預算，有助於在合理決策的基礎上，根據輕重緩急，將有限的財務資源，在各部門、各層次、各環節進行合理的配置，以發揮最大的資金使用效應，確保財務目標的實現。

9.1.2.3 控製財務活動

財務預算是控製財務活動的主要依據。籌資、投資以及資金活動等財務活動，都需要依據財務預算來執行，而各部門各層次也都需要以預算為依據來開展工作。

9.1.2.4 有利於控製考核

財務預算是企業控製經濟活動的依據和衡量其合理性的標準。一旦實際經濟狀況與預算有較大差異時，應查明原因並採取措施調整改善經營活動。同時，也可以將實際偏離預算的差異作為評定各執行單位的工作業績的重要標準。

9.1.3 財務預算的編製程序

財務預算的編製一般按照圖 9-1 所示的步驟進行。

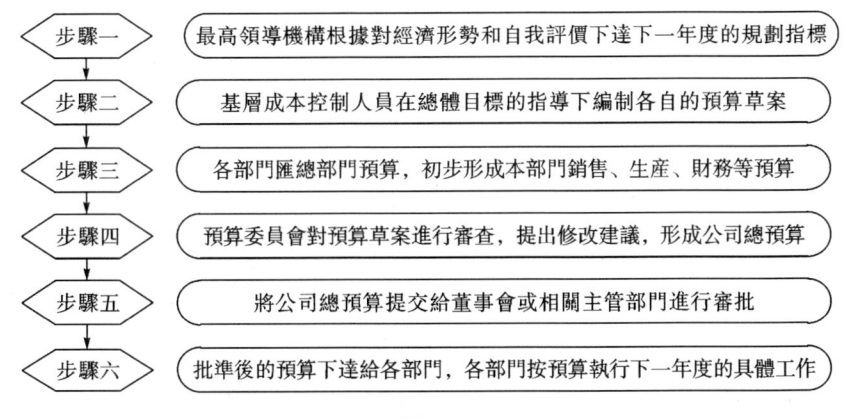

```
步驟一 — 最高領導機構根據對經濟形勢和自我評價下達下一年度的規劃指標
步驟二 — 基層成本控制人員在總體目標的指導下編制各自的預算草案
步驟三 — 各部門匯總部門預算，初步形成本部門銷售、生產、財務等預算
步驟四 — 預算委員會對預算草案進行審查，提出修改建議，形成公司總預算
步驟五 — 將公司總預算提交給董事會或相關主管部門進行審批
步驟六 — 批準後的預算下達給各部門，各部門按預算執行下一年度的具體工作
```

圖 9-1

9.2 財務預算的編製方法

9.2.1 固定預算與彈性預算

根據預算編製時選用的業務量數量特徵不同，可以將預算劃分為固定預算和彈性預算。

9.2.1.1 固定預算

固定預算是把企業預算期的業務量固定在某一正常、可實現的預計水平上，以此為基礎來確定其他項目預計數的預算方法。固定預算法較為簡便易行。但是，一方面固定預算法過於機械呆板，不論預算期內業務量水平發生哪些變動，都只按事先確定的業務量水平作為編製預算的基礎；另一方面固定預算法可比性較差，一旦實際業務量與編製基礎差異較大時，有關預算指標的實際數與預算數失去可比性，從而不利於開展考核與控製。一般來說，固定預算只適用於業務量水平較為穩定的企業編製預算。

9.2.1.2 彈性預算

彈性預算法又稱變動預算法、滑動預算法，是指在按照成本習性分類的基礎上，根據量、本、利之間的依存關係，以未來不同業務水平為基礎編製預算的方法。彈性預算

法是固定預算的補充，其編製依據為一個可預見的業務量範圍，能適應多種業務量水平，適用範圍寬，但工作量也大，一般適用於與預算執行單位業務量相關的成本（費用）、利潤等預算項目。

彈性預算一般用於編製彈性成本預算，主要包括製造費用單行預算和銷售及管理費用彈性預算。用彈性預算的方法來編製成本預算時，其關鍵在於選擇適當的業務量，一般以正常生產能力的 70%～110% 或歷史上最高、最低業務量為其上下限。彈性成本預算一般有兩種方法：列表法和公式法。

(1) 列表法

列表法是在確定的業務範圍內將業務量分為若干個水平，再按照不同的業務量水平分別計算各項預算成本，編製彈性預算。業務量的間距一般以 5%～10% 為宜。列表法可以直接找到與實際水平相近的業務量對應的成本預算，但有時仍需使用插補法計算實際業務的預算成本，較為麻煩。

(2) 公式法

公式法是運用成本習性將業務成本分解為固定成本和變動成本，並假定成本 Y 與業務量 X 存在某種線性關係。用公式表示為 $Y=a+bX$，其中 a 表示固定成本、b 表示單位變動成本。因此，只需在預算中列示 a 和 b，就可以使用公式推算任何水平上的預算成本。但公式法需逐項分解成本，較為麻煩，也無法直接查出特定業務量下的總成本預算數額。

9.2.2　增量預算與零基預算

根據預算編製時選用的成本費用水平的出發點不同，可以將預算劃分為增量預算和零基預算。

9.2.2.1　增量預算

增量預算是指以基期的實際成本費用水平為基礎，結合預算期業務量水平以及相關能降低成本的措施，調整一部分原有的成本費用項目所編製的預算。該方法比較簡單，但以原有的經驗為基礎。一方面默認原來的發生的成本都是合理的，可能使得不合理的成本繼續發生，造成浪費；另一方面也可能造成預算的不足。

9.2.2.2　零基預算

零基預算是指在編製預算時，對於所有的預算支出以零為基礎，不考慮其以往情況如何，從實際需要出發，研究分析各項預算費用開支是否必要合理，進行綜合平衡，從而確定預算費用。其優點是能目標明確，合理配置資源，充分發揮管理人員的積極性；其缺點在於編製成本較高，難度也較大。因此，零基預算一般 3～5 年編製一次。零基預算法特別適用於產出較難辨認的服務性部門費用預算的編製。

9.2.3 定期預算與滾動預算

根據預算期選擇的時間特徵不同，可以將預算劃分為定期預算和滾動預算。

9.2.3.1 定期預算

定期預算是指預算期固定，以會計年度為單位編製的各類預算。定期預算能夠與會計年度相配合，便於考核和評價預算的執行結果。但是一方面提前編製預算難以準確預測整個年度的生產經營活動，預測數據較籠統；另一方面由於定期預算不能隨情況的變化及時調整，容易造成預算滯後過時。同時，在預算執行過程中，經營管理者們的決策視野往往局限於本期規劃的經營活動，從而影響企業長期穩定的發展。

9.2.3.2 滾動預算

滾動預算又稱永續預算，是指在編製預算時將預算期與會計年度脫離，每過去一個月，就會根據新的情況進行調整和修訂后幾個月的預算，並在原預算的基礎上增補下一個月的預算，從而逐期向后滾動，使預算期一直保持為一定的期間（一年）的一種方法。這種方法適用於規模較大、時間較長的工程類或大型設備採購項目。

滾動預算能保持預算的完整性、繼續性，使各級管理人員始終保持對未來一定時期的生產經營活動做周詳的考慮和全盤規劃；同時通過不斷調整和修訂，使預算與實際情況更相適應。但此種方法下的預算編製工作比較繁重。為了適當簡化，也可以採用按季度滾動編製預算。

9.3 財務預算的具體編製

9.3.1 日常業務預算

9.3.1.1 銷售預算

銷售預算是指在銷售預測的基礎上，對預算期的預計銷售量、銷售單價和銷售收入所做的業務預算。銷售預算既是企業生產經營全面預算的編製起點，也是編製業務預算的基礎。

在銷售預算編製過程中，依據市場預測結合企業生產能力確定銷售量，根據價格政策確定銷售單價，兩者的乘積即為銷售收入。通常先按產品、地區、顧客和其他項目分別加以編製，然后加以歸並匯總。另外，銷售預算通常還包括上期應收帳款的餘額和本期銷售收入的收現部分，以反應每個預算期內因銷售收回現金的預計數。

編製預算的方法有自上而下和自下而上兩種。自上而下是指主管按公司戰略目標，在預測后，將預算分配給各部門；自下而上是指銷售人員根據上年度預算，結合去年的銷售配額，用習慣的方法計算出預算，提交銷售經理。

9.3.1.2 生產預算

生產預算是指在銷售預算的基礎上，為規劃預算期生產規模而編製的業務預算。編

製生產預算的主要依據為預算期各種產品的預計銷售量及存貨量資料。其計算公式為：

某種產品的預計生產量＝預計銷售量＋預計期末存貨量－預計期初存貨量

企業由銷售預算中得出預計銷售量，預計期初存貨量等於上季度期末存貨量，預計期末存貨量則需根據長期銷售趨勢以確定。編製生產預算時，企業應注意保持生產量、銷售量、存貨量之間的合理關係，以防止儲備不足、產銷脫節或超儲積壓等問題。

9.3.1.3 直接材料預算

直接材料的預算是指以生產預算為基礎，對原材料採購數量、採購單價以及預計採購成本所做的一項採購預算。預算期內預計採購量取決於生產材料的耗用量和原材料存貨的需要量、原材料期初存貨及原材料期末存貨的需要量。其計算公式為：

預計採購量＝預計材料耗用量＋預計期末材料存貨量－預計期初材料存貨量

其中，預計材料消耗量＝預計生產量×單位產品材料消耗定額。

在直接材料預算中，預計生產量即生產預算中的預計生產量、單位產品消耗量可以採用單位產品的定額消耗量。期末原材料存貨預算可以根據下一期原材料生產耗用量的一定百分比確定，也可以單獨做預算。

為編製現金預算，通常還需預計材料方面預期的現金支出，包括償還上期應付帳款和本期應支付的採購貨款。預計材料單價是指該材料的平均價格，通常可以從採購部門獲得。預計採購成本是預計採購數量與預計採購單價的乘積。

9.3.1.4 直接人工預算

直接人工預算是指以生產預算為基礎，對單位產品共識、每小時人工成本以及人工總成本所做的預算。其計算公式為：

直接人工預算＝預計生產量×單位產品工時×每小時人工成本

其中，單位產品工時及每小時人工成本資料來自企業定額資料。由於直接人工成本直接以現金支付，因此無需編製額外的現金支出預算，現金預算相關數據可以直接從直接人工預算獲得。

9.3.1.5 製造費用預算

製造費用是指對直接材料和直接人工以外、為生產產品而發生的間接費用所做的預算。通常製造費用可按其成本性態，可分為變動性製造費用、固定性製造費用和混合性製造費用三部分。對於製造費用中的混合成本項目，可利用公式 $Y＝A＋BX$ 進行預計（其中 A 表示固定部分、B 表示隨產量變動部分），將其分解為變動費用和固定費用兩部分，並分別列入製造費用預算的變動費用和固定費用。其計算公式為：

預算期內預計製造費用＝預計變動製造費用＋預計固定製造費用

變動製造費用標準分配率的計算公式為：

變動製造費用標準分配率＝變動製造費用預算總額÷直接人工標準總工時

固定製造費用分配率的計算公式為：

固定製造費用分配率＝固定製造費用預算總額÷直接人工標準總工時

　　為便於編製現金預算，製造費用預算中也包括預計現金支出額。製造費用中除折舊費外一般都需支付現金。因此，將每季度製造費用扣除折舊費，即可得出現金支出的製造費用。

9.3.1.6 銷售與管理費用預算

　　銷售費用預算是指對銷售環節的支出所做的預算。銷售費用按照與銷售數量之間的儲存關係，分為變動銷售費用和固定銷售費用。固定銷售費用是指不隨銷售數量的變動而變動的銷售費用，如銷售人員的工資、銷售機構的折舊費用、廣告費用、保險費用等。對變動銷售費用的預算應以銷售預算為基礎編製，預算期內變動銷售費用為預計銷售數量與單位變動銷售費用的乘積，與銷售預算一致，按產品、地區、顧客和其他項目分別加以編製，然後匯總；固定銷售費用則應以過去實際開支為基礎，根據預算期的變動進行調整來編製預算。

　　管理費用預算是指對企業管理部門為組織和管理企業所發生的費用所做的預算。管理費用一般與生產數量及銷售數量沒有必然關係，屬於固定費用，因此可以採用增量預算或零基預算的方法。

　　為了便於編製現金預算，在編製銷售及管理費用預算的同時，還要編製與銷售及管理費用有關的現金支出計算表。同時，應注意扣除一些不需要支付現金的銷售及管理費用。

9.3.1.7 產品成本預算

　　產品成本預算是指對產品的單位成本、總成本的預算。事實上，產品成本預算是生產預算、直接材料預算、直接人工預算和製造費用預算的匯總。其計算公式為：

單位產品的直接材料費用＝單位產品材料消耗量×材料預計單價

單位產品的直接人工費用＝預計每小時人工成本

單位產品的製造費用＝每小時製造費用

　　　　　　　　　＝製造費用總額÷產品工時總額×單位產品工時

產品單位成本＝單位產品的直接材料費用＋直接人工費用＋製造費用

產品總成本＝預計生產量×產品單位成本

　　其中：單位產品成本的有關數據來自直接材料預算、直接人工預算和製造費用預算；產品生產量、期末存貨量的有關數據來自生產預算；產品銷售量數據來自銷售費用。

9.3.2 現金預算

9.3.2.1 現金預算的內容

　　現金預算也稱現金收支計劃，是指用於預測組織還有多少庫存現金，以及在不同時點上對現金支出的需要量。這是企業最重要的一項控制。一方面現金預算可以使得可用

的現金去償付到期的債務，以維持企業的生存；另一方面現金預算還表明可用的超額現金量，能為盈余制訂營利性投資計劃，從而達到優化配置組織的現金資源的目的。

現金預算主要包括現金收入、現金支出、現金溢余或短缺、資金的籌集和運用四個部分。

(1) 現金收入

現金收入是指期初現金余額和預算期現金收入，包括現銷、應收帳款收回、應收票據到期兌現、票據貼現收入、出售長期性資產、收回投資等產生現金的業務。其主要來源是銷貨收入。期初「現金余額」是在編製預算時預計的；「銷貨現金收入」的數據來自銷售預算；「可供使用現金」是期初現金余額與本期現金收入之和。

(2) 現金支出

現金支出是指預算的各項現金支出。「直接材料」「直接人工」「製造費用」「銷售與管理費用」的數據，分別來自前述有關預算，「所得稅」「購置設備」「股利分配」等現金支出的數據分別來自另行編製的專門預算。但短期借款的利息支付不列入該項，而是放在資金的籌集和運用中。

(3) 現金溢余或短缺

現金溢余或短缺是現金收入合計與現金支出合計的差額。差額為正，說明收入大於支出，現金有多余，可用於償還借款或用於短期投資；差額為負，說明支出大於收入，現金不足，需要向銀行取得新的借款。

(4) 資金的籌集和運用

資金的籌集和運用是指根據預算期現金收支差額和企業有關資金管理政策所確定籌集和運用的資金數額，包括向銀行借款、償還借款及利息、對外進行短期投資、收回投資及利息等。

現金收入、現金支出、現金溢余或短缺、資金的籌集和運用四個部分的基本關係如下：

當前可動用現金合計＝期初現金余額＋現金收入

現金溢余或短缺＝當前可動用現金合計－現金支出

期末現金余額＝現金溢余或短缺＋資金的籌集與運用

9.3.2.2　現金預算的編製

現金預算以各項業務預算為基礎，確定現金收入，計劃現金支出，編製現金預算表。編製現金預算表的主要目的在於加強對現金流量的預算控製，以便籌措所需現金，並對多余現金進行及時處理。

另外，為了有計劃地安排調度資金，企業應盡可能縮短現金預算的編製期間。

9.3.3　預計財務報表

預計財務報表又稱企業總預算，主要包括預計利潤表和預計資產負債表。預計財務

報表主要為企業的財務管理服務，它是控製企業資金、成本和利潤總量的重要手段。

9.3.3.1 預計損益表

預計損益表是指以貨幣形式綜合反應企業經營活動成果計劃水平的一種財務預算。該表在企業各項經營預算的基礎上，根據權責發生制進行編製。值得注意的是，預計損益表中的「所得稅」項目是估算數據，並非根據利潤總額及所得稅率計算而得。這是為了避免影響現金預算表，從而陷入無休止的修改循環中。

9.3.3.2 預計資產負債表

預計資產負債表是指以貨幣為單位反應企業預算期期末財務狀況的一種財務預算。該表是利用本期期初的資產負債表，根據銷售、生產、資本等預算的有關數據加以調整編製的，有助於企業管理當局預測未來企業的經營狀況，並採取適當措施，以改善財務狀況。

公式解釋

財務預算編製的相關公式已在簡述概念部分予以列示，下面我們以 W 公司的預算編製過程為例，為大家具體解釋一下預算的編製內容。

（一）銷售預算

W 公司 2013 年銷售額為 30 萬元，利潤為 5 萬元。2014 年公司高層決定將當年目標利潤維持在 5 萬元，銷售部門對本年度銷售做出預測。2014 年各季度的產品預計銷量及預計售價見表 9-1。

表 9-1　　　　　　　W 公司 2014 年銷售預算表

季度	第一季度	第二季度	第三季度	第四季度	年度小計
預計銷售量（件）	300	400	400	600	1700
預計單價（元）	200	200	200	200	200
預計銷售額（元）	60,000	80,000	80,000	120,000	340,000

據估計，每季度銷售收入中的 60% 能在當期收到現金，其余 40% 要到下季度才收回，排除壞帳因素。2013 年年末應收帳款款余額為 40,000 元。該企業 2014 年現金收入預算見表 9-2。

表 9-2　　　　　　W 公司 2014 年預計現金收入表　　　　　　　　單位：元

季度	第一季度	第二季度	第三季度	第四季度	年度小計
本期現銷收入	36,000	48,000	48,000	72,000	204,000
收回前期欠款	40,000	24,000	32,000	32,000	128,000
合計	76,000	72,000	80,000	104,000	332,000

其中，本期現銷收入＝本期預計銷售收入×60%

　　　收回前期欠款＝上期預計銷售收入×40%

（二）生產預算

假設 W 公司 2013 年年末存貨為 20 件，2014 年每季度末存貨量按下一季度銷售量的 10% 估計。該公司 2014 年生產預算見表 9-3。

表 9-3　　　　　　　　　W 公司 2014 年生產預算　　　　　　　　　單位：件

季度	第一季度	第二季度	第三季度	第四季度	年度小計
預計銷售量	300	400	400	600	1700
預計期末存貨	40	40	60	30	30
預計期初存貨	20	40	40	60	20
預計生產量	320	400	420	570	1710

其中，預計期末存貨＝下一期預計銷售量×10%

（三）直接材料預算

假設 W 公司期末原材料存貨量根據下季度生產耗用量的 20% 來計算，材料採購成本的 50% 以現金支付，其餘 50% 在下期支付，2012 年年末應付帳款餘額為 12,000 元。該公司 2014 年直接材料預算及現金支出預算見表 9-4、表 9-5。

表 9-4　　　　　　　　　W 公司 2014 年直接材料預算

季度	第一季度	第二季度	第三季度	第四季度	年度小計
預計生產量（件）	320	400	420	570	1710
單位產品材料消耗量（千克）	10	10	10	10	10
生產耗用量（千克）	3200	4000	4200	5700	17,100
預計期末材料存貨（千克）	800	840	1140	800	800
合計	4000	4840	5340	6500	17,900
預計期初材料存貨（千克）	500	800	840	1140	500
預計採購量（千克）	3500	4040	4500	5360	17,400
預計單價（元）	10	10	10	10	10
預計採購成本（元）	35,000	40,400	45,000	53,600	174,000

表 9-5　　　　　　　　　W 公司 2014 年現金支出預算　　　　　　　　　單位：元

季度	第一季度	第二季度	第三季度	第四季度	年度小計
採購總成本	35,000	40,400	45,000	53,600	174,000
支付本期採購款	17,500	20,200	22,500	26,800	87,000
支付前期採購款	12,000	17,500	20,200	22,500	72,200
合計	29,500	37,700	42,700	49,300	159,200

其中，支付本期採購款＝採購總成本×50%

支付前期採購款＝前期採購總成本×50%

（四）直接人工預算

假設 W 公司單位產品工時定額為每件 10 小時，每小時人工工資為 2 元。其直接人工預算見表 9-6。

表 9-6　　　　　　　　　W 公司 2014 年直接人工預算

季度	第一季度	第二季度	第三季度	第四季度	年度小計
預計生產量（件）	320	400	420	570	1710
單位產品工時(小時)	10	10	10	10	10
工時總額（小時）	3200	4000	4200	5700	17,100
每小時工資（元）	2	2	2	2	2
人工總成本（元）	6400	8000	8400	11,400	34,200

（五）製造費用預算

假設 W 公司每單位產品應負擔的變動製造費用為 5 元，其製造費用預算見表 9-7。

表 9-7　　　　　　　　　W 公司 2014 年製造費用預算

季度	第一季度	第二季度	第三季度	第四季度	年度小計
預計生產量（件）	320	400	420	570	1710
單位產品變動製造費用（元）	5	5	5	5	5
預計變動製造費用（元）	1600	2000	2100	2850	8550
每小時工資（元）	2	2	2	2	2
預計折舊費用（元）	800	800	800	800	3200
其他預計固定製造費用（元）	200	300	200	310	1010
預計固定製造費用合計（元）	1000	1100	1000	1110	4210
預計製造費用（元）	2600	3100	3100	3960	12,760
減：折舊（元）	800	800	800	800	3200
人工總成本（元）	1800	2300	2300	3160	9560

（六）銷售與管理費用預算

W 公司 2014 年銷售及管理費用預算見表 9-8。

表 9-8　　　　　　　　　W 公司 2014 年銷售及管理費用預算　　　　　　　單位：元

季度	第一季度	第二季度	第三季度	第四季度	年度小計
預計銷售量	300	400	400	600	1700
單位變動銷售費用	1	1	1	1	1
變動銷售費用	300	400	400	600	1700
工資	2000	2000	2000	2000	8000
廣告費	4000	5000	3000	5000	17,000
折舊	500	500	500	500	2000
固定銷售費用合計	6500	7500	5500	7500	27,000
預計銷售費用	6800	7900	5900	8100	28,700
折舊	600	600	600	600	2400
其他	3000	5000	3500	4800	16,300
預計管理費用合計	3600	5600	4100	5400	18,700
預計銷售及管理費用	10,400	13,500	10,000	13,500	47,400
減：折舊	1100	1100	1100	1100	4400
人工總成本	9300	12400	8900	12,400	43,000

（七）產品成本預算

W 公司 2014 年產品成本預算見表 9-9。

表 9-9　　　　　　　　　W 公司 2014 年產品成本預算　　　　　　　　單位：元

| 季度 | 單位成本 |||| 生產數量 | 總成本 |
	直接材料	直接人工	製造費用	合計		
一	100	20	7.5	127.5	320	40,800
二					400	51,000
三					420	53,550
四					570	72,675
合計	100	20	7.5	127.5	1710	218,025

直接材料＝單位產品材料消耗量×單價＝10×10＝100（元）

直接人工＝單位產品工時×每小時工資＝10×2＝20（元）

製造費用＝單位工時製造費用×單位產品工時＝12,760÷17,100×10＝7.5（元）

案例討論

中原油田財務管理機制調整案例

中原油田位於河南、山東兩省交界處，勘探區域橫跨黃河兩岸的淮陽、清豐、東明、蘭考等12個縣區。1979年開始投入開發建設，共開發了14個油氣田，累計探明石油地質儲量約5億噸，天然氣儲量約1000億立方米。1999年年末擁有總資產173億元，淨資產90億元；職工約9萬人。

中原油田的開發建設，創造了巨大的社會效益和經濟效益，但是「八五」后期以來，出現了發展甚至生存的危機。這些問題突出表現在：債務沉重、資金缺口大；油氣產銷價格長期倒掛，政策性虧損嚴重；勘查開發難度大，生產成本不斷上升；后備儲量不足，產量急遽下滑，影響收入增長；人員大量多余，辦社會的負擔深重。1995年年底，中原油田的負債總額已高達近百億元，資產負債率為68%，從1994年起每年的還貸資金在15億元以上，約占當時原油銷售收入的40%。而作為一個資源開採型企業，由於受到后備儲量不足的制約，其原油產量卻在連續下滑。

殘酷的現實迫使中原油田選擇了改革之路。從1993年起，大刀闊斧地進行了以重組內部機構、重建內部管理體系、重塑內部運行機制為主要內容的內控機制改革，連續三年邁出三大步：第一步是進行了結構調整和重組，組建了專業化集團；第二步是建立了資產經營和資本營運機制，變「粗放」管理為「精細」管理，同時營造內部市場，變資源的「計劃配置」為「市場配置」；第三步是改革舊的財務會計體制，建立高效的理財機制，變「先干后算」為「先算后干」，變「事后監督」為「全過程、全方位監督」。

中原油田在財務管理體制方面進行了全方位改革，包括成立計劃財務處、成立財務結算中心、將財務與會計分設、成立投資管理中心等措施建立起了財務管理的新機制。

與此同時，中原油田也對財務管理運行機制進行了全面的優化。例如，集中對資金控製、統一存款管理、收回各二級單位的投資決策權、統一會計核算制度等優化措施，而其中最為重要的是建立了財務預算管理體制，實行全面預算管理。

預算管理是企業財務管理的核心。中原油田在年末制定下一年度的資金預算，月末制定下一月度的資金預算，圍繞年度和月度經營目標的實現，逐項列出需要的投資、支出等，分別以簽訂承包合同的形式落實到相關的單位，各單位再將指標進一步分解到下一級單位直到員工個人。做到每個單位都有預算，每個人都明白自己承擔的指標，用員工自己的話說就叫「千斤重擔大家挑、人人身上有指標」。年度預算再分解落實到月，每月審核后執行。預算的制定簡單，但確保全過程的不折不扣執行就不是一件容易的事了，中原油田就是依靠新型的財務會計體制確保了預算執行過程不走樣。中原油田依靠

計劃財務處領導下的財務結算中心和會計核算中心，構建了一套新型理財體制，使年度、月度預算指標的落實得到了有力的保證。全局統一算大帳，直屬單位算中帳，個人算小帳，先算后干，邊干邊算，年年算，月月算，天天算。現在的中原油田，每一個單位上自廠長、經理，下至最普通員工，上自機關處室，下到班組、小隊，年初算、年中算、年末還要算。生產單位自然要算帳，而機關處室、廠長、經理和員工個人為何要自己算帳？因為中原油田實行了資產有償使用，對機關處室全年費用分別做出預算，與部門正式簽訂承包合同，在支出時逐項扣除，坐車要交錢，辦公室使用要按面積計費，暖氣、水、電等等的使用都是有償的，有的預算還細劃到了單臺設備和人員，如小汽車的修理、耗材、燃料、養路費等按車考核。每月由財務部門列出費用支出考核明細表，逐項列示，節超一目了然，單位或部門費用超支會被扣發工資或根本不予報銷。

資料來源：吳平安. 財務管理與教學案例［M］. 北京：中國審計出版社，2011。

問題：

1. 集團內部單位相互提供商品、勞務等都要通過財務結算中心結算，存款有息，貸款付息。這樣做的目的是什麼？
2. 該集團實行全面預算管理的意義和目的是什麼？
3. 通過閱讀此案例你有哪些啟示？

本章小結

　　預算是指企業用價值和實務等多種指標來反應企業未來一定時期內生產經營狀況、經營成果及財務狀況的具體計劃。全面預算是對企業總體規劃的數量說明。它包括日常業務預算、專門決策預算以及財務預算。其中，財務預算是企業全面預算體系中的最后環節，是從價值方面總括地對經營期決策預算與業務預算結果的反應，在全面預算體系中具有重要地位。財務預算以財務預測的結果為依據，同時服從決策目標的要求，是決策目標的具體化、系統化和定量化。另外，企業的日常控製和業績考核也以財務預算為依據。因此，其在企業全面預算體系中具有重要地位。

　　財務預算的編製方法可以按照編製時的選用標準不同進行分類。根據預算編製時選用的業務量數量特徵不同，可以分為固定預算和彈性預算；根據選用的成本費用水平的出發點不同，可以分為增量預算和零基預算；根據預算期選擇的時間特徵不同，可以分為定期預算和滾動預算。

　　在財務預算的具體編製過程中，通常按照內容不同將財務預算分為日常業務預算、現金預算和預計財務報表三個部分。其中，日常業務預算包括銷售預算、生產預算、直接材料預算、直接人工預算、製造費用預算、銷售與管理費用預算、產品成本預算七個部分。現金預算也稱現金收支計劃，是指用於預測組織還有多少庫存現金，以及在不同

時點上對現金支出的需要量，主要包括現金收入、現金支出、現金溢餘或短缺、資金的籌集和運用四個部分。預計財務報表包括預計損益表和預計資產負債表，它主要為企業的財務管理服務。

知識拓展

財務預算管理案例解析——華潤 6S 管理體系

華潤（集團）有限公司是隸屬於國務院國資委管理的一家有 72 年發展歷史的中央企業。在經過多年的實踐和不斷改進後，總結了一套旨在貫徹全面預算管理的運行體系，即 6S 管理體系。具體是指利潤中心的編碼體系、管理報告體系、預算體系、評價體系、審計體系和經理人考核體系等。

6S 管理體系的系統化構想是：以專業化管理為基本出發點，把集團及屬下所有業務及資產分成多個利潤中心，並逐一編製號碼；每個利潤中心按規定格式和內容編製管理會計報告，並匯總成集團總體管理報告；在利潤中心推行全面預算管理，將經營目標層層分解，落實到每個責任人每個月的經營上；根據不同利潤中心的業務性質和經營現狀，建立切實可行的業務評價體系，按評價結果確定獎懲；對利潤中心經營及預算執行情況進行審計，確保管理信息的真實性；最後，對利潤中心負責人進行每年一次的考核，逐步建立起選拔管理人員的科學程序。

6S 管理體系保證了集團全面預算管理的運行，是華潤公司目前運用得最為成功的管理系統。6S 管理體系的優勢體現在以下幾個方面：

（一）完善預算的組織結構

企業最高管理層應當有一個預算管理委員會，包括最高領導以及分管銷售、生產、財務等方面的副總經理和總會計師等高級管理人員，來行使通過及頒布預算、審查和協調各部門預算、監督預算執行、考評預算執行效果等權利，並對預算負全面責任；預算管理委員會之下是專門負責預算編製的部門，分別負責生產、投資、人力資源、營銷等各個方面預算的分析、審核和綜合平衡，並最終形成企業總預算草案，該部門的負責人對總預算承擔責任；各所屬單位負責本單位的各類預算編製、上報，接受集團公司的檢查考核，並對本單位預算的正確性承擔責任，同時還要加強對企業員工預算知識的培訓，強化每個員工的預算意識，提高他們參與預算管理的積極性和責任感。

華潤公司在專業化分工的基礎上，突破財務會計上的股權架構，將集團及屬下公司按管理會計的原則，劃分為多個業務相對統一的利潤中心（稱為一級利潤中心），每個利潤中心再劃分為更小的分支利潤中心（稱為二級利潤中心等），並逐一編製號碼，使管理排列清晰。

（二）改進預算的編製方法

即使對於同一個企業的同一盤預算來說，也可以分別以成本費用控制為起點編製、以目標利潤為起點編製、以現金流量為起點編製、以銷售量為導向編製等。視決策層的戰略目標或者側重點不同選擇不同的出發點，或者以多種出發點編製多角度的預算進行比較，才能真正作為決策的參考和企業行動的計劃。

華潤公司在利潤中心分類的基礎上，全面推行預算管理，將經營目標落實到每個利潤中心，並層層分解，最終落實到每個責任人每個月的經營上，這樣不僅使管理者對自身業務有較長遠和透澈的認識，還能從背離預算的程度上去發現問題，並及時加以解決。預算的方法由下而上，由上而下，不斷反覆和修正，最后匯總形成整個集團的全面預算報告。

（三）注重預算的有效實施

財務預算一經批復下達，即具有指令性，各預算執行單位就必須認真組織實施，將財務預算指標層層分解。預算方案確定以後，在企業內部就有了「法律效力」，必須嚴格執行，不得隨意調整。要建立嚴格的授權批准程序，明確企業的主管領導審批的權限和範圍，分工把關，並承擔控制預算的經濟責任。

如果在實際工作中遇到實際發生事件超出年度預算、季度預算差額控制比例的項目，則要進行預算調整。由於預算涉及各方面的利益，所以預算的追加也要有原則方面的控制，防止隨意追加預算的現象發生。調整預算從程序上講，應由發生部門提出書面申請，按程序逐級申報，並經相關會議審議通過後實施。華潤公司要求每個利潤中心按規定的格式和內容編製管理會計報表，具體由集團財務部統一制定並不斷完善。管理報告每月一次，包括每個利潤中心的營業額、資產、負債、現金流量等情況，並附有公司簡評，使預算在實施過程中剛性執行與調整需要相結合。

（四）建立預算的評價體系

預算編製得再合理、再漂亮，如果不能得到下屬單位的支持和貫徹仍然只是紙上談兵。而要讓下屬單位目標與公司總體目標達到一致，必須在利益上建立關聯，通過在評價體系中規定關於預算執行情況的有關考核指標和獎懲措施，才能夠保證預算的順利執行。

華潤公司的做法是：根據每個利潤中心業務的不同，度身訂造一個評價體系。每一個指標項下，再根據各業務點的不同情況細分為能反應該利潤點經營業績及整體表現的許多明細指標，目的是要做到公平合理。集團根據各利潤中心業務好壞及其前景，決定資金的支持重點。預算的責任具體落實到各級責任人，從而考核也落實到利潤中心經理人。利潤中心經理人考核體系主要從業績評價、管理素質、職業操守三方面對經理人進行評價。這樣，預算結合績效考評、薪酬發放，才能讓預算的執行落到實處。考核時應當堅持公開、公正、公平的原則，並通過建立綜合評價指標體系，實現財務指標與非財

務指標的應用相結合,市場化與內部化相結合,結果評價和過程評價相結合,整體目標和局部目標相一致。

即問即答

即問:
1. 什麼是全面預算體系?
2. 財務預算有哪些作用?
3. 財務預算的編製方法可以按照哪些標準分類?分別有哪幾類?
4. 日常業務預算包括哪些部分?

即答:
1. 全面預算體系是指用價值和數量等指標表示的未來一定期間內的生產經營狀況、經營成果及財務狀況等的一系列詳細計劃。其實質為一套以貨幣及其他數量形式反應的預計財務報表和其他報表。
2. 財務預算能夠幫助企業明確決策目標、合理配置財務資源、控製財務活動,同時做好業績的考核與評價。
3. 根據預算編製時選用的業務量數量特徵不同,可以分為固定預算和彈性預算;根據選用的成本費用水平的出發點不同,可以分為增量預算和零基預算;根據預算期選擇的時間特徵不同,可以分為定期預算和滾動預算。
4. 日常業務預算包括銷售預算、生產預算、直接材料預算、直接人工預算、製造費用預算、銷售與管理費用預算、產品成本預算七個部分。

實戰訓練

一、不定項選擇題
1. 財務預算的起點是(　　)。
　　A. 銷售預算　　　　　　B. 採購預算
　　C. 生產預算　　　　　　D. 收入預算
2. 企業預算的編製應該以(　　)為前提。
　　A. 企業經營目標　　　　B. 企業生產能力
　　C. 企業生產規模　　　　D. 現金持有量
3. 根據歷史經驗數據,以基期成本費用水平為出發點,結合預算期業務量水平及有關控製成本費用的措施,調整有關指標而編製預算的方法稱為(　　)。

A. 調整預算　　　　　　　　B. 控製預算

C. 零基預算　　　　　　　　D. 增量預算

4. 固定預算的優點有（　　）。

A. 編製簡單　　　　　　　　B. 容易操作

C. 有利於預算指標的調整　　D. 能夠擴大預算的適用範圍

E. 比較適用於業務量水平較為穩定的企業

5. 預算的編製時間可以是（　　）。

A. 一周　　　　　　　　　　B. 一個月

C. 一個季度　　　　　　　　D. 一年

E. 幾年

二、思考題

1. 預算編製及執行過程中應該做好哪些工作？
2. 財務預算的編製方法有哪些？它們的優缺點分別是什麼？
3. 財務預算對企業而言有何重要性？

三、實務計算題

1. C公司計劃2014年度甲產品的年產量為1100臺，預計四個季度的產量分別為240臺、260臺、280臺、320臺，每臺銷售單價為100元。當季度可回收貨款的60%，其餘在下季度收訖。期初應收帳款餘額為10,000元。

要求：試編製該公司分季度的銷售預算。

2. 接上題，C公司各季度期末存貨按下一季度銷售量的20%計算。第一季度預期存貨量為40臺，第四季度預計期末存貨量為72臺。

要求：試編製該公司2014年度分季度的生產預算。

3. 接上題，C公司單位產品的材料消耗定額為3千克，計劃單價為12元/千克。每季度購料款當季支付60%，其餘下季度支付。各季度期末存料按下一季度生產所需量的10%計算，第四季度期末預計存料量為40千克。期初存料量為30千克，應付購料款為3200元。

要求：試編製該公司的採購預算和現金支出預算。

4. A公司6月份現金收支的預算資料如下：

（1）6月1日的現金餘額為20,000元。

（2）產品售價為2元/件，4月份和5月份分別銷售5000份、6000份，分別預計銷售7500份、10,000份，商品售出后當月可以收回貨款的40%，次月收回30%，再次月收回25%，另外5%為壞帳。

（3）進貨成本為8元/件，平均在18天后付款（每月按30天計算）。編製預算時月底存貨為次月銷售的10%加30件。5月底的實際存貨為1500件，應付帳款餘額為

7000元。

（4）6月份的費用預算為1000元，其中折舊費300元，其余費用須當月用現金支付。

（5）預計6月份購置價值7000元的設備一臺，貨款須當月付清。

（6）6月份預繳所得稅20,000元。

（7）現金不足時可以從銀行借入，借款額為10,000的倍數，利息在還款時支付。期末現金余額不少於6000元。

要求：

（1）編製6月份的現金預算，將結果填入表9-10中；

（2）預計6月份的稅前利潤。

表9-10

項目	金額
期初現金	
現金收入：	
4月（銷售　　　件）	
5月（銷售　　　件）	
6月（銷售　　　件）	
銷貨收現合計	
可使用現金合計	
現金支出：	
上月應付帳款	
進貨現金支出	
付現費用	
購置設備	
所得稅費用	
現金支出合計	
現金多余（或不足）	
借入銀行借款	
期末現金余額	

案例分析

中原油田實行的是經營承包責任制，它將業績指標與報酬分配結合起來，本質上是一種激勵制度，但造成了中原油田的財會工作以及經營管理就難免出現混亂。一方面，在單位或個人利益的驅動下，很多二級單位利用各種機會特別是結算環節隱匿和拖欠油田管理局與其他二級單位的資金，搶占財務資源，甚至利用本單位的資金從事有損整體

利益的活動；另一方面，有些配套改革沒有跟上，特別是銀行結算帳戶仍然分散在各二級單位，增加了資金占用，而且成為二級單位違法、違紀或違規操作的工具。另外，經營承包制也會造成虛假信息的泛濫。

因此，中原油田決定撤銷各二級單位在銀行開設的所有帳戶，同時成立財務結算中心，由財務結算中心集中辦理二級單位對內對外的全部結算業務。但要保證財務結算中心的有效運行，必須解決以下三個問題：

（1）如何避免損傷二級單位自主權？

（2）中原油田如此龐雜（1994年所屬二級單位160多個），財務部門的負責人是否有足夠的時間和精力對每項財務收支業務進行審批？

（3）審批標準是什麼？

為了解決這些問題，中原油田決定成立以勘探局局長為主任的資金預算委員會，配合財務結算中心的運行，實行資金（現金）預算管理。資金預算以二級單位為基礎，是將已定的經營承包指標細化的結果，一個二級單位一份資金預算，並由此形成中原油田總資金預算。各二級單位資金預算經中原油田計財處批准後執行。二級預算單位按照資金預算組織自己的業務收支活動，並在財務結算中心辦理結算業務；財務結算中心按照資金預算辦理二級預算單位的結算業務，拒絕辦理沒有預算或有預算而無存款余額的收支業務。同時設立會計核算中心和投資中心，以保證預算的有效執行和控制。

中原油田創造並實踐了一套相對完備、可運行、可操作的預算管理體系，為中國集團公司實行預算管理提供了可資借鑑的藍本。在中國集團公司實行預算管理具有多層積極意義。

首先，這套體系可以有效地消除集團公司內部組織機構松散的問題，實現各層級各單位各成員的有機整合。其次，據調查，美國、日本、荷蘭和英國的企業中實行預算管理的企業所占的比例分別為91%、93%、100%和100%。我們可以發現，全面的預算管理體系符合國際大公司的管理慣例，這有利於提高中國集團公司的國際競爭能力。同時，中原油田的此次全面改革也是中國企業管理的重大革命，將使中國企業管理進入一個新的歷史階段，更換一種新的管理理念，提升到一個新的高度。

詞彙對照

全面預算 Master budget　　　　　定期預算 Regular budget
財務預算 Financial budget　　　　滾動預算 Rolling budget
固定預算 Fixed budget　　　　　　現金預算 Cash budget
彈性預算 Flexible budget　　　　　零基預算 Zero-base budget
增量預算 Incremental budget

10　財務控製

教學目標

1. 瞭解財務控製的概念及分類；
2. 理解財務控製的方式和方法；
3. 掌握資金控製、成本控製、風險控製的內容和方法；
4. 重點與難點：熟悉資金控製、成本控製、風險控製的內容，能夠運用各類控製方法對企業財務狀況進行分析。

內容結構

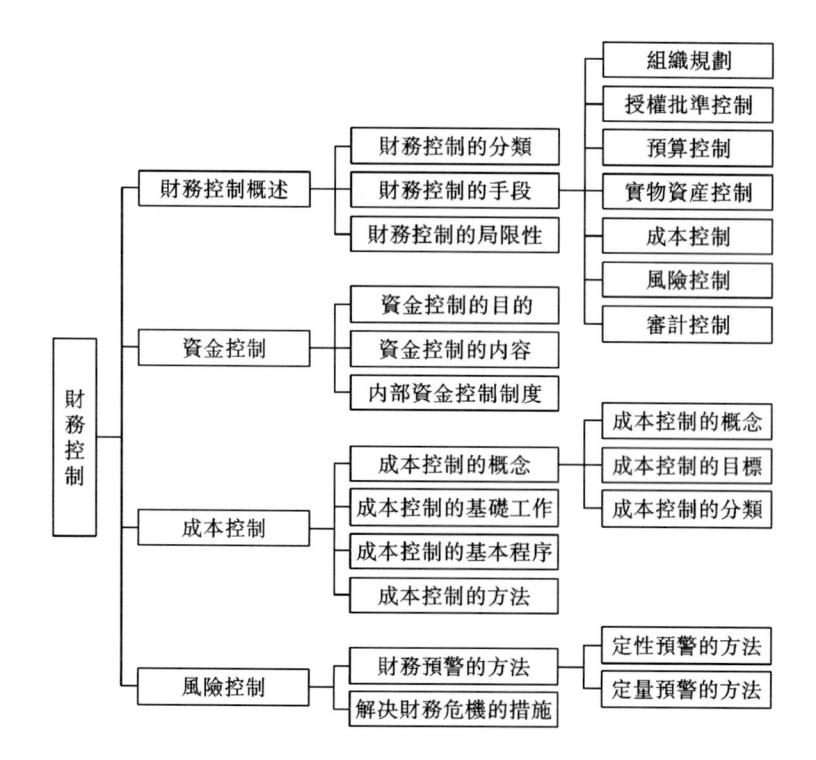

```
                                        ┌─ 組織規劃
                                        ├─ 授權批準控制
                    ┌─ 財務控制的分類      ├─ 預算控制
        ┌─ 財務控制概述 ─┼─ 財務控制的手段  ─┼─ 實物資產控制
        │               └─ 財務控制的局限性 ├─ 成本控制
        │                                 ├─ 風險控制
        │                                 └─ 審計控制
        │
        │               ┌─ 資金控制的目的
財務控制 ─┼─ 資金控制 ───┼─ 資金控制的內容
        │               └─ 內部資金控制制度
        │
        │               ┌─ 成本控制的概念    ┌─ 成本控制的概念
        ├─ 成本控制 ───┼─ 成本控制的基礎工作 ├─ 成本控制的目標
        │               ├─ 成本控制的基本程序 └─ 成本控制的分類
        │               └─ 成本控制的方法
        │
        │               ┌─ 財務預警的方法    ┌─ 定性預警的方法
        └─ 風險控制 ───┼                    └─ 定量預警的方法
                        └─ 解決財務危機的措施
```

範例引述

邯鋼財務控製

1990年年初，由於市場疲軟、競爭激烈，鋼材價格一降再降，加之原材料價格和運輸費上漲，以及與效益脫節的內部分配機制，使邯鋼一季度出現了大面積虧損。在嚴峻的形勢面前，企業領導分析了外部環境和企業內部情況，決定面向市場，從成本入手，大膽改革管理模式，轉變企業經營機制。

邯鋼此前實行的經濟責任制，是適應國家計劃經濟管理體制要求的經營承包責任制，其突出特點是負盈不負虧。邯鋼當時是總廠虧損、分廠盈利，內部責任單位和職工利益與企業的盈虧脫離了聯繫。造成這種反常現象的深層次原因是管理體制和觀念，直接原因則是成本核算採用的物料計劃價格和內部結算價格與市場價格之間嚴重背離，巨大的不利價格差異由總廠來承擔。

對此，邯鋼從調整內部價格入手，將材料價格和內部結算價格調整到貼近市場價格

的水平,將多年不變的內部核算價格體系調整為每年度、半年度、甚至每季度一變的內部核算價格體系,旨在與市場價格變化的節奏一致。用符合市價標準的價格計算銷售收入,扣除與職工工資總額息息相關、必須保證的目標利潤,便倒推出目標成本;將目標成本指標歸口到各職能部門,分解到各個分廠;再層層分解,逐步細化,最后落實到每一個責任單位和責任者頭上。成本指標納入責任考核範圍,實行「成本否決」制。其他指標完成得再好,只要成本指標完成不了,就要否決工資上調機會,否決一切獎金,否決幹部任職資格。這就把企業外部的市場壓力傳遞到了企業內部,讓每一個責任單位和每一位員工都來分擔企業的盈虧風險。這種以面向市場、負盈負虧、降本增效為特徵的經濟責任制,邯鋼人概括為「模擬市場核算,實行成本否決」。

從 1991 年開始新的管理模式在邯鋼全面實行,歷經 20 年,成效顯著,使邯鋼成為中國工業企業的一面旗幟。

資料來源:《上海會計》1997 年第 8 期,作者:宋學本。

問題:

1. 邯鋼為什麼會出現大面積虧損?
2. 邯鋼會採取哪些措施來避免大面積虧損狀況的發生?效果怎樣?
3. 通過閱讀此案例你有哪些啟示?

本章導言

財務控製是一種基本的財務手段,建立完善的財務控製制度,嚴格執行控製,對於企業而言具有十分重要的意義。

首先,對企業而言,財務控製存在於其經營的方方面面,需要進行控製的部分不僅包括基於產品和銷售的生產、經營控製,還包括基於資本運動的過程控製,優秀的財務控製體系是保證企業的籌資、投資及日常經營活動正常進行的前提。

其次,企業可以利用財務控製手段對發生的費用加以分析,從而找到降低成本的關鍵點和途徑,以更低的代價創造出等價值的效益,提高了企業資金和資源的利用效率。

再次,企業尤其是企業集團規模較大管理層次眾多,集團成員間的關係主要表現為資金往來和資本聯結,財務控製作為全方位、全過程的控製,貫穿於企業集團日常活動的整個過程,能夠客觀地對企業的管理與經營狀況進行評價,有助於企業的多層次管理。

最后,運用財務控製手段,能夠及時地分析評價企業的財務狀況,從而對企業的經營風險予以評估,使企業能夠及時發現風險、採取措施,以達到規避風險、持續穩定經

營的目的。

因此，我們有必要對財務控製的體系、方式和手段進行學習，並將財務控製合理地運用到企業的經營過程中去。

理論概念

10.1 財務控製概述

10.1.1 財務控製的分類

財務控製是指對企業的各項財務活動的制度設計與具體方法進行干預，以確保企業目標及其財務計劃得以實現。財務控製總體目標是優化企業整體資源綜合配置效益。因此，制定財務控製目標，是企業理財活動的關鍵環節，也是實現企業理財目標的根本保證。

10.1.1.1 按照財務控製的內容分類

按照財務控製的內容不同，可將財務控製分為一般控製和應用控製兩類。

一般控製是指對企業財務活動賴以進行的內部環境所實施的總體控製，因而也稱為基礎控製或環境控製；應用控製是指直接作用於企業財務活動的具體控製，也稱為業務控製。

10.1.1.2 按照財務控製的時序分類

按照財務控製的時序不同，可將財務控製分為事先控製、事中控製和事後控製三類。

事先控製是指企業單位在行為發生之先所實施控製，以防止財務資源在質和量上發生偏差；事中控製是指財務收支活動發生過程中所進行的控製；事後控製是指對財務收支活動的結果所進行的考核及其相應的獎罰。

10.1.1.3 按照財務控製的依據分類

按照財務控製的依據不同，可將財務控製分為預算控製和制度控製兩類。

預算控製是指以財務預算為依據，對預算執行主體的財務收支活動進行調整監督的一種控製形式；制度控製是指通過制定企業內部規章制度，並以此為依據對企業和各責任中心財務收支活動進行約束的一種控製形式。

除此之外，還可以根據財務控製的功能將財務控製分為預防性控製、偵查性控製、糾正性控製、指導性控製和補償性控製等。

10.1.2　財務控製的手段

10.1.2.1　組織規劃

組織規劃是指單位在確定和完善組織結構的過程中，應當遵循不相容職務相分離的原則進行部門安排和人員分工，在源頭上為財務控製打好基礎。單位的經濟活動通常劃分為五個步驟：授權、簽發、核准、執行和記錄。如果上述每一步驟由相對獨立的人員或部門予以實施，就能夠保證不相容職務的分離，便於財務控製作用的發揮。例如，設立財務結算中心、完善董事會制度等，都有助於在組織結構上保證控製制度的完善。

10.1.2.2　授權批准控製

授權批准控製是指對單位內部部門或職員處理經濟業務的權限控製。單位內部某個部門或某個職員在處理經濟業務時，必須經過授權批准才能進行。該方式可以保證單位既定方針的執行和限制濫用職權。授權批准要求首先應當明確一般授權與特定授權的界限和責任，其次應當明確每類經濟業務的授權批准程序；同時應當建立必要的檢查制度，以保證經授權后所處理的經濟業務的工作質量。

10.1.2.3　預算控製

預算控製是對籌資、融資、採購、生產、銷售、投資、管理等財務活動過程全方位的控製。預算必須體現單位的經營管理目標、明確責任。在預算執行過程中，應當允許經過授權批准對預算進行調整，以便預算更加切合實際。另外，對預算的執行情況也應當及時或定期予以反饋。此外，企業還需建立業績評價體系，運用科學、規範的方法，對企業的整體效益及預算執行情況等進行定量與定性的考核、分析與評價。

10.1.2.4　實物資產控製

實物資產控製包括限制接近控製和定期清查控製兩種。限制接近控製是指控製對實物資產及與實物資產有關的文件的接觸，如現金、銀行存款、有價證券和存貨等，除出納人員和倉庫保管人員外，其他人員限制接觸；而定期清查控製是指定期進行實物資產清查，保證實物資產實有數量與帳面記載相符，如帳實不符，應查明原因，及時處理。

10.1.2.5　成本控製

成本控製分粗放型成本控製和集約型成本控製。粗放型成本控製是指從原材料採購到產品的最終售出為主線進行控製的方法，包括原材料採購成本控製、材料使用成本控製和產品銷售成本控製三個方面；集約型成本控製是指通過改善生產技術以及產品工藝來降低成本的控製方法。

10.1.2.6　風險控製

風險控製就是盡可能地防止和避免出現不利於企業經營目標實現的各種風險，包括經營風險和財務風險。經營風險是指因生產經營方面的原因給企業盈利帶來的不確定，

而財務風險又稱籌資風險，是指由於舉債而給企業財務帶來的不確定性。企業在進行各種決策時，必須盡力規避這兩種風險，以避免使企業陷入財務困境。

10.1.2.7 審計控製

審計控製主要是指內部審計，它是對會計的控製以及再監督。內部審計是在一個組織內部對各種經營活動與控製系統的獨立評價。內部審計一般包括內部財務審計和內部經營管理審計。其不僅是財務控製的有效手段，也是保證會計資料真實、完整的重要措施。

10.1.3 財務控製的局限性

無論財務控製的設計和運行多麼完善，它都無法消除其本身固有的局限，因此，我們需要進一步分析財務控製的局限性，並對其加以預防。

財務控製的局限性主要表現在以下三個方面：

（1）財務控製容易受成本效益原則的局限；

（2）由於財務控製人員判斷錯誤、忽略控製程序或人為做假等原因，導致財務控製失靈；

（3）管理人員的行政干預，使設立的控製制度形同虛設。

10.2 資金控製

10.2.1 資金控製的目的

資金控製是企業財務管理的核心內容，企業經營過程中幾乎所有的業務都涉及資金調度，如企業採購、生產、銷售等成本費用的支出以及投資、籌資等業務循環。企業加強對資金的控製管理，對企業的資金安全和正常營運有相當重要的意義。

10.2.1.1 保障企業資金安全

通過企業內部的資金控製制度，以及事前、事中的嚴格監督和執行，可以防範企業資金淪為不法分子盜竊、詐騙、貪污和挪用的對象，從而保證企業資金的安全，保障企業經營活動的正常進行。

10.2.1.2 提高企業資金使用效益

企業資金收付頻繁、業務量較大。通過資金控製，能夠對企業的資金進行統一的籌集、分配、使用和管理，最大限度地提高資金使用效率，從而提高企業經營效益，避免由於經營者的資金管理意識淡薄而導致的資金規模不合理、使用效率低下等現象。

10.2.1.3 控製企業財務風險

資金控製制度能夠規範資金調度行為，防範財務風險。避免在企業經營過程中由於無法償還到期債務、資金鏈斷裂、被迫停產、關閉或破產等產生財務危機。

10.2.2 資金控製的內容

資金控製是指企業按照一定的權限和程序，對涉及資金的籌集及流入、使用和支付的各項財務活動進行管理。它主要包括資金收入管理、資金支出管理、籌資活動管理和投資活動管理。

10.2.2.1 資金收入管理

資金收入管理包括銀行帳戶控製、現金和支票收入控製、票據和有價證券控製等管理活動。其中：銀行帳戶控製是指企業申請開戶、帳戶操作、帳戶變更和撤銷等財務活動；現金和支票收入控製是指企業現金和銀行存款收付、使用及保管等財務活動；票據和有價證券控製是指企業票據和有價證券的接收、簽發、登記、保管與兌現等。

10.2.2.2 資金支出管理

資金支出管理既包括銀行帳戶控製，還包括付款計劃、付款申請、付款方式方法、付款期限、授權審批、辦理付款等財務活動的管理。

合理有效的資金支出管理要求首先明確內部資金調度條件，依據有效合同、合法憑證和其他相關手續支付資金；其次應強化授權和審批環節，各項業務均應在主管領導按程序審批后進行。此外，還應嚴格實行資金預算管理，將資金納入預算，有超支情況同樣需進行審批。

10.2.2.3 籌資活動管理

籌資活動管理包括籌資預算編製人員與審批人員、辦理發行人員與保管人員、計息人員與支付人員等不相容職務相互分離，還包括授權審批制度、債券與股票的發行和登記的管理制度等。

10.2.2.4 投資活動管理

投資活動管理包括授權審批制度、不相容職務的相互分離、債券與股票的取得保管和處置控製制度、定期盤點制度、投資審批報告、投資協議、股票登記證明等文件管理制度。

10.2.3 內部資金控製制度

完善的內部資金控製制度通常包括以下內容：

（1）不相容職務分離制度。該制度要求企業合理設置財務會計及相關工作崗位，明確職責權限，形成相互制衡機製。不相容職務包括授權批准、業務經辦、會計記錄、財產保管、稽核檢查等。

（2）授權批准控製制度。該制度要求企業明確規定相關工作的授權批准的範圍、權限、程序、責任等，單位內部的各級管理層必須在授權範圍內行使職權和承擔責任，經辦人員也必須在授權範圍內辦理業務。

（3）會計系統控製制度。該制度要求中小企業依據《中華人民共和國會計法》和

國家統一的會計制度，制定適合本單位的會計制度，明確會計工作流程，建立崗位責任制，充分發揮會計的監督職能。

（4）現金的保管與盤點制度。該制度要求企業加強現金庫存限額的管理，超過庫存限額的現金應及時存入銀行，並不定期地進行現金盤點，確保帳實相符。

（5）銀行存款定期核對制度。該制度要求企業安排專人每月核對銀行帳戶，並編製余額調節表，使帳面余額與銀行對帳單的余額一致。

（6）印鑒保管和使用制度。該制度要求加強預留印鑒的管理，不得由一人保管支付款項所需的全部印章，並對所有業務嚴格履行簽字或蓋章手續。

（7）票據保管和使用制度。該制度要求明確各種票據的購買、保管、領用、轉讓和註銷等環節的職責權限和程序，並專設登記簿進行記錄，防止空白票據遺失和被盜用。

（8）文件記錄管理制度。該制度要求對貨幣資金的收支活動形成完整的文件記錄並妥善保管，包括授權審批文件、貨幣資金收支記錄、現金盤點記錄、銀行對帳單、銀行余額調節表等。

（9）內部審計監督制度。該制度要求監督檢查機構及人員定期或不定期地對貨幣資金業務進行內部審計監督，包括對崗位及人員設置、印鑒保管等業務程序的各個方面。

10.3 成本控製

10.3.1 成本控製的概念

10.3.1.1 成本控製的概念

成本控製是指企業根據成本管理目標，在發生生產耗費以前和成本控製過程中，對各種影響成本的因素和條件採取預防與調節措施，以保證成本管理目標實現的管理行為。

10.3.1.2 成本控製的目標

成本控製是企業財務控製中重要的一個環節。當同類產品性能、質量相差無幾時，決定產品市場競爭力的主要因素則是價格，而成本正是決定產品價格高低的主要因素。

成本管理控製目標首先必須是產品壽命週期成本的全部內容，只有全面地進行成本控製，才能夠提高企業資源的使用效率，為企業創造更多的效益。而從全社會角度來看，只有如此才能真正達到節約社會資源的目的。此外，企業在進行成本控製的同時還必須要兼顧產品的不斷創新，保證和提高產品的質量，絕不能片面地為了降低成本而忽視產品的品種和質量。

10.3.1.3 成本控製的分類

成本控製內容一般可以從成本形成過程和成本費用構成兩個角度加以分類。

（1）按照成本形成過程劃分

按照成本形成過程劃分，可以將成本控製分為產品投產前的控製、製造過程中的控製、流動過程中的控製。

①產品投產前的控製。這部分控製內容主要包括產品設計成本、加工工藝成本、物資採購成本、生產組織方式、材料定額與勞動定額水平等。這些內容對成本的影響最大，它基本上決定了產品的成本水平。

②製造過程中的控製。製造過程是成本實際形成的主要階段。絕大部分的成本支出在這裡發生，包括原材料、人工、能源動力、各種輔料的消耗、工序間物料運輸費用、車間以及其他管理部門的費用支出。

③流通過程中的控製。這部分控製內容包括產品包裝、廠外運輸、廣告促銷、銷售機構開支和售後服務等費用。尤其需要考慮促銷手段利潤增量的影響，應對其做定量分析。

（2）按照成本費用構成劃分

按照成本費用構成劃分，可以將成本控製分為原材料成本控製、工資費用控製、製造費用控製、企業管理費控製。

①原材料成本控製。原材料費用由於占總成本的比重較大，是成本控製的主要對象。影響原材料成本的因素有採購、庫存費用、生產消耗、回收利用等，因此原材料成本控製活動可以從採購、庫存管理和消耗三個環節著手。

②工資費用控製。減少單位產品中工資的比重，對於降低成本有重要意義。控製工資成本的關鍵在於提高勞動生產率，它與勞動定額、工時消耗、工時利用率、工作效率、工人出勤率等因素有關。

③製造費用控製。製造費用包括折舊費、修理費、輔助生產費用、車間管理人員工資等，雖然所占比重不大，但仍應加強控製。

④企業管理費控製。企業管理費是指為管理和組織生產所發生的各項費用，開支項目非常繁雜，同樣也是成本控製中不可忽視的內容。

10.3.2 成本控製的基礎工作

成本控製的基礎工作是指成本控製的起點，包括定額制定、標準化工作和制度建設三個部分。

10.3.2.1 定額制定

定額是指企業在一定的生產技術水平和組織條件下，人力、物力、財力等各種資源的消耗達到的數量界限，主要包括材料定額和工時定額。工時定額的制定主要依據各地區收入水平、企業工資戰略、人力資源狀況等因素。定額管理是成本控製基礎工作的核心，也是成本預測、決策、核算、分析、分配的主要依據。

10.3.2.2 標準化工作

標準化工作是成本控製成功的基本前提，包括計量標準化、價格標準化、質量標準化和數據標準化四個部分。

（1）計量標準化。計量是指用科學方法和手段測定生產經營活動中的量與質的數值，並為生產經營尤其是成本控製提供基礎數據。統一計量標準是獲取準確成本信息的前提。

（2）價格標準化。成本控製過程中需要制定內部價格和外部價格。內部價格是指企業內部各核算單位之間，各核算單位與企業之間模擬「商品」交換的價值尺度；而外部價格是指企業在購銷活動中與外部企業產生供應和銷售的結算價格。標準價格是成本控製運行的基本保證。

（3）質量標準化。為產品制定質量標準是成本控製的靈魂，沒有質量，再低的成本都是徒勞的。成本控製是質量控製下的成本控製，沒有質量標準，成本控製就會失去方向。

（4）數據標準化。制定成本數據的採集過程，明確責任，做到成本數據按時報送，及時入帳，信息共享；同時，應規範成本核算方式，明確成本的計算方法。另外，對成本的書面文件採用公文格式，統一表頭，形成統一的成本計算圖表格式，更為清晰明瞭。

10.3.2.3 制度建設

制度建設是企業運行的根本保證。通過制度建設，能夠固化成本控製運行，保證成本控製質量。成本控製中最重要的制度是定額管理制度、預算管理制度、費用申報制度等。在實際中，制度建設要從實際運行角度出發，易於執行，便於操作。另外，也要防範制度執行不力，導致其形同虛設情況的發生。

10.3.3 成本控製的基本程序

成本控製的基本工作程序包括制定成本標準、成本監督、糾正偏差、進行採購四個部分。

10.3.3.1 制定成本標準

成本標準是成本控製的準繩，成本標準首先包括成本計劃中規定的各項指標。這就必須規定一系列具體的標準以滿足具體控製的要求。確定這些標準的方法，大致有三種：①計劃指標分解法；②預算法；③定額法。

10.3.3.2 成本監督

成本監督是指根據控製標準，對構成成本的各個項目進行檢查、評價和監督。不僅要檢查指標本身的執行情況，而且要檢查和監督影響指標的各項條件，如設備、工藝、工具、工人技術水平、工作環境等。

成本日常控製的主要方面包括材料費用的日常控製、工資費用的日常控製以及間接費用的日常控製。這些日常控製不僅需要有專人負責和監督，而且要使費用發生的執行者實行自我控製。同時，還應當在責任制中加以規定，才能調動全體職工的積極性。

10.3.3.3 糾正偏差

針對成本差異發生的原因，查明責任者，分清輕重緩急，提出改進措施，加以貫徹執行。一般採用下列程序對於重大差異項目進行糾正：

（1）提出提案。從各種成本超支的原因中提出降低成本的提案。這些提案首先應當著眼於那些成本降低潛力大、各方關心、可能實行的項目。

（2）討論和決策。發動有關部門和人員進行廣泛的研究與討論。對重大課題可能要提出多種解決方案，然后進行各種方案的對比分析，從中選出最優者。

（3）確定方案實施的方法步驟及負責執行的部門和人員。

（4）貫徹執行確定的方案。

10.3.3.4 進行採購

降低採購成本是企業成本控製的重要環節，包括批量採購、聯合採購和第三方採購。

（1）批量採購

小批量採購降低成本一般採用以下幾種方法：

①尋求替代。當採購批量較小，採購代價較高，而採購元器件又是通用元器件時，企業可以考慮向同類生產廠家尋求採購替代，從同類生產廠家購買少量的替代品。

②讓技術人員參與採購。對於新產品的研發和試製，如果讓生產技術人員參與採購，直接與供應商溝通，可以確定採購的準確數量，減少採購量。

③與供應商結成戰略聯盟。通過與供應商結成戰略聯盟，形成長期合作的互惠互利關係，以降低小批量採購成本。

（2）聯合採購

聯合採購是指同類型的中小生產企業通過跨企業的聯合採購以擴大採購批量、降低採購成本的一種採購方法。

（3）第三方採購

第三方採購是指企業將產品或服務採購外包給第三方公司的一種採購方法。與企業自己進行採購相比，第三方採購往往可以提供更多的價值和購買經驗，也可以變小批量採購為大批量，從而有助於企業更專注核心競爭力。

10.3.4 成本控製的方法

成本控製的方法按照著手點不同，可以分為成本中占比例高部分、創新部分、關鍵點、可控製費用以及激勵約束機制五個方面。

10.3.4.1 從成本中占比例高的方面著手

材料費用在產品成本中所占比例較高，一般占到 60%~80%，人工費用其次。因此，只要牢牢地控制住成本佔有比例較高的幾個部分，企業的成本控制的目標就比較容易達到，成本計劃一般就不會被突破。

10.3.4.2 從創新方面著手

企業成本控制往往希望成本每年都有一定幅度的降低，但成本降低到了某一限度後，很難再有降低空間。因此，企業應該積極從創新方面著手來降低成本，如尋找降低原料用量的新技術或尋找價格更便宜的新材料、從工藝創新上來提高材料利用率、降低材料的損耗量、提高成品率等。

10.3.4.3 從關鍵點著手

形成產品成本的有些環節對成本的形成起到關鍵作用，而企業成本控制如果能從這些關鍵點著手，往往能起到事半功倍的效果。例如：從事技術含量不高、原料品種多的家用電器製造業，降低採購原料的價格可能成為該企業成本的控制關鍵點；資金密集性的快速消費品，降低存貨，加速資金週轉可能成為該企業的成本控制關鍵點。

10.3.4.4 從可控製費用的方面著手

產品成本分為可控成本和不可控成本。其中，不可控製成本一般是指企業的決策而形成的成本，包括管理人員工資、折舊費和部分企業管理費用，這些費用在企業建立或決策實施後已形成，較少發生變化。因此，從可控成本方面進行控製，對企業而言，才更有意義和效果。

10.3.4.5 從激勵約束機制方面著手

成本控制需要所有相關人員的參與。通過激勵約束機制，利用獎懲的辦法將節約成本與控製者的切身利益聯繫起來，能夠調動每個成本相關者的主觀能動性，發揮其在成本控制中的作用，從而將企業被動成本控製轉換為全員的主動成本控製。

10.4 風險控製

財務風險控製是指利用相關信息手段，對企業財務活動施加影響或調節，以實現企業計劃的財務目標，規避風險的控制方法。財務風險控製按照時序分為防護性控製、前饋性控製以及反饋控製。

10.4.1 財務預警的方法

財務預警屬於前饋性可控製，是指企業選擇重點監測的財務指標，確定財務危機警戒標準，以監測和發現財務危機，及時警示相關負責人員，並分析其發生財務危機的原因、提出防範措施的一種制度安排。它具有及時性和預先性。

財務預警主要包括定性預警方法和定量預警方法。

10.4.1.1 定性預警方法

四階段症狀分析法是比較典型的定性預警方法。它將財務危機區分為潛伏期、發作期、惡化期和實習期四個階段。

另外，專家調查法、管理評分法也都是定性預警方法。這些方法相對簡單，但易受分析人員的分析方法及經驗的影響。

10.4.1.2 定量預警方法

定量預警方法分為單變量分析方法和多變量分析方法。

(1) 單變量分析方法

單變量分析方法是指運用單一變量和個別財務比率來預測財務危機的方法，主要有比率分析法、利息及票據貼現費用判別分析法和安全率分析法。

①比率分析法是指通過財務比率的高低來判斷是否存在財務危機的預警方法。預測財務危機能力最強的比率一般認為是現金流量與負債之比，其次是淨收益與總資產之比，然後是總負債與總資產之比。

②利息及票據貼現費用判別分析法是指根據企業貸款利息和票據貼現費用占其銷售額的百分比來判斷企業的財務狀況的分析方法。一般所占百分比越高，其企業狀況越不佳。

③安全率分析法是指通過分析經營安全率和資金安全率來判斷企業財務狀況的分析方法。該方法根據這兩個比率是大於 0 還是小於 0 來判斷企業是否存在危機。其具體計算公式為：

$$經營安全率(安全邊際率) = \frac{現有或預計銷售額 - 保本銷售額}{現有或預計銷售額}$$

$$資金安全率 = 資產變現率 - 資產負債率$$

$$資產變現率 = \frac{現有或預計銷售額 - 保本銷售額}{現有或預計銷售額}$$

單變量分析存在一定的局限性。一方面，不同的人對最重要的指標選擇不同，分析結論也不同；另一方面，單變量分析能說明企業處於財務危機，但不能證明企業即將破產。另外，其得出的結論也可能受到通貨膨脹因素的影響。

(2) 多變量分析方法

多變量分析方法，顧名思義就是借助多元函數來分析預測企業的財務狀況。其中，最為典型的是「Z-計分法」，該方法通過對會計數據和市場價值的信用風險模型進行分析，以計量企業破產的可能性。其函數為：

$$Z = 0.012X_1 + 0.014X_2 + 0.033X_3 + 0.006X_4 + 0.999X_5$$

X_1＝營運資本／資產總額

X_2＝留存收益／資產總額

X_3＝息稅前利潤／資產總額

X_4＝股東權益的市場價值／負債價值總額

X_5＝銷售額／資產總額

該方法的判斷標準為：若 Z 值大於 2.675，則表明企業財務狀況良好；若 Z 值小於 1.81，則表明企業財務狀況堪憂；若 Z 值在 1.81～2.675 之間，則說明企業財務狀況不穩定，稱為「灰色地帶」。

10.4.2 解決財務危機的措施

採用各種手段進行財務預警分析後，企業需要應對財務危機，採取相應的措施。

10.4.2.1 信息溝通

（1）企業內部各部門、人員之間的信息溝通能夠使他們獲得在執行管理和控製企業過程中所需要的信息。有效的信息溝通系統，要求能夠對信息及時予以識別、獲取和加工並採用便於信息使用的形式，在企業內部進行縱向和橫向的有效傳遞。信息溝通使員工瞭解其職責，保持對財務活動的控製，是財務控製的載體。

（2）企業與利益相關者之間的信息溝通有助於企業得到他們的理解和支持，以解決財務危機。例如，投資者向危機企業投入各種資源，債權人可能通過債務重組，政府可能給予一定的優惠政策，職工可能主動減少薪酬、延長工時，以上都有助於企業擺脫困境、度過危機。

10.4.2.2 對症下藥，採取對策

當企業處於「健康」發展階段時，企業應具有超前意識，主要做好產品開發創新工作，滿足消費者需求。當企業處於「正常」狀況時，要分析沒達到「健康」狀況的原因，並予以解決，如果企業處於「危險」階段時，更應對症下藥。

總而言之，企業需要做到居安思危、未雨綢繆，要有一定的風險意識和超前意識，建立健全財務預警機制，以避免財務危機的發生和惡化。

案例討論

巴林銀行事件

1995 年 2 月 26 日，具有 230 多年歷史、在世界 1000 家大銀行中按核心資本排名第 489 位的英國巴林銀行，因進行巨額金融期貨投機交易，造成 9.16 億英鎊的巨額虧損，被迫宣布破產。后經英格蘭銀行的斡旋，被荷蘭國際集團（LNG）以 1 美元的象徵價格

完全收購。

巴林銀行創立於 1762 年，最初從事貿易活動，后涉足證券業，19 世紀初，成為英國政府證券的首席發行商。此后 100 多年來，該銀行在證券、基金、投資、商業銀行業務等方面取得了長足發展，成為倫敦金融中心位居前列的集團化證券商，連英國女皇的資產均委託其管理，素有「女皇的銀行」美稱。就是這樣一個歷史悠久、聲名顯赫的銀行，竟因一個 28 歲的青年進行期貨投機失敗所累而陷入絕境。28 歲的尼克‧里森 1992 年被巴林銀行總部任命為新加坡巴林期貨（新加坡）有限公司的總經理兼首席交易員，負責該行在新加坡的期貨交易並實際從事期貨交易。

1992 年巴林銀行有一個代碼為「99905」的「錯誤帳戶」，專門處理交易過程中因疏忽而造成的差錯，如將買入誤為賣出等。新加坡巴林期貨公司的差錯記錄均進入這一帳號，並發往倫敦總部。1992 年夏天，倫敦總部的清算負責人喬丹‧鮑塞（Gordon Bowser）要求里森另行開設一個代碼為「88888」的「錯誤帳戶」，以記錄小額差錯，並自行處理，以省卻倫敦的麻煩。數周之後，巴林總部換了一套新的電腦系統，重新決定由「99905」帳戶記錄所有差錯記錄，「88888」帳戶因此擱置不用，但成為后來里森造假的工具。

1992 年 7 月 17 日，里森手下一名剛加盟巴林的王（Wang）姓交易員手頭出了一筆差錯：將客戶的 20 份日經指數期貨合約買入委託誤為賣出。里森在當晚清算時發現了這筆差錯。要矯正這筆差錯就須買回 40 份合約，損失 2 萬英鎊，並應報告巴林總部。但在種種考慮之下，里森決定利用「8888」帳戶承接了 40 份賣出合約，以使帳面平衡。此后，里森便一發而不可收，頻頻利用「88888」帳戶吸收下屬的交易差錯。在其后不到半年的時間裡，該帳戶就吸收了 30 次差錯。直到 1994 年 7 月份，虧損額已增加到 5000 萬英鎊。為了應付查帳的需要，里森假造了花旗銀行有 5000 萬英鎊的存款。

1994 年下半年起，里森開始涉足日本日經指數期貨。1995 年 1 月 26 日里森竟用了 270 億美元進行日經指數期貨投機。不料，日經指數從 1 月初起一路下滑，此后又發生了日本神戶大地震，股市因此暴跌。里森所持的多頭頭寸遭受重創。為了反敗為勝，他繼續從倫敦調入巨資，增加持倉。到 2 月 10 日，里森已在新加坡國際金融交易所持有 55,000 份日經股價指數期貨合約。

所有這些交易均進入「88888」帳戶。為維持數額如此巨大的交易，每天需要 3000 萬~4000 萬英鎊。巴林總部竟然接受里森的各種理由，照付不誤。1995 年 2 月中旬，巴林總部轉至新加坡 5 億多英鎊，已超過了其 47,000 萬英鎊的股本金。

1995 年 2 月 23 日，日經股價指數急遽下挫 276.6 點，里森持有的多頭合約已達 6 萬余份，而日本政府債券價格的一路上揚，其持有的空頭合約也多達 26,000 份。由此造成的損失則激增至 86,000 萬英鎊。里森意識到無法彌補虧損，於是被迫倉皇出逃。26 日晚，英國中央銀行英格蘭銀行在沒拿出其他拯救方案的情況下只好宣布對巴林銀

行進行倒閉清算，尋找買主，承擔債務。

巴林銀行的破產，對國際金融市場造成嚴重的衝擊，影響的範圍，直接涉及新加坡、東京、大阪、倫敦、中國香港和其他有關的金融市場。新加坡股市較大幅度下跌，跌幅達0.92%。日本股市作為重災區，所受的打擊更為沉重。在英國，英鎊匯率隨之受到衝擊，英鎊兌馬克匯率跌穿2.3的重要支撐位，成為兩年多來的新低。巴林事件使馬來西亞、韓國及印度等國的金融管理當局深感震驚，因為這些國家正計劃推出期貨交易。

問題：

1. 巴林銀行事件發生的主要原因有哪些？
2. 為了防止此類事件的一再發生可以採取哪些措施來完善財務控製制度？
3. 通過閱讀此案例你有哪些啟示？

本章小結

財務控製是指對企業的各項財務活動的制度設計與具體方法進行干預，以確保企業目標及其財務計劃得以實現。財務控製的手段主要有組織規劃、授權批准、預算控製、成本控製、實物資產控製、風險控製和內部審計等。

資金控製是企業財務管理的核心內容，包括資金收入管理、資金支出管理、籌資活動管理和投資活動管理。通過資金控製，可以保障企業資金安全、提高企業資金使用效益、控製企業財務風險。完善企業內部資金控製制度是資金控製的重要手段，內部資金控製制度包括不相容職務分離制度、授權批准控製制度、會計系統控製制度、現金的保管與盤點制度、銀行存款定期核對制度以及內部審計監督制度等。

成本控製是指對各種影響成本的因素和條件採取預防與調節措施，以保證成本管理目標實現的管理行為。成本控製內容一般可以從成本形成過程和成本費用構成兩個角度加以分類。其基礎工作包括定額制定、標準化工作以及制度建設三個部分。

財務風險控製是指利用相關信息手段，對企業財務活動施加影響或調節，以規避風險的控製方法。財務預警是風險控製的重要手段。財務預警的方法包括四階段症狀分析法、比率分析法、利息及票據貼現費用判別分析法以及安全率分析法、「Z-計分法」等。

知識拓展

一、判斷企業財務危機的方法

（一）財務預警四階段症狀分析法

財務預警四階段症狀分析法的內容見表 10-1。

表 10-1

財務危機潛伏期	財務危機發作期	財務危機惡化期	財務危機實現期
銷售額下降；銷售額上升，利潤額下降	自有資本不足；過分依賴外部資金，利息負擔過重	經營者無心經營業務，專心於財務週轉	負債超過資產，喪失償付能力
企業資產流動性差	缺乏財務的預警作用	資金週轉困難	宣布倒閉
資本結構不合理	債務到期不支付	債務拖延償付	
財務信譽持續降低			
財務經營秩序混亂			

（二）利息及票據貼現費用判別分析法

利息及票據貼現費用判別分析方法根據企業的不同其判別標準也不一樣。具體判斷標準見表 10-2。

表 10-2

利息及票據貼現費用占銷售額的百分比	製造業（%）	3	5	7	10
	批發業（%）	1	3	5	7
企業狀況		健康型	維持現狀型	縮小均衡型	倒閉型

（三）安全率分析法

安全率分析法主要對經營安全率和資金安全率是否大於 0 進行判斷，並據此預測企業的財務狀況。其具體方法見表 10-3。

表 10-3

		經營安全率	
		大於 0	小於 0
資金安全率	大於 0	經營狀況、財務狀況良好。	財務狀況良好，但經營狀況已存在問題。若不能及時改善經營狀況，將影響企業未來的財務狀況。
	小於 0	經營狀況良好，但財務狀況已存在問題。若不能及時改善財務狀況，將影響企業的經營狀況。	企業隨時可能發生財務危機。

299

二、判斷企業財務危機的其他方法

判斷企業財務危機，除本書中介紹的幾種方法外，還可以採用主要指標判斷法、資產負債表判斷法等方法進行分析。

（一）主要指標判斷法

主要指標判斷法是指採用財務指標對財務危機進行綜合的預測的方法，其具體判斷方法見表 10-4。

表 10-4

財務指標	計算公式	財務危機的徵兆
到期債務本息償付比率	經營活動現金淨流量／（本期到期債務本金+現金利息支出）	該指標小於 1
資產負債率	負債總額／資產總額×100%	該指標大幅上升
流動比率	流動資產／流動負債×100%	該指標降到 150% 以下
存貨週轉率	銷售成本／平均存貨	該指標大幅下降
應收帳款週轉率	銷售淨額／應收帳款平均余額	該指標大幅下降

其中，大幅上升或下降，通常是指 20% 以上，具體判斷標準因企業而異；流動比率的警戒標準同樣因企業而異，150% 為通常標準。

（二）資產負債表判斷法

資產負債表判斷法主要是通過對資產負債表簡表的外觀來判斷企業流動資產、非流動資產及負債和所有者權益之間的比例關係，從而預測財務危機。以下四個表分別表示保守型資產負債表、穩健性資產負債表、激進型資產負債表和危機型資產負債表。

表 10-5　　　　　　　　　保守型資產負債簡表

流動資產	流動負債
	長期負債
非流動資產	所有者權益

表 10-6　　　　　　　　　穩健型資產負債簡表

流動資產	流動負債
非流動資產	長期負債
	所有者權益

表 10-7　　　　　　　　　激進型資產負債簡表

流動資產	流動負債
非流動資產	長期負債
	所有者權益

表 10-8　　　　　　　　　危機型資產負債簡表

流動資產	負債
非流動資產	
	未彌補虧損

即問即答

即問：

1. 財務控製的手段有哪些？
2. 資金控製包括哪些內容？
3. 成本控製的基礎工作有哪些？
4. 財務預警的方法有哪些？

即答：

1. 財務控製的手段主要有組織規劃、授權批准、預算控製、成本控製、實物資產控製、風險控製和內部審計等。

2. 資金控製的內容包括資金收入管理、資金支出管理、籌資活動管理和投資活動管理。

3. 成本控製的基礎工作包括定額制定、標準化工作以及制度的建設三個部分。

4. 財務預警的方法包括四階段症狀分析法、比率分析法、利息及票據貼現費用判別分析法以及安全率分析法、「Z-計分法」等。

實戰訓練

一、不定項選擇題

1. 下列屬於企業內部資金控製制度的有（　　）。
   A. 授權審批制度　　　　　　B. 相容職務相互分離制度
   C. 印鑒保管和使用制度　　　D. 內部審計監督制度

2. 以下（　　）屬於定性財務預警方法中的「四階段症狀分析法」。
   A. 潛伏期　　　　　　　　　B. 惡化期
   C. 發作期　　　　　　　　　D. 實現期

3. 以下（　　）屬於成本控制的方法的著手點。
   A. 成本中占比例高部分　　　B. 創新部分
   C. 關鍵點　　　　　　　　　D. 價格較低部分
   E. 可控製費用　　　　　　　F. 激勵約束機制

二、思考題

1. 財務控製存在哪些局限性？怎樣才能避免這些缺陷？
2. 財務控製中最重要的控製手段是什麼？為什麼？
3. A 公司是大型工業企業，為加強內部控製制度建設，聘請甲會計師事務所對其 2012 年 12 月 31 日內部控製的有效性進行審計。註冊會計師在檢查的過程中發現了以下問題：

對於工程項目控製：

（1）A 公司為加強在建工程的管理，要求審批人根據工程項目相關業務授權批准制度的規定，在授權範圍內進行審批，不得超越審批權限。經辦人在職責範圍內，按照審批人的批准意見辦理業務。對於審批人超越授權範圍審批的工程項目業務，經辦人雖無權拒絕辦理，但在辦理后應及時向審批人的上級授權部門報告。

（2）A 公司為確保工程項目收益，對工程項目專門組織人員進行可行性研究，並出具項目評估報告，公司在對工程項目決策時，一般按照可行性研究評估報告意見進行審批。

（3）A 公司為使工程盡快竣工形成生產能力，同時考慮到公司資金比較充足，與施工單位約定，工程價款在工程開工時就支付總價款的 80%。

對於貨幣資金控製和銷售業務控製：

A 公司的會計為外聘的兼職會計，平時不在公司上班，日常會計事務均由出納小張辦理，所有票據和印章均由小張保管。一天，有客戶持現金 2 萬元的購貨發票要求退貨，正與小張爭執時，被王經理碰到，經查該款系 2 個月前的銷貨款，並未入帳。

要求：

根據《企業內部控製基本規範》的要求，分析、判斷 A 公司在工程項目、貨幣資金和銷售業務控製中存在的問題。

案例分析

巴林銀行破產的致命之殤

通過分析上述巴林銀行破產事件的原因，我們可以發現巴林銀行的破產除了里森這個罪魁禍首外，其本身財務控製的漏洞百出也是導致悲劇發生的主要原因。具體而言，巴林銀行事件是由以下幾方面因素共同造成的：

（一）巴林集團管理層的失職

1994 年年末和 1995 年年初，新加坡國際金融交易所發現新加坡巴林期貨公司的交易中存在若干異常，並向巴林集團提出了一些關於新加坡巴林期貨公司的徵詢。如果巴林集團的管理層能夠檢討並理解新加坡國際金融交易所在致該集團的信中所表述的憂慮，那麼倒閉是可能挽回的。但巴林資產負債管理委員會回復新加坡國際金融交易所第二封信中卻做出許多毫無基礎的錯誤保證。與此同時，作為新加坡巴林期貨公司的財務董事，瓊斯未經獨立地詳細瞭解整個事件，就掉以輕心地在里森草擬的回復新加坡國際金融交易所徵詢里森交易活動的復函上簽字，同樣需要為整個事件承擔較大責任。

（二）松散的內部控製

從巴林破產的整個過程看，無論是各國金融監管機構或國際金融市場都普遍認為，金融機構內部管理是風險控製的核心問題，而巴林的內部控製卻是非常松散的。據報載，在 1995 年 2 月 26 日悲劇發生之前，巴林銀行的證券投資已暴露出極大的風險性，但竟沒有引起該行高級管理人員的警惕。1995 年 1 月第一周，里森持有合約 3024 份，20 天後即持有合約 16,852 份（短短 20 天內，合約持有額增長 4 倍）。到 1995 年 2 月中旬，里森持有的合約突破 20,000 份，比在同一市場操作的第二大交易商持有頭寸多出 8 倍。這個信號卻沒有被巴林銀行的最高管理當局注意到從而做出應有的反應。總之，巴林銀行本身的內部控製制度失靈了，預警系統失效，最終導致了悲劇的發生。

巴林主管完全不知曉里森所作所為是不可能的。里森後來在獄中感慨：「對於沒有人來制止我的這件事，我覺得不可置信。倫敦的人應該知道我的數字都是假造的……這些人都應該知道我每天向倫敦總部要求現金是不對的，但他們仍舊支付這些錢。」可以說，巴林銀行的倒閉不是一人所為，而是一個組織結構漏洞百出的、內部管理失控的機構所致。

（三）業務交易部門與行政財務管理部門職責不明

在巴林新加坡分部，里森本人就是制度。他分管交易和結算，這給了里森許多自己

做決定的機會。作為總經理，他除了負責交易外，還集以下四種權利於一身：監督行政財務管理人員；簽發支票；負責把關與新加坡國際貨幣交易所交易活動的對帳調節；負責把關與銀行的對帳調節。行政財務管理部門保留各種交易記錄並負責付款。他既負責前臺交易又從事行政財務管理，就像一個人既看管倉庫又負責收款。雖然公司總部對他的職責非常清楚，但並未採取任何行動。

（四）代客交易部門與自營交易部門劃分不清

以一個公司的資本做交易叫做公司自營交易，除此之外，公司還可以代客戶交易。當然，第二種情況公司會向客戶收取一定的佣金或交易費。比如我們大家熟悉的股票交易，公司一般根據客戶的要求做交易，當然有時也提供一些建議。由於公司僅僅按照客戶的要求代其行使權利，如有損失客戶自己負責。由於所得利潤歸客戶，出現維持金不夠的情況也應由客戶自己墊付。

里森所做的交易也曾受到巴林銀行新加坡期貨部同行們的質詢，但是他總是說自己是代客戶交易。代客戶交易與自營交易的混淆帶來了管理上的困難，會導致相關業務無法清楚核算，為內部審計發現財務危機帶來阻礙，無法進行有效的風險管理。這同樣也屬於財務控製不足的部分。

（五）獎金結構與風險參數比例失當

許多公司為鼓勵員工辛勤工作，採取發放獎金的辦法。一般根據員工的職務、工作經驗、工作成績以及其他諸多因素來確定，但巴林銀行根據交易所得利潤支付大筆獎金，而不考慮公司的風險參數或公司的長期策略。這種把交易員的收入與他的交易利潤掛勾的獎勵制度，最大的問題是刺激了交易員的貪利投機，高額的獎金使得雇員急於賺錢而很少考慮公司所承擔的風險。

問題：

閱讀材料，分析巴林銀行破產的原因，討論內部控製制度在企業中發揮著怎樣的作用？

詞彙對照

財務控製 Finance control　　　　　資金控製 Capital control
成本控製 Cost control　　　　　　風險控製 Risk control
內部審計 Internal audit　　　　　　內部控製制度 Internal control system

第四篇

專題篇

　　公司財務專題篇章通常是講述公司價值評估及公司財務戰略，其並不完全涉及日常的公司財務管理活動，但公司發展到一定階段，必然會對公司價值進行評估，進行收購兼併活動，以期擴大經營範圍。

11　公司價值評估

教學目標

1. 評價和衡量一個企業的公平市場價值。

2. 通過對潛在活動的評估，可以應用於投資分析、戰略分析，並進行以價值為基礎的管理。

3. 重點與難點：理解公司評估的三種主要方法，並結合實際運用。

內容結構

```
                    ┌─ 企業價值評估的目的 ─┬─ 價值評估用於投資分析
                    │                     ├─ 價值評估用於戰略分析
                    │                     └─ 價值評估用於
                    │                        以價值為基礎的管理
                    │
                    │                     ┌─ 企業的整體價值
                    │                     │                   ┌─ 實體價值與股權價值
公司價值評估 ───────┼─ 企業價值評估的對象 ┼─ 企業的經濟價值  ├─ 持續經營價值與清算價值
                    │                     │                   └─ 少數股權價值
                    │                     └─ 企業整體價值的類型 與控制權價值
                    │
                    │                     ┌─ 企業價值評估概述
                    │                     │                   ┌─ 市場法
                    └─ 企業價值評估的方法 ┼─ 企業價值評估方法 ┼─ 收益法
                                          │                   └─ 成本法
                                          └─ 企業價值評估的程序
```

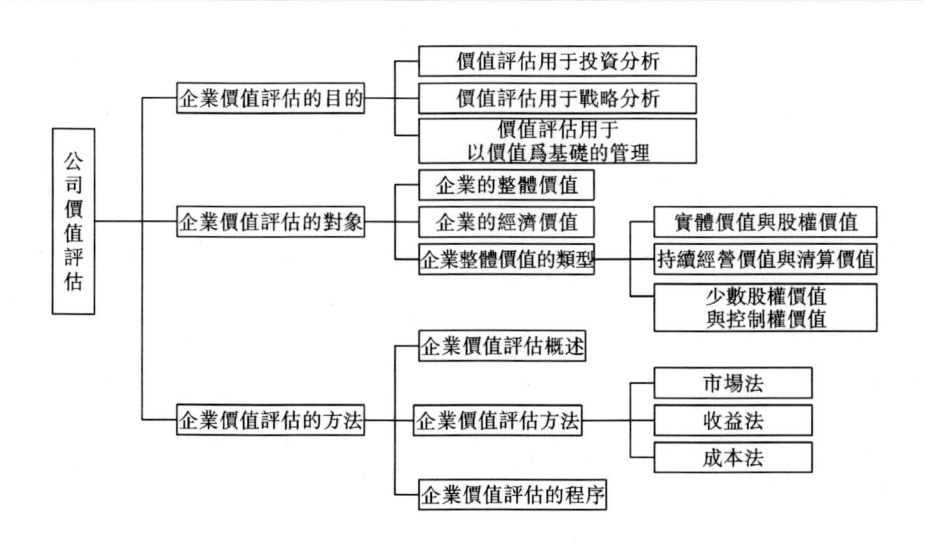

範例引述

西部地區 B 公司為依託於房地產商的民營建材裝飾公司，創建於 2002 年，主營業務有建築承包、裝飾等。A 公司為一房地產公司，創建於 1994 年，成長於重慶，發展於全國，是一家追求卓越、專注品質和細節的專業地產公司。集團總部設在北京，現有員工 7300 多人，業務領域涉及地產開發、商業營運和物業服務三大板塊。截至 2012 年 2 月，公司業務已拓展至重慶、成都、北京、上海、西安、無錫、常州、瀋陽、杭州、青島、大連、菸臺、玉溪、寧波 14 個城市。

A 公司創業之初，其房地產項目的外牆裝飾、室內裝飾以及裝飾材料的選購主要是外包給其他企業以降低成本。隨著公司的發展以及業務的擴大，A 公司需要打造屬於自身的設計風格。經過長久的考察，A 公司決定對 B 公司進行收購。

B 公司的總資產為 30,000 萬元、資產負債率為 70%，經過磋商 A 公司老闆用 28,000 萬元購買了 B 公司。

思考題：

1. B 公司的整體價值該如何去確定？
2. A 公司用 28,000 萬元收購 B 公司是否物有所值？
3. 當 B 公司有新產品上市時，會增加收益，B 公司的未來現金流該如何確定？

本章導言

當前國企改革進入攻堅階段，企業的併購行為也越來越受到人們的關注。中國政府也明確鼓勵通過資產重組，積極推進企業間的兼併活動。李某建立連鎖書店，基金投資人投入資金；萊美藥業要擴大經營規模，不斷進行同行業的收購兼併，這些都需要對企業價值進行評估。企業價值評估是現代市場經濟的產物，它適應企業改制、公司上市、企業併購、股票發行上市、股權轉讓、企業兼併、收購或分立、聯營、組建集團、中外合作、合資、租賃、承包、融資、抵押貸款、法律訴訟、破產清算等目的整體資產評估、企業價值評估。企業併購中的一個核心問題是企業併購交易的價格的確定。能夠運用折現現金流量法和相對價值法對企業價值進行評估，是本章討論的重點。

理論概念

11.1 企業價值評估的目的

企業價值評估是將一個企業作為一個有機整體，依據其擁有或佔有的全部資產狀況和整體獲利能力，充分考慮影響企業獲利能力的各種因素，結合企業所處的宏觀經濟環境及行業背景，對企業整體公允市場價值進行的綜合性評估。企業價值評估的目的：適用於企業改制、公司上市、企業併購、股票發行上市、股權轉讓、企業兼併、收購或分立、聯營、組建集團、中外合作、合資、租賃、承包、融資、抵押貸款、法律訴訟、破產清算等目的整體資產評估。

企業價值評估是財務管理的重要工具之一，具有廣泛的用途。企業價值評估的目的如下：

(1) 管理目的：摸清家底、量化管理、內聚人心、外展實力。
(2) 資產運作：作價轉讓、許可使用、打假索賠、質押貸款。
(3) 資本運作：參資入股、增資擴股、置換股權、合資合作。

11.1.1 價值評估可以用於投資分析

價值評估是基礎分析的核心內容。企業價值與企業財務報表密切相關，兩者之間的數據存在函數依存關係，這種關係在一定時間內是可驗證的，是相對穩定。證券價格始終是在價值上下波動，價格偏離價值經過一段時間的調整會向價值迴歸。投資者據此原理尋找並且購進被市場低估的證券或企業，以期獲得高於市場平均報酬率的收益。

價值評估認為市場只在一定程度上有效，即並非完全有效。在完善的市場中，市場價值與內在價值相等，價值評估沒有什麼實際意義。在這種情況下，企業無法為股東創造價值。股東價值的增加，只能利用市場的不完善才能實現。價值評估正是利用市場的缺陷尋找被低估的資產。當評估價值與市場價格相差懸殊時，必須十分慎重，評估人必須令人信服地說明評估值比市場價格更好的原因。

11.1.2 價值評估可以用於戰略分析

戰略是指一整套的決策和行動方式，是設計用來開發核心競爭力、獲取競爭優勢的一系列綜合的、協調的約定和行動。公司選擇了一種戰略，即就在不同的競爭方式中做出了選擇，從這個意義上來說，戰略選擇表明了這家公司打算做什麼以及不做什麼，打算做什麼會給公司帶來潛在的利益，不打算做什麼會減少可能的損失。戰略分析是指使用定價模型清晰地說明經營設想和發現這些設想可能創造的價值，目的是評價企業目前和今后增加股東價值的關鍵因素是什麼。

11.1.3 價值評估可以用於以價值為基礎的管理

企業財務管理的目標是股東價值最大化，而股東財富就是企業的價值的體現，增加企業價值是企業決策正確性的根本標誌。我們應瞭解某一項決策對企業價值的影響，否則無法對決策進行評估。從這種意義上來說，價值評估是企業一切重大決策的手段，也是企業價值管理的手段。企業某項財務決策對企業價值產生較大的影響，需要理清財務決策、企業戰略和企業價值之間的關係，依據企業價值最大化原則制訂和執行經營計劃等，在此基礎上實行以企業價值為基礎的管理。

11.2 企業價值評估的對象

企業價值評估的一般對象是企業整體的經濟價值。企業整體的經濟價值是指企業作為一個整體的公平市場價值。

企業整體的經濟價值可以分為實體價值和股權價值、持續經營價值和清算價值、少數股權價值和控股權價值等類別。

11.2.1 企業的整體價值

企業整體作為一項資產對投資者（或企業主）所具有的內在價值。從企業計價學的角度看，它的金額介於投資者整體購入企業願意支付的、與企業的產權所有者轉讓企業整體希望收到的價款之間，也可以用邊際價值表示，即企業主擁有的包括該企業在內的總資產的價值減去企業主放棄該企業后的總資產價值的差額。

西方經濟學認為，一家企業也是一項資產，它對投資者具有的經濟效用，即投資價值。因此，可運用與計價個別資產相同的方法來計價整體企業。但個別資產與企業整體之間也存在著差別。

個別資產通常只代表企業主在企業中財富的一部分，而企業整體價值則是企業的全部財富。更為重要的是，企業整體價值並不等於所有可辨認淨資產的公允價值之和，它可能蘊含有助於可辨認淨資產發揮更大作用的、難以量化的因素，也可能含有對可辨認淨資產的發揮作用產生負面影響的、難以量化的因素。

11.2.2 企業的經濟價值

經濟價值是指一項資產的公平市場價值，通常用該資產所產生的未來現金流量的現值來計量。

在價值管理中，一種是強調無形價值，即培育企業核心價值觀、管理員工精神；另一種是強調有形價值，即經濟價值用公式表示：經濟＝銷售收入－直接成本（含稅）－使用資本的機會成本。前者傾向於首先明確企業的核心價值觀，然後通過企業文化影響員工的精神價值觀念，最終達到企業價值與員工價值取向一致化；後者則因為無

形價值的多樣性、複雜性及可操作性弱的原因,將經濟價值等同於企業價值。實際上,企業經濟價值與企業價值之間是不能劃等號的。

我們從會計師的角度來思考,會計師習慣於適用會計價值和歷史成本計價,事實上要區分會計價值與經濟價值、現時市場價值與公平市場價值。

(1) 會計價值與市場價值。會計價值與市場價值是兩回事。會計價值是指資產、負債和所有者權益的帳面價值。市場價值是指生產部門所耗費的社會必要勞動時間形成的商品的社會價值。

會計報表以交易價格為基礎。例如,某企業購買某項資產以5000萬元的價格購入,該價格客觀地計量了資產的價值,以原始憑證作為支持,會計師就將它計入帳簿。過了5年,由於技術更新該資產的市場價值已經大大低於5000萬元,或者由於通貨膨脹,其價值已遠高於最初的購入價格,記錄在帳面上的歷史成交價格與現實的市場價值已經毫不相關了,會計師仍然不能修改其記錄。其原因是,會計師只有在資產需要折舊或攤銷時,才能修改資產價值的記錄。

會計師選擇歷史成本而捨棄現行市場價值的理由有兩點:①歷史成本具有客觀性,可以重複驗證,而這也是現行市場價值所缺乏的。會計師、審計師的職業地位,需要客觀性的支持。②如果說歷史成本與投資人的決策不相關,那麼現行市場價值也同樣與投資人決策不相關。投資人購買股票的目的是獲取未來收益,而不是企業資產的價值。企業的資產不是被出售,而是被使用並在產生未來收益的過程中消耗殆盡。與投資人決策相關的信息,是資產在使用中可以帶來的未來收益,而不是其現行市場價值。由於財務報告採用歷史成本報告資產價值,其符合邏輯的結果之一是否認資產收益和股權成本,只承認已實現收益和已發生費用。

其實,會計報表數據的真正缺點,主要不是沒有採納現實價格,而是在於沒有關注未來。會計準則的制定者不僅很少考慮現有資產可能產生的未來收益,而且把許多影響未來收益的資產和負債項目從報表中排除。表外的資產包括良好的管理、商譽、忠誠的顧客、先進的技術等;表外的負債包括未決訴訟、過時的生產線、低劣的管理等。因此,價值評估通常不使用歷史購進價格,只有在其他方法無法獲得恰當的數據時才將其作為質量不高的替代品。

按照未來售價計價,也稱未來現金流量計價。從交易屬性上來看,未來售價計價屬於產出計價類型;從時間屬性上來看,未來售價屬於未來價格。它也經常被稱為資產化價值,即一項資產未來現金流量的現值。

未來價格計價有以下特點:未來現金流量現值面向的是未來,而不是歷史或現在,符合決策面向未來的時間屬性。經濟學家認為,未來現金流量的現值是資產的一項最基本的屬性,是資產的經濟價值。只有未來售價計價才符合企業價值評估的目的。因此,除非特別指明,企業價值評估的「價值」是指未來現金流量現值。

(2) 現實市場價值與公平市場價值。企業價值評估的目的是確定一個企業的公平市場價值。所謂「公平的市場價值」，是指在公平的交易中，熟悉情況的雙方，資源進行資產交換或債務清償的金額。資產被定義為未來的經濟利益。所謂「經濟利益」，其實就是現金流入。資產就是未來可以帶來現金流入的東西。由於不同時間的現金不等價，需要通過折現處理。因此，資產的公平市場價值就是未來現金流入的現值。

要區分現實市場價值與公平市場價值。現實市場價格是指按現行市場價格計量的資產價值，它可能是公平的，也可能是不公平的。

首先，作為交易對象的企業，通常沒有完善的市場，也沒有現成的市場價值。非上市企業或者其一個部門，由於沒有在市場上出售，其價格也就不得而知。對於上市企業來說，每天參加交易的只是少數股權，多數股權不參加日常交易，因此市場只是少數股東認可的價格，未必代表公平價值。

其次，股票價格是經常變動的，人們不知道哪一個是公平的。

最後，評估的目的之一是尋找被低估的企業，也就是價格低於價值的企業。如果用現實市價作為企業的估價，則企業的價值與價格相等。

11.2.3 企業整體經濟價值的類型

我們已經明確了價值評估的對象是企業的總體價值，但這還不夠，還需要進一步明確是「哪一種」整體價值。

11.2.3.1 實體價值與股權價值

當一家企業收購另一家企業的時候，可以收購賣方的資產，而不承擔其債務；或者購買它股份，同時承擔其債務。例如，A 企業以 10 億元的價格買下了 B 企業的全部股份，並承擔了 B 企業原有的 5 億元的債券，收購的經濟成本是 15 億元。

企業全部資產的總體價值，稱為「企業實體價值」。企業實體價值是股權價值與淨債務價值之和。其計算公式為：

企業實體價值＝股權價值＋淨債務價值

股權價值在這裡不是指所有者權益的會計價值（帳面價值），而是指股權的公平市場價值。淨債務價值也不是指它們的會計價值（帳面價值），而是指債務的公平市場價值。

大多數企業併購是以購買股份的形式進行的，因此評估的最終目標和雙方談判的焦點是賣方的股權價值。但是，買方的實際收購成本等於股權成本加上所承接的債務。

11.2.3.2 持續經營價值與清算價值

企業能夠給所有者提供價值的方式有兩種：一種是由營業所產生的未來現金流量的現值，稱為持續經營價值（簡稱續營價值）；另一種是停止經營，出售資產產生的現金流，稱為清算價值。這兩者的評估方法和評估結果有明顯區別。我們必須明確擬評估的

企業是一個持續經營的企業還是一個準備清算的企業，評估的價值是其持續經營價值還是清算價值。在大多數情況下，評估的是企業的持續經營價值。

一個企業持續經營的基本條件是其持續經營價值超過清算價值。依據理財的「自利原則」，當未來現金流的原值大於清算價值時，投資人會選擇持續經營。如果現金流量下降，或者資本成本提高，使得未來現金流量現值低於清算價值，投資人則會選擇清算。

11.2.3.3　少數股權價值與控製權價值

在股票市場上交易的只是少數股權，大多數股票並沒有參加交易。掌握控股權的股東，不參加日常的交易。我們看到的股價，通常只是少數已經交易的股票價格，它們衡量的只是少數股權的價值。少數股權與控股權的價值差異明顯的出現在收購交易當中。一旦控股權參加交易，股價會迅速飆升，甚至達到少數股權價值的數倍。在評估企業價值時，必須明確擬評估的對象是少數股權價值還是控股權價值。

買入企業的少數股權和買入企業的控股權，是完全不同的兩回事。買入企業的少數股權是持股人，不參與企業的經營管理，只是一個旁觀者；買入企業的控股權，投資者獲得改變企業生產經營方式的充分自由，或許還能增加企業的價值。這兩者如此不同，以至於可以認為：同一企業的股票在兩個分割開來的市場上交易。一個是少數股權市場，它交易的是少數股權代表的未來現金流量；另一個是控股權市場，它交易的是企業控股權代表現金流量。獲得控股權，不僅意味著取得了未來現金流量的索取權，而且意味著獲得了改組企業的特權。在兩個不同市場裡交易的實際是不同的資產。

總之，在進行企業價值評估時，首先要明確擬評估的對象是什麼，搞清楚是企業實體價值還是股權價值，是持續經營價值還是清算價值，是少數股權價值還是控股權價值。它們是不同的評估對象，有不同的用途，需要使用不同的方法進行評估。

11.3　企業價值評估的方法

11.3.1　企業價值評估概述

企業價值評估就是在企業面臨著各種資產重組活動時，衡量企業以及企業內部經營單位、分支機構資產的內在經濟價值的判斷估計過程。

11.3.2　企業價值評估方法

企業價值評估常用的方法有三種：市場法、收益法、成本法。

11.3.2.1　市場法

市場法是將評估對象與可參考企業或者在市場上已有交易案例的企業、股東權益、證券等權益性資產進行對比以確定評估對象價值的方法。其應用前提是，假設在一個完全市場上相似的資產一定會有相似的價格。市場法中常用的方法包括參考企業比較法、

併購案例比較法和市盈利率法。

企業價值評估運用市場法，首先，必須存在一個企業交易完善活躍的市場，且這個市場已經有一定的歷史，以便有充足的有關企業價值方面的信息資料；其次，運用市場法進行企業價值評估，必須保證評估標的企業和所選參照物之間有充分的可比性，即要有可比較的參數。市場法中常用的兩種方法是參考企業比較法和併購案例比較法。

(1) 參考企業比較法

參考企業比較法是指通過對資本市場上與被評估企業處於同一或類似行業的上市公司的經營和財務數據進行分析，計算適當的價值比率或經濟指標，在與被評估企業比較分析的基礎上，得出評估對象價值的方法。

在參考企業比較法下，市盈率（PE）乘數法和市淨率（PB）倍數法是最常用的評估方法。

市盈率方法和市淨率方法的基本思路是：首先，選擇與被評估企業處於同一或類似行業的上市公司，收集分析可比上市公司的經營數據和財務數據，計算出不同口徑的市盈率和市淨率；然後，分別按不同口徑計算被評估企業的各種口徑收益額和淨資產，以相同或相似上市公司的平均市盈率或市淨率作為乘數，推算出企業的市場價值。其一般表達公式為：

企業價值＝企業收益（淨利潤）×市盈率

或　　企業價值＝企業淨資產×市淨率

企業收益可選擇企業最近一年的稅後收益或最近三年稅後收益的平均值。市盈率和市淨率等評估方法是一種將股票價格與當前公司盈利和資產狀況聯繫一起的一種直觀的方法，也易於計算並容易獲得。採用市盈率方法和市淨率方法評估企業價值，需要有一個較為完善的證券市場，要有行業齊全且足夠數量的上市公司。雖然中國證券市場的現狀與其適用的前提條件尚有一定差距，但隨著中國證券市場不斷完善和發展，上市公司股權改革的深入以及投資理念迴歸價值投資等內外條件陸續具備，市盈率方法或市淨率方法將在企業整體價值評估中獲得廣泛的運用。

參考企業比較法的基本步驟為：

①選擇可比企業。所選取的可比企業應在營運上和財務上與被評估企業具有相似的特徵。

②選擇及計算乘數。乘數一般有兩類：基於市場價格的乘數和基於企業價值的乘數。如果想比較具有不同槓桿水平的企業，使用基於企業價值的估值乘數是更合適的。

③運用選出的眾多乘數計算被評估企業的價值估計數。

④對企業價值的各個估計數進行平均。

(2) 併購案例比較法

併購案例比較法是指通過分析與被評估企業處於同一或類似行業的公司的買賣、收

購及合併案例，獲取並分析這些交易案例的數據資料，計算適當的價值比率或經濟指標，在與被評估企業比較分析的基礎上，得出評估對象價值的方法。

市場法著眼於未來收益，更能夠反應市場中投資者對企業的看法。它適用於股票市場較完善的市場環境中，經營較為穩定的企業價值評估，適用於企業 IPO 定價和機構投資者制定投資組合/決策。

【例 11-1】甲公司和乙公司為兩家高科技企業，適用的企業所得稅稅率均為 15%。甲公司總部在北京，主要經營業務在華北地區；乙公司總部和經營業務均在上海。乙公司與甲公司經營同類業務，已先期占領了所在城市的大部分市場，但資金週轉存在一定的困難，可能影響未來持續發展。

2013 年 1 月，甲公司為拓展市場，形成以上海為中心、輻射華東的新的市場領域，著手籌備併購乙公司。併購雙方經過多次溝通，與 2013 年 3 月最終達成一致意向。

甲公司準備收購乙公司 100%的股權，為此聘請資產評估機構對乙公司進行價值評估，評估基準日為 2012 年 12 月 31 日。資產評估機構採用收益法和市場法兩種方法對乙公司價值進行評估。併購雙方經協商，最終確定按市場法的評估結果作為交易的基礎，並得到有關方面的認可。與乙公司價值評估相關的資料如下：

（1）2012 年 12 月 31 日，乙公司資產負債率為 50%，稅前債務資本成本為 8%。假定無風險報酬率為 6%，市場投資組合的預期報酬率為 12%，可比上市公司無負債經營 β 值為 0.8。

（2）乙公司 2012 年稅后利潤為 2 億元，包含 2012 年 12 月 20 日乙公司處置一項無形資產的稅后淨收益 0.1 億元。

（3）2012 年 12 月 31 日，可比上市公司平均市盈率為 15 倍。

假定併購乙公司前，甲公司價值為 200 億元；併購乙公司后，經過內部整合，甲公司價值將達到 235 億元。

甲公司應付的併購對價款為 30 億元。甲公司預計除併購對價款外，還將發生相關交易費用 0.5 億元。

假設不考慮其他因素。

要求：

（1）用收益法計算評估乙公司價值時所使用的折現率。

（2）用參考企業比較法計算乙公司的價值。

（3）計算甲公司併購收益和併購淨收益，並從財務管理角度判斷該併購是否可行。

解析：

（1）首先確定用收益法評估乙公司價值時所使用的折現率。因為併購活動通常會引起資產負債率的變化，進而影響 β 系數，因此需要調整乙公司負債經營的 β 系數。

$\beta = 0.8 \times [1 + (1 - 15\%) \times (50\%/50\%)] = 1.48$

權益資本的成本 $r_e = 6\% + 1.48 \times (12\% - 6\%) = 14.88\%$

由於債務資本利息可以稅前扣除，具有抵稅的作用，因此，

債務資本的成本 $r_d = 8\% \times (1 - 15\%) = 6.8\%$

乙企業的資產負債率為 50%，即權益資本和債務資本各占 50%，所以，

加權平均資本成本 $r_{wacc} = 14.88\% \times 50\% + 6.8\% \times 50\% = 10.84\%$

（2）用參考企業比較法計算乙公司的價值：

調整后的乙公司 2012 年稅后淨利潤 = 2-0.1 = 1.9（億元）

企業價值 = 淨利潤×市盈率 = 1.9×15 = 28.5（億元）

（3）計算甲公司併購收益和併購淨收益：

併購收益 = 235 -（200+28.5）= 6.5（億元）

併購溢價 = 30-28.5 = 1.5（億元）

併購淨收益 = 6.5-1.5-0.5 = 4.5（億元）

甲公司併購乙公司后，甲公司價值達到 235 億元，能夠產生 4.5 億元的併購淨收益，從財務管理的角度分析，此次併購交易可行。

11.3.2.2 收益法

收益法通過將被評估企業預期收益資本化或折現至某特定日期以確定評估對象價值。其理論基礎是經濟學原理中的貼現理論，即一項資產的價值是利用它所能獲取的未來收益的現值。

收益法的核心理念是：企業價值的高低主要取決於企業未來整體資產的獲利能力，而不是現有資產的多少。從股東和企業的角度來講，收益法是目前評估企業價值的最科學、最有效的方法，已成為國際通用的企業整體內在價值評估方法。

收益的表現形式主要有淨利潤和淨現金流量。淨現金流量不但不受會計政策的影響，而且能反應資金的時間價值，所以淨現金流量能夠更準確地反應資產的預期收益。

收益法主要包括現金流量折現法、EVA 估價法和收益資本化法三種。

（1）現金流量折現法。

現金流量折現法的基本思路是增量現金流量原則和時間價值原則，也就是任何資產（包括企業和股權）的價值都是其產生的未來現金流量的現值。現金流量折現法是評估企業投資或資產的收益（即淨現金流量）從而評估企業價值的方法。其基本原理是一項資產的價值應等於該資產在未來所產生的全部現金流的現值之和。

現金流量折現法的最大優點是：折現率直接反應風險、收益和價值之間的關係，能較好地反應市場的實際情況；同時，可以明確資產評估價值與資產的效用密切相關，重點考慮企業資產未來的盈利能力和發展潛力，可以為企業戰略決策提供依據。

資產價值的計算公式為：

$$V = \sum_{t=1}^{n} \frac{CFt}{(1+r)^t} = \sum_{t=1}^{n} CFt \times (P/F, r, t)$$

式中：V——資產價值；

n——資產的持續期；

CFt——資產在 t 時刻產生的現金流。

現金流量折現法能直接揭示企業的獲利能力，反應企業價值的本質涵義。

①現金流量的估計。

現金流量是指公司一項投資或資產在未來不同時點所發生的現金流入和現金流出的數量。淨現金流量是一定時期內現金流入量和流出量的差額。

在企業價值評估中，現金流量分為股權現金流量（FCFE）和企業自由現金流量（FCFF）。

股權現金流量（FCFE）是指歸屬於股東的現金流量，是扣除還本付息以及用於維持現有生產和建立將來增長所需的新資產的資本支出與營運資金變動後剩餘的現金流量。股權自由現金流量的計算公式為：

股權自由現金流量（FCFE）＝稅後淨利潤+折舊等攤銷–資本性支出–淨營運資金的變動+付息債務的增加（減少）

企業自由現金流量（FCFF）是指歸屬於包括股東和付息債務的債權人在內的所有投資者的現金流量。企業自由現金流量（FCFF）的計算公式為：

企業自由現金流量（FCFF）＝稅後淨利潤+折舊等攤銷+利息費用（扣除稅務影響後）–資本性支出–淨營運資金的變動

②折現率的估計。

折現率是指將未來收益還原或轉換為現值的比率，也就是反應淨現金流風險所要求的回報率。現金流的回報率由正常投資回報率和風險投資回報率兩部分組成。折現率的確定通常採用以下三種方法：

第一，風險累加法。

採用風險累加法確定折現率的基本公式為：

折現率 ＝ 無風險報酬率+風險報酬率

其中，風險報酬率一般包括財務風險報酬率和經營風險報酬率等。經營風險是由企業經營的本身所引起的收益不確定性。它通過企業經營期間營運收入的分佈來度量，即：營運收入變化越大，經營風險越大；營運收入變化越小，經營風險越小。財務風險是由負債導入企業的資本結構之中而產生的。通常用負債與權益的百分比來度量財務風險，負債在資本結構中的比重越大，這種風險越大。

風險累加法確定折現率最大的難點在於如何使風險報酬率量化。

第二，資本資產定價模型。

資本資產定價模型（CAPM）是一種描述股票與期望收益率之間關係的模型，是用方差 β 值來度量不可分散的風險，並將風險與收益聯繫起來。其計算公式為：

$$R = R_f + \beta(R_m - R_f)$$

式中：R——權益資本成本（權益資本報酬率）；

　　　β——無風險報酬率；

　　　β——股東預期收益率。

第三，加權平均資本成本模型。

加權平均資本成本模型（WACC）是企業不同資產成本的加權平均值，即資本加權平均報酬率。當評估企業的整體價值或投資性資產的價值時，需要採用資本加權平均報酬率進行折現，它與企業的息前稅後淨現金流量相匹配。其計算公式為：

$$WACC = \frac{債務}{TF} \times 債務資本成本 \times (1 - Tax) + \frac{權益}{TF} \times 權益資本成本$$

式中：TF——企業融資總額；

　　　Tax——企業所得稅率。

WACC 的計算方法有兩種：一是帳面價值法，即以企業各類投資的帳面價值為基礎計算各類投資占總投資的比重，並作為權重。二是市場價值法，即以各類投資的市場價值為基礎計算各類投資占總投資的比重，並作為權重。相比之下，市場價值法更為合理，原因在於資本成本衡量的是籌資時發行證券（債券和股票）的成本，不是按帳面價值發行。

對於新建或新改組企業，或資產負債結構較合理的企業，採用加權平均成本法確定折現率是較適當的選擇。但對於一些未進行資產剝離、沒有進行股份制改造的國有企業，由於其負債率較高，同時又難以確定各類長期資金的資金成本，加權平均資本成本法的運用受到制約。

【例 11-2】 A 公司是一家商貿流通企業，假設通過對 A 公司發展趨勢的分析，估算出了未來幾年的公司經營情況見表 11-1。假設 2013 年為基準日期，A 公司資產負債情況（2013 年 12 月 31 日）資產總額為 9721 萬元、負債總額為 3881 萬元、淨資產為 2874 萬元，發行在外的股票為 1000 萬股，資產負債率為 40%。

表 11-1　　　　　　　　A 公司近幾年的財務狀況　　　　　　　　單位：萬元

項目名稱	2010 年 12 月 31 日	2011 年 12 月 31 日	2012 年 12 月 31 日	2013 年 12 月 31 日
流動資產	104	192	1431	1657
固定資產	4131	5267	5785	6726
無形資產及其他資產	1681	1546	1410	1331

表11-1(續)

項目名稱	2010年12月31日	2011年12月31日	2012年12月31日	2013年12月31日
遞延稅款借項	0	0	0	6
資產總計	5916	7004	8626	9721
流動負債	2227	2490	3135	3660
長期負債	0	0	233	221
負債總計	2227	2490	3368	3881
所有者權益合計	3689	4514	5258	2874

已知市場上的無風險利率採用2013年五年期國債利率以7%計算，β系數採用商業數據服務公司公布的公司股票貝塔值來替代，測算值$\beta=1.25$，關於市場預期收益為13%。債務借款的利率採用銀行五年期貸款基準利率（8%）。A公司的資產負債率為40%，假定資產和負債的比例不變，資產負債率（40%）保持不變。

假設在A公司存續期間，不存在不可抗拒力造成的不利影響；企業所執行的稅率政策無重大改變；企業制定的經營目標能按進度實現；經營條件保持穩定，公司能持續經營；企業的會計信息披露真實可靠，財務數據真實可信。

表11-2　　　　　　　　　　預測利潤表　　　　　　　　　單位：萬元

項目	2014年	2015年	2016年	2017年	2018年	2019年
一、主營業務收入	2892	7729	8452	9247	9771	10,234
減：主營業務成本	616	1607	1725	1854	1940	2015
主營業務稅金及附加	240	642	702	768	812	850
二、主營業務利潤	2035	5480	6024	6624	7019	7369
加：其他業務利潤	41	105	110	115	121	127
減：營業費用（不含折舊及攤銷）	479	1380	1608	1759	1900	1998
管理費用（不含折舊及攤銷）	443	1187	1304	1422	1511	1592
折舊及攤銷	449	1026	1088	1145	1181	1217
財務費用	53	127	127	127	127	127
三、營業利潤	652	1864	2007	2285	2422	2562
加：投資收益						
補貼收入						
營業外收入						
營業外支出						
四、利潤總額	652	1864	2007	2285	2422	2562
減：所得稅	163	466	502	571	605	641
五、淨利潤	489	1398	1505	1714	1816	1922

要求：

預測各年的現金流量；

計算評估時應採用的折現率；

試用現金流量折現法對企業的價值進行評估。

解析：

表 11-3　　　　　　　　　　　預計現金流量表　　　　　　　　　單位：萬元

項目	2014 年	2015 年	2016 年	2017 年	2018 年	2019 年	2019—2035 年
加：財務費用	40	95	95	95	95	95	
加：折舊與攤銷	449	1026	1088	1145	1181	1217	
減：營運資金增加							
減：資本性支出	1000	836	836	636	738	638	
淨現金流量	22	1683	1852	2318	2355	2596	
加：期末固定資產回收							
回收營運資金							822
現金流量小計	22	1683	1852	2318	2355	2596	29,993

權益資本的成本 = 7% + 1.25 × (13% − 7%) = 14.5%

債務資金成本 = 8% × (1 − 0.25) = 6%

加權平均資金成本 = 14.5% × 0.6 + 6% × 0.4 = 11%

所以評估時應採用的折現率為 11%。

表 11-4　　　　　　　　　　　現金流量折現表　　　　　　　　　單位：萬元

項目	2014 年	2015 年	2016 年	2017 年	2018 年	2019 年	2019—2035 年	合計
現金流量小計	22	1683	1852	2318	2355	2596	29,993	
折現率	0.11	0.11	0.11	0.11	0.11	0.11		
折現系數	0.96	0.86	0.78	0.7	0.63	0.57		
現值	−21	1454	1443	1629	1492	1483	7611	15,091
債務價值							6036	
股東權益價值								9055

由表 11-4 得：

總價值 = 15,091 萬元

股東權益價值 = 15,091 − 15,091 × 0.4 = 9055（萬元）

每股股權價值 = 9055/1000 = 9.05（元）

【例 11-3】 A 公司是一家生物工程公司，2013 年它的每股營業收入為 12.4 元，每

股淨收益為3.10元，每股資本支出為1元，每股折舊為0.6元。預計該公司在今后5年內將高速增長，預期每股收益增長率為30%，資本性支出、折舊和營運資本以同比例增長，收益留存比率為100%，β值為1.3，國庫券利率為7.5%。2013年營運資本為營業收入的20%，負債比率為60%，5年後進入穩定增長期，預期增長率為6%，即每股收益和營運資本按6%的速度增長。資本性支出可以由折舊來補償，穩定增長期的β值為1。該公司發行在外的普通股共3000萬股，市場平均風險報酬為5%。請估計該公司的股權價值。

解析：

估計A公司的股權現金流量：

$FCFE$ = 淨收益 − (資本性支出 − 折舊) × (1 − 負債比率) − 營運資本增量 × (1 − 負債比率)

$FCFE_{2014}$ = 3.10 × (1 + 30%) − (1 − 0.6) × (1 + 30%) × (1 − 60%)
        − [12.4 × 20% × (1 + 30%) − 12.4 × 20%] × (1 − 60%)
        = 3.52(元)

$FCFE_{2015}$ = 4.03 × (1 + 30%) − 0.21 × (1 + 30%) − 0.30 × (1 + 30%) = 4.58（元）

$FCFE_{2016}$ = 6.81 − 0.35 − 0.50 = 5.96（元）

$FCFE_{2017}$ = 8.85 − 0.46 − 0.65 = 7.74（元）

$FCFE_{2018}$ = 11.51 − 0.60 − 0.85 = 10.06（元）

$FCFE_{2019以后}$ = 11.51 × (1 + 6%) − 12.4 × (1 + 30%)^5 × 20% × 6% × (1 − 60%)
          = 11.98（元）

計算A公司的股權資本成本：

r = 7.5% + 1.3 × 5% = 14%

r_n = 7.5% + 1 × 5% = 12.5%

計算A公司股權自由現金流量的現值：

$$= \frac{3.52}{(1+14\%)} + \frac{4.58}{(1+14\%)^2} + \frac{5.96}{(1+14\%)^3} + \frac{7.74}{(1+14\%)^4} + \frac{10.06}{(1+14\%)^5}$$

$$+ \frac{11.98}{(12.5\%-6\%)(1+14\%)^5}$$

= 116.17(元)

表 11-5　　　　　　　　　　現金流量折現表　　　　　　　　　　單位：萬元

項目	基期	2014 年	2015 年	2016 年	2017 年	2018 年	2018 年以後
每股營業收入①	12.40	16.12	20.96	27.24	35.42	46.04	
每股收益②	3.10	4.03	5.24	6.81	8.85	11.51	
每股折舊③	0.60	0.78	1.01	1.32	1.71	2.23	
每股資本支出④	1.00	1.30	1.69	2.20	2.86	3.71	
營運資本①×20%	2.48	3.22	4.19	5.45	7.08	9.21	
營運資本增量		0.74	0.97	1.26	1.63	2.12	
FCFE		3.52	4.58	5.96	7.74	10.07	11.98
折現率		0.14	0.14	0.14	0.14	0.14	0.125
折現系數		0.8772	0.7695	0.6750	0.5921	0.5194	
現值		3.09	3.53	4.02	4.58	5.23	95.72
股份數量（萬股）							3000
股權價值							348,512
債務價值							522,768
總價值							871,280

計算 A 公司的股權價值：

股權價值 = 116.17×3000 = 348,512（萬元）

債務價值 = 348,510÷（1-60%）×60% = 522,768（萬元）

總價值 = 348,510+522,765 = 871,280（萬元）

（2）EVA 估價法。

經濟附加價值（Economic Value Added，EVA）是指企業資本收益與資本成本之間的差額，資本所增加的經濟價值或經濟增加值。

EVA = 稅后營業淨利潤-資本總成本

　　= 投資資本×（投資資本回報率-加權平均資本成本）

與現金流量折現法相比，EVA 估價法具有自己獨特的優點：

①能更準確地反應企業的內在價值。

計算 EVA 時，需要對會計資料進行必要的調整，剔除了公認會計準則中的穩健性原則對公司營業淨利潤的失真性影響，減少經營者盈余操縱的可能性，將研發費用進行資本化處理等，從而更能夠體現股東的價值理念，可以更真實地評價企業的經營業績。

②實現了企業價值評估與企業效績評價的有效統一。

EVA 由於從經濟的角度對價值創造的行為和舉措一一判定，不受短期現金流的影響，剔除會計數字的扭曲和曲解，反應出期間價值創造的準確數字。因此，EVA 估價法實現了企業價值評估與企業績效評價的有效統一，有助於促進企業管理向著以開發企

業潛在價值為主要目的價值管理轉變。

③能夠適應一些特殊行業、特殊企業的價值評估需要。

EVA 估價法特別適應新興企業及 IT 行業企業的價值評估，還能夠適應業務重組企業的價值評估，更適應進行業務結構重整以及為業務流程再造提供科學的決策參考。

（3）收益資本化法。

收益資本化法是指將企業未來預期的具有代表性的相對穩定的收益除以資本化率轉換為企業價值的一種方法。通常直接以單一年度的收益預測為基礎進行價值估算，即通過將收益預測與一個合適的比率相除或將收益預測與一個合適的乘數相乘獲得。

收益資本化法通常適用於企業的經營進入穩定時期，即在可預計的時期內將不會產生較大的波動或變化，其收益達到穩定的水平，或其增長率是基本固定的，企業的當期收益等於年金，用一個資本化率來計算這一年金現值，以獲得企業的價值。

收益法主要適用於那些具有很高的財務槓桿比率或財務槓桿比率發生變化的目標公司。收益法不適用於以下企業：對於當前經營困難、預計在未來的一段時間內現金流是負數的企業（如網絡公司）；對於擁有某種無形資產，但目前尚未利用、預期現金流量難以估計的企業；對於在經營旺季現金流大幅上升，而在淡季現金流急遽下降的週期性企業。

11.3.2.3 成本法

成本法也稱成本加和法、資產基礎法，是指在目標企業資產負債表的基礎上，通過合理評估企業各項資產價值和負債從而確定評估對象價值的一種方法。

成本法的基本思路是：將被評估企業視為一個生產要素的組合體，在對各項資產清查核實的基礎上進行評估，最後逐項加和獲得企業整體價值。成本法中最重要的概念就是重置成本，它是指現在重新購置同樣資產或重新製造同樣產品所需的全部成本。在使用上，對以持續經營為前提的企業進行價值評估時，成本法一般不應作為唯一使用的評估方法。

成本法的評估結果是以慣用的資產負債表的形式來表示，評估結果也便於進行帳務處理，這種形式對於熟悉財務報表的評估人員來說，是非常適合和容易把握的。在評估過程中，分別估算每一種資產的價值，可以將每一種資產對企業價值的貢獻反應出來。

採用成本法對企業價值進行評估時，應將企業擁有的有形資產、無形資產以及應當承擔的負債全部納入價值評估的範圍。不僅要對經會計計價確認的帳面資產進行評估，而且要對與企業價值創造有關的帳外資產予以界定、確認和評估。由於企業資產的帳面價值是以歷史成本為基礎的會計數據，評估時還必須按市價對存貨、應收帳款、土地、建築物等資產進行調整。因此，對帳面價值的調整和對表外資產和負債、尤其是無形資產進行評估，增加了成本法使用的難度，所以成本法不適用於高新技術企業的價值評估。

成本法主要適用於企業併購、企業清算和資產糾紛訴訟。一是成本法可以確定整體企業價值和所有者權益價值。企業購買者和出售者雙方在談判中通常採用這種評估方法。二是成本法可以分別確定企業各單項資產的價值，很容易衡量單項資產價值對企業價值的影響程度。因此，這種方法也經常用於企業清算，股東或合夥人對爭議中資產的分配，或某一重大資產糾紛中的資產分割。

11.3.3 企業價值評估的程序

在企業價值評估工作中，我們可以瞭解企業價值評估的一般步驟。

（1）現場考察，瞭解被評估企業的背景資料（行業及所處地位、發展階段等）管理狀況、經營情況、市場情況。

（2）委託合同簽訂，明確評估目的、對象、評估基準日及客戶的各項要求。

（3）提供清單，收集資料，共同製作。從法律、經濟、技術及其獲利能力等方面，瞭解目標公司的資產和負債的質量，特別關注現金流問題。

（4）社會及市場調研、檢索資料、分析有關市場需求、價格信息、技術指標、經濟指標、國家政策、行業動態等。

（5）起草報告，實行內部三級審核制度。

（6）徵求意見、完善報告、項目移交。

資產評估的要素：

（1）評估主體，即從事資產評估的機構和人員，他們是資產評估工作的主導者。

（2）評估客體，即被評估標的物，它們是資產評估的具體對象，也稱為評估對象。

（3）評估依據，也就是資產評估工作所遵循的法律、法規、經濟行為文件、重大合同協議以及取費標準和其他參考依據。

（4）評估目的，即資產業務引起的經濟行為對資產評估的結果的要求，或資產評估結果的具體用途。

（5）評估原則，即資產評估的行為規範，是調節評估當事人各方關係、處理評估業務的行為準則。

（6）評估程序，即資產評估工作從開始準備到最后結束的工作順序。

（7）評估價值類別，即對資產評估價值質的規定，它對資產評估參數的選擇具有制約性。

（8）評估方法，即資產評估運用的特定技術，是分析和判斷資產評估價值的手段和途徑。

（9）資產評估假設，即資產評估得以進行的前提條件假設等。

（10）資產評估基準日，即資產評估時間基準。

案例討論

A 醫學整形美容醫院創建於 1993 年，是一家經國家衛生行政機構批准的大型整形、激光美容醫院，是一家集美容整形臨床、科研、教學為一體的綜合性美容整形專科醫院。目前，A 醫院的服務內容可以分為三大科室＋醫美館。三大科室是指整形科、推拿科和口腔科。

在面對國內醫改的大環境和新機遇下，A 醫院為了謀求更快的發展和占領更高的市場份額，擬主要通過增資擴股（或投資方收購一部分股份）形式引進戰略合作夥伴。醫院有關部門在財務顧問的指導下對本單位所擁有的整體資產進行初步評估。

（一）企業總體情況

基於美容行業特殊的行業特徵，醫院現金流表現良好，客源穩定增長。根據評估人員對本醫院所處的行業概況分析和醫院基本情況的核實、分析，評估人員認為本次評估所涉及的資產具有以下特點：

(1) 被評估的資產是經營性資產、產權清晰，具備持續經營條件；
(2) 被評估的資產能夠用貨幣來衡量其未來收益；
(3) 被評估的資產能夠用貨幣來反應其風險；
(4) 在香港有業務類似的上市公司，可比較評估價值。

（二）評估目的

因為本次評估目的是股權投資，相關交易各方更關心的是公司整體資產的投資價值，關心資產的未來獲利能力和預期收益，並願意在該時點上支付與預期收益折現的現值相對應的價格。因此，評估人員認為採用現金流折現法（收益法）能體現公司整體資產的獲利能力，更能體現該公司的價值。市盈率分析可以作為輔助手段加以比較。

（三）當前財務狀況

醫院雖然目前是非營利性機構，但是其盈利能力一直表現較好。根據公司 2006—2008 年的財務報表數據，公司目前財務狀況穩定，處於穩定增長期。其中，整形美容是該院的主要業務收入來源，經過多年發展，目前整形美容是該院的主要特色，項目運作正常，處於高盈利狀況；推拿科和口腔科也是該院另外兩個大的營業收入，目前這兩個項目業務保持穩定、並出現良好增長的趨勢，同整形美容一樣，推拿科和口腔科也處於盈利狀況。預計該院未來幾年如果沒有新的投資方或戰略投資者進來，公司將保持穩定的增長速度；如果有較好的戰略投資者進入該院，相信結合該院十幾年在整形美容領域的經驗和知名度，該院的業務將會有一個較大的提高，乃至飛躍。

綜合以上幾個方面因素的分析，評估人員認為該院目前財務狀況良好，但是遠不足以反應該院未來的發展前景和現有資源。基於以上基本分析，對 A 公司未來的營運狀

況預測見表 11-6、表 11-7、表 11-8。

表 11-6　　　　　　　A 公司未來四年收入預測　　　　　　單位：萬元

年份	2009	2010	2011	2012	2013
整形美容	1950	2540	3300	4300	5600
口腔科	476.4	590.4	727.2	895	1100
推拿科	1125.6	1360	1630	1980	2400
連鎖機構	1000	1310	1825	1825	3370
合計	4552	5800.4	7482.2	9682	12,470

表 11-7　　　　　　　A 公司總成本與費用估算表　　　　　　單位：萬元

序號	年份	2009	2010	2011	2012	2013
1	藥品和設備	702.4	946.9	1199	1583.6	2181
2	工資與福利	1680	2000	2430	2923	3486
3	折舊費	173.4	209	235.8	263.6	296.7
4	修理費	39.3	52	67.8	79.4	89.3
5	廣告費	350	362.5	500	600	862
6	管理費用	300	310	388.3	448.2	600
7	總成本和費用	3245.1	3880.4	4820.9	5897.8	7515
8	可變成本	702.4	946.9	1199	1583.6	2181
9	固定成本	2542.7	2933.5	3621.9	4314.2	5334

表 11-8　　　　　　　A 公司淨現金流量預測　　　　　　單位：萬元

年份	2009	2010	2011	2012	2013
經營活動產生的現金流量	1480.3	2129	2897.1	4047.8	5251.7
淨利潤	1306.9	1920	2661.3	3784.2	4955
固定資產折舊	173.4	209	235.8	263.6	296.7
投資活動現金流量	-702.4	-946.9	-1199	-1583.6	-2181
購置固定資產	-702.4	-946.9	-1199	-1583.6	-2181
淨現金流量	777.9	1182.1	1698.1	2464.2	3070.7

問題：

1. 在針對 A 公司進行資產估值的時候，為什麼要對收入、總成本與費用、公司淨現金流量進行預測？

2. 通過確定無風險報酬率、行業風險報酬率和企業個別報酬率，確定折舊率為 15%。請通過現金流折現方法為 A 公司進行估值。

3. 假設在這五年時間，公司針對高端客戶引起了一系列頂尖設備以及醫藥產品，

同時也加大了廣告宣傳的投入。若運用帳面價值法進行評估，公司的總成本與費用估算表將做出哪些方面的調整？

本章小結

　　企業價值評估是指對評估基準日特定目的下企業整體價值、股東全部權益價值或部分權益價值進行分析、估算並發表專業意見並撰寫報告書的行為和過程。企業價值評估是將一個企業作為一個有機整體，依據其擁有或佔有的全部資產狀況和整體獲利能力，充分考慮影響企業獲利能力的各種因素，結合企業所處的宏觀經濟環境及行業背景，對企業整體公允市場價值進行的綜合性評估。

　　企業價值評估是指把一個企業作為一個有機整體，依據其整體獲利能力，並充分考慮影響企業獲利能力諸因素，對其整體資產公允市場價值進行的綜合性評估。作為整體資產的企業往往並不是所有單項資產的簡單累加，而是在一定組織管理下按照生產經營中經濟與技術邏輯關係形成的資產有機結合體。

　　企業價值評估能夠幫助管理當局有效改善經營決策。企業財務管理的目標是企業價值最大化，企業的各項經營決策是否可行，必須看這一決策是否有利於增加企業價值。

　　價值評估可以用於投資分析、戰略分析和以價值為基礎的管理；可以幫助經理人員更好地瞭解公司的優勢和劣勢。重視以企業價值最大化管理為核心的財務管理，企業理財人員通過對企業價值的評估，瞭解企業的真實價值，做出科學的投資與融資決策，不斷提高企業價值，增加所有者財富。

　　企業價值評估的基本方法有市場法、收益法和成本法。其中，市場法中又包含了參考企業比較法、併購案例比較法。

　　收益的表現形式主要有淨利潤和淨現金流量。收益法評估的主要方法包括現金流量折現法、EVA估價法和收益資本化法三種。

　　企業價值評估方法選擇的原則：客觀公正的原則、成本效率的原則、風險防範的原則。

知識拓展

創業板估值——傳統估值模型的擴展

　　隨著中國創業板市場的推出，如何對創業板公司進行合理的估值已經成為廣泛議論的中心話題。創業板市場與主板市場不同，它更注重於公司的發展前景與增長潛力，其上市標準要遠低於成熟的主板市場，所以創業板公司通常具有不同於主板公司的估值特

徵：①創業板公司具有很強的成長性。這是因為創業板市場上市公司大多是高科技公司，其產品或服務具有較強的市場壟斷力，一旦被市場接受就會表現出極強的擴張力。因此公司通常具有較高的增長速度，可以在短短幾年內由原來的小公司發展成組織和管理日趨完善的大公司。②創業板公司具有較高的風險性。創業板市場上上市公司規模相對小，多處於創業及成長期，發展相對不成熟，因此風險會更為突出。

目前對公司估值採用的傳統方法主要為現金流折現法。由於創業板公司不同於成熟主板公司的價值特徵，這使得單獨運用上述兩種方法都容易使得計算出來的數據偏離公司的真實價值，具有很大的局限性。

實物期權是以期權概念定義的現實投資選擇權，是指企業進行長期實物資本投資決策時擁有的、能根據決策過程中尚不確定的因素改變投資行為的權利。它是金融期權在實物領域的擴展，其標的物（基本資產）一般是某投資項目的價值。而實物期權賦予的權利也往往是某項投資或管理的選擇權。擁有實物期權，其持有者就可以在一定期限內根據基本資產的價值變動，靈活選擇投資方案或管理活動。實物期權是有價值的，因為它給予企業利用機會的柔性，以便增加收益或減少損失。

實物期權理論最早是由 Myers（1977）引入企業價值評估之中的。他認為在企業價值中，由折現現金流法得到的價值反應的是企業「現實資產」的價值，實際上它只是企業價值的一部分；企業價值的另一部分是未來增長機會的折現價值，即企業擁有的成長期權價值。此后，Kester（1984）通過實證表明，在其研究的公司中有近一半的市場價值是由企業所持有的選擇權價值所構成的，並得出了企業的成長機會可以被看為基於現實資產的看漲期權的結論。

創業板公司多是處於成長階段初期的高科技公司，與傳統企業相比，這類企業的強大生命力在於它們具備及時把握市場機遇的能力，同時也具備充分運用這種機遇的實力。如創業板公司的管理者可以根據來自技術、市場、管理、資金等方面風險的評價以及競爭中投資項目收益流的變化，靈活選擇投資的時機。當科研成果研究開發成功后，如果市場有利，則追加科技成果商品化所需的后續投資（相當於執行期權合約）；如果市場前景不看好，則暫時不追加后續投資，而是等待投資時機的到來。這種狀況與期權定價所適用的條件非常吻合，它著重考慮了選擇權或不同的投資機會所創造的價值。

運用實物期權理論對創業板公司進行估值分析能夠補傳統 DCF 方法的不足，運用 DCF 法評估高科技企業價值時，一般只考慮企業正常的生產經營條件下產生的未來現金流量。所以，採用折現現金流法獲得的創業板公司定價，應該是企業現有業務基礎上獲利能力的價值。對於創業板公司設想或可能發生的現有業務未來投資計劃，以及開拓新業務的未來投資計劃這樣的潛在投資機會，在折現現金流法的未來收益預測中是很難進行準確把握的，而這種潛在投資機會的價值評估正是實物期權定價法的特長和優勢。同時，在企業估值定價中採用期權分析技術，借用期權的方法，可以將上述分析中

DCF方法不能處理的項目中「靈活性」方面進行概念化、模型化，從而定量地解決「投資機會」「靈活性」的估值問題。

即問即答

即問：
1. 價值評估的目的；
2. 企業價值評估的方法；
3. 收益法評估的步驟；
4. 市場法評估應注意的問題。

即答：
1. 價值評估用於投資分析、戰略分析和以價值為基礎的管理。
2. 市場法、收益法和成本法。
3. ①預測未來的現金流量；②選擇合適的折現率；③預測企業的連續價值；④預測企業價值。
4. ①必須存在一個企業交易完善活躍的市場；②必須保證評估的企業和所選參照物之間有充分的可比性。

實戰訓練

一、多項選擇題

1. 企業價值評估的目的包含（　　）。
　　A. 確定公司股價　　　　　　B. 確定企業公平市場價值
　　C. 提高公司商譽　　　　　　D. 提高銀行貸款上限
2. 下面（　　）不屬於企業價值的範疇。
　　A. 企業的整體價值　　　　　B. 企業的經濟價值
　　C. 企業的會計價值　　　　　C. 股東的股權價值
3. 通過預測未來的現金流，並進行折現來估計企業價值的方法為（　　）。
　　A. 現金流模型　　　　　　　B. 帳面價值法
　　C. 相對價值法　　　　　　　D. 市價/淨資產模型
4. 市盈率為（　　）兩個數值之比。
　　A. 公司市價，股票價格　　　B. 公司市價，股票發行量
　　C. 每股市價，每股淨利　　　D. 每股市價，股票發行量

二、思考題

1. 為什麼在帳面價值法中，通常考慮通貨膨脹、公司商譽、資產折舊這三個方面？
2. 為什麼在現金流模型中，資本成本（WACC）會隨著公司的生命週期變化而變化？
3. 對於一個負載率很高的公司，對其價值的評估是否會受到影響？

三、實務計算題

1. 回到本章節初我們所引用的案例，B公司的總資產為30,000萬元，資產負債率為70%，經過磋商A公司老闆用28,000萬元購買了目標B公司。

試問：

(1) B公司的整體價值該如何去確定？
(2) A公司用28,000萬元收購B公司是否物有所值？
(3) 當B公司有新產品上市，會增加收益，B公司的未來現金流該如何確定？

表11-9 單位：萬元

年份	基期	2008	2009	2010	2011	2012	2013
稅後經營利潤	396	443.5	487.9	526.9	558.5	586.4	615.8
加：折舊與攤銷	240	268.8	295.7	319.3	338.5	355.4	373.2
經營現金毛流量	636	712.3	783.6	846	897	941.9	989
減：淨經營營運資本增加		144	134.4	119	95.8	84.6	89
經營現金流量		568.3	649.2	730	801.2	857.2	901
減：淨經營長期資產增加		240	224	197.1	159.7	141	149
折舊與攤銷		268.8	295.7	319.3	338.5	355.4	374
實體現金流量		59.5	129.5	211.5	303	361	379

2. 時代百貨公司2012年的息稅前利潤為5.32億元，資本性支出為3.10億元，折舊為2.07億元，銷售收入為72.30億元，營運資本占銷售收入的比重為20%、稅率為30%，預期今後5年內將以8%的速度高速增長。假定折舊、資本性支出和營運資本以相同比例增長，公司β值為1.25，稅前債務成本為9.5%，負債比率為50%。5年後進入穩定增長期，穩定增長階段的增長率為5%，公司β值為1，稅前債務成本為8.5%，負債比率為25%，資本性支出和折舊互相抵銷。市場平均風險報酬率為5%，無風險報酬率為7.5%。測算公司價值。

3. A公司為股份有限公司，股份總數為100,000萬股，B公司為控股股東，擁有其中90,000萬股股份。2012年年初，為促進股權多元化，改善公司治理結構，建議控股股東轉讓20,000萬股股份給新的投資者。B公司同意這一方案，但期望以400,000萬元的定價轉讓股份。

為滿足股份轉讓需要，B 公司聘請某財務顧問公司對 A 公司進行整體估值，財務顧問公司首先對 A 公司進行了 2012—2016 年的財務預測。有關數據見表 11-10。

表 11-10　　　　　　　　A 公司的財務預測數據　　　　　　　　單位：萬元

項目	2012 年	2013 年	2014 年	2015 年	2016 年
淨利潤	130,000	169,000	192,000	223,000	273,000
折舊及攤銷	50,000	65,000	80,000	95,000	105,000
資本支出	120,000	120,000	120,000	80,000	60,000
淨營運資本增加額	20,000	30,000	60,000	120,000	100,000

假定自 2017 年起，A 公司自由現金流量每年以 5% 的固定比率增長。A 公司估值基準日為 2011 年 12 月 31 日。財務顧問公司根據 A 公司估值基準日的財務狀況，結合資本市場相關參考數據，確定用於 A 公司估值的加權平均資本為 13%。

要求：

(1) 計算 A 公司 2012—2016 年自由現金流量以及其現值；

(2) 計算 A 公司 2016 年末價值及其現值；

(3) 計算 A 公司的估值金額；

(4) 以財務顧問公司的估值結果為基準，從 B 公司價值最大化角度分析判斷 B 公司擬轉讓的 20,000 萬股股份定價是否合理。

詞彙對照

實體價值　Substantive Value　　　　股權價值　Equity Value
持續經營價值　Going-concern Value　　清算價值　Liquidating Value
現金流折現法　Discounted Cash Flow　　實物期權　Real Options
相對價值法　Relative Value　　　　　持續年數　Duration
帳面價值法　Book Value Method　　　　資本成本　WACC

12　公司財務戰略

教學目標

　　1. 獲取一個企業的發展目標，並根據不同的企業制定出不同的財務戰略，在融資與籌資行為中擁有明確可靠的發展思路；

　　2. 理解公司整體戰略與公司財務戰略的區別與共性；

　　3. 掌握公司財務戰略、整體戰略的模型。

內容結構

```
                             ┌─ 財務戰略管理
          ┌─ 公司戰略與財務戰略 ─┼─ 財務戰略類型       ┌─ 財務戰略分析決策
          │                  └─ 公司財務戰略的制定 ─┼─ 財務戰略執行
          │                                      └─ 財務戰略評價
          │                  ┌─ 融資戰略概述       ┌─ 融資方式的類型
公司      ├─ 公司融資戰略管理 ─┤                  ├─ 融資方式的特點分析
財務      │                  └─ 融資戰略方式的選擇 ─┴─ 不同方式的限制
戰略      │
          │                  ┌─ 投資戰略概述
          ├─ 公司投資戰略管理 ─┼─ 投資戰略類型及其選擇
          │                  └─ 投資戰略的制定
          │
          │                  ┌─ 分配戰略的概述
          └─ 公司分配戰略管理 ─┼─ 分配戰略的理論
                             └─ 股利分配戰略選擇
```

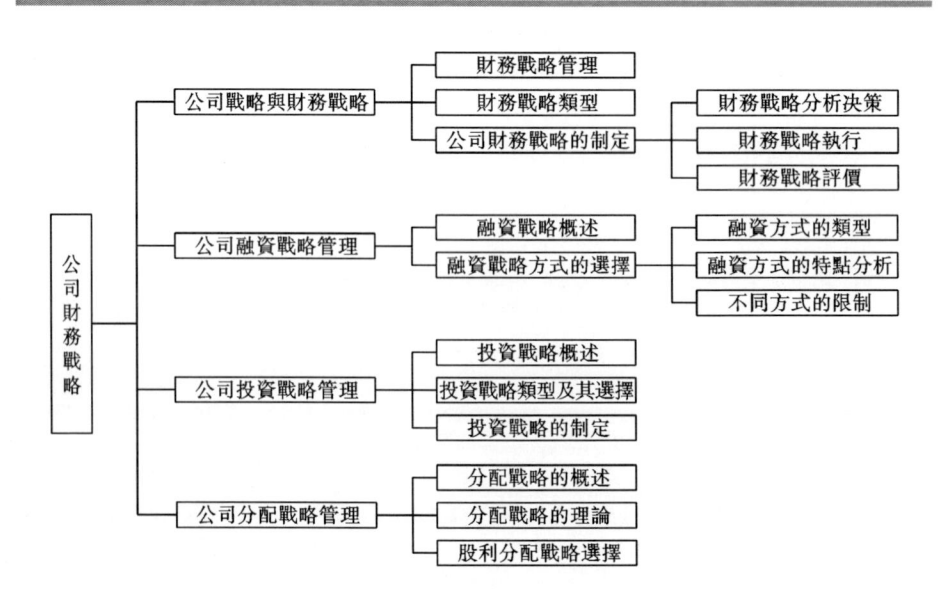

範例引述

支持集團財務戰略實踐——北京同仁堂集團

北京同仁堂創辦於康熙八年（公元 1669 年），經過 1956 年的公司合營，1966 年的所有制改造，到 2001 年形成了現在同仁堂集團有限責任公司。該集團下屬的同仁堂股份有限公司，在上交所 A 股上市，由於營運良好業績優良，年年入選最具有發展前景的企業。

北京同仁堂秉承「炮製雖繁必不敢省人工，品為送貴必不敢減物力，修合無人見，存心有天知」的經營理念，發揚國藥精粹，推出了一些品質優異的中成藥品，如同仁堂烏雞白鳳丸、感冒清熱顆粒、安宮牛黃丸、牛黃解毒片。

經過 300 多年的累積，特別是集團公司成立后的 10 年迅猛發展。目前同仁堂集團資產規模已達 50 多億元，並且在境內、境外開設了 300 多家分店。涉足的行業除中醫藥的生產和銷售外，還有化妝品、保健食品、廣告公司等。

同仁堂的戰略定位就是以現代中藥為核心，發展生命健康產業，成為國家馳名的現代中醫藥集團。目標概括來講就是奮鬥十年雙加零，即到 2010 年同仁堂集團銷售額、利潤增長 10 倍。

2004 年同仁堂的工作核心就是三抓、兩突出、三破題。三抓就是抓基礎管理、抓發展項目、抓經濟效益；兩突出就是突出同仁堂文化、突出工作落實；三破題就是如何在發展中保證經濟運行質量，如何在發展中保證同仁堂形象，如何在發展中保證資源共享、整體受益。

由此可以看出，同仁堂的戰略正在發生轉型，內部層次定位是小機關多實體，對集團的定位就是負責做大做強同仁堂。子公司是複雜生產管理的公司，負責企業的生產和業務的發展。為配合同仁堂集團的整體戰略，財務的戰略就是負責非主營業務的下屬企業關停並轉，以及對新成立企業財務負責人的委派和管理。

2004 年同仁堂集團財務部有兩個中心工作：一是對子公司進行有償使用集團資產的監督管理，例如品牌和藥品字號等，制定一個無形資產管理辦法；二是確保集團投資收益的實現。

因為上述的工作目標要求，同仁堂集團財務部感到了壓力和困難。首先，同仁堂的規模在快速擴張，在擴張的時候一定有財務風險。因為同仁堂集團已經放棄了實際控制，變成指導管理。那麼如何事前規避集團的風險？其中之一就是信貸和擔保的風險。企業在不停地運作需要資金，需要同仁堂集團擔保，擔保就有風險。還有就是投資的風險，任何投資者在投資的時候要高回報就會有高風險。另外，就是同仁堂在不停地理順

集團內部的關係，理順人員、理順資產，其處理過程也是有風險的。

同時，由於同仁堂集團不直接干預子公司經營，卻要保證集團的收益。因為同仁堂集團的所有報表分析都是基於子公司數據真實的基礎上進行，怎樣保證子公司的數據是真實、準確的也是同仁堂管理部門需要面對的問題。

思考題：

同仁堂財務管理面臨戰略決策，如何在融資與籌資行為中形成明確可靠的發展思路，如何克服了戰略轉型中財務管理的困惑？

本章導言

　　財務戰略管理實際上是戰略管理思想在財務管理領域的進一步延伸及發展。當今世界，在經濟全球化的形勢下，市場競爭日益激烈，一個企業能夠在殘酷的競爭中屹立不倒，這與企業的財務管理有密切聯繫。財務管理的環境更加複雜化，財務活動也日益多樣化，其財務管理活動受到國際政治、經濟等各種因素的影響。若企業沒有科學合理的財務戰略管理思想，進行有效的籌集、科學的投放以及合理分配財務，必定會造成資源上的浪費，不利於企業的發展。

　　現代戰略思想體現在公司理財上，形成了企業的財務戰略。如李某的書店、萊美藥業以及引例中的北京同仁堂，企業在持續經營不斷發展過程中，為了謀求企業資金均衡有效地流動和實現企業戰略目標，增強企業財務競爭優勢，對企業資金流動進行全局性、長期性和創造性的謀劃，並確保其執行的過程。

　　從財務戰略來看，它屬於從屬戰略或職能戰略，即必須服從企業整體戰略的需要；從內容來看，它所強調的是企業資金的籌集、有效流轉和配置；從性質來看，它是企業具有全局性、長期性和創造性的謀劃；從目的來看，制定財務戰略是為了企業的增值。

理論概念

12.1　財務戰略管理

12.1.1　財務戰略概述

12.1.1.1　財務戰略的定義

　　企業財務戰略是指企業在一定時期內，根據宏觀經濟發展狀況和公司發展戰略，運用財務戰略管理的相關分析工具，對企業的全局和未來所進行的總體和長遠的謀劃。

　　財務戰略是企業戰略的一個子系統。財務戰略關注的焦點是企業資本資源的合理配

置與有效使用，這是財務戰略不同於其他各種戰略的質的規定性。財務戰略在公司戰略中具有重要的地位，財務戰略作為職能戰略，既為公司整體戰略服務，又為公司經營戰略服務。

財務戰略目標是公司戰略目標中的核心目標。企業財務戰略目標是確保企業資金均衡有效流動而最終實現企業總體戰略。

12.1.1.2 財務戰略的特徵

（1）從屬性。財務戰略應體現企業整體戰略的要求，為其籌集到適度的資金並有效合理投放，以實現企業整體戰略。

（2）系統性。財務戰略應當始終保持與企業其他戰略之間的動態聯繫，並努力使財務戰略能夠支持其他子戰略。

（3）指導性。財務戰略應對企業資金運籌進行總體謀劃，規定企業資金運籌的總方向、總方針、總目標等重大財務問題。財務戰略一經制定便應具有相對穩定性，稱為企業所有財務活動的行動指南。

（4）複雜性。財務戰略的制定與實施較企業整體戰略下的其他子戰略而言，複雜程度更高。

12.1.2 財務戰略的類型

12.1.2.1 根據財務風險承受態度的不同分類

根據財務風險承受態度的不同，可以將財務戰略分為以下三類：快速擴張型財務戰略、穩健發展型財務戰略、防禦型財務戰略。

（1）擴張型財務戰略。它是以實現企業資產規模的快速擴張為目的的一種財務戰略。

（2）穩健型財務戰略。它是以實現企業財務績效的穩定增長和資產規模的平穩擴張為目的的一種財務戰略。

（3）防禦收縮型財務戰略。它是以預防出現財務危機和求得生存及新的發展為目的的一種財務戰略。

12.1.2.2 企業財務戰略的選擇

企業財務戰略的選擇，影響著企業理財活動的行為與效率，決定著企業財務資源配置的取向和模式。企業在選擇財務戰略的過程中要注意以下三個方面的問題：

（1）財務戰略的選擇必須與經濟週期相適應

經濟的週期性波動是以現代工商業為主體的經濟總體發展過程中不可避免的現象。經濟週期直觀特徵表現在：週期長度不規則，發生頻率高；波動幅度大；經濟週期的波動呈收斂趨勢，週期長度在拉長，波動幅度在減小；經濟週期內各階段呈現出不同的特徵，在高漲階段總需求迅速膨脹，在繁榮階段過度繁榮，在衰退階段進行緊縮性經濟調

整，嚴格控製總需求。

從財務的觀點看，經濟的週期性波動要求企業順應經濟週期的過程和階段，通過制定和選擇富有彈性的財務戰略來抵禦大起大落的經濟震盪，以減少它對財務活動的影響，特別是減少經濟週期中上升和下降抑制財務活動的負效應。財務戰略的選擇和實施要與經濟運行週期相配合。

在經濟復甦階段應採取擴張型財務戰略。在該階段，應增加廠房設備，採用融資租賃，建立存貨，開發新產品，增加勞動力。

在經濟繁榮階段應採取快速擴張型財務戰略和穩健型財務戰略結合。在繁榮初期繼續擴充廠房設備，採用融資租賃，提高產品價格，開展營銷籌劃，增加勞動力；在繁榮后期採取穩健型財務戰略。

在經濟衰退階段應採取防禦收縮型財務戰略。停止擴張，出售多余的廠房設備，停產不利產品，停止長期採購，削減存貨，減少雇員。在經濟蕭條階段，特別在經濟處於低谷時期，建立投資標準，保持市場份額，壓縮管理費用，放棄次要的財務利益，削減存貨，減少臨時性雇員。

總之，企業財務管理人員要跟蹤時局的變化，對企業的發展階段做出恰當的反應。要關注經濟形勢和經濟政策，深刻領會國家的經濟政策，特別是產業政策、投資政策等對企業財務活動可能造成的影響。

(2) 財務戰略選擇必須與企業發展階段相適應

每個企業的發展都要經過一定的發展階段。最典型的企業一般要經過初創期、擴張期、穩定期和衰退期四個階段。不同的發展階段應該有不同的財務戰略與之相適應。企業應當分析所處的發展階段，採取相應的財務戰略。

在初創期，現金需求量大，需要大規模舉債經營，因而存在著很大的財務風險，股利政策一般採用非現金股利政策；在擴張期，雖然現金需求量也大，但它是以較低幅度增長的，有規則的風險仍然很高，股利政策一般可以考慮適當的現金股利政策。因此，在初創期和擴張期企業應採取擴張型財務戰略。

在穩定期，現金需求量有所減少，一些企業可能有現金結余，有規則的財務風險降低，股利政策一般是現金股利政策。因此，在穩定期企業一般採取穩健型財務戰略。

在衰退期，現金需求量持續減少，最后經受虧損，有規則的風險降低，股利政策一般採用高現金股利政策。因此，在衰退期企業應採取防禦收縮型財務戰略。

(3) 財務戰略選擇必須與企業經濟增長方式相適應

企業經濟增長的方式客觀上要求實現從粗放增長向集約增長的根本轉變。為適應這種轉變，財務戰略需要從兩個方面進行調整。一方面，調整企業財務投資戰略，加大基礎項目的投資力度；另一方面，加大財務制度創新力度。

表 12-1　　　　　　　不同發展階段的公司財務戰略特徵及選擇

發展階段 表現特徵	初創期	擴張期	穩定期	衰退期
競爭對手	少數	增多	開始達到穩定	數量持續減少
經營風險	非常高	高	中等	低
財務風險	非常低	低	中等	高
資本結構	權益融資	主要是權益融資	權益+債務融資	權益+債務融資
資金來源	風險資本	權益投資增加	保留盈余+債務	債務
銷售收入	較少	高增長	開始飽和	增長有限至出現負增長
收益情況	負數	較低	增長	較高
投資回報	無	較低	較高	較高
自己需求	較小	較大	較小	很小
現金流量	較少且不穩定	淨現金流量為負數	淨現金流量為正數	現金較為充裕
股利	不分配	分配率很低	分配率高	全部分配
價格/盈余倍數	非常高	高	中	低
股價	迅速增長	增長並波動	穩定	下降並波動
財務戰略選擇	擴張性財務戰略，採取權益資本型籌資戰略，實施一體化投資戰略，實行零股利或低股利政策	擴張型財務戰略，採取相對積極籌資戰略，實施適度分權投資戰略，實行低股利或股票股利政策	穩健性財務戰略，採取負債資本型籌資戰略，實施嘗試性投資戰略，實行高股利、現金股利政策	防禦型財務戰略，採取高負債型籌資戰略，建立進退結合的投資戰略，實行現金股利分配政策

12.1.3　財務戰略的制定

12.1.3.1　財務戰略分析決策

企業要想在市場競爭中生存和發展，必然要著眼長遠、審時度勢的制定出企業發展戰略，並對發展戰略的實施過程進行全程管控。財務戰略是企業戰略中一個關鍵子戰略，如果企業能正確地制定並有效地實施財務戰略，就能極大地推動企業價值化這一財務管理最終目標的實現。這對於當今這樣一個資本具有充分話語權的時代顯得尤為重要。因此，正確制定並有效實施財務戰略，有效的利用資本市場的規則，適應資本市場的環境，學會用「產品」和「資本」兩輪驅動發展，是企業迅速發展壯大的關鍵。

由於沒有任何企業擁有無限的財務資源，更重要的是財務資源的占用必然帶來機會成本，財務戰略制定者必須確定哪一種財務資源配置方式最有效率，並能夠給企業帶來最大收益。要實現這一目標應當做好以下準備工作：

(1) 企業的財務狀況和發展前景戰略分析；

(2) 制定財務戰略選擇方案；

(3) 評估財務戰略備選方案並進行決策。

財務戰略分析決策將對公司未來相當長一段時間內的財務狀況和資本結構其中大作用。經營戰略決定了企業的長期競爭優勢。財務戰略的制定與實施，除考慮企業內外環境外，還要著重考慮企業整體戰略要求。

12.1.3.2 財務戰略執行

財務戰略的執行就對將財務戰略的實施。制定與實施前，除了考慮財務戰略要求，還得關注組織情況，即建立健全有效的戰略實施的組織體系，這是確保戰略目標得以實現的組織保證；同時明確不同戰略階段的控製標準，將一些戰略原則予以具體化。比如：定量控製標準輔以定性控製標準；長期控製標準輔以短期控製標準；專業性控製標準與群眾控製標準相結合等。

財務戰略執行還需要從企業基礎財務管理入手：一是加強基層建設；二是深化基礎工作；三是深化大預算管理、加強成本費用控製；四是強化資金管理，提高資金運行效率；五是加強內控與風險管理工作，增強管理控製能力。企業需要健全全面預算管理體系，確定本年度具體的目標指標體系，並將其作為編製、監督、考核預算的起點和依據。

12.1.3.3 財務戰略評價

財務戰略評價是對財務戰略管理工作的總結和分析，是連接財務戰略目標和日常經營活動的橋樑。財務戰略評價就是通過評價企業的經營業績，審視財務戰略的科學性和有效性。在階段性地推進財務戰略實施之後，管理者需要瞭解該財務戰略是否在企業得到了有效實施，以及該財務戰略是否需要調整。由於外部及內部環境處於不斷變化之中，所有的財務戰略都將面臨不斷的調整。因此，通過對財務戰略業績的計量，才能將財務戰略的實際執行情況與戰略目標進行比較和差異分析，從而及時地採取有效措施，實施財務戰略控製，保證財務戰略目標的實現。

12.2 公司融資戰略管理

12.2.1 融資戰略管理概述

融資戰略是指企業為了有效地支持投資所採取的融資組合，融資戰略選擇不僅直接影響企業的獲利能力，而且還影響企業的償債能力和財務風險。籌資活動是企業財務管理活動的重要環節，籌資戰略是企業財務戰略的重要組成部分。

12.2.1.1 融資戰略與融資戰略管理

融資作為企業資金來源的重要方式，對企業生存發展起著舉足輕重的作用。融資策

略就是通過對企業融資結構、融資風險、融資渠道、融資次序等長期、系統性的統籌規劃，以滿足企業戰略的需要，融資時機等做的戰略性安排。企業融資戰略管理就是根據企業融資戰略的要求，適合企業內外環境的發展變化，對融資戰略的制定、實施、控製及實施效果評估的全部管理活動。其目的在於使企業資本結構在不斷優化的過程中，為企業戰略實施提供可靠的資金保障。

12.2.1.2 制定融資戰略需要考慮的因素

企業在實施自身的融資戰略前，需要對影響其實施的因素進行深入的分析，從而幫助企業成功地在市場中進行融資，進而拓展企業的市場。

（1）融資環境

由於外部融資環境複雜多變，企業融資決策要有超前預見性。為此，企業要能夠及時掌握國內和國外利率、匯率等金融市場的各種信息，瞭解國內外宏觀經濟形勢、國家貨幣及財政政策以及國內外政治環境等各種外部環境因素，合理分析和預測能夠影響企業融資的各種有利和不利條件，以及可能的各種變化趨勢，以便尋求最佳融資時機，果斷決策。

（2）融資方式

企業在分析融資機會時，必須要考慮具體的融資方式所具有的特點，並結合本企業自身的實際情況，適時制定出合理的融資決策。比如：企業可能在某一特定的環境下，不適合發行股票融資，卻可能適合銀行貸款融資；企業可能在某一地區不適合發行債券融資，但可能在另一地區相當適合。

（3）企業融資時機

由於企業融資機會是在某一特定時間所出現的一種客觀環境，雖然企業本身也會對融資活動產生重要影響，但與企業外部環境相比較，企業本身對整個融資環境的影響是有限的。在大多數情況下，企業實際上只能適應外部融資環境而無法左右外部環境，這就要求企業必須充分發揮主動性，積極地尋求並及時把握住各種有利時機，確保融資獲得成功。

12.2.2 融資戰略方式選擇

12.2.2.1 企業融資方式的類型

企業融資方式有多種不同的分類，歸納起來，主要有如下五類：

（1）內部融資

企業可以選擇使用內部留存利潤進行再投資。留存利潤是指企業分配給股東紅利後剩餘的利潤。這種融資方式是企業最普遍採用的方式之一。

（2）股權融資

股權融資是指企業為了新的項目而向現有的股東或新股東發行股票來籌集資金。股

權融資也稱為權益融資。這種融資按照現有股東的股票權比例進行新股發行，新股發行的成功與否取決於現有股東對企業前景是否有較好的預期。

（3）債務融資

債務融資大致可以分為借貸、發行債券和租賃三類。

①短期借貸與長期借貸

從銀行或金融機構貸款是當今許多企業獲得資金來源的普遍方式，特別是在銀行對企業的發展起主導作用的國家更是如此。年限少於一年的借貸為短期借款，年限高於一年的貸款為長期貸款。

②發行債券

債券是社會各類經濟主體為籌集負債資金而向投資人出具的，承諾按照一定利率定期支付利息，並到期償還本金的債權、債務憑證。

③租賃

租賃是指企業用資產一段時期的債務形式，可能擁有在期末的購買權。比如，運輸行業比較傾向於租賃運輸工具而不是購買。租賃的優點在於企業可以不需要為購買運輸工具進行融資，因為融資的成本是比較高的。

（4）銷售資產

企業還可以選擇銷售其部分有價值的資產進行融資，這也被證明是企業進行融資的重要戰略。從資源觀的角度來講，這種融資方式顯然會給企業帶來許多切實的利益。

（5）資產證券化融資

資產證券化是傳統融資方式以外的最新現代化融資工具，能在有效地保護國家對企業和基礎設施所有權利益與保持企業穩定的基礎上，解決企業特別是國有大中型企業在管理體制改革中所遇到的資金需求和所有制形式之間的矛盾。

企業在從戰略角度選擇籌資渠道和方式時，應該對各種籌資渠道和方式所籌集資金的特點進行詳細分析。在此基礎上，結合企業戰略目標分析，即可對籌資渠道與方式做出合理的戰略選擇。不同籌資渠道與方式所籌集資金的特點見表12-2。

表12-2　　　　　　　　不同融資方式優缺點比較表

融資方式	優點	缺點	資金成本比較
內部留存	①財務計算沒有成本 ②資金是最安全的 ③資金使用無期限	完全依靠利潤 數量不易確定	低
信用籌資	①表面上沒有成本 ②容易籌措 ③經營權不受干涉	資金使用量有限	較低

表12-2(續)

融資方式	優點	缺點	資金成本比較
貸款	①手續簡單 ②金額可大可小 ③時間可長可短	通常需要擔保用途受到限制	高
發行債券	①類型較多 ②利用範圍較廣 ③資金數額大 ④使用時間長	一般需要擔保 手續繁雜 籌集時間長	較高
股票	①發行種類多 ②沒有固定支付的壓力 可無期限使用	分散控製權	最高

下面我們來看看一家南方小型國有企業的融資戰略：

這是一家南方的小型國有企業，該國有企業的註冊資本100萬元人民幣，主要生產卷菸用紙材料，屬於壟斷行業及產品。2005年中期，與國外一家卷菸用紙巨頭以及中國菸草總公司、廣東菸草公司簽訂合資協議，四家單位共同成立一個高檔卷菸用紙的合資企業，總投資為1億美元，註冊資本投入1/3，約為3340萬美元，其餘投資由合資企業在投資建設和經營過程中融資解決。該國有企業在合資企業中的股權比例為15%，其對應投入的註冊資本約為500萬美元。

該項目的建設期為2年，項目投產後，合資企業的年度利潤約為1.8億元人民幣，該國有企業每年可獲得1800萬元的平均投資收益。

該國有企業的融資計劃是借款5000萬元人民幣，借款期限15年。在投產以後的年度會計決算後，逐年用項目收益償還借款；根據該國有企業簽署合資企業的出資協議辦理用項目收益還款的保證協議書和公證事項。

這是一個非常錯誤的融資戰略方案設計，完全不瞭解資本市場運行的基本邏輯和資金方的目的需求和價值取向。主要分析以下問題：

（1）沒有人會同意借款被用於股權投資；

（2）沒有人或機構會作長達15年的長期借款，法律上也不允許；

（3）沒有人會接受以協議中的投資收益（股權收益）作為借款的還款保證；

（4）該國有企業的投資大大超過《公司法》規定的對外投資不能超過註冊資本的50%的上限，很可能導致投資無效。

從該國有企業和該項目融資的基本情況來分析，給出的較為可行的融資方案和路徑是：

（1）採取基於股權基礎的財務融資的綜合融資模式和方案；實際上仍然為借款，採取了股權投資合作的方式；

(2) 借款年限確定在 3~5 年，期滿可續；

(3) 由該國有企業與資金方共同成立一家新的公司來對合資企業出資；

(4) 以新公司的股權以及其在合資企業中擁有的股權作為融資資金和資產安全與控製的保障；

(5) 根據年限逐筆償還借款資金及份額，視同該國有企業回購新公司的股權；

(6) 期滿后，可將回購的股權質押給資金方（作為還款項的保證），或繼續進行外部融資（更低成本的資金）來償還該借款；

(7) 在借款資金償還完畢前，新公司的股權可由信託機構或相關資產管理機構託管（包括回購）；

(8) 資金方違約不同意退出新公司的股權時，視為向該國有企業購買該項目和投資的權益，應當向該國有企業支付股權及項目溢價款項及違約金。

通過上述實例可以得出財務融資戰略選擇是非常重要。

12.2.2.2 不同融資方式的限制及問題

(1) 外源融資中存在的問題

外源融資主要是通過一定的方式在企業外部取得的資金，主要包括資本市場籌集、金融機構貸款以及其他外部籌資。當前，中國市場經濟體系還不夠完善，企業外部還沒有形成完善的外部監控機制。中國企業國有股權高度集中，董事會及董事長就只能是國有股的代表，由政府來任命，而不是由股東大會選舉產生，這就意味著董事會成員可以不向全體股東負責，不受股東的監督。在沒有充分監督的情況下，企業對外融資往往成為領導個人意圖的體現，其募集來的資金往往投資到很多項目中，融資、投資科學性不高，投資風險加大。金融機構貸款也是企業外源資金的主要來源。近年來，中國實行了較為寬鬆的貨幣政策，為企業從金融機構貸款獲得了便利，也為企業盲目擴張提供了「動力」，因為銀行貸款相比資本市場籌集條件更為寬鬆，速度也更快。所以，近幾年來很多企業將融資眼光紛紛投向了金融機構，但金融機構的融資需要到期償還，而且受到國家宏觀政策影響較大，進入 2011 年以來國家開始逐步實行穩健的貨幣政策，多次提高存款準備率和存貸款利率，加大了企業外源融資的風險。

(2) 內源融資中存在的問題

內源資金是指企業內部營運產生的資金流，和企業的經營活動密切相關，主要由企業內部留成收益以及固定資產折舊組成。企業的發展的基礎還是靠內源融資，內源資金的規模決定了企業外源融資的風險，以及企業擴張速度的可控性。但由於企業和地方政府利益相關，政府主管部門往往不是按照市場機制引導企業，而是盲目擴張，人為地「湊大」，把一些不相關聯的企業簡單地劃在一起；或者讓優勢企業通過兼併、重組等手段去「幫助」一些負債累累、多年虧損的企業渡過難關。這樣容易造成企業內部資金嚴重透支，違反了企業的發展規律，而且資本聚集有名無實，導致先天「發育」不

良，必將導致后天「造血」機能失調，小資本無法帶動和激活大資本。同時，企業在發展的時候，往往很少考慮自身資金累積，求快求大心理嚴重，把過多的錢用於長期項目，致使流動資金不足，企業的資金分配比例失衡，運轉艱難，財務風險陡增。

12.3　公司投資戰略管理

12.3.1　投資戰略概述

12.3.1.1　投資戰略與投資戰略管理

企業投資戰略是指根據企業總體經營戰略要求，為維持和擴大生產經營規模，對有關投資活動所做的全局性謀劃。它是將有限的企業投資資金，根據企業戰略目標評價、比較、選擇投資方案或項目，獲取最佳的投資效果所作的選擇。企業投資戰略對企業資源的運用具有指導性。其目的是為了全面、有效地利用企業各種資源，合理科學地配置企業生產力，從而使企業整體投資效益最大化。

企業投資戰略一般具有從屬性、導向性、長期性和風險性的特點。換言之，投資戰略一旦實現，就會給整個企業帶來生機和活力，使企業得以迅速發展。但是投資戰略一旦落空，將給企業帶來較大損失，甚至陷入破產、倒閉的局面。

投資戰略管理包括投資戰略環境分析、投資目標的制定、投資戰略的生成、投資戰略的實施與控製等幾項內容。

12.3.1.2　投資戰略管理的內容

（1）投資戰略類型的選擇

企業投資戰略類型是指企業根據內部情況和外部環境所確定的戰略投資方向、重點等，它在一定程度上決定了企業今后一定時期的發展方向。因此，企業應該在充分分析各種戰略類型特點的基礎上，結合自身情況，選擇與本企業發展戰略相符合的投資戰略類型。

（2）投資戰略的制定

投資戰略的制定就是管理者運用各種可行和實用的分析工具，系統地分析企業的優勢、劣勢、機會和挑戰，選擇合理的戰略類型，找到那些真正能夠提升企業價值的投資項目，並提出完成這些項目的總體規劃和具體實施步驟。

（3）投資戰略方案的評價

投資戰略方案的評價就是運用各種財務投資管理指標和非財務指標，對擬定的戰略投資方案，從經濟、技術等方面進行分析、比較，從中選擇較優的方案加以採用。

投資戰略方案的評價在一定程度上可以利用貼現的現金流量法（即DCF法），如淨現值法、內部報酬率法等。與常規投資項目評價的不同之處在於，戰略性投資方案的有

關指標預測、分析的難度會加大，導致 DCF 模型所需數據的預測值的準確性難以保證。因此，對應用 DCF 法所得的結論不能過分依賴，還應配合適當的定性方法分析，才能做出最終結論。

12.3.2 企業投資戰略環境分析

戰略環境分析是指對企業所處的內外部競爭環境進行分析，以發現企業的核心競爭力，明確企業的發展方向、途徑和手段。

12.3.2.1 外部環境分析

（1）政治與法律因素：政府制定的產業經濟政策，國內外政治經濟環境，尤其與經濟有關的政治形勢。

（2）經濟因素：包括宏觀經濟和微觀經濟兩方面。宏觀經濟主要是指一個國家的人口數量及其增長趨勢、國民收入、國民生產總值及其變化情況以及通過這些指標能夠反應的國民經濟發展水平和發展速度。微觀經濟環境主要指企業所在地區或所服務地區的消費者的收入水平、消費偏好、儲蓄情況、就業程度等因素，這些因素直接決定企業目前及未來市場大小。

（3）社會文化因素：包括社會價值觀、宗教信仰、風俗習慣、審美觀點、地理條件、人口結構、人力資源素質等。

（4）科學技術因素：與行業有關的科學技術的水平和發展趨勢，主要是新技術、新工藝、新設備、新材料。

12.3.2.2 內部條件分析

（1）技術素質方面

技術素質包括生產能力和技術開發。生產能力包括：生產的組織與計劃調度、技術質量保證與工藝裝備、人員操作水平、消耗定額管理；在製品、半成品及成品流程管理；運輸工具、勞動生產率水平；環境保護與安全生產等。技術開發能力包括：科研設計工藝開發的物資與設備水平；技術人員的數量技術水平與合理使用；獲取新的技術情報的手段、計量檢測手段。

（2）經營素質方面

分析企業在開辦、合併、轉產以及壯大發展等方面的歷史演變，目前的狀況及今後發展的可能性。分析銷售力量是否充足，市場調研和市場開發能力如何，現有銷售渠道狀況，售後服務如何，滿足交貨條件的能力，收回貨款的能力及運輸能力如何等。獲利能力與經濟效益。分析企業獲利能力的大小與途徑，進行目標利潤與目標成本分析；各種資金利潤率分析與盈虧平衡點分析。

（3）人員素質方面

人員素質包括領導人員素質、管理人員素質、職工素質。

（4）管理素質方面

管理素質包括企業的領導體制及組織機構的設置是否合理，信息的溝通、傳遞、反饋是否及時，日常業務性的規章制度是否健全可行等。

（5）財務素質方面

資金運籌能力包括資金的籌集使用和分配。

12.3.3　企業投資戰略的制定

通常採用的投資戰略制定方法有以下六種：

12.3.3.1　生命週期分析法

生命週期分析法是描述產品、企業和行業動態演變過程的一個重要工具。它是運用生命週期分析矩陣，根據企業的實力和產業的發展階段來分析評價戰略的適宜性的一種方法。利用生命週期分析法有助於戰略選擇，可以縮小選擇的範圍，做到有的放矢。生命週期矩陣的橫坐標代表產業發展的階段——幼稚、成長、成熟、衰退。縱坐標代表企業的實力，分為主導、較強、有利、維持、脆弱。

圖 12-1 是典型的產品生命週期曲線，同時說明了不同階段的流動性、盈利能力、現金流量等指標的特徵。顯然，在不同的生命週期階段，企業的投資機會也不相同。例如，引入階段需要企業支付大筆資金，而現在流量的風險很大且金額較小。而成熟階段需要企業支付的投資額較小，而且此時的現金流量相對易於預測且金額較大。因此，使用傳統的貼現現金流量方法有時結論可能會有偏頗，尤其是在引入階段。

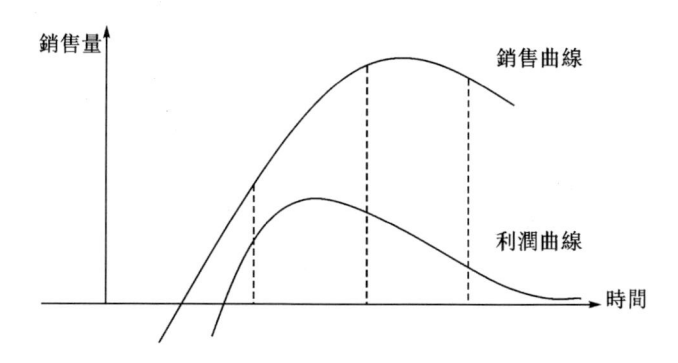

圖 12-1　典型的產品生命週期曲線

在引入階段，企業今天所進行的投資是為了獲得明天的投資機會，也就是說為了獲得一種投資的期權。各階段主要財務特徵見表 12-3 所示。

表 12-3　　　　　　　　產品生命週期各階段主要財務特徵

項目	引入	成長	成熟	衰退
流動性	低	略有改進	改進很大	高
利潤	虧損	改進很大	下降	下降
財務槓桿	高	高	下降	低
現金流量	小（或者為負）	高，且呈上升態勢	大的現金流入	下降
銷售收入	低	快速增長	增幅放緩	下降

　　世界上的任何一家企業都有一個從無到有、從小到大、從弱到強、從盛到衰的發展過程。在企業生命週期的不同階段，企業追求的目標是不一樣的。因此，還應當根據企業發展的不同階段來確定不一樣的企業戰略。特別是在當前中國經濟發展的巨大潛力和廣闊前景與中國企業綜合競爭力不強的問題形成了巨大反差，這是中國企業發展過程中的主要矛盾；如何在不斷增強企業發展活力和競爭力的基礎上，科學、有效地推動企業發展，是需要解決的主要問題。

　　美國「現代管理學之父」彼得·德魯克指出：「對企業來說，未來至關重要。經營戰略使企業為明天而戰。」企業面對業務領域和規模的日益擴大，複雜多變的資源環境條件，競爭範圍的逐步擴大，以及隨之產生的經營風險，唯有採取正確有效的企業發展戰略才能保證在正確的目標方向上前行。因此，企業不論處在哪一個發展階段都一定要做好長遠發展規劃，也就是要做好企業戰略規劃。

　　在當前全球經濟一體化的形勢下，通過引進和借鑑國外的先進技術和理念，中國不同行業都出現了一些成功的案例。下面就運用企業生命週期理論，論述一下蒙牛乳業集團是怎樣正確、有效地開展企業戰略選擇的。

　　(1) 當行業發展趨勢良好，具有某種優勢，對於處於創立期和成長期的企業，應採取成本領先和增長型相結合的戰略，抓住大好的發展時機。

　　中國改革開放以後，隨著經濟發展持續高速增長，人們消費水平和生活習慣也發生了相應的變化，其中出現了對牛奶需求量的大幅增加的現象，加上由於牛奶包裝及滅菌新技術（使牛奶在常溫下可保質半年，消除了牛奶對冷鏈系統的要求，使成本大為下降）的出現所帶來銷售方式的巨大變化，乳製品行業即將從區域市場擴展為全國性大市場的極好發展機遇。1999 年 1 月剛成立的蒙牛股份有限公司，立志於成為百年企業，創名牌產品，依靠所擁有的豐富乳業從業經驗，針對自己剛成立時無牧場、無工廠、缺資金的實際情況，為降低成本和迅速搶占先機，公司巧用貼牌生產策略：「先建市場、后建工廠」，請別的乳品廠代為生產，由蒙牛出人才、標準、技術進行管理，憑著產品的高品質和正確的營銷策略，不到半年，蒙牛品牌就打響了，從而贏得了發展的寶貴時間。接著通過採用增長型戰略逐步建立起自己的生產能力：1999 年 6 月開始建造中國

唯一「全球樣板工廠」和國內首創的運奶車桑拿浴車間，建中國規模最大的國際示範牧場。充分利用路牌廣告、電視廣告、關心公益事業和國家大事，實施共生共贏戰略。2001年6月，蒙牛為充分利用草原文化這一內蒙古的最大一筆無形資產，啟動了以地區品牌帶動企業品牌的大品牌戰略，迅速擴大知名度，建立起品牌優勢，終於取得了巨大的成功，取得了在國內市場的領先地位，銷售收入從1999年的0.37億元飛速增長為2006年的162億元。

這一時期蒙牛的發展成功地從創立期過渡到了成長期，是由於企業的領導人準確地預測到乳製品行業即將迎來飛速發展的大好機會，確立了長遠戰略目標，用以凝聚員工，激勵鬥志，有效地進行資源配置。密切關注了新技術的運用所帶來的巨大機遇，靠掌握的乳製品生產的核心技術使自己的產品質量和口感更好。在自身沒有牧場和工廠的情況下，運用最新的管理理念和管理方法，先由別的企業為自己「貼牌生產」，通過運用成本領先和增長型戰略，先建市場，創品牌，贏得了先機，占據了主動。

（2）在經營管理上已建立起龐大的採購和銷售網絡，處於成熟期的企業，應採取差異化的戰略，增強自身的競爭優勢。

本著「致力於人類健康的牛奶製造服務商」的企業定位，蒙牛乳業集團在短短十年中，創造出了舉世矚目的「蒙牛速度」和「蒙牛奇跡」。從創業初「零」的開始，至2008年年底，主營業務收入實現239億元，年均遞增104%，是全國首家收入過200億元的乳品企業。主要產品的市場佔有率超過35%；UHT牛奶銷量全球第一，可以滿足不同消費群體口味的差異化液體奶、冰淇淋和酸奶銷量居全國第一；乳製品出口量、出口的國家和地區居全國第一。

這一時期公司通過對環境和自身能力的分析，通過技術創新、管理創新等途徑，有效地利用了財務、營銷、生產、研發等手段，成功實施差異化戰略，成了行業的領先企業，取得了輝煌的業績。

（3）居安思危，防止衰退。進入成熟期後，企業在某行業已是領先企業，具有品牌優勢、實力雄厚，資源、能力過剩，於是想更快更好地發展壯大，不少企業選擇進入不同的行業（即多元化戰略），但多元化后的企業往往陷入困境。因此，應對變化，就要運用創新思維、創新型戰略來發展企業，才能立於不敗之地。

企業發展的成熟期進而分為兩個階段：第一個階段稱為成熟前期（一般壽命在20年以上），第二階段稱為脫成熟化階段（也叫成熟後期或蛻變期）（一般壽命在30年以上）。企業進入成熟后期，企業增長的主力事業增長力喪失，增長鈍化，這時企業會出現各種各樣的問題：增長的經濟不能實現，效益下降，成本開始上升，士氣受影響，官僚主義加劇。為了解決這些問題，使企業重新邁入增長軌道，就需要採取脫成熟化步驟。一般均採取開發新事業而轉換老事業結構和用新產品或新事業體系使成熟事業再活性化。所以，企業在成熟前後期要發生較重大的變化。企業如果很成功地從前期演變到

后期，企业將繼續生存下去。如果完不成這種轉化，企業就會從此衰退下來直至死亡。因此，實施多元化戰略應注意新進入的行業不能削弱現有的品牌，在相關的多元化領域要努力做到創新發展，為自身的品牌增加新的內涵，提高品牌優勢。

2009 年 7 月 6 日，國內最大食品業央企中糧集團，聯合厚樸基金入股蒙牛 20%，中糧集團成為蒙牛大股東。中糧集團表示，引入厚樸基金，有利於優化蒙牛的股份制股權結構，形成「國有資本+民營資本+戰略投資者」的多元化混合經營模式。

蒙牛乳業集團從成立到壯大，現在已走進了第二個十年的發展歷程，成了中國乳品業的龍頭企業，在創造了巨大的經濟效益的同時，也為國人帶來了良好的社會效益。

全球著名管理大師伊查克·愛迪思博士在成都之行曾說：「企業像人一樣，也有出生、發展、成熟以及衰竭的生命週期，但不同的是，企業不一定必須經歷老化和滅亡，它有可能達到並永遠保持巔峰狀態。」

目前，蒙牛乳業集團正按照確保在 2011 年躋身「世界乳業 15 強」的既定目標，為中國乳業的發展，為國人體魄的強健，為內蒙古經濟的騰飛做著自己不懈的努力。

希望今後蒙牛能不斷踐行其「每一天，為明天」的企業宗旨和「致力於人類健康的牛奶製造服務商」的企業戰略，在新的發展階段走得更好，走得更遠。

通過運用企業生命週期理論，對蒙牛乳業集團發展過程中的不同階段的分析可知：採用戰略分析方法，評估企業內外部環境可能提供的機遇和風險，結合自身的優勢和劣勢，抓住發展的機遇，迴避環境可能帶來的威脅，制訂和選擇切實可行的企業戰略，有效地運用多種策略，開展有效的戰略管理，企業才能在經過一系列的發展階段後，避免衰退，持續、健康地發展。

總體來看，目前有關企業生命週期理論的研究雖已涉及企業的決策行為，但仍以實證研究為主，還沒有建立一個統一的理論框架。事實上，企業生命週期不是簡單的時間序列，影響其因素是多方面的。此外，在現實當中並不是每個企業都會經歷所有的生命週期階段，有些企業尤其是科技型中小企業就存在壽命短的問題，有的甚至只經歷初創期就夭折了。即使企業經歷了從產生到衰退甚至蛻變的全部過程，也存在不同企業處於同一階段的時間長短不同的問題，有的企業在很短的時間內就經歷了所有生命週期階段，而一些百年老店卻長期處於生命週期的成熟階段，如何解釋這種差異也是今後研究應當重點關注的一個方向。

12.3.3.2 SWOT 分析法

SWOT 是由「優勢」（Strength）、「劣勢」（Weakness）、「機會」（Opportunity）和「威脅」（Threat）四個英文單詞的第一個字母組合而來。從而將公司的戰略與公司內部資源、外部環境有機地結合起來。

SWOT 分析法是一種在綜合考慮企業內部條件和外部環境的各種因素，正確認識自身優勢和劣勢的基礎上，進行系統評價，揚長避短，抓住機會，避開威脅從而選擇最佳

投資戰略的方法。企業的內部優劣勢是相對於競爭對手而言的，一般表現在企業的資金、技術產品、市場等方面；企業外部的機會是指環境中對企業有利的因素，如政府支持、高新技術的應用等；企業外部的威脅是指環境中對企業不利的因素，如市場增長率減慢、技術老化等。企業內部的優勢、劣勢、機會與威脅一旦確定，管理者即可著手制定投資戰略。投資戰略應充分利用外部機會，避免或克服外部威脅，充分利用內部優勢，克服內部劣勢。在此過程中，一定要注意兩方面的一致性：一是內部一致性，即投資戰略要與企業戰略相一致；二是外部一致性，即投資戰略要與外部環境相一致。

圖 12-2 表明了某些投資戰略與不同的 SWOT 因素組合之間的關係。圖 12-2 中的橫、縱兩軸把平面分為四個區域，橫軸表示內部優勢與劣勢，縱軸表示外部機會與威脅。其中，最有利的區域是區域（A），屬於優勢—機會（SO）戰略。在該區域內，外部環境機會很多，並且企業內部也具有明顯優勢，因此企業可以充分利用良好的機會增加投資。相應採取的戰略應該是擴張型戰略。區域（C）則是最不利的區域，屬於劣勢—威脅（WT）戰略，在該區域內企業不僅劣勢明顯，而且外部面臨較大威脅，企業應採取緊縮型戰略。區域（D）屬於優勢—威脅（ST）戰略，企業內部具有較強的優勢，但外部面臨較大威脅，這種情況下，企業可以在相關領域內進行多元化投資，充分利用自己的優勢。區域（B）屬於劣勢—機會，迴避劣勢，可以採取合資、混合多元化投資等戰略。

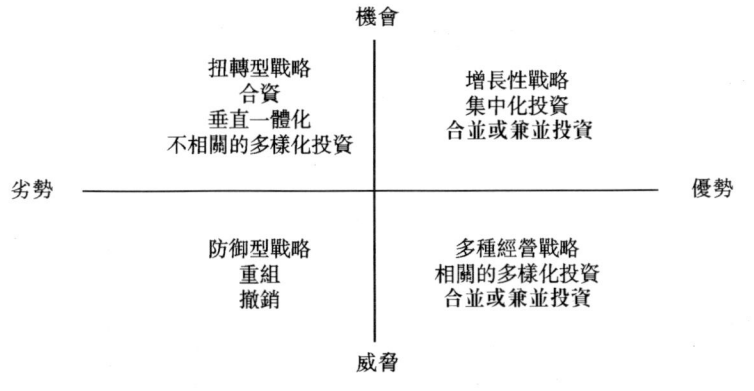

圖 12-2　SWOT 分析圖

12.3.3.3　波士頓矩陣法

波士頓矩陣又稱市場增長率-相對市場份額矩陣、波士頓諮詢集團法、四象限分析法、產品系列結構管理法等。

制定公司層戰略最流行的方法之一就是 BCG 矩陣。該方法是由波士頓諮詢集團（Boston Consulting Group，BCG）在 20 世紀 70 年代初開發的。BCG 矩陣將組織的每一個戰略事業單位（SBUs）標在一種 2 維的矩陣圖上，從而顯示出哪個 SBUs 提供高額的

潛在收益，以及哪個 SBUs 是組織資源的漏鬥。BCG 矩陣的發明者、波士頓公司的創立者布魯斯認為「公司若要取得成功，就必須擁有增長率和市場份額各不相同的產品組合。組合的構成取決於現金流量的平衡。」如此看來，BCG 的實質是為了通過業務的優化組合實現企業的現金流量平衡。

BCG 矩陣區分出 4 種業務組合。

（1）明星型業務（Stars，指高增長、高市場份額）

這個領域中的產品處於快速增長的市場中並且佔有支配地位的市場份額，但也許會或也許不會產生正現金流量，這取決於新工廠、設備和產品開發對投資的需要量。明星型業務是由問題型業務繼續投資發展起來的，可以視為高速成長市場中的領導者，它將成為公司未來的現金牛業務。但這並不意味著明星業務一定可以給企業帶來源源不斷的現金流，因為市場還在高速成長，企業必須繼續投資，以保持與市場同步增長，並擊退競爭對手。企業如果沒有明星業務，就失去了希望，但群星閃爍也可能會閃花企業高層管理者的眼睛，導致做出錯誤的決策。這時必須具備識別行星和恒星的能力，將企業有限的資源投入在能夠發展成為現金牛的恒星上。同樣的，明星型業務要發展成為現金牛業務適合於採用增長戰略。

（2）問題型業務（Question Marks，指高增長、低市場份額）

處在這個領域中的是一些投機性產品，帶有較大的風險。這些產品可能利潤率很高，但佔有的市場份額很小。這往往是一個公司的新業務。為發展問題業務，公司必須建立工廠，增加設備和人員，以便跟上迅速發展的市場，並超過競爭對手，這些意味著大量的資金投入。「問題」非常貼切地描述了公司對待這類業務的態度，因為這時公司必須慎重回答「是否繼續投資，發展該業務？」這個問題。只有那些符合企業發展長遠目標、企業具有資源優勢、能夠增強企業核心競爭力的業務才得到肯定的回答。得到肯定回答的問題型業務適合於採用戰略框架中提到的增長戰略。其目的是擴大 SBUs 的市場份額，甚至不惜放棄近期收入來達到這一目標，因為問題型要發展成為明星型業務，其市場份額必須有較大的增長。得到否定回答的問題型業務則適合採用收縮戰略。

如何選擇問題型業務是用 BCG 矩陣制定戰略的重中之重，也是難點，這關乎企業未來的發展。對於增長戰略中各種業務增長方案來確定優先次序，BCG 也提供了一種簡單的方法。通過圖 12-3 來權衡選擇 ROI 相對高然后需要投入的資源占的寬度不太多的方案。

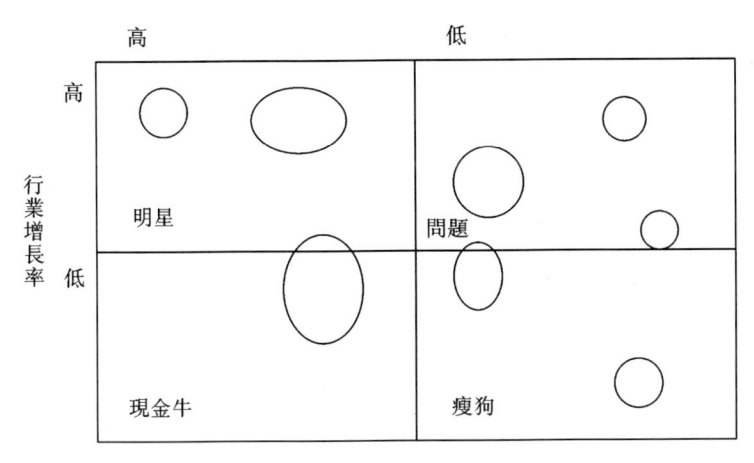

圖 12-3　波士頓矩陣圖

（3）現金牛業務（Cash cows，指低增長、高市場份額）

處在這個領域中的產品產生大量的現金，但未來的增長前景是有限的。這是成熟市場中的領導者，它是企業現金的來源。由於市場已經成熟，企業不必通過大量投資來擴展市場規模；同時作為市場中的領導者，該業務享有規模經濟和高邊際利潤的優勢，因而給企業帶來大量現金流。企業往往用現金牛業務來支付帳款並支持其他三種需大量現金的業務。現金牛業務適合採用戰略框架中提到的穩定戰略，目的是保持 SBUs 的市場份額。

（4）瘦狗型業務（Dogs，指低增長、低市場份額）

這個剩下的領域中的產品既不能產生大量的現金，也不需要投入大量現金，這些產品沒有希望改進其績效。一般情況下，這類業務常常是微利甚至是虧損的，瘦狗型業務存在的原因更多的是由於感情上的因素，雖然一直微利經營，但像人養了多年的狗一樣戀戀不捨而不忍放棄。其實，瘦狗型業務通常要占用很多資源，如資金、管理部門的時間等，多數時候是得不償失的。瘦狗型業務適合採用戰略框架中提到的收縮戰略，目的在於出售或清算業務，以便把資源轉移到更有利的領域。

處於低增長/高競爭地位的「現金牛」業務或 SBU，雖處在低增長率行業，但佔有的相對市場份額較高的 SBU 就叫做「現金牛」。它們是成熟行業中的成本領先者，本身不需要投資，反而能保持利潤、產生大量的正現金流量，用以支持其他業務的發展。不過，行業的低增長率預示著缺少未來的發展機會，因此不能向其進行大量投資。

波士頓矩陣指出了每個經營業務在競爭中的地位，使企業瞭解它的作用或任務，從而有選擇地、集中地運用企業有限的資金。如果對經營業務不加區分，按相同的比例分

配資金及人員，結果往往會造成企業資源的浪費，使急需資金的業務得不到充足的資金，而將資金浪費在沒有前途的業務上。綜上所述，利用波士頓矩陣分析法，最佳投資戰略的制定應該包含以下幾個方面的內容：

（1）應該把有希望的「問題」轉變為「明星」，鞏固現有「明星」的地位作為企業的長期目標，這就需要把來自「現金牛」的大量資金用於對某些「問題」的開發和未來「明星」的資助上。

（2）對遠景不明的「問題」應減少或停止投資，以避免或減少企業資金和資源的浪費。

（3）完全停止對「瘦狗」的投資，退出所在行業。

（4）如果缺少足夠的「現金牛」、「明星」和「問題」，就應採取兼併或退出等戰略對整個組織加以全面調整。

（5）一個企業擁有足夠的「明星」和「問題」，才能確保利潤和發展；擁有足夠的「現金牛」才能保證對「明星」和「問題」的資金支持。

12.3.3.4 通用電氣經營矩陣分析法

GE 矩陣法（GE Matrix/Mckinsey Matrix）又稱通用電器公司法、麥肯錫矩陣、九盒矩陣法、行業吸引力矩陣。在戰略規劃過程中，GE 矩陣可以用來根據事業單位在市場上的實力和所在市場的吸引力對這些事業單位進行評估，也可以表述一個公司的事業單位組合判斷其強項和弱點。在需要對產業吸引力和業務實力做廣義而靈活的定義時，可以以 GE 矩陣為基礎進行戰略規劃。

說到 GE 矩陣就一定要結合 BCG 矩陣一起比較討論，因為 GE 矩陣可以說是為了克服 BCG 矩陣的缺點所開發出來的。由於基本假設和很多局限性都和 BCG 矩陣相同，最大的改善就在於用了更多的指標來衡量這兩個維度。

針對波士頓矩陣所存在的很多問題，美國通用電氣公司（GE）於 20 世紀 70 年代開發了新的投資組合分析方法——GE 矩陣。GE 矩陣提供了產業吸引力和業務實力之間的類似比較，但不像 BCG 矩陣用市場增長率來衡量吸引力，用相對市場份額來衡量實力，只是單一指標；而 GE 矩陣使用數量更多的因素來衡量這兩個變量，縱軸用多個指標反應產業吸引力，橫軸用多個指標反應企業競爭地位，同時增加了中間等級。

與波士頓矩陣分析法類似，該方法也要把整個組織分為若干個 SBU，並從兩個方面進行評估：一是行業吸引力；二是 SBU 在本行業中的競爭力。通用電氣經營矩陣如圖 12-4 所示，水平方向表示 SBU 在行業中的競爭地位，垂直方向表示 SBU 所在行業的吸引力。該方法認為，處於「輸家」地位的經營活動或 SBU 應給予必要的資金資助；對於有希望的「問題」也應給予支持，以便使之轉變為「勝者」；對於「勝利生產者」應充分利用其強有力的競爭地位，使之盡可能提供利潤，用於對「勝者」和某些「問題」的資助；對於不會提供長期收益的「平均經營者」，可以設法使之轉變為勝者，也

可以考慮停止投資。

		競爭地位	
	高	中	低
行業吸引力　高	勝者	勝者	問題
中	勝者	平均經營者	輸家
低	利潤生產者	輸家	輸家

圖 12-4　通用電氣經營矩陣分析

　　管理者通過通用電氣經營矩陣分析，可以知道整個企業的經營活動是否為一個平衡的經營組合。在一個「平衡」的經營組合中，應包含多數「勝者」和少數的「利潤生產者」。只有這樣才能提供必要的現金流量，支持未來的「勝者」和有可能成為勝者的「問題」，保證合理的利潤和未來的發展。

　　在戰略規劃過程中，應用 GE 矩陣必須經歷以下 5 個步驟：

　　（1）確定戰略業務單位，並對每個戰略業務單位進行內外部環境分析。根據企業的實際情況，或依據產品（包括服務），或依據地域，對企業的業務進行劃分，形成戰略業務單位，並根據針對每一個戰略業務單位進行內外部環境分析。

　　（2）確定評價因素及每個因素權重。確定市場吸引力和企業競爭力的主要評價指標，以及每一個指標所占的權重。市場吸引力和企業競爭力的評價指標沒有通用標準，必須根據企業所處的行業特點和企業發展階段、行業競爭狀況進行確定。但是從總體上講，市場吸引力主要由行業的發展潛力和盈利能力決定，企業競爭力主要由企業的財務資源、人力資源、技術能力和經驗、無形資源與能力決定。確定評價指標的 GE 矩陣同時還必須確定每個評價指標的權重。

　　（3）進行評估打分。根據行業分析結果，對各戰略業務單位的市場吸引力和競爭力進行評估和打分，並加權求和，得到每一項戰略業務單元的市場吸引力和競爭力最終得分。

　　（4）將戰略單位標在 GE 矩陣上。根據每個戰略業務單位的市場吸引力和競爭力總體得分，將每個戰略業務單位用圓圈標在 GE 矩陣上。在標註時，注意圓圈的大小表示戰略業務單位的市場總量規模。有的還可以用扇形反應企業的市場佔有率。

　　（5）對各戰略單位策略進行說明。根據每個戰略業務單位在 GE 矩陣上的位置，對各個戰略業務單位的發展戰略指導思想進行系統地說明和闡述。

12.3.3.5　行業結構分析法

　　行業結構分析法一般都採用哈佛商學院著名戰略管理學者邁克爾·波特在 20 世紀 90 年代末提出的五種力量模型。通過這五種力量模型，企業可以分析其自身的競爭優

勢和劣勢。

波特認為，在一個行業中，存在五種基本的競爭力量，即行業的新進入者、替代品買房、供方和行業中原有的競爭者。在一個行業中，這五種基本競爭力量的狀況及其綜合強度，引發行業內部經濟結構的變化，從而決定著行業內部競爭的激烈程度與在行業中獲得利潤的最終潛力。如圖12-5所示。

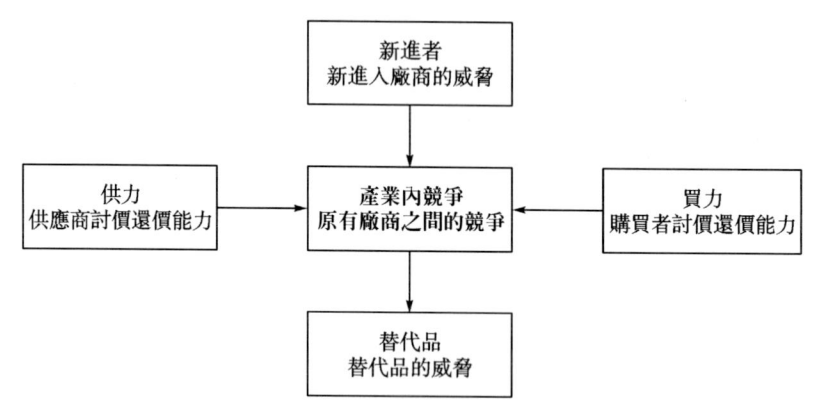

```
                    ┌─────────────┐
                    │   新進者    │
                    │新進入廠商的威脅│
                    └──────┬──────┘
                           │
                           ▼
┌─────────────┐    ┌─────────────┐    ┌─────────────┐
│    供力     │───▶│  產業內競爭 │◀───│    買力     │
│供應商討價還價能力│    │原有廠商之間的競爭│    │購買者討價還價能力│
└─────────────┘    └──────┬──────┘    └─────────────┘
                           │
                           ▼
                    ┌─────────────┐
                    │    替代品   │
                    │ 替代品的威脅 │
                    └─────────────┘
```

圖12-5　行業中的競爭力量分析

上述五種力量決定著企業產品的價格、成本和投資，因此也就決定了行業的長期盈利水平。由於不同行業中這五種力量的大小是不一樣的，因此也就造就了不同行業高低不同的利潤率。

同時，這五種力量構成行業的競爭結構。在每一行業中，這五種競爭力量的大小強弱都是不同的。因此，每個行業都有其獨特的競爭結構。比如，計算機行業的進入門檻比較高，涉足這個行業要求高額的研發費用、一定的銷售規模、資金需求量大、存在規模經濟的影響以及技術更新換代較快等。

根據行業結構理論，行業競爭的戰略目標應該定位在行業裡。通過界定，企業可以較好地防禦這五種競爭力量或者企業能夠對這五種競爭力量施加影響，使它們有利於本企業的發展。通過行業結構分析，企業可以確定每個行業中決定和影響這五種競爭力量的基本因素，明確企業生存的優勢和劣勢，從而發現行業是否能夠提供較好的持續盈利機會，並結合企業實際情況決定是否向該行業投放資金，從而確定投資方向和領域。

12.3.3.6　產業鏈分析法

產業鏈的本質是用於描述一個具有某種內在聯繫的產業群。產業鏈中大量存在著上下游關係，上游和下游之間相互轉換，上游環節向下游環節輸送產品（可以是有形的物質產品，也可以是技術或服務等特殊商品），下游環節向上游環節反饋信息和價值。一條產業鏈上的所有環節共處一個產業生態系統中，如果有一個環節發生了變化（如技術），就會導致其他環節的連鎖反應。產業鏈的整合往往蘊含著新的發展機會和發展

空間。

　　網絡游戲產業鏈是指以網絡游戲研發商、網絡游戲營運商、銷售渠道、電信營運商和用戶為主線的鏈條。其中，網絡游戲營運商直接面對上游的研發商，下游面對銷售渠道和用戶，是整個產業鏈價值體系的核心。而網絡游戲產業鏈的輔助線則涉及了IT產業、製造業、媒體業以及展覽業，豐富的產業鏈相互關聯，且隨著網絡游戲規模化的發展，相關產業獲得了巨大的商業空間，尤其是電信和IT產業。

　　依靠網絡游戲的賺錢效應，許多公司迅速發展，找到自己新的利潤增長點。網絡游戲作為一個產業，從一個網絡游戲的開發設計，到最后被裝入玩家的電腦終端運行使用，中間包括了若干環節：游戲開發商指的是網絡游戲的設計開發者，游戲營運商是游戲開發商和游戲玩家之間的橋樑，是網絡游戲實現其價值的重要環節，游戲玩家即整個產業的最終客戶。

　　首先，網絡游戲是數碼娛樂的一種方式，是以網絡和游戲軟件為依託的游戲項目，因此，它必須以信息產品的軟、硬件為物質平臺。無論是客戶端的游戲玩家還是服務端的網絡游戲營運商，無論是網絡接入服務商還是上網用戶，他們的活動都必然需要以信息技術為核心的硬件產品。家庭上網用戶需要配備個人電腦，網絡游戲營運商需要架設服務器，寬帶接入服務商需要交換機、路由器等高性能的網絡硬件設備等。同時，一切的信息技術的應用離不開軟件系統的集成和安裝，個人電腦需要裝上操作系統和上網軟件，ICP、ISP以及游戲營運商的業務活動也必須建立在網絡協議、服務器操作系統等軟件平臺上。也就是說，要建立一個網絡游戲運行的物質平臺，需要搭建一系列連環的軟、硬件平臺，促進了這些軟硬件產品的開發、生產、銷售和應用，這是網絡游戲產業鏈對整個信息技術產業的直接后向關聯效應。

　　根據IDC從對最終用戶的調研中得出的結論，目前的玩家主要是在網吧或家中玩網絡游戲。而網吧中的局域網同互聯網的連接方式一般為DNN、ADSL及光纖+LAN，這些都將產生數據通信費用。用戶在家中採用撥號上網或寬帶上網方式，平均每小時的上網費在2元人民幣左右，這也將為數據通信收入做出貢獻。在2000年網絡游戲對電信產業直接貢獻的68.3億元人民幣中，超過80%來自數據業務的收入。玩家在撥號上網時，每小時的電話費平均在1元人民幣左右，網絡游戲用戶在線時將直接產生電信的語音業務收入，語音業務的總收入在68.3億元的市場中占到10%以上。而IT行業由網絡游戲產生的直接收入達32.8億元，主要來源是PC、網絡游戲服務器、網絡及存儲產品、軟件及服務等。出版和媒體行業由網絡游戲產生的直接收入達到18.2億元，其中還不包括有關游戲廣告的相關收入。2002年平均每個網絡游戲用戶每月購買相關雜誌和圖書的費用為15元人民幣，800萬網絡游戲用戶每年產生的直接花費則為14.4億人民幣。除此之外，網絡游戲廠商與營運商的廣告、光盤軟件及出版物的發行等，也將為媒體和出版業帶來巨大的利益。

其次，從網絡產業鏈條的脈絡來看，環節最多、涉及面最廣、鏈條結構最複雜的，還在網絡游戲營運商這一脈。當一家企業或公司決定從事網絡游戲營運時，它首先要選擇一家有實力和前途的網絡游戲開發商的產品進行代理或直接買斷營運；然後聯繫技術集成與服務支持商，架設游戲服務器；再次，它需要向電信營運商申請網絡帶寬服務，開通一定帶寬的游戲服務器的互聯網接入；最後，它將面向廣大游戲玩家，或與軟件分銷商結盟，或直接開闢銷售渠道，通過行之有效的發行、宣傳和銷售，吸引游戲用戶參與消費。此外，網絡游戲營運商與媒體出版業、零售渠道甚至網吧也有直接的關聯，游戲的發行需要媒體出版業參與包裝和宣傳，銷售則需要直接跟分銷商甚至網吧發生聯繫，同時，零售渠道和網吧也是網絡游戲廣告宣傳的重要陣地。也就是說，網絡游戲營運商的經濟活動，直接影響著該產業內其他行業。應該說，在整個網絡游戲產業的價值鏈條中起關鍵作用的、處於中心位置的是網絡游戲營運商。因為它不但是連接客戶的唯一途徑，同時也是各種利益集團通向客戶的「路由器」。網絡游戲需要不間斷提供服務，營運商就成了這個產業鏈的中心，所有的環節都直接和它發生聯繫。生產商、硬件服務商、銷售商、用戶都掌握在營運商手裡。營運商從生產商手裡買下一個游戲以後，購買和維護服務器，向網絡營運商租用網絡帶寬，與銷售商合作銷售點數卡，到媒體做廣告宣傳，發展用戶，為用戶提供服務，這些都由營運商來做。可以說，營運商是整個產業鏈的核心，其他環節都需依附於它。

此外，從整個網絡游戲產業鏈條的走向來看，不管產業鏈條如何複雜，整個鏈條中各個環節、各個渠道的最終指向，不論是直接還是間接，都是網絡游戲用戶。也就是說，整個產業各環節、各方面一切經濟活動的最終目標是游戲玩家，他們是產業利益點所在。網絡游戲產業通過提供數碼娛樂方式，滿足人們的精神消費需求，實現產業化的供給與需求互動。而整個產業內各行業、各企業的收入來源，是游戲用戶的消費支出，是消費者可支配收入中用於支付精神消費的那一部分。在網絡游戲的整個供應鏈中，只有客戶玩家貢獻的正現金流是整個產業鏈的價值源泉，其餘都是分享價值、增加價值。不管是會員收費還是廣告銷售抑或合作分成，無論哪一種收入方式，其利益源頭歸根究柢來自於網絡游戲客戶。因而，網絡游戲產業發展的關鍵，是在現有的網絡游戲市場結構下，相關行業和企業如何通過針對消費者的產品策略、價格策略、營銷策略等市場行為，發展游戲新用戶，穩定既有消費群體，拓展績效。

最後，網絡游戲產業各環節存在著上、下游的相互關聯和制約關係。在整個產業鏈中，越接近末端客戶的環節就越處於下游，越遠離客戶的就越處於上游，它們之間相互依賴、拉動和制約。如營運商要受制於上游游戲開發商提供的游戲產品，獲得代理權並與之營運收入分成，同時又依賴下游的經銷商的宣傳、推廣和銷售。在這裡，上、下游之間存在相互擴張和整合的可能性。如：游戲開發商研發製作出一款優秀的網絡游戲產品，具有廣闊的市場空間和良好的盈利前景，則可能直接擴張到游戲營運領域；游戲營

運商為取得自主知識產權，避免利益被瓜分的問題，則可能實施研發和營運一體化戰略，以此整合產業鏈資源，打通上游向下游擴張的出口。

12.4 公司分配戰略管理

12.4.1 分配戰略概述

股利分配是現代公司理財活動的三大核心內容之一。一方面，它是公司籌資、投資活動的邏輯延續，是其理財行為的必然結果；另一方面，恰當的股利分配政策，不僅可以樹立起良好的公司形象，而且能激發廣大投資者對公司持續投資的熱情，從而能使公司獲得長期、穩定的發展條件和機會。因此，選擇恰當的股利政策對公司來說是很重要的。

12.4.1.1 分配戰略的內涵

分配戰略是指以戰略眼光確定企業淨利潤留存與分配的比例，以保證企業和股東的長遠利益。收益分配是利用價值形式對社會剩余產品所進行的分配。股利戰略具有以下兩個特點：

（1）股利戰略不是從單純的財務觀點出發決定企業的股利分配，它是從企業的全局出發，從企業戰略的整體要求出發來決定股利分配的。

（2）股利戰略在決定股利分配時，是從長期效果著眼的，它不過分計較股票價格的短期漲落，而是關注於股利分配對企業長期發展的影響。

12.4.1.2 股利分配戰略的內容

股利政策是確定公司的淨利潤如何分配的方針和策略。公司的淨利潤是公司從事生產經營互動所取得的剩余收益，是股東對公司進行投資應得的投資報酬。

在實踐中，主要包括以下四個方面的內容：

（1）股利分配形式的確定，即採用現金股利還是股票股利；

（2）股利支付率的確定；

（3）每股股利的確定；

（4）股利分配的時間，即合適分配和多長時間分配一次。

12.4.1.3 股利分配戰略環境分析

股利分配戰略的制定必須以投資戰略和籌資戰略為依據，必須為企業整體戰略服務。股利分配戰略的原則主要體現在以下三個方面：

（1）股利分配戰略應優先滿足企業戰略實施所需的資金，並與企業戰略預期的現金流量狀況保持一致；

（2）股利分配戰略應能傳達管理部門想要傳達的信息，盡力創造並維持一個企業戰略所需的良好環境；

(3) 股利分配戰略必須把股東們的短期利益——支付股利與長期利益——增加內部累積很好地結合起來。

12.4.2 分配戰略理論

股利理論的研究早在20世紀50年代就已開始，迄今為止，尚未取得大家都能認同的結論。較為流行的股利理論有：

12.4.2.1 股利重要論

股利重要論又稱一鳥在手理論。這種理論認為，當公司提高其股利支付率時，就會降低投資者的風險，使投資者要求較低的必要報酬率，從而使公司股票價格上升；如果公司降低其股利支付率或延付股利，則會增加投資者的風險，投資者會要求較高的必要報酬率，以此作為負擔額外風險的補償，從而導致公司股票價格的下降。由此可見，股利重要論認為股利政策與企業的價值息息相關，支付股利越多，股價越高，公司的價值越大。

12.4.2.2 股利無關論

股利無關論又稱MM理論。該理論認為，在完全資本市場條件下，股利政策不會對企業的價值或股票價格產生任何影響。因此，單就股利政策而言，既無所謂最佳，也無所謂最次，它與企業價值不相關。一個公司的股價完全是由其投資決策所決定的獲利能力所影響的，而不取決於公司的利潤分配政策。

12.4.2.3 稅收效用理論

在現行法律下，企業的盈利不管是否作為股利予以發放，都要繳納所得稅。同時，由於資本利得稅低於因收取股利而繳納的個人所得稅，而且可以通過繼續持有股票來延緩資本利得的實現，從而推遲納稅時間，享受到遞延納稅的好處。因此，在其他條件不變的情況下，投資者將偏好資本利得而反對派發現金股利。公司最好的股利政策就是不發股利。

12.4.2.4 追隨者效應理論

追隨者效應（也稱為顧客效應）理論從股東的邊際所得稅率出發，認為每個投資者所處的稅收等級不同：有的邊際稅率高，如富有的投資者；有的邊際稅率低，如養老基金等。由此會引致他們對待股利的態度不一樣，前者偏好低股利支付率或不支付股利的股票，后者喜歡高股利支付率的股票。據此，公司會相應調整其股利政策，使股利政策符合股東的願望。達到均衡時，高股利支付率的股票將吸引一類追隨者，由處於低邊際稅率等級的投資者持有；低股利支付率的股票將吸引另一類追隨者，由處於高邊際稅率等級的投資者持有。這種股東聚集在滿足各自偏好的股利政策的公司的現象，就叫做追隨者效應。

12.4.2.5 信號傳遞理論

信號傳遞理論或者稱為股利信息內涵假說，幾乎是與追隨者效應理論同時發展起來

的新理論。該理論認為，管理當局與外部投資者之間存在著信息不對稱，管理當局佔有更多的有關企業前景方面的內部信息。股利是管理當局向外界傳遞其掌握的內部信息的一種手段。如果他們預計到公司的發展前景良好，未來業績有大幅度增長，就會通過增加股利的方式將這一信息及時告訴股東和潛在的投資者；相反，如果預計到公司的發展前景不太好，未來盈利將呈持續性不理想，那麼他們往往會維持甚至降低現有股利水平，這等於向股東和潛在投資者發出了利差信號。因此，股利能夠傳遞公司未來盈利能力的信息，從而股利對股票的價格有一定的影響。當公司支付的股利水平上升時，公司的股價會上升；當公司支付的股利水平下降時，公司股價會下降。

12.4.3 股利分配戰略選擇

12.4.3.1 股利分配戰略選擇的影響因素

選擇股利分配戰略必須首先分析股利分配的制約和影響因素。影響股利分配戰略的因素主要有：

（1）法律因素

①資本限制。資本限制是指企業支付股利不能減少資本（包括資本金和資本公積金）。這一限制是為了保證企業持有足夠的權益資本，以維護債權人的利益。

②償債能力的限制。如果一個企業的經濟能力已降到無力償付債務或因支付股利將使企業喪失償債能力，則企業不能支付股利。這一限制的目的也是為了保護債權人。

③內部累積的限制。有些法律規定禁止企業過度地保留盈餘。如果一個企業的保留盈餘超出目前和未來的投資很多，則被看成過度的內部累積，要受到法律上的限制。這是因為有些企業為了保護高收入股東的利益，故意壓低股利的支付，多留利少分配，用增加保留盈餘的辦法來提高企業股票的市場價格，使股東逃稅。所以，稅法規定對企業過度增加保留盈餘徵收附加稅作為處罰。

（2）債務（合同）條款因素

債務特別是長期債務合同通常包括限制企業現金股利支付權利的一些條款。其限制內容通常包括：①營運資金（流動資產減流動負債）低於某一水平，企業不得支付股利；②企業只有在新增利潤的條件下才可以進行股利分配；③企業只有先滿足累計優先股股利后才可以進行普通股股利分配。這些條件在一定程度上保護了債權人和優先股東的利益。

（3）股東類型因素

企業的股利分配最終要由董事會來確定。董事會是股東們的代表，在制定股利戰略時，必須尊重股東們的意見。由於股東類型不同，其意見也不盡相同，大致可以分為以下幾種：①為保證控製權而限制股利支付；②為避稅的目的而限制股利支付；③為取得收益而要求支付股利；④為迴避風險而要求支付股利；⑤由於不同的心理偏好和金融傳

統而要求支付股利。

（4）經濟因素

宏觀經濟環境的狀況與趨勢會影響企業的財務狀況，進而影響股利分配。影響股利分配的經濟因素有：①現金流量因素；②籌資能力因素；③投資機會因素；④公司加權資金成本；⑤股利分配的慣性。

綜合以上各種因素對股利分配的影響，企業就可以擬訂出可行的股利分配備選方案。此后，企業還需按照企業戰略的要求對這些方案進行分析、評價，才能從中選出與企業戰略協調一致的股利分配方案，確定企業在未來戰略期間內的股利戰略，並予以實施。

12.4.3.2　公司的股利戰略類型

（1）剩餘股利戰略

在發放股利時，優先考慮投資的需要，如果投資過后還有剩餘則發放股利，如果投資過后沒有剩餘則不發放。這種戰略的核心思想是以公司的投資為先，發展為重。

（2）穩定或持續增加的股利戰略

穩定的股利戰略是指公司的股利分配在一段時間裡維持不變；而持續增加的股利戰略則是指公司的股利分配每年按一個固定成長率持續增加。這種戰略的核心思想是穩定股價，增強投資者信心。

（3）固定股利支付率戰略

公司將每年盈利的某一固定百分比作為股利分配給股東。它與剩餘股利戰略正好相反，優先考慮的是股利，后考慮保留盈餘。

（4）低正常股利加額外股利戰略

公司事先設定一個較低的經常性股利額，一般情況下，公司都按此金額發放股利。只有當累積的盈余和資金相對較多時，才支付正常以外的股利給股東。

案例討論

[案例一]

某集團創建於1992年，是中國最大的民營企業集團之一。1998年某集團將最初累積資金全部投入基因工程檢測產品的開發中，開始生產乙肝診斷試劑，隨后某集團以貨幣出資1300萬元購買國外先進信息服務器設備用於信息產品研發，並在2003—2007年連續三年的時間裡擴建廠房，在江蘇、浙江、上海等地建立企業基地以擴大公司規模，同時面對激烈的市場競爭和快速變化的環境，某集團又投入600萬元改造原集團大樓，建成了大屏幕顯示，電腦檢索，具備網絡化、智能化的辦公大樓，盤活了價值2000多

萬元、面積1萬多平方米的存量資產。2008年開始某集團積極介入國內鋼鐵產業的整合，與江蘇南鋼集團合作，間接持股其上市公司南鋼股份，控股設立聯合有限公司；同時，集團還廣泛涉及房地產、商貿流通、金融等多個領域，直接、間接控股和參股的公司逾100家。2010年某集團營業收入為233億元。同比增長9.6%；淨利潤5037萬元，同比增長43.8%。在公司收入和利潤的增長中，大部分都是對外投資的投資回報，某集團在十餘年間迅速成為橫跨多個產業的大型民營控股集團。

本例中，某集團在不同的發展階段根據投資方式、投資時機、投資目標等實施了什麼樣的投資戰略？

[案例二]

某公司是一家大型鋼鐵公司，公司業績一直很穩定，由於業績穩定，企業的股東希望每期獲得的股利趨於平穩，而且投資者對於股價穩定的要求較高。該公司2010年擬投資4000萬元購置一臺生產設備以擴大生產能力，該公司目標資本結構下權益乘數為2。該公司2009年度稅前利潤為4000萬元，所得稅稅率為25%。要求：

（1）計算2009年度的淨利潤是多少？

（2）按照剩餘股利政策計算企業分配的現金股利為多少？

（3）如果該企業採用固定股利支付率政策，固定的股利支付率是40%。在目標資本結構下，計算2010年度該公司為購置該設備需要從外部籌集自有資金的數額。

（4）如果該企業採用的是固定或穩定增長的股利政策，固定股利為1200萬元，穩定的股利增長率為5%，從2006年以後開始執行穩定增長股利政策。在目標資本結構下，計算2010年度該公司為購置該設備需要從外部籌集自有資金的數額。

（5）如果該企業採用的是低正常股利加額外股利政策，低正常股利為1000萬元，額外股利為淨利潤超過2000萬元的部分的10%。在目標資本結構下，計算2010年度該公司為購置該設備需要從外部籌集自有資金的數額。

（6）如果你是該公司的財務分析人員，請你對上述（2）（3）（4）問中不同的股利政策進行分析，並判斷該企業最應該選擇的股利政策。

本章小結

財務戰略是以整個企業的籌資、投資和收益分配的全局性工作為對象，根據企業長遠發展需要而制定的。它是從財務的角度對企業總體發展戰略所作的描述，是企業未來財務活動的行動綱領和藍圖，對企業的各項具體財務工作、計劃等起著普遍的和權威的指導作用。

財務戰略作為企業整體戰略的一個子系統，具有重要意義：通過對企業內外環境分

析並結合企業整體戰略的要求，它提高了企業財務的能力，即提高了企業財務系統對環境的適應性；財務戰略注重系統性分析，這提高了企業整體協調與企業經濟增長方式相適應，從而提高了企業的協同效應；財務戰略著眼於長遠利益與整體績效，有助於創造並維持企業的財務優勢，進而創造並保持企業的競爭優勢。

根據財務風險承受態度的不同，可以將財務戰略分為以下三類：快速擴張型財務戰略、穩健發展型財務戰略、防禦型財務戰略。

在企業財務戰略的選擇中應注意的問題：與宏觀經濟週期相適應、與企業生命週期相適應、與企業經濟增長方式相適應。

融資方式的類型有內部融資、股權融資、債務融資、銷售資產、資產證券化融資。

按投資戰略的性質劃分，可分為穩定型投資戰略、擴張性投資戰略、緊縮性投資戰略和混合性投資戰略。

企業投資戰略按照投資經營對象的差異劃分，可分為密集型投資戰略、一體化投資戰略和多樣化投資戰略。

企業投資戰略的制定方法：生命週期分析法、SWOT分析法、波士頓矩陣法、通用電氣經營矩陣分析法、行業結構分析法、產業鏈分析法。

股利分配戰略的目標為：促進公司長遠發展；保障股東權益；穩定股價、保證公司股價在較長時期內基本穩定。

分配戰略理論有股利重要論、股利無關論、稅收效用理論、追隨者效應理論、信號傳遞理論。

股利分配戰略選擇受到法律因素、債務（合同）條款因素、股東類型因素經濟因素的影響。

公司的股利戰略類型有剩餘股利戰略、穩定或持續增加的股利戰略、固定股利支付率戰略和低正常股利加額外股利戰略。

知識拓展

股票股利介紹

股票股利是公司以發放的股票作為股利的支付方式。股票股利並不直接增加股東的財富，不導致公司資產的流出或負債的增加，因而不是公司資金的使用；同時也並不因此而增加公司的財產，但會引起所有者權益各項目的結構發生變化。

股票分割

股票分割是指將面額較高的股票交換成面額較低的股票的行為。例如，將原來的一股股票交換成兩股股票。股票分割不屬於某種股利方式，但其所產生的效果與發放股票

股利近似，故而在此一併介紹。

股利理論股利分配作為財務管理的一部分，同樣要考慮其對公司價值的影響。

股利分配政策與內部籌資

支付給股東的盈余與留在企業的保留盈余，存在此消彼長的關係。所以，股利分配既決定給股東分配多少紅利，也決定有多少淨利留在企業。減少股利分配，會增加保留盈余減少外部籌資需求。股利決策也是內部籌資決策。

股利支付的程序

股份有限公司向股東支付股利，其過程主要經歷：股利宣告日、股權登記日和股利支付日。股利宣告日：公司董事會將股利支付情況予以公告的日期。公告中將宣布每股支付的股利、股權登記期限、股利支付日期等事項。

案例分析

[案例一] 分析：

本例中，某集團在不同的發展階段根據投資方式、投資時機、投資目標等實施了不同的直接投資戰略：

（1）高規模效益的投資戰略。某某集團2003—2007年連續三年擴建廠房，擴大公司規模，是提高規模效益的直接投資行為，合理經濟規模的實現必然產生規模經濟效益。

（2）提高技術進步效益的投資戰略。企業技術進步是指為實現一定目標的技術進步和革命。某集團投入資金生產乙肝診斷試劑，隨後某集團以貨幣出資1300萬元購買國外先進信息服務器設備用於信息產品研發等。這是典型的提高企業技術進步效益的直接投資戰略，其核心在於加快技術進步。

（3）盤活資產存量的投資戰略。該戰略是通過投資增量，有效地盤活和利用現有資產，提高資產使用效率和效益，使現有資產創造更大價值。某集團投入600萬元改造原集團大樓，盤活了價值2000多萬元的存量資產，這一投資即是關於盤活資產存量的直接投資戰略選擇，有效地提高資產使用效率，使現有資產創造了更大的價值。

間接投資戰略是通過購買證券、融出資金或者發放貸款等方式將資本投入到其他企業，其他企業進而再將資本投入到生產經營中，該種戰略通常表現為證券投資。其主要目的是獲取股利或者利息，實現資本增值和股東價值最大化。

本例中，某集團間接持股南鋼股份，控股設立聯合有限公司，除此之外，其投資涉及很多領域，直接、間接控股和參股的公司逾100家。表明其採用組合投資，即多種證券組合的最優投資策略，以尋求在風險既定情況下投資收益最高，或者在投資收益既定

的情況下風險最小的投資戰略。在 2010 年公司收入和利潤的增長中，大部分都是對外投資的投資回報，由此可見，某集團採取的間接投資戰略很成功。

[案例二] 分析：

(1) 2009 年淨利潤＝4000×（1-25%）＝3000（萬元）

(2) 因為權益乘數＝資產÷所有者權益＝2，所以目標資本結構中權益資金所占的比例＝1÷2×100%＝50%，負債資金所占的比例＝1-50%＝50% 所以 2010 年投資所需權益資金＝4000×50%＝2000（萬元）

所以 2009 年分配的現金股利＝3000-2000＝1000（萬元）

(3) 2009 年度公司留存利潤＝3000×（1-40%）＝1800（萬元）

2010 年外部自有資金籌集數額＝2000-1800＝200（萬元）

(4) 2009 年發放的現金股利＝1200×(1+5%)×(1+5%)×(1+5%)＝1389.15（萬元）

2009 年度公司留存利潤＝3000-1389.15＝1610.85（萬元）

2010 年外部自有資金籌集數額＝2000-1610.85＝389.15（萬元）

(5) 2009 年發放的現金股利＝1000+（3000-2000）×10%＝1100（萬元）

2009 年度公司留存利潤＝3000-1100＝1900（萬元）

2010 年外部自有資金籌集數額＝2000-1900＝100（萬元）

(6) 剩餘股利政策，優先考慮投資機會的選擇，其股利額會隨著所面臨的投資機會的變動而變動。因為公司每年面臨不同的投資機會，所以會造成股利較大的變動，不利於公司股價穩定。

固定股利政策的股利發放額穩定，有利於樹立公司良好的形象，使公司股價穩定，有利於公司長期發展，但是實行這一政策的前提是公司的收益必須穩定且能正確地預計其增長率。

固定股利支付率政策由於按固定比率支付，股利會隨每年盈余的變動而變動，使公司股利支付極不穩定，不利於公司市值最大化目標的實現。

由於企業的股東希望每期獲得的股利趨於平穩，而且投資者對於股價穩定的要求較高，因此該企業應該選擇第 (4) 問中的固定股利政策。

詞彙對照

價值鏈	Value Chain	產業鏈	Industry Chain
五力模型	Five-Force Model	波士頓矩陣	Boston matrix
生命週期法	Life Cycle Model	現模型	Dividend Discounted Method

國家圖書館出版品預行編目(CIP)資料

公司理財 / 鄧天正 主編. -- 第一版.
-- 臺北市：崧博出版：財經錢線文化發行，2018.10
　　面；　公分
ISBN 978-957-735-575-1(平裝)
1.財務管理
494.7　　　107017088

書　　名：公司理財
作　　者：鄧天正 主編
發行人：黃振庭
出版者：崧博出版事業有限公司
發行者：財經錢線文化事業有限公司
E-mail：sonbookservice@gmail.com
粉絲頁　　　　　　網　址：
地　　址：台北市中正區延平南路六十一號五樓一室
8F.-815, No.61, Sec. 1, Chongqing S. Rd., Zhongzheng Dist., Taipei City 100, Taiwan (R.O.C.)
電　　話：(02)2370-3310　傳　真：(02) 2370-3210
總經銷：紅螞蟻圖書有限公司
地　　址：台北市內湖區舊宗路二段 121 巷 19 號
電　　話：02-2795-3656　傳真：02-2795-4100　網址：
印　　刷：京峯彩色印刷有限公司（京峰數位）

　　本書版權為西南財經大學出版社所有授權崧博出版事業有限公司獨家發行電子書及繁體書繁體版。若有其他相關權利及授權需求請與本公司聯繫。

定價：650元
發行日期：2018 年 10 月第一版
◎ 本書以POD印製發行